数据驱动高级软件工程

张　璇　朱　锐　于　倩　吕　迪　编著

科　学　出　版　社

北　京

内 容 简 介

软件工程相关数据快速增长且广泛分布，从对封闭数据的检索转向对大规模开放数据的获取，数据的充分利用成为大数据背景下软件工程的一个重要新方向。本书面向大数据时代特征，介绍面向软件工程的数据科学关键概念、方法和技术，内容以承前启后方式，首先介绍软件科学与工程、数据科学与工程，在此基础上介绍利用数据科学支持软件工程的方法和技术，包括数据驱动的软件过程挖掘、数据驱动的可信软件工程，以及数据驱动的需求变更分析；之后面向软件工程项目，介绍基于数据科学的实证软件工程分析方法，以及在软件工程中的推荐系统和面向区块链的软件工程。全书重点介绍大数据时代下，软件工程领域的一些进展和研究方向，并采用丰富的案例分析对相关概念、知识、方法和技术进行拓展，可为软件工业界了解本领域相关方法、技术和实践提供参考。

本书可供从事软件工程、智能软件开发、人工智能等领域的研究者、教学人员及相关专业本科生和研究生阅读。

图书在版编目(CIP)数据

数据驱动高级软件工程 / 张璇等编著. -- 北京: 科学出版社, 2024. 11.

ISBN 978-7-03-080070-1

Ⅰ. TP311.5

中国国家版本馆 CIP 数据核字第 2024QT2257 号

责任编辑：孟　锐 / 责任校对：彭　映

责任印制：罗　科 / 封面设计：墨创文化

科学出版社出版

北京东黄城根北街16号

邮政编码：100717

http://www.sciencep.com

成都锦瑞印刷有限责任公司印刷

科学出版社发行　各地新华书店经销

*

2024年11月第　一　版　　开本：787×1092　1/16

2024年11月第一次印刷　　印张：20 1/2

字数：486 000

定价：168.00 元

（如有印装质量问题，我社负责调换）

前　言

软件开发是一个非常复杂的过程，成功的软件开发依赖于多个方面的因素。在互联网的进一步推动下，大规模、互联网化和服务化加剧了软件开发过程的复杂化，并推动着软件工程持续不断变革。目前大量的商业项目和开源项目都通过集成多个协同开发系统以支持其软件开发过程并记录项目团队成员间的交互数据，同时在知识分享社区交流共享软件开发知识和经验数据。随着开放数据源的持续增多，软件工程相关研究工作已呈现出大数据的特征。在此背景下，本书组织了八章的内容，第 1 章和第 2 章是本书的基础知识介绍，即软件科学与工程、数据科学与工程，这两个领域本身蕴涵大量的知识，本书不能一一介绍，仅把重要的知识总结出来为后续内容做铺垫。从第 3 章开始，本书选取数据驱动软件工程领域部分方向的进展进行介绍，首先介绍数据驱动软件过程挖掘工作，在第 4 章引入可信软件需求建模与推理，第 5 章结合数据驱动介绍需求变更分析，后续三章分别介绍数据驱动实证软件工程、软件工程中的推荐和面向区块链的软件工程。全书重点介绍大数据时代下，软件工程领域的一些进展和研究方向，并采用丰富的案例分析对相关概念、知识、方法和技术进行拓展。

希望本书的出版能够为数据驱动软件工程领域的研究者与实践者提供一定的参照。本书的作者多年来一直从事软件工程和人工智能相关研究工作，较为系统地了解和掌握了当前国内外相关领域研究的主要方向和重要研究进展，并且积累了丰富的研究成果，为本书的撰写奠定了较为坚实的基础。另外，本书的完成要感谢已毕业硕士赵静转、李柱东、邓宏镜和在读硕士生王杰、王保磊的热情参与，感谢他们分别在软件工程中的推荐、数据驱动实证软件工程、面向区块链的软件工程、数据科学与工程方向提供的非常有价值的研究成果。

本书的研究与撰写还得到了国家自然科学基金项目“数据驱动的软件非功能需求知识获取与服务研究”（61862063）、“需求变更驱动的软件过程改进研究”（61502413）、国家自然科学基金地区基金项目“支持演化的可信软件过程研究”（61262025）、云南省中青年学术和技术带头人后备人才项目（202205AC160040）、云南省院士专家工作站项目“云南省金芝专家工作站”（202205AF150006）、云南省教育厅创新团队项目“云南省教育厅知识驱动智慧能源科技创新团队”、云南大学 2022 年产教融合研究生联合培养基地项目“云南大学—云南南大电子信息产业产教融合研究生联合培养基地项目”的支持。在此，致以衷心的感谢！最后，需要说明的是，本书介绍数据驱动软件工程方法和技术，涉及面广，存在复杂的研究场景，且仍然处于发展中，因此，有很多相关问题仍有待我们去深入研究，相关支持实践的技术还需要进一步探索，另外，本书仅选取了部分进展进行介绍，涉及范围是有限的。

由于水平有限，书中难免存在疏漏和不足之处，恳请各位读者批评指正。

目　　录

第1章　软件科学与工程

软件是信息系统的灵魂，是世界数字化的直接产物、自动化的现代途径、智能化的逻辑载体。时至今日，小到一个智能传感器、一块智能手表，大到一座智慧城市、一张智能电网，无不依赖于软件系统的驱动与驾驭，软件已经成为信息化社会不可或缺的基础设施。从人际交往到生产生活、国计民生等社会经济的方方面面，软件定义一切日益成为一种现实，高效地构建和运用高质量软件系统的能力成为国家和社会发展的一种核心竞争力。

软件是定义计算的逻辑制品，其实质是以计算为核心手段实现应用目标的解决方案。因此，软件科学与工程本质上是具有高度综合性的方法论学科。70余年的发展历史表明，软件学科具有独特的发展规律，其内涵与外延随着计算平台与应用范围的不断拓展而迅速发展。当前随着物联网、云计算、大数据和人工智能应用的进一步发展，软件及软件学科面临着前所未有的系统复杂性和可信性的重大挑战，也孕育着新的科学和技术变革的重大机遇。

1.1　软件科学与工程的内涵

1.1.1　软件的概念

软件是指能够完成预定功能和性能的可执行的计算机程序，同时包括程序正常执行所需要的数据以及有关程序操作和使用的文档，即“软件=程序+文档+数据”。软件显示了计算机硬件的计算能力，提供了计算机控制、信息通信以及应用程序开发和控制的基础平台。

《计算机科学技术百科全书》对软件一词给出了三层含义：一为个体含义，即指计算机系统中的单个程序及其文档；二为整体含义，即指在特定计算机系统中所有上述个体含义下的软件的总体；三为学科含义，即指在研究、开发、维护以及使用前述含义下的软件所涉及的理论、原则、方法、技术所构成的学科。

软件是人工逻辑制品，以适应其所处环境的方式完成应用目标，是表达人脑思维形成的问题解决方案。《中国学科发展战略：软件科学与工程》一书将软件定义为：以计算为核心手段实现应用目标的解决方案。将计算平台集合看作平台空间，可能的软件集合看作解空间，将应用需求归入问题空间，软件就是借助计算平台，同时又要满足计算平台的约束，将应用需求的问题空间映射为解空间。

软件作为一种计算的逻辑制品，受逻辑正确性、图灵可计算性和计算复杂性的刚性约束，同时通用图灵机模型和存储式计算机架构又给予软件巨大的通用性和灵活性。软件的高度灵活性使得软件是万物的数字化、信息化处理的工具。软件是计算机系统的灵魂，其共性沉淀形成的系统软件向下管理计算机系统的各类资源，向上满足应用软件对计算机系统的功能要求，软件是融合人-机-物的“万能集成器”，从规模上可以无限扩展。软件成为人类所创造的最复杂的一类工具，对复杂性的驾驭是其开发和运维的核心挑战。

软件通常分为应用软件、系统软件和支撑软件。应用软件是指特定应用领域专用的软件，面向用户完成既定应用目标。系统软件位于硬件层之上，为应用软件提供服务，如Windows或Linux操作系统、各种数据库管理系统、编译程序和软件中间件。支撑软件是支撑各种软件的开发和维护的软件，如软件开发工具及环境等。系统软件和支撑软件又称为基础软件。

软件从多个方面进行创新和发展。在计算平台方面，软件运行平台从主机平台、微机平台到局域网平台、互联网平台，再到万物互联平台。系统软件从批处理、交互式、网络化发展到云边端融合等模式，支撑从少量集中到海量分布异构的资源管理和利用。在应用方面，软件应用的目标从最初以军事为主的科学计算拓展到商业计算、个人计算、网络计算、云计算，再到如今泛在计算等领域的场景需求。软件语言方面，从汇编语言到高级语言、领域特定语言，是描述软件的基本方式。在此之上形成的软件方法学，主要涉及指导软件设计的原理和原则，以及基于这些原理、原则的方法和技术。狭义的软件方法论是指某种特定的软件设计指导原则和方法。软件方法学从结构化方法、对象化方法、构件化方法，向服务化、智能化和网构化的方向发展。

1.1.2 软件的重要性

软件是信息技术之魂，是网络安全甚至国家安全之盾，是国家社会经济发展的基础支撑。以云计算、大数据、人工智能、物联网为代表的新一代信息技术推动了其与经济和世界万物的融合发展，软件定义成为信息化发展的新标志、新特征，软件技术呈现出“网构化、泛在化、智能化”的新趋势，并不断催生新平台、新模式和新思维，软件技术的深度应用已经推动人类社会进步到一个新的发展阶段。

软件是人类社会的基础设施。人-机-物融合的新计算模式——“计算泛在化”和“软件定义一切”是软件成为基础设施的技术基础。20世纪80年代，泛在计算之父M.维瑟(Mark Weiser)博士提出了泛在计算(又称普适计算)，即建立一个充满计算和通信能力的环境，同时使这个环境与人们逐渐融合在一起。清华大学教授徐光祐提出泛在计算是信息空间与物理空间的融合，在这个融合的空间中人们可以随时随地、透明地获得数字化的服务。总之，泛在计算将成为人、环境和万物互联的数字化基础设施，助力数字化新生态系统的形成。

软件定义技术为“云-边-端”异构多态计算平台解决人-机-物融合的软件应用提供了可编程计算抽象。“软件定义”是指软件以平台化的方式，向下管理各种资源，向上提供编程接口，其核心途径是资源虚拟化以及功能可编程。软件定义是一种技术手段，其关注点在于将底层基础设施资源进行虚拟化并开放API(application programming interface，应用程序接口)。通过可编程的方式实现灵活可定制的资源管理，适应上层业务系统的需求和变化。“软件定义一切”(software defined everything，SDX)则将软件平台所管理的资源，从包括计算、存储、网络、软件服务等在内的各类计算资源，泛化到包括各种数字化机电设备和传感物体对象在内的各类物理资源。以智能手机、智能仪表、智能家居设备等为代表的“软件定义设备”日益普遍。更进一步，SDX 还可通过激励机制调配人力资源以及各类应用资源、知识等。软件定义可递归分层，形成一种生长式、演化式的可扩展体系。这种“软件定义”的人-机-物融合平台逐渐呈现了“泛在操作系统”的发展方向。

1.1.3　软件科学与工程的概念

软件科学与工程是多科学高度交叉的综合方法论与工程实践。软件科学与工程是以软件为研究对象，研究以软件解决应用问题的理论、原则、方法和技术，以及相应的支持工具、运行平台和生态环境。软件科学与工程构成整个计算机科学技术的大部分，并与系统科学、控制科学以及经济学、社会学等相关科学交叉融合。

软件科学与工程的核心内容是以计算为工具的问题求解方法论，目标是达成效能、效率和价值的统一，其核心是驾驭以计算为手段和工具解决应用问题的复杂性的方法和工程。驾驭复杂性的关键就是合适的软件抽象，唯有凭借恰当的软件抽象，方能有效认知并合并建模软件的三个空间：以计算平台为集合的平台空间，以软件为集合的解空间，以应用需求为集合的问题空间。抽象是在理解和建模的基础上，在平台-软件、软件-需求间建立映射，为给定应用需求找到可在合适计算平台上高效运行的软件解。

以软件抽象为视角，软件科学与工程可大致划分为四个子领域，即软件语言与软件理论、软件构造方法、软件运行支撑、软件度量和质量评估。

(1) 软件语言与软件理论。软件语言的核心任务是建立通用的抽象机制，包括抽象的表示和抽象之间的关系，为问题空间、解空间和平台空间建模。软件语言包括程序设计语言、各类建模语言以及编程模型等，其中程序设计语言用于描述软件的计算行为，提供了基础的软件抽象；各类建模语言是对软件需求的定义，用于描述软件的功能规约和非功能规约；编程模型处于方法和思想层面，是对编程共性的抽象，以抽象为手段，以复用为目标，是程序设计时代码的抽象方式、组织方式和复用方式。一方面，程序设计语言需要提供更有效、更有力、更符合人类思维方式的语言设施，以降低软件开发的难度、提高软件制品的质量；另一方面，这些语言设施又需能被高效地实现以保证软件的执行效率。软件理论旨在构建正确、高效软件系统的理论和算法基础，包括可计算性理论算法、算法理论和程序理论等。

(2) 软件构造方法。软件构造方法的核心任务是建立问题空间抽象到解空间抽象的映射方法，构建解决方案、完成特定应用目标。其关键问题包括如何理解所面对的问题空间，如何理解当前需要软件来解决的问题并以此设计可能的解决方案，以及如何高效、高质量地开发出能满足需求的软件等。软件构造的方法包括软件开发的技术、管理等方面，形成了软件科学与工程的主要内容。

(3) 软件运行支撑。软件运行支撑的核心任务是建立解空间向平台空间的映射方法并构建平台空间抽象的计算实现。运行支撑系统包括操作系统、编译系统、中间件和数据库管理系统等，它们负责驱动下层计算资源有效运转、为上层应用提供共性服务，从而将计算平台的概念从硬件扩展到了软件层面上。

(4) 软件度量和质量评估。软件度量和质量评估的核心任务是将基于软件抽象的制品与服务及其构造、运行过程作为观察对象，度量、评估和预测其质量和效率等指标，通过定性和定量的手段发现软件模型开发和运行的规律，并评价解决方案对应用目标的满足程度。

这四个子领域是密切联系、相互作用的，贯穿其中的是软件泛型。每一个范型为软件工程师或程序员提供一套具有内在一致性的软件抽象体系，具化为一系列软件模型及其构造原理，并外化为相应的软件语言、构造方法、运行支撑和度量评估技术，从而可以系统化地回答软件应该“如何表示”“怎样构造”“如何运行”“质量如何”的问题。软件范型的变化将引起构造方法、运行支撑、度量和质量评估的一系列变化，带动软件科学与工程的发展。

1.1.4 软件科学与工程的发展

软件抽象是软件方法学的核心，探讨如何建立、实现和使用抽象，是理解软件科学及其发展的关键，是软件开发者认识问题、表达并实现解决方案的手段和方法，是软件科学的核心研究对象和软件工程的主要工具。软件抽象影响并决定了软件认知和表达的边界。软件科学与工程的中心问题是帮助开发者驾驭软件开发的复杂性，软件抽象是驾驭复杂性的主要手段。软件抽象是软件科学知识沉淀的载体和发展进步的标志，无论系统软件还是工程方法，均以其支撑或使用的软件抽象为主要特征。

软件可以看成现实世界中的问题及其求解方案在计算机上的一系列的符号表示。如何将现实世界表示为人和计算机都能够理解的符号系统是软件科学与工程最核心的问题之一，这就是软件模型及其建模问题。软件模型是解决方案(现实世界描述、问题描述及其求解方案)的抽象表示。软件模型组成了解空间，是将现实世界问题空间映射到计算机世界平台空间的桥梁，从人工科学的角度看软件模型的集合构成问题空间到平台空间的界面。构造软件模型的语汇是各类软件抽象设施，构造模型的方法是各类抽象的分解、组合和变换。

软件抽象设施集中体现在各种软件语言，特别是程序设计语言和建模语言，也包括程序框架、编程接口等。从结构上看，基于认知程度的不同，高层抽象可以分解为低层抽象，低层抽象可以组合或聚集为高层抽象。抽象之间还有不同语义保持度的转换，在表述问题空间、解空间和平台空间时，都可以建立或者定义所需的抽象，也可以使用已定义的抽象表述对象或者实现一个新定义的抽象。

软件抽象与数学抽象的不同在于它是可编程的单元并有计算的实现，以有效管理硬件平台、提升解空间抽象层次为目标，构成了软件运行支撑技术的主要内容，即软件技术；面向应用目标构建问题空间抽象并以系统化的方法映射到解空间，则构成了软件开发方法的主要内容；进一步通过科学观察，针对不同层次抽象的软件制品及其过程进行度量和质量评估，便构成了软件度量和质量评估的主要内容。

“软件定义一切”实质上是可编程思想在各个领域的应用，是一种以软件实现分层抽象的方式来驾驭复杂性的方法论，数字化使得几乎所有的设备都包含了独立或者集成的计算设备，完成“感知、判断、决策、执行”闭环的部分或者全部。这个改变是信息化发展的基础，使得现代设备和装置都具备编程控制的能力，推动了人们基于通用计算机的思维架构来理解和求解各领域问题。本质上“软件定义 X”意味着需要构造针对“X”的操作系统。未来的面向人-机-物融合的软件平台就是对海量异构的各种资源进行按需、深度软件定义而形成的“泛在”操作系统。

1.1.5　软件科学与工程的拓展

随着信息技术及信息化的快速发展，软件科学与工程逐渐成为一门基础性学科，并向其他学科渗透。基础学科是指某个拓展人类可认识改造的世界疆域之下不可代替的知识体系，它具有独特的思维方式和方法论，为其他学科发展提供不可或缺的支撑。首先，软件是把物理世界拓展为“信息-物理-社会”融合世界的主要手段。其次，“软件定义”赋能的计算思维有可能成为继实验观察、理论推导、计算仿真、数据密集型科学之后的综合性的科学研究手段，尤其是为以“信息-物理-社会”融合系统为对象的科学研究提供赖以运行的理论基础和实践规范。最后，以软件知识为主体的计算机教育已经成为包括我国在内的多个国家的国民基础教育课程体系的主要内容之一。

软件科学与工程的拓展来自软件应用范围扩张、计算平台泛化和软件方法/技术发展三个方面的驱动。

从软件应用范围扩张的角度看，计算变得无处不在，人-机-物三元融合不断深入。软件的角色也从负责应用过程中孤立确定的信息处理环节，转变为负责定义并协同整个应用涉及的人、机、物各类资源，实现应用价值。软件作为应用解决方案，涉及的范围扩展到各类物理设备、物品和人类的主观体验与价值体验。因而软件科学不可避免地涉及控制科学、系统科学以及心理学、管理学、经济学和社会学等范畴的问题，并以软件科学自身的方法论内化和拓展。

从计算平台泛化的角度看，计算平台从传统的集中式单机发展到并行与分布平台，再到今天的“云-边-端”异构多态计算平台。软件定义技术为这个人-机-物融合的平台提供可编程计算抽象。软件作为解决方案，在这个计算平台之上，利用数据资源，协同人-机-物，实现应用价值。同时也通过提供服务和进一步积累数据，不断拓展这个计算平台。

从软件方法/技术发展的角度看，软件的基本形态从计算机硬件的附属品，到独立的软件产品，转变到云化和泛在的软件服务。软件形态的耦合边界趋于模糊，开发运维一体化成为趋势，面向计算平台和应用需求变化和拓展的软件演化成为软件的常态。元级结构以及在基于规则的演绎之上发展的数据驱动的归纳，将成为超大规模软件体系结构的重要元素，各种场景的适应和成长是软件运行支撑发展的焦点。软件开发经历了从实现数学计算到模拟物理世界，将拓展到虚拟融合创造，人类社会和赛博空间的虚实互动使软件系统向社会-技术系统发展；对软件作为客体对象的考察从以个体进行生产使用为主扩展到生态层面上，进而转换为考虑软件及其利益相关者群体的竞争、协作等社会性特征。软件和质量评估的科学观察对技术的发展和软件生态的发展具有显著意义。

“数据为中心”是人-机-物融合时代最为突出的特征，数据工程和数据管理是未来软件构造运行支撑的共同沉淀。在数据工程方面，需要应对异构数据整理、数据分析和数据安全与隐私保护等挑战。在数据管理方面，需研究如何管理大数据，特别是如何利用新硬件混合架构来实现大数据的管理。

总之，软件科学与工程的发展呈现了纵横交错的发展态势，即共性沉淀和领域引领相辅相成的格局。这在人-机-物融合时代复杂多变的应用和开放平台上将更为显现。在已有共性方法上发展领域特定方法，进而反馈并带动新型共性方法的发展是学科发展的有效途径。在人-机-物融合及软件定义一切的大背景下，以卫星、流程工业控制、智慧城市、无人自主系统等为代表的重大领域都蕴含着平台再造和整合的发展机遇，即以软件作为万能集成器对相关系统原有的软硬件和服务资源进行解构然后以平台化的方式进行重构，从而建立软件定义的融合发展平台。此外，高性能软件系统专用工程软件也是软件学科的重要关注点，除了在支撑实现高端装备、重大工程和重要产品的计算分析、模拟仿真与优化设计等方面有重大应用价值外，其高性能、高精度、高定制的需求也将推动软件技术的发展。

1.2 软件科学与工程的新理解

与其他人工制品不同，软件是纯粹的逻辑产品，原则上只受可计算的限制，可以实现最纯粹的抽象，也可以支持最具扩展性的层次分解。回顾软件科学与工程的发展，贯穿始终的主题一直都是围绕建立抽象、实现抽象和使用抽象，以软件泛型为基础，软件构造方法、软件运行支撑、软件度量和质量评估相互促进、螺旋上升的过程。由于在应对复杂性方面具有独特优势，软件成为各类人造复杂应用系统的“万能集成器”，成为各类人造复杂系统的核心，并且这些系统的复杂性往往集中体现为软件的复杂性。

在软件作为基础设施、软件定义一切的背景下，软件进一步成为构造开放环境下复杂系统的关键。在研究方法学层面上，认识软件科学与工程的内涵要有新的视角，包括以驾驭复杂性为目标的系统观、以泛在服务和持续演化为特征的形态观、以人为中心的价值观，以及关注群体协作平衡的生态观。

1.2.1 复杂系统观下的软件科学与工程

软件系统观有三层含义：其一，软件系统是复杂系统，其规模之大、内部结构和关系的复杂、所处的开放性环境和创作软件的人的不确定性都使得现在的软件是一个庞大和复杂的系统；其二，使用系统论方法来解决软件的复杂性；其三，软件学科的关注点应上升为人-机-物融合的整个系统的价值实现。以系统观看软件科学与工程的发展，软件科学与自然科学、社会科学等各领域产生了错综复杂的联系，信息物理融合、软件社会化、大数据时代的软件新形态使得软件必然成为技术-社会系统，而该系统是人-机-物融合系统，其本质是系统之系统，是综合性、系统性非常强的复杂系统。

软件科学研究者和实践者在系统观方向上进行了很多探索，如基于复杂网络来认识大规模软件系统的整体性质、基于多 agent 的软件系统和方法、复杂自适应软件与系统、群体化软件开发方法等。基于数据驱动的软件性能优化、软件设计辅助方法在一些特定领域获得了成功，通过对软件代码大数据特别是动态运行大数据的分析，软件性能优化在云计算平台等一些特定场景中获得了成功。对于数据驱动的软件设计，人们不再遵循传统的自顶向下、分而治之、逐步精化的经典还原论法则，而是采用一种基于输入输出的黑盒的数据描述，训练出深度神经网络，充当所需要的软件部件。这种基于深度学习的方法从海量的样本中构建神经网络，其泛化能力可视为通过神经元系统的涌现而达成的功能。这些研究都在探索性阶段，还没有形成系统的软件方法论。

新的软件方法学的关键在于如何认识因果和相关。探寻因果是认知的必须。软件发展的人-机-物融合时代，人在回路、“拟人”计算、人机共融等方面需要关于软件规律的元级方法论创新。

软件与软件所处的环境和应用场景共同决定了软件功能、性能、安全性、可靠性等特性和价值，新计算环境下软件系统的建模需要新的建模技术，以处理物理环境和社会环境等“场景计算”，智能软件将作用于环境，并能适应环境变化和影响环境。基于大数据的智能的数据驱动方法将是一个重要的方向，大数据将成为人类触摸、理解、逼近现实复杂系统的有效途径。

新的人-机-物融合系统中，软件的语义向多尺度、可演化的抽象方向发展，向动态可演化、具有涌现特性的方向发展，以建立软件微观行为与宏观行为的辩证统一。面向人-机-物融合的认知软件，作为人工智能或者“智能+”的承载，将深化复杂自主系统的智能行为理论和方法，软件定义将成为人-机-物融合系统中学习赋能资源的管理途径。

现阶段复杂软件系统所面临的一个关键科学问题是对于人-机-物融合系统的建模与分析，表现为两个方面：一是复杂系统论驱动的软件系统的观察和度量方法；二是超出经典算法和程序理论范围的软件理论。在操作层面上，复杂系统观下软件方法学的研究有紧密联系的两个抓手。

第一，以复杂适应性软件系统为抓手，拓展与控制理论的交叉，形成元级反射和学习赋能相结合的元级化理论，以此研究泛在操作系统的基本理论、关键技术和实现平台，为人-机-物融合的资源和应用场景建模提供计算的平台抽象。中国科学院院士梅宏等指出了面向未来人-机-物融合泛在计算的新模式和新场景，一类新型操作系统——泛在操作系统正在出现并处于探索成型期。人-机-物融合泛在计算环境多变、需求多样、场景复杂，需要对硬件资源、数据资源、系统平台及应用软件等进行柔性灵活的软件定义，以支持泛在感知、泛在互联、轻量计算、轻量认知、动态适配、反馈控制、自然交互等新应用特征。

第二，推进数据驱动软件开发方法的发展，突破大数据分析的可解释性和常识推理问题，为涌现现象规律的认识、解释、设计建立基础理论和方法。人-机-物融合超大规模系统的基础是多自主体形成的协同与自组织以及自适应结构和能力、网络化产生的大数据和数据语义。软件作为复杂系统乃至复杂巨系统，软件科学将与复杂系统科学共同发展。软件方法学将吸收复杂系统科学成果，并支撑复杂系统科学的发展。

1.2.2 泛在应用下的软件科学与工程

C++语言发明人 B.斯特劳斯特卢普(Bjarne Stroustrup)认为：人类文明运行在软件之上。软件现今已成为支撑现代化信息社会的基础设施。随着互联网向人类社会和物理世界的全方位延伸，一个万物互联的人类社会、信息系统、物理空间(人-机-物)融合泛在计算的时代正在开启。泛在计算是指计算无缝融入物理环境，无处不在、无迹可寻。泛在计算的环境多变、需求多样、场景复杂，要求硬件资源、数据资源、软件平台、应用软件具有柔性灵活的软件定义能力、动态适配能力、泛在互联能力和自然交互能力。软件定义一切使得软件全面接管人类社会以及物理社会中的各种资源，以各种形式的接口对外提供服务，软件范型向网构化、服务化和数据驱动的方向发展，按需灵活提供资源和服务。

在云计算和大数据的技术背景下，“人-机-物”三元融合的应用模式对软件系统的自适应和持续演化能力提出了新的需求。快速响应环境的动态变化和需求变更以实现软件持续演化，以使软件具有长生命周期，这也是当前国际学术研究的新热点。以敏捷开发为代表的快速迭代开发方法、云平台的发展以及基于云的应用催生出开发运维一体化的技术，使得软件演化越来越频繁，软件迭代周期越来越短。云平台持续收集用户的行为和反馈，并形成软件用户大数据，从而形成基于数据驱动的软件演化、持续优化和改进的新模式，软件逐渐从开发人员主导的被动演化转变为基于内生机制的持续生长。

万物互联、软件定义一切的时代，软件应用泛在化和持续演化成长的新特征对软件科学与工程产生以下四个方面的影响。

第一，以软件定义的人-机-物融合应用的方式，即“软件定义+计算思维”模式实现用户需求，并以最终用户编程的方式面向应用场景按需构造。这需要软件科技工作者为支持人-机-物融合的泛在服务软件提供通用的编程抽象支持最终用户编程，而最终用户必须具备基于计算思维的问题解决方案规划和构造能力。

第二，适应泛在计算的专用化或者变换的计算设备和运行平台是软件的普遍要求，这需要软件具有迁移能力，软件平台需要具有预测和管理未来硬件资源变化的能力，能适应硬件、底层资源和平台的变化，甚至相对独立的长期生存演化。

第三，内生的持续自演化、可生长能力成为软件的基本能力。这就需要通过智能化方法设计可适应环境的算法和策略来优化运行，并通过各种生成和合成能力不断增强软件自身的功能。

第四，软件与人将在不断汇聚的群体智能中实现融合发展。软件对人类经济生活的渗透之广，使得人类越来越依赖软件。软件平台收集用户行为和反馈数据，通过大数据的分析和预测，形成了具有群体智能的软件服务于最终用户，这使得软件具有灵性和人性，未来软件学科及其相关研究需要更多地考虑人机融合，考虑群体智能在软件中的应用。

另外，泛在应用下面临的主要软件科学问题是如何面向最终用户场景、通过人-机-物资源的按需融合与自适应、自演化持续满足用户的多样化需求。这一问题的解决依赖于编程语言及系统软件支撑、软件构造方法、软件演化与维护方面等多个层面的方法和技术发展。

首先，最终用户是人-机-物融合应用的使用者，同时也直接参与，在其所见的人-机-物资源视图上构造应用。这方面涉及的科学问题是如何面向最终用户提供基于软件定义的建模方法，并提供相应的编程模型和语言。技术层面包括发展示教编程、图形化编排等面向非专业开发者的最终用户编程方法以及相配套的工作环境。

其次，软件应用泛在化要求各种通用目的开发的软件以解构再重构的方式，以用户为中心按需分布到泛在化、专用化的计算设备和运行平台上，从而适应应用按需融合与自适应、自演化的要求。这方面的科学问题在于如何为“解构再重构”建立抽象。技术层面包括：如何通过新型编译器、翻译器及系统软件工具支持遗留软件系统实现面向不同专用硬件和平台的高效定制与裁剪；如何构建新型的泛在操作系统，支持泛在环境下软件部件的高效动态部署和运行。

再次，软件应用的持续生长要求软件以更加柔性的方式构造，同时以更加智能化的方式实现软件的动态构造和更新。这方面的科学问题在于如何构造软件适应性演化、成长性构造的体系结构和核心机理，技术层面包括：如何通过运行时模型实现软件功能和策略的运行时定义；如何基于用户行为和反馈数据实现对于软件用户满意度及环境适应性的评价；如何根据用户目标、代码上下文及运行时反馈实现程序的自动合成和适应性调节。

最后，软件作为“万能集成器”，扮演着人-机-物融合时代万物互联平台的重要角色，向下通过软件定义的方式接入各种人-机-物资源，向上支撑面向最终用户的人-机-物融合应用场景的实现。这方面的科学问题在于如何支持跨越人-机-物三元空间的统一的数据流、控制流和状态空间抽象及运行时代码自动生成。技术层面包括：如何将传统软件系统中局限于确定系统边界之内的人-机-物交互建模和实现方式扩展到面向开放系统的场景；如何面向用户需求实现人-机-物资源的统一调度并确保开放环境下的可信交互。

1.2.3 价值观下的软件科学与工程

传统的软件质量观是以软件制品为中心，软件制品的内外部质量需要进行进一步的强化和扩展，将软件在整个系统中的角色从负责信息处理转变为实现应用价值的主要载体，要求对软件质量的理解从以软件制品为中心转变到以人为中心。传统的软件质量着重于系统质量，对使用质量关注不多，系统属性一般是客观的。软件的价值观建立在传统的软件质量观的基础上，一方面强调用户体验，另一方面使软件所带来的社会影响越来越大，使软件所体现的价值上升到整个社会的观点和看法。以上几方面促使传统的软件质量观转变为“以软件制品为基础，以用户体验为中心，以社会价值为导向”的价值观。

软件的价值要素有以下几个方面：可信性、安全性、伦理和持续性。

(1) 软件系统的可信性对于整个社会系统至关重要。软件系统的可信性包括软件本身可信和软件行为可信两个方面。软件本身可信指的是软件的身份和能力可信，软件开发过程提供可信证据，对软件及其组成成分的来源和质量进行自证；软件行为可信指的是软件运行时行为可追踪且记录不可篡改。软件形态日趋多样，自身以及运行环境的复杂性越来越高，加剧了软件系统的可信性面临的挑战。

(2) 软件系统的安全性要求为人类活动和生存环境提供必要的安全保障，包括功能安全和信息安全。功能安全是指能及时有效地避免给人员、设施、环境、经济等造成严重的损伤，信息安全是指系统保护自身免于入侵信息的非法获取、使用和篡改，具体包括机密性、完整性和可用性三个方面。泛在计算平台上的软件与软件、软件与人的交互无处不在，软件个体可影响整个泛在网络计算平台的行为，软件个体的漏洞等故障容易扩散。软件作为基础措施，参与并掌握了很多关键领域的资源，其安全性会给整个系统甚至人类社会带来致命的威胁。因此，安全性随着软件作为基础设施的现状变得越来越重要。

(3) 软件系统的伦理指软件系统的行为应符合社会道德标准，不会对个人和社会产生负面结果。作为人类价值的重要载体，软件的行为体现了人类价值观，且由于软件的泛在化，人类价值观往往通过软件影响人类社会。社会道德定义了一定时间范围内人们的行为规范，可具体表现为无歧视、尊重隐私、公平正义等，并最终体现在软件系统的具体行为中。

(4) 软件系统的持续性指的是软件系统在持续不间断运行、维护和发展过程中，始终提供令人满意的服务的能力。这是软件支撑基础设施服务的基本要求。为满足不断增长的应用需求，软件系统必须具有开发扩张能力，即能集成各种异构的技术及子系统，支持各类软件制品的及时加载和卸载，对内部状态及外部环境变化的感应、自主响应和调控机制，以及个性化服务的定制。

人-机-物融合的趋势下，可信性、安全性、伦理和持续性价值要素与软件开发运行维护过程融合发展，面临以下四个关键科学问题。

(1) 软件承载人类价值观的方式是什么？如何将软件具有的四种价值属性通过软件需求、设计、实现和测试等活动展现出来？

(2) 复杂开放环境下价值度量模型是什么？如何收集评估软件价值要素的证据？如何在软件开发过程的各活动中支持动态的价值定义？

(3) 如何设计保持持续的价值保障机制？

(4) 如何协调人-机-物融合下，利益相关者的价值冲突？如何通过软件的自适应和自演化实现动态的价值调整？

1.2.4 生态观下的软件科学与工程

软件的开发、运行、维护和使用涉及三大类元素：具有开发态和运行态的软件制品；包括开发者、使用者和维护者等的软件涉众；承载软件制品开发和运行等活动的软件基础设施。这些元素彼此相互作用、相互依赖形成复杂的生态系统，需要研究生态化观点下的软件科学问题，因此需要从以下三个维度来刻画软件生态系统。

第一，软件生态系统中软件涉众、软件制品和软件基础设施各实体之间、类之间都存在网状依赖关系的供应链关系。软件开发从过去的个体作坊到不同组织内或组织间人员参与的组织化开发，软件基础设施的网络化与智能化逐渐形成数以万计相互依赖的软件形成的供应链和庞大的生态系统下的社会化开发。规模指数级增长的软件项目及其之间庞杂的依赖关系，使得供应链的复杂度激增，亟待解决的重要科学问题是如何理解大规模代码和项目的供应链行为并加以利用，其目的是帮助开发者和使用者提高效率并规避风险，包括利用供应链高效地找到可依赖的或可替代的高质量软件构件、工具和平台，及时发现供应链中的脆弱点并避免因此带来的潜在风险。

第二，参与软件生态系统的开发者、用户或企业都具有很强的社会性，基于软件供应链，复杂生态系统是由人类智能和机器智能交互融合实现的，分布在全球的开发者和用户的人类智能和支持分布式开发和使用的软件工具与基础的机器智能，支持生态系统向群体混合智能发展。因此，涉及以下问题：复杂生态系统中群体如何协作，协作行为如何发展以提高协作效率？如何建立技术和机制来协调群体之间的依赖和消解冲突，使得群体协作活动不断发展和演化且可控？

第三，如何形成软件生态系统，并且在外界环境和内部环境不断变化的条件下，如何持续发展软件生态模式以理解软件生态的形成要素和可持续发展的机制机理，以塑型和发展软件生态系统，以理解更通用的生态性质。因此，产业生态如何形成、如何实现可持续发展，这是软件生态系统的另一关键科学问题。

1.3　软 件 科 学

软件科学包括计算理论和程序理论两部分。算法设计和分析技术确保构建高效的软件系统，计算机复杂性理论可以确保算法的性能、理解计算的本质与界限，算法与计算复杂性理论是软件科学乃至计算机科学的根基。软件作为信息化社会中的基础设施，需要不断提高质量，著名软件工程师多伊奇(L. Peter Deutsch)提出：高质量的软件需要进行一定的形式(数学)分析，以确保算法的效率和正确性。

最近十几年，由于物联网、大数据、人工智能、区块链等新技术的兴起，软件应用需求和运用场景等都发生了巨大变化，这对软件科学提出了一系列新的需求和挑战，同时也提出了应对相应挑战的新的研究内容。

软件运行环境和硬件平台的变革为软件科学带来挑战。一方面，CPU(central Processing Unit，中央处理器)处理能力和网络带宽的大幅提升，使得以往受限于计算或通信能力的技术变得更具有实用性，编程模型、程序分析和验证技术为软件理论的发展带来了新的驱动力。另一方面，硬件平台和运行环境的变革也带来巨大挑战，给软件的规约、建模、分析和验证带来困难。多核处理器的普及促进了并发程序的开发，但对高效并发算法的验证缺少理论和工具的支持。其他还包括搭载异构芯片的处理器、云平台上数据一致性的形式化规约和验证、量子计算环境下程序的规约和验证等。

软件基础性地位的提升为软件理论带来挑战。软件作为基础设施日益深入到社会经济生产生活的方方面面，相应地，对软件可靠性的要求变得越来越高。人们开始期望那些在以往仅仅针对特定算法和协议的验证技术能够应用于代码级的完整的全栈系统验证，特别是低层系统软件的验证，如操作系统内核、编译器、密码算法和协议等。同时软件复杂度的提升，对于可信软件的自动化开发和验证技术也提出了更高的要求。

1.3.1 新型计算模型及其算法与程序理论

新型软件应用为软件科学带来挑战，急需新型计算模型及其算法与程序理论。随着现代计算机科学进入大数据时代，建立在多项式时间复杂度的图灵机计算模型和最坏情况复杂度分析基础上的传统算法与计算复杂性理论，在新的计算框架与新的问题求解标准上，都面临新的挑战。

新的软件应用需要收集、处理甚至实时处理大数据，这需要处理大数据的相关新型算法和复杂性理论以支持大数据高效处理。在计算模型方面，新软件应用面向大规模的实时动态输入数据，多项式时间复杂度图灵机计算模型框架已经难以准确刻画基于大数据的高效计算，因为需要处理并行、分布式、低通信、在线计算、动态输入、局部计算与采样等多种计算模型上的约束。随着数据科学的发展，计算更关注整个解空间宏观特性的以数据科学为导向的新型计算问题，另外面向大数据的计算通常针对特定分布的真实数据，且可接受各种形式的近似，传统基于最坏情况复杂度的分析方法已不适用。

因此，现如今需要研究并行、分布式、低通信、在线计算、动态输入、局部计算等约束下的算法设计与分析范式；需要发展数据依赖的算法设计和参数复杂性等非最坏情况复杂性分析，并允许随机与近似计算；研究大数据计算模型中的计算复杂性下界与分类，特别是亚线性时间开销算法以及精细计算复杂性理论；研究推断、学习、统计、采样、度量和表示等数据科学的计算原语，以及在大数据环境下有理论保证的高效算法和技术复杂度分析；研究满足隐私性、公平性、容错性等理论保障的高效算法设计与分析。

2014 年以来，计算机新的体系结构，如多核 CPU、GPU(graphics processing unit，图形处理器)异构芯片以及计算能力大幅提升，特别是计算能力集中的云平台的出现，对程序设计有其特定的要求，也对程序验证提出了新的挑战。

首先，多核处理器的关键技术核间通信在计算机系统与结构研究领域十分热门。不同的多核处理器核间通信的根本方法是使多核处理器中各个内核之间相互协作和通信，这样才能提高处理器的速度和性能，其中各内核之间与主存之间的数据一致性才是保证各内核之间正常通信的重要通信机制。因此，针对不同用户需求选择合理的核间通信方案非常重要。

其次，多处理器架构对程序本身的内存模型分析和设计带来新的挑战。多处理器的流行让并发编程成为一种基本的编程技巧。经典多任务并发模型是基于共享内存和锁的同步机制，这给并发程序设计带来了数据竞争、原子性违背、死锁、活锁等各种问题。软件事务内存(software transaction memory，STM)、事件驱动的并发模型、基于消息传递的并发模型等新型并发编程模型逐渐提出。然而从易用程度和程序效率的需求看，现有的编程模型仍然无法代替经典的共享内存并行。并发编程的另一大挑战就是内存模型问题，任何一个并发编程语言都需要描述其内存模型，程序语言的内存模型规定了在程序执行的过程中内存访问是如何发生的。大多数的硬件和编译系统都是基于弱内存模型的假设，即内存访问并不是严格按照程序顺序执行以支持各类优化，但是这一假设对多任务的程序行为产生影响，加之编译器优化的复杂性，使得高级语言定义内存模型的工作仍然是一个开放性的问题。例如，Java 和 C++现有的内存模型仍然存在各种问题。因此，这些内存模型的形式化定义和改善成为当前研究的一大热点。

分离编译对由多个程序模块组成的并发程序十分重要，它将每个程序模块独立地编译之后链接成完整的可执行程序，正确的编译过程应能确保目标程序与源程序的行为一致。其次，多处理器架构引发了并发程序数据一致性问题。并发线程的执行存在不确定性，传统的测试方法很难发现多线程并发程序对共享资源的访问冲突问题。多核平台下的弱内存模型则使得多线程间数据访问的一致性难以保证，并发数据结构实现的可线性化验证问题已经取得了一定进展，可线性化条件对有界多并发是可判定的，但对无界多并发程序是不可判定的。

再次，新型计算平台引发了分布式系统数据一致性分析的挑战。云平台中通常处理数据是大量的，为了提高系统的容错性，往往采用地理上分布的多拷贝数据，这使得系统开发需要面对数据一致性、可用性和对网络分割的容忍性三者不可兼得的经典问题，需要在三者中做出取舍，取得合理折中。考虑到强数据一致性(串行一致性)的实现对效率影响较大，实际往往根据业务特点来适当放松对一致性的保证。这样带来的结果是：一方面系统中可能存在多种一致性问题；另一方面应用级程序员在使用弱一致性数据的时候，难以保证程序业务的正确性。如何在编程语言和模型中既支持多种一致性，又能简化编程负担，且对程序的可靠性和正确性给出指导原则与分析验证技术是当前研究的一个热点。

云计算、边缘计算等新计算范型的出现急需新型分布式计算理论和新型计算抽象模型、编程模型，云端融合计算和云边端融合计算是当前主流计算范型，云(边)端融合计算的发展需要新型的分布式计算理论以及新型的编程模型，国内学者对云端融合计算的某些方面做了探索。邬江兴院士对异构并行编程模型的研究进展、异构并行计算需要解决的关键问题和异构体系架构的发展方向等做了综述。

最后，泛在专用化计算平台对程序分析和验证带来了异构性和适应性挑战。面向通用目的开发的软件需要以“解构再重构”的方式，以用户为中心，按需分布到泛在化、专用化的计算设备和运行平台上，从而适应应用按需融合与自适应、自演化的要求。相应的软件构造理论需要为“解构再重构”建立抽象，使得各类系统可以通过软件定义的方式对原有的软硬件和服务资源进行解构，然后以平台化的方式进行重构。对于软件分析和验证而言，软件模型与性质的表达需要伴随软件本身一起实现面向不同专用硬件和平台的高效定制和裁剪，软件整体性质的分析与验证需要随着平台化的重构，以一种动态适应性的方式实现。

因此，基于异构多态的泛在计算，需要研究的内容包括：新型体系结构下支持编译优化、多线程程序设计、使虚拟机性能提升的内存模型的形式化定义；多处理器架构的并发程序可线性化问题、可线性化在有界与无界并发线程操作中的可判定性问题、大规模并行程序的分析与验证等。

1.3.2　信息物理融合系统的建模与分析

信息物理融合系统(cyber-physical systems，CPS)和互联网应用使得既有离散时间又有连续状态变化的混合系统的建模、分析和验证成为难以回避的挑战。CPS 涉及多种计算现象，是复杂的异构系统，其复杂性主要体现在单点技术特性复杂、系统结构复杂、系统规模庞大等方面，且具有高度随机性和不确定性。系统的行为可以根据环境的改变进行动态调整，其规约建模和分析验证等需要不同于传统软件的理论和工具支持。

在规约建模方面，需要研究跨领域的信息物理融合系统建模方法，从不同关注点对并发、混成、实时、随机、涌聚等复杂行为构建具有严格数学语义的模型，支持对系统层、实现层、逻辑层、线路层等不同抽象层次的建模，并为其建立统一语言模型和模型精化理论；需要研究能够描述复杂异构系统的规约逻辑，支持在不同抽象层次上精确定义系统各种复杂行为的性质，为后续开发、测试、仿真和验证提供基础。在分析验证方面，要求探索新的支持信息和物理紧密融合的测试、仿真、验证和确认技术，要能够处理开放网络环境下通过感知环境、通信及控制结构实现的高度并发性、实时性和高度不确定性，特别是要研究针对时延、随机、涌聚等复杂行为的验证技术和工具。

1.3.3 人-机-物融合系统的建模分析与验证

人-机-物三元融合强调的是物理空间、信息空间和社会空间的有机融合，物理空间分别与信息空间、社会空间源源不断地进行信息交互，而信息空间与社会空间则进行着认知属性和计算属性的智能融合。人-机-物三元融合的核心是人工智能，人机关系是三元协同的关键所在，当两者认知贴合并能协同有效地开展工作时，就像为三元融合添加“马达”，在智慧大脑的引领下推动其有序而良性地向前发展。因此，人-机-物融合系统（human cyber-physical systems，HCPS）是信息物理融合系统与泛在计算（或智能环境）及社会系统（社会计算）的深度融合。人以个体或群体形式深度参与物理或信息进程，对物理进程及软硬件的操作和控制可在人与机器间自由切换。目前，HCPS 的软件理论与方法研究尚在初期。建立人-机-物融合系统的方法、技术和工具并实现人-机-物在网络环境中的融合，需在以下研究方向和问题上实现突破：从社会学或者计算社会学角度研究人-机-物融合系统中人的行为模型和整个系统的数学模型，以定义人-机-物融合系统体系架构中的构建模型及其实时交互、并发和不确定性的语义；人-机-物融合系统的体系架构建模理论，支持基于接口契约的人-机-物融合系统模型及其组合精化与分析验证理论，以支持异质 HCPS 子系统的集成与统一语义的定义；各粒度 HCPS 构件的可编程接口模型的定义，软件定义 HCPS 的程序设计模型、规约语言、程序语言及安全运行机制的构建，以支持不同领域中信息物理设施的管理、控制与协同以及大规模 HCPS 的研发与运维。HCPS 模型的功能安全性、鲁棒性、自主性的规约与验证，以及对容错、信息安全性、隐私保密和可恢复性的需求规约与验证；人-机-物融合系统的有益与有害涌现行为的定义、有益涌现行为的设计和验证、有害涌现行为的预防；HCPS 构件模型的架构操作，以供信息隐藏、适配转接、数据类型转换等抽象；智能系统的可信性、可组合性和可控性，以支持人-机-物融合系统中机器智能与人类智能的交互，人-机-物融合系统在可信与安全有关领域应用。

1.3.4　智能软件系统分析与验证

人工智能的发展使得基于大数据挖掘有价值的知识成为软件必备功能，因此不确定性的知识表示和推理成为一种常规计算，这给算法和复杂性理论、编程模型以及软件的可靠性分析等带来了众多问题。

使用机器学习技术的智能软件系统是近期出现的主流新型软件之一。机器学习实现的是(不完全)归纳推理，具有内在的不确定性。基于深度神经网络(deep neural networks，DNN)的统计机器学习 2019 年获得重大进展，但其行为缺乏可解释性，将训练好的 DNN 模型提供给第三方作为软件使用时，其可靠性成为尤为突出的问题。如何针对这类软件建立合理、适用的软件可靠性理论框架并给出高效的分析与保障方法，是亟待深入研究的问题。当前针对 DNN 的对抗样例生产和鲁棒性分析引起了广泛关注，但目前报道的进展展示了问题的严重性和困难性。

研究者 Colbrook Matthew 等(2022)证明存在具有良好近似质量的神经网络，但不一定存在能够训练(或计算)这类神经网络的算法。这与图灵的观点相似：无论计算能力和运行时间如何，计算机都可能无法解决一些问题。也就是说，哪怕再优秀的神经网络，也可能无法对现实世界进行准确的描述。不过，这并不表明所有的神经网络都是有缺陷的，而是它们仅仅在特定情况下才能达到稳定和准确的状态。他们同时开发了一个新的模型——快速迭代重启网络(FIRENETs)，能够在应用场景中同时保证神经网络的稳定性和准确性。一方面，FIRENETs 所计算的神经网络在对抗扰动方面具有稳定性，还能够将不稳定的神经网络变得稳定；另一方面，它在保持稳定性的前提下还取得了高性能和低漏报率。

1.3.5　面向软件分析和验证的自动推理与约束求解

为了促进形式化方法的使用，提高其自动化程度和可扩展性，更好地对大规模软件系统进行形式化分析和验证，需要研究自动推理与复杂约束求解的技术和工具。

在定理证明方面，应研究各种逻辑和形式系统的表达能力，以及相关推理问题的可判定性、复杂度、提高定理证明器的自动推理能力和智能化程度。具体研究内容包括：引入针对特定逻辑的判定过程，以提高交互性定理证明的自动化程度；结合机器学习等技术设计高效的启发式搜索方式，实现目标导向的智能化证明搜索；研究如何发现有价值的猜想，在交互式定理证明过程中如何构造合理的引理；研究神经-符号融合方法，在定理证明中引入一定的表达学习能力。

在约束求解方面，需要研究多种理论的高效判定算法，以处理多种形式的约束条件。具体研究内容包括：研究高效推理与启发式搜索结合的混合求解算法框架，以处理大规模高维度的 SMT(satisfiability modulo theories，可满足性模理论)公式；针对非线性算术、字符串等复杂理论，设计高效的判定算法；研究增量式的 SMT 求解算法，提高连续多次求解的效率，研究 SMT 公式不可满足核的快速抽取和枚举方法。除了可满足性判定以外，还可针对优化和解计数等问题，研究其高效算法，实现对软件系统从定性分析到定量分析的扩展。

1.4 软 件 工 程

1.4.1 软件危机与软件工程

1968 年北大西洋公约组织在德国召开研讨会，讨论了如何应对当前面临的“软件危机”，会后发表了题为“软件工程”的报告。软件危机是指，在所需时间内编写出质量高、成本低的计算机程序存在很大困难，导致软件开发出现许多问题。软件开发周期长、成本高、质量差、维护困难是软件危机的基本特征。

软件危机产生的主要原因有以下五个。

(1)随着软件规模的增大，其复杂性往往呈指数级升高。为了在预定时间内开发出规模庞大的软件，必须以多人分工、协同工作的模式进行软件开发。然而保证将多人完成的程序集成在一起，形成一个能够满足用户需求的软件系统，是一件极其困难的工作。其原因在于该过程涉及软件开发的分析方法、设计方法、编程方法、维护方法和科学管理方法，这些方法的知识在当时还是欠缺的。

(2)软件开发人员与领域用户的交流存在障碍，除了知识背景的差异，缺乏合适的交流方法和需求描述工具也是一个重要原因。这使得获取的需求不充分或存在错误，在开发的初期难以发现，往往在开发的后期才暴露出来，使得开发周期延长，成本增加。

(3)缺乏软件开发的经验和有关软件开发数据的积累，使得开发工作的计划很难制订。通常情况下是开发人员主观盲目地制订开发计划，而该计划与实际情况相差甚远，导致预算经常被突破，工期一拖再拖。

(4)缺乏有效的软件评测手段，提交给用户的软件质量差。

(5)软件开发过程不规范，缺乏方法论和规范的指导，开发人员各自为政，缺少整体的规划和配合，不重视文字资料工作，软件难以维护。

这次会议是软件工程学科奠基性的会议，讨论了软件开发涉及的诸多问题：软件与硬件的关系、软件设计、软件生产、软件分发以及软件的服务等。所讨论的核心议题也是软件工程学科经久不衰的开放性挑战问题：①获取正确的软件需求；②设计合适的系统架构；③正确和有效地实现软件；④验证软件的质量；⑤长期维护具有目标功能和高代码质量的软件系统。

这次会议上，首次提出“软件工程”的概念，试图将工程化方法应用于软件开发。科学家经过多年实践，最后得出一个结论：按工程化的原则和方法组织软件开发工具是有效的，是摆脱软件危机的一条主要出路。

历史上人们曾经给软件工程下过许多定义。

软件工程可以被认为是“为了经济地获得可靠的和能在实际机器上高效运行的软件，而建立和使用的健全的工程原则”；也可以被认为是“运用现代科学技术知识来设计并构造计算机程序及开发、运行和维护这些程序所必需的相关文件资料”。IEEE(Institute of Electrical and Electronics Engineers，电气及电子工程师学会)给的定义：软件工程是开发、运行、维护和修复软件的系统方法，其中软件的定义为计算机程序、方法、规则、相关的文档资料及在计算机上运行所需要的数据。

2010 年教育部高等学校软件工程专业教学指导委员会在 2010 年制定的《高等学校软件工程本科专业规范》中对软件工程的定义为：应用计算机科学理论和技术以及工程管理原则和方法，按预算和进度实现满足用户要求的软件产品的定义、开发、发布和维护的工程或进行研究的学科，其主要强调的是用工程化和系统化的方法进行软件开发。

从问题求解的角度，理解软件工程需要同时回答“how”(如何进行)和“what”(要做什么)。软件工程应该是艺术、规范、工艺、科学、逻辑和实践的结合，首先需要基于科学的洞察去综合(即构建和构造)软件，其次需要分析(即学习和研究)现有软件技术，以探清和发现可能的科学内容。他特别强调的几个与众不同的关注点，包括：①软件工程的目的是理解问题领域、解决现实问题并为这些通过计算来解决的问题开发计算系统，建立软件解决方案；②软件工程应包含三个分支即领域工程(理解问题领域)、需求工程(理解问题及其解决方案的框架)、软件设计(实现想要的解决方案)。

综上所述，软件工程要解决的问题是：如何高效高质地开发出符合要求的产品。其中包含三个方面的含义：①软件工程的产出是软件产品，这决定了软件工程学科的研究对象。②软件工程需要高效高质地开发出这类产品。工程化是使产品开发得以高效高质的手段，工程化不仅包括工具和方法，也包括过程方面的内容。软件过程是软件开发的一种规范化流程，并定义了软件开发中采用的方法和技术。一种好的软件过程可以促进软件开发的顺利进行，并能够尽量保证软件质量的提高。方法指导软件开发在技术上需要如何做，工具为过程和方法提供了自动或半自动的支持。③软件产品要用于解决现实世界的领域相关问题，它的使用要能为相关领域带来价值。进一步地，对领域价值的评判超出狭义软件工程的范畴，其范畴扩展到了应用领域中。因此，领域工程进入广义软件工程学科范畴，同时需求工程成为领域工程和狭义软件工程之间的桥梁。

软件工程知识体系由 IEEE 计算机学会职业实践委员会提出，包括软件系统设计和实现、基础性知识领域和软件工程职业实践三大部分 15 个知识领域。软件系统设计和实现知识领域包括软件需求、软件设计、软件构造、软件测试、软件维护、软件配置管理、软件工程管理、软件工程过程、软件工程模型和方法、软件质量；基础性知识领域包括软件工程经济学、计算基础、数学基础和工程基础。可以将软件系统设计和实现知识领域分为软件工程方法、软件过程、软件质量和安全保障、软件工程工具四个维度。

软件工程与传统的工程学科相比，最大的不同在于它的跨行业性。领域工程和需求工程就是解决软件的跨行业性问题。如何理解所面对的问题领域，即领域工程；如何理解需要用软件技术来解决的领域问题，即需求工程。在当前正在开启的人-机-物融合时代，软件工程的跨行业性显得尤为突出，这是软件能够渗透进各行各业，并通过行业应用体现其价值的关键。

软件工程包含的主要内容有开发技术和工程管理，其中开发技术包括方法学、软件工具、软件工程环境；工程管理包括管理学、经济学、度量学。因此，软件工程是一个交叉的学科，计算机科学与技术是软件工程的技术支撑；数学提供了软件工程研究，特别是定量研究中所需的数学工具和理论支撑；管理科学和生态学为复杂软件系统的系统化和工程化管理，以及软件开发和应用生态的建立与可持续性发展提供指导；系统科学是软件工程应对复杂领域问题的系统方法学。

1.4.2 软件工程面临的挑战

在软件定义一切的时代，人-机-物融合系统新需求和新的运行环境大幅提高了软件系统的规模和复杂性，因此新时代下，软件发展的核心是管理复杂性，软件工程的目标是通过控制复杂性来高效、高质量、低成本地开发和演化软件系统。新时代下提高软件开发和演化自动化程度依然是控制软件复杂性的有效手段和途径。软件开发和演化的外在条件随着需求和技术不断发展，新的问题不断出现，扩展了软件自动化方法和技术的研究空间。软件开发方法和技术研究面临的重大挑战主要包括：复杂场景分析和建模、群智开发和开发运维一体化。

1. 复杂场景分析和建模

人-机-物融合计算出现在智慧国家、智慧城市、智能网络控制等系统中，对人-机-物计算的分析和建模存在的主要挑战如下。

首先，人-机-物融合计算系统规模与复杂度与日俱增。例如，现代汽车中基于软件的功能在不断地增加。2007 年经典高端轿车包含大约 270 个与驾驶员互动的软件实现的功能，而最新的高端轿车包含超过 500 个功能，且代码规模由 66MB 左右增加到 1000MB。随着软件功能数量和规模的增加，复杂度增加。软件系统各个子系统，如制动系统、发动机管理系统、驾驶辅助系统等，具备更细粒度的功能，以及子系统之间密集的交互，使整个系统的复杂性大大增加，对系统的分析和建模需要从方法学和技术上进行全面提升。另外，软件与硬件、软件与人的交互越来越紧密并具有持续性，新型软件系统运行在具有先进技术的硬件上，一方面，各类嵌入集成电路且带计算能力的设备的增加，使得用户能像调用软件一样灵活地调用设备；另一方面，硬件设备中嵌入软件功能，为许多设备提供了新颖的功能，这需要采用系统的方法来设计具有计算节点的大型网络化系统，如万物互联网络，这类网络有数量庞大的传感器等设备来实现实时数据采集，同时设备之间又相互交互，产生大数据，进而催生了处理实时大数据的系统感知与控制智能设备，感知环境信息，并智能地为人类提供便捷服务。在新型人-机-物互联系统，人的行为和意图将是系统分析和建模的重要关注点。人的日常生活已经离不开互联网，离不开社交软件，微博、微信、抖音等文本、语音、短视频等人类之间的交互数据呈指数级增加，这些都需要在系统设计和分析建模时考虑智能人的行为。

其次，复杂场景分析与建模需要处理开放和不确定环境。万物互联、人-机-物融合计算系统交互环境具有动态变化性、开放性和不确定性。例如，智能城市系统中，各类数据从不同数据源获得，形成城市异构数据，新型软件系统需要智能分析和处理这些异构数据，并得到有价值的信息。又如，通过部署在建筑中的传感器检测建筑安全性，预测危险；通过感知人的生命体征，提供紧急医疗服务和监测慢性病。可用设备的不断更新又促使系统提供新服务或移除不再有效或已被取代的服务，利用网络环境提供新的服务，这些更新后的服务是软件系统设计时不可能预见到的。因此，建立在不断变化的服务空间上的人-机-物融合系统的环境永远不会是封闭的，而是开放的。总之，运行环境的开放性、变化性和不确定性需要从方法学和技术层面进行支撑。

再次，人-机-物融合系统需要具有情境感知和适应性功能。例如，交通电子导航系统和汽车辅助驾驶系统，不仅要适应各种交互和运行情境的动态变化，还要能够在遇到变化时继续可靠地执行。软件系统的分析与建模需要考虑在线决策能力。

最后，人-机-物融合系统需要特别考虑系统内生安全性，即安全和隐私。系统在与人和物理环境直接交互的过程中，需要保护人身安全，需要保护其交互环境，不施加具有破坏性的操作，避免交互环境受到损害；另外，由于其直接和人打交道，采集和分享人的信息，因此系统的隐私保护成为计算系统需要强制执行的法律。人-机-物融合系统具有内生的安全性和遵循隐私保护法。系统需求开发和设计中需要解决以下几个难点和挑战：如何避免在系统操作回路中人的安全隐患？如何避免系统可能对交互环境造成的伤害或破坏？如何避免不在系统操作回路上的人的安全隐患？如何避免泄露不在系统操作回路上的人的隐私？

2. 群智开发

软件开发是一种智力密集型活动，大规模复杂软件的开发则是一种面向群体的智力密集型活动，互联网技术对包括软件开发在内的大部分人类社会活动均产生了巨大而深远的影响，使得人类群体打破物理时空限制，开展大规模基于网络互联的协作编程。软件开发成为涉及多种要素紧密关联的社会性活动，生成的软件变成多种元素相互依赖、持续演化的生态系统，参与开发软件生态系统的人通过互联网涉及数万甚至数十万人，不仅有软件开发人员和软件使用者，还有软件管理者、投资人等，与软件生态共同成长。

群智开发是一种通过互联网连接和汇聚大规模群体智能实现高效率、高质量软件开发的群体化方法，主要包括：微观个体的激发、宏观群体的协作、全局群智的汇聚以及持续的成长演化等不同方面。在生态观下，软件开发的关注点从“人在系统外”的软件系统构建发展为“人在回路中”的软件生态构建。开源软件、软件众包以及应用市场作为群智开发的原始形态快速发展，释放出不同于传统软件开发模式的强大生命力，展现了群智开发所蕴含的巨大潜力。但是如何高效挖掘和稳态汇聚在大规模群体智能，确保全体智能在软件开发活动中形成和重复出现，构建持续健康演化的软件生态，是群智开发面临的核心挑战。

第一个挑战就是自主个体的持续激发和大规模群体的高效协作。在开源、众包和应用市场中，采用社区声誉、物质回报等多种机制来激励群体参与，并采用合作、竞争和对抗等模式开展群体协作，取得了一定的进展。但是在互联网，参与群智开发软件生态系统设计和开发的每一个个体都具有高度的行为自主性和不可预测性。因此，基于人类群体智能的软件开发不仅是一个技术问题，更是一个心理、社会、经济等多种属性交织作用的复杂问题。如何有效激发每一个参与个体进行持续高质量的贡献成为一个重要的研究问题。另一个研究问题是，大规模多样化群体的开放参与带来巨大的沟通交互开销，因此，要研究如何有效组织大规模参与群体开展有效协作，共同完成复杂软件开发任务。

第二个挑战是群智任务的度量分解与群智贡献的汇聚融合。软件开发是具有创作性和生产性以及很强的开放性和灵活性的活动，在面对更强不确定性和差异性的大规模群体时，如何将一个复杂软件开发任务分解成一组简单任务，并建立起开发任务与参与个体的最优适配，实现个体智能的最大释放是一个重要研究问题。此外，开放参与下软件开发具有群体贡献碎片化、群智结果不可预期等特点，如何量化度量群智贡献的质量和价值、构建有效的群智贡献迭代闭环、实现多元碎片化群智贡献的可信传播与汇聚收敛，形成高效群智涌现是另一个研究问题。

第三个挑战是群智开发生态的认知度量和成长演化。在群智开发中，参与者群体、代码与社区等多种要素共同形成一个持续发展的生态，并在个体激发和群智融合基础上，通过评估和反馈推动生态持续成长演化，这就要求软件开发关注点从联系的、发展的视角去分析和认识整个群智生态。这里面临以下两个方面的挑战。一是如何认知和计量软件开发中的群智。群智激发和汇聚是形成群智开发生态的关键，因此，如何深入理解和认识群智激发汇聚的本质，并从激发和汇聚的角度建立群智的效能评估方法和评测指标，从而为群智开发的成长演化提供评价标准和度量体系是一个挑战。二是如何推动群智生态的持续演化。群智生态中各个要素相互依赖、紧密交互，如何建立多元高效的主动反馈机制，在基于群智度量体系对群智过程开展度量的基础上，对参与群体进行实时反馈和持续引导，驱动群智生态的正向演化也是一个挑战。

随着现代社会生产生活对软件需求的激增和软件复杂度的大幅提升，只有大幅提升机器编程的效率才能实现高效、高质量、低成本的软件开发目标，同时将程序员的主要工作更多地放在少数对创造性具有极高要求的活动上。这就需要将由人员开发完成编程任务的模式转变为程序员与机器各司其职又相互协作完成编程任务的模式。实现人机协作编程的挑战主要来自两个方面，一是如何提升机器编程的能力，二是如何实现人机无障碍协作。

提升机器编程的能力是实现人机协作编程的基础，软件自动化是提升机器编程能力的主要技术手段。早期人们考虑将编程中机械性的工作交给机器完成。传统的软件自动化技术以严格的规约作为输入，通过机器将规约翻译成程序代码，如编译器，或者通过搜索技术找到符合规约的程序代码，如程序合成。但随着抽象层次的提升，通过固定的规则完成所有可能的翻译是非常难的。现有程序合成技术只适用于规模很小的程序。近年来随着海量代码数据的广泛积累，数据驱动的软件自动化技术为提升机器编程能力带来了新的希望。数据驱动的软件自动化利用已有代码数据中总结出来的规律指导搜索，从而提升程序合成的效率，同时这种不严格依赖推理的模式有利于处理半形式化甚至非形式化的规约，从而扩大软件自动化技术的使用范围。由于程序空间是无限空间，已有程序代码在整个空间里仍然很稀疏，而程序代码又受到问题领域、技术进步、开发者习惯的影响，展现出很强的异质性，因此，如何从已有程序代码总结规律存在巨大的挑战。

机器编程可以利用计算机的强大计算能力，但是机器编程主要从已有代码中学习，缺乏有效处理边角信息的能力。因此，高效的人机协作将能更好地发挥两者的优势。面对现有新时代开发环境的新发展趋势，开发环境中出现一些智能服务，如代码推荐等，虽然能够进入主流开发环境的智能服务仍十分有限，但学术界研究的智能工具多以开发环境的插件形式展现；开发环境开始支持开发者间的交互，虽然这与开发者间远程协作需求的增长有关，但却为探索多开发者协作提供了有益尝试。为了满足人机协作编程的需要，开发环境需要应对两个方面的挑战。一是建立开发者对机器编程的信任关系。在开发者主导的环境中，开发者更多依赖自己的主观判断，但在人机协作环境中，开发者完全可控的范围缩小，将更依赖机器编程，如果开发者不能确信机器编程能否完成特定任务，就会严重影响开发效率。二是实现人机多渠道交互，现有开发环境中的人机交互以及开发者间的交互方式，主要以文本方式进行，而人类通常习惯同时以多种方式进行交流，这样才能更好地激发开发者的创造力。

3. 开发运维一体化

软件开发是一种高复杂度的智力密集型活动，其复杂性反映在软件开发架构、过程、技术和组织四个维度上，且紧密地交织在一起并相互转化。开发运维一体化(DevOps)集中体现了这四个维度的发展趋势，即架构去中心化，过程趋于增量和迭代，技术趋于平台化、自动化和虚拟化，组织趋于小而自治，且软件具有持续的特征。这种持续性使得未来软件系统像具有生命一样：在持续稳定提供服务的同时，软件的边界、发展走向等不再固化，而是始终处在不断变化和适应之中。软件持续性服务特征以及前面四个维度的复杂性，加之软件系统性能、安全等质量和实效性要求，使得未来软件系统的开发和运维面临诸多挑战，这就需要在原则、方法、实践以及工具方面应对各种挑战。

第一种挑战就是构建按需的基础设施。如果要发挥 DevOps 更大的作用，其运行的基础设施是关键，如何匹配软件系统运行需求或者企业需求来构建适用的基础设施一直是需要重点关注的话题。实现这一目标面临的挑战包括：①混合云，即为了更好地适应各种业务场景，混合云是一种合理的选择，但是由此带来的异构、安全、可扩展等方面的挑战不容忽视；②边缘计算，即为了尽可能降低数据传输代价，就近提供计算服务是一种选择，但是这会大大增加基础设施的复杂程度，带来软件系统部署和维护方面的巨大挑战；③基础设施自动化和智能化，即提供自动化和智能化类的处理流程来进行基础设施的管理和维护。现有 IT 基础设施和环境往往已经足够复杂，同时也缺乏跨系统平台以及流程的可见性，叠加基础设施、运行其上的软件系统和业务往往都是紧耦合的，这些因素都给自动化和智能化带来巨大挑战，此外，为基础设施注入内建安全机制等也都是未来支撑 DevOps 发展的 IT 基础设施亟待解决的问题。

第二种挑战是搭建智能化流水线。DevOps 持续高效、高质量地交付有赖于高度自动化支持工具的支持，这也是获得快速反馈的关键。鉴于 DevOps 自动化支持工具涉及多个阶段，种类繁多，数量巨大，从诸多关系复杂的工具中理解和选择合适的工具集合来搭建流水线对 DevOps 实践者来讲至关重要且非常具有挑战性。未来部分重要的基础性工具将向少数较为成熟的工具收敛，如在持续构建、自动化部署、服务治理等方面，但是更多的 DevOps 自动化支持工具将向更加专业化的方向发展，即构建的流水线往往面向特定应用领域(如金融行业对安全性和合规性有着极高要求)或包含其他专业组件(如人工智能、大数据等)，因而，如何提供开箱即用的工具链方案，帮助企业选择并定制适合其业务的 DevOps 工具链是一个巨大的挑战。此外，随着软件项目的持续进展，DevOps 流水线会产生大量的数据。如何将流程与数据两个维度打通，提供以 DevOps

流水线为基础的开发运维一体化协作平台，从而提高其智能化水平，在此基础上提升DevOps 实践的效率和质量，同样也是为了支持前面所述的持续性，从工具链和生产环境角度需要解决的重大挑战之一。

第三种挑战是微服务化架构演化策略和评估手段。微服务化是支持现有软件系统持续性要求的必备条件。软件系统的微服务要求软件系统的各个模块或服务间的耦合进一步降低，从而在新版本发布或者部分服务出现问题时不会影响到系统其他部分。企业系统架构的微服务化可以更好地支持 DevOps 已成为行业共识和趋势，然而，演化过程中却面临着诸多挑战：①如何进行合理的服务划分，即将软件系统拆分成多个独立自制且协同合作的服务，是微服务应用实现敏捷、灵活和高可扩展的先决条件，也是微服务领域的一项严峻挑战。②虽然服务拆分为开发和维护提供诸多便利，但是服务数量的增加为系统整体测试增加了复杂度，因为微服务架构的系统对远程依赖项的依赖较多，系统测试策略和测试环境需要应对这种变化。飞狐微服务化的系统不仅需要保证组件内部的正确性，还需要通过契约测试等保证组件间通信和交互的正确性，使得众多微服务能够真正实现协同工作。同时微服务联调、日志分析与故障定位、自动化监控告警与治理策略等是当前以及未来较长时间内的研究中需要探索的迫切问题。另外，缺乏普遍实用的架构演化评估手段，这也是当前面临的挑战之一。而且微服务架构并不一定适合所有企业，因此在微服务架构演化过程中，应该通过哪些角度去判断架构拆分的效果、如何建立这些角度与业务需求之间的对应关系、如何度量微服务拆分效果并及时给出建议等都是亟待解决的问题。

第四种挑战是 DevOps 高频交付带来的质量和安全问题。在开发运维一体化技术下，在高水平自动化支持下，快速高频交付是维系持续性的基础，但同时也使得传统的质量和安全问题都有了新的含义和内容。①在 DevOps 实践中，通常选择通过各类工具来实现自动化验证和确认，然而现有工具在发现并且消除缺陷和隐患的效率与效能方面并不完全令人满意。在快节奏和高度自动化的交互过程中，以往的交叉检验和人工分析等质量手段往往也被略去，不可避免地增加了很多质量风险。大量研究和实践表明 DevOps 和安全合规往往在实践中处于天然对立关系，这种对立不是通过构造 DevSecOps 能解决的。因此，如何协调上述的对立是一个非常具有挑战的问题。②现在软件系统的弱点往往有多种原因，如来自基础设施的安全威胁、DevOps 快节奏所导致的各种妥协、质量缺陷、大量第三方组件的安全威胁、自动化运维中的安全隐患、企业文化导致的安全疏漏等。尽管有一些工具和方法以及实践可以在一定程度上缓解上述各种威胁带来的压力，但效率和效果方面还有一些不足。从这个意义上来讲，可以通过监控系统运行过程尤其是通过分析系统异常辅助发现安全风险，但是这种方式还有两大急需解决的难题，即：①如何产生可靠的高质量运行相关的数据，如日志信息；②如何运用先进的技术，如大数据、AI（artificial intelligence，人工智能）技术等，提升对数据的利用效率和分析数据发现质量和安全性风险的能力。

第五种挑战是智能化运维。软件快速高频交付使得智能化运维变得越来越重要。工业界目前已经开始实践智能化运维技术，降低运维成本，提高运维效率和质量。但是其有效实施却直接依赖于软件系统或者服务运行时产生的各类数据和信息的质量。目前，主要提供一些相对简单的标准化日志信息的捕获、分析和决策，而且当前的智能化主要关注运维，没有形成运维-开发的反馈闭环，难以支持开发团队高效应对运维变化的新需求。另外，智能化运维依赖的各类数据和信息也都有各自的缺点：日志质量差导致日志文件中充斥着毫无价值的垃圾信息，难以支持对软件行为的有效捕获；作为环境数据的指标数据对错误定位的支持也非常有限；跟踪路径数据会在瞬间产生巨量的数据，导致完全无法分析。因此，如何充分使用这三类数据，在更加精细的力度上捕获软件应用或者服务的行为，进而提供更加准确的信息去分析，就是智能化运维需要解决的关键问题。

第六种挑战是支持 DevOps 规模化的组织与管理。DevOps 整合了开发团队与运维团队，使其成为一个整体，这使得团队的组织、文化和软件过程都与单独的开发团队和运维团队有所不同，同时团队的规模也不可避免地有所增加，降低了团队面对面沟通的效率。DevOps 是受到软件开发的影响而产生的，天然带有敏捷基因，并根植于精益思想，而敏捷方法的很多理念和实践反过来并不能天然应用于 DevOps。如：①常规敏捷方法鼓励着眼当前问题，同时通过承担一定程度的技术负债来应对未来的多种可能变化。这种寻求局部最优化的思维方式并不利于打破各个部门之间的壁垒。②敏捷开发过程鼓励“重代码轻文档”，这对于持续性的维持利大于弊。③开发运维团队合并后团队规模进一步扩大，团队之间的协作和交流也会更加复杂，如何在大规模团队中实施 DevOps 仍将成为未来一段时间研究者和实践者需要解决的问题。

1.4.3　软件工程主要研究内容

在软件定义一切的时代，人-机-物融合的应用场景进一步拓展了软件的使用空间，开发和演化软件系统成为人类创造财富、延续文明的重要需求和途径。高效、高质量、低成本的开发和演化软件系统始终是软件开发方法和技术研究追求的总体目标。在人-机-物融合应用场景需求的牵引下，软件开发方法和技术研究将面临前述的诸多重大挑战。围绕这些挑战所开展的研究将主要集中在人-机-物融合场景建模、系统自适应需求分析、系统内生安全规约获取、群智软件生态、群智协同演化、群智软件支撑环境、面向机器编程的代码生成、面向人机协同的智能开发环境、开发过程建模与优化、软件系统运行数据管理、开发运维一体化的组织与管理等方面，最终形成面向人-机-物融合场景的软件开发范型和技术体系。

(1) 人-机-物融合场景建模。人-机-物融合的新型泛在系统，实现人类社会、信息空间和物理世界的互联互通。在这种应用场景中，计算资源高度泛化，系统能力拓展到包括连接、计算、控制、认知、协同和重构等在内的集网络化、协同化和适应性的认知、计算和控制于一体的综合能力范畴。需要：①研究人-机-物融合的计算环境的认知和建模，特别是对各种实现感知、计算、通信、执行、服务等能力的异构资源的认知的建模；②系统研究交互环境的建模理论，包括交互环境静态属性特征和动态行为特征以及行为约束等多个方面；③针对系统离散、连续行为交织，系统外部运行环境、内部协作关系随时间、任务变化进行实时演变的特性，研究相关复杂行为建模和刻画方法，从而对系统行为进行描述，为后续分析、测试、验证提供基础；④需要对典型人-机-物融合场景下泛在应用的本质特征，分别予以有效的场景抽象，研究相应的软件定义方法，以凝练人-机-物融合应用场景的共性，更有效地管理资源，并适应动态多变的应用场景。

(2) 系统自适应需求分析。人-机-物融合应用场景下，需求以及交互环境的动态变化性和不确定性，使得系统的自适应性成为关键，软件系统的自适应性需求建模和管理成为研究的热点课题，其中包括自适应需求的获取，自适应系统的建模，需求、系统模型和交互环境的在线检测与分析，系统能力在线规划和管理等。针对系统环境的开放性、动态变化性和不确定性等需要对系统及其交互环境在建模和模型管理方面进行综合性研究，在系统环境建模方法、环境现象感知、环境事件推理技术、模型的追踪关系和基于追踪关系的协同演化策略、运行时目标驱动的在线优化和系统功能重配置方法，以及系统自适应机制的度量和评估方法等方面进行深入研究。

(3) 系统内生安全规定获取。人-机-物融合应用场景下，安全作为第一要务，一方面需要保护人身安全，另一方面需要避免损失，避免破坏环境，这已成为系统强制执行的法律。系统内生安全的实现存在两个阶段，第一阶段是安全特征的构造，需要研究：①基于显示环境建模、安全关注点分析，支持对安全隐患、环境风险、不合规问题等的识别；②对系统运行时的时空协同建模，支持混合的行为建模和认知建模以及人类行为模拟，支持从环境行为模型中发现隐含的风险隐患；③离散模型和连续模型的融合方法，支持一体化系统验证以及人在环路中/上系统，以及支持协助和共享的控制器综合。第二阶段是建立内置的安全规约，需要研究：①对系统级内置隐私保护和安全控制能力的抽象，支持安全能力成为系统可管理的资源；②面向应用场景的可定义的安全能力配置，系统功能和隐私，安全约束的协调，个性化、可动态配置的隐私/安全约束，以及可追溯可审计的隐私保护/安全控制。

(4) 群智软件生态。在群智开发中，参与者群体、开发环境、软件任务、软件制品等多种要素相互作用，是持久驱动软件生产力发展的重要引擎。然而由于软件的复杂性持续增加，开发过程的开放性持续加大，软件生态的形成与演化具有很强的随机性，未能形成有效的生态构建机制与方法。为此需要重点研究：①基于博弈论和社会经济学等理论研究开源生态形成与演化的动力学模型，形成“贡献激发、群智汇聚、人才涌现”的良性循环；②软件生态的多模态持续激励机制，突破基于区块链等新型技术的知识产权共享与群智激励方法；③软件生态的大规模混源代码溯源技术和演化分析方法，突破软件开发供应链的分析识别技术，建立全谱系的群智软件生态供应链模型。通过上述研究，为软件生态构建和演化提供理论指导。

(5) 群智开发方法。动态开放环境下，参与群体的高自主性、任务目标的高变化性等，带来群智涌现的不确定性，严重制约了基于群智的软件开发效能。基于群智软件生态观，群智软件开发方法需重点关注：①研究大规模群体的高效协作机理和模型，突破面向复杂开发环境的群体协同增强方法；②研究碎片化贡献的高效共享与汇聚融合技术，建立群智贡献的高效可信传播体系；③突破群智贡献的多维量化评估与度量技术，形成多源群智贡献的高效汇聚与精化收敛方法。

(6) 群智协同演化。群智开发是一种人类智能和机器智能协同融合推动软件系统持续迭代的新方法，要充分激发人机群智的效能，实现软件系统的快速演化，需要重点关注：①研究群体行为量化分析和建模方法，建立群智激发汇聚、行为轨迹演进等基本模型；②研究涵盖代码、开发者、开发社区、软件生态的群智软件开发、多维度分析评估方法，突破面向软件开发演化的大数据分析和智能技术；③研究开发者群体智能与开发大数据、机器智能的互补融合、协同演进机制，构建面向软件生态演化的人-机反馈回路。通过上述研究，为群体软件生态演化提供技术支撑。

(7) 群智软件支撑环境。以群智软件开发方法和技术为依托，以群智开发生态为理论指导，构建面向群智软件开发与演化的支撑环境，需要研究以下内容：①研究构建面向群智制品和大规模群体的管理、协作、共享与评估等群智开发支撑工具集，有效支持开放群体的高效协同和群智任务的有效管理；②研究动态开放环境的群体组织规则与环境协作流程，构建相应的支撑机制和工具，充分释放大规模人-机混合群体效能；③突破面向新型软件的智能化开发运维一体化技术，构建基于人机混合群体智能的软件开发与演化支撑平台，建立针对软件开发生态中核心技术和关键节点的全面支撑与自主可控机制，形成覆盖人-机-物的全新软件开发与技术创新生态网络。

(8) 面向机器编程的代码生成。机器编程是人机协作编程的基础，而代码生成又是机器编程的核心。从软件的生命周期过程看，机器编程主要在以下场景中起作用：①以软件规约为出发点，自动生成满足规约的软件代码；②针对软件中存在的错误，自动生成修复代码。软件规约生成代码本质上是一个搜索过程，即在程序空间里搜索满足软件规约的程序，然而搜索的程序空间规模巨大，搜索难以有效进行，同时程序本身固有的复杂性使得验证代码是否满足规约也存在巨大的效率问题。与从软件规约生成代码相比，自动生成修复代码有明显的特殊性：修复时通常缺乏可以准确刻画正确程序性质的规约，但存在可运行的出错程序，此时代码生成更多的是在已有代码上的修改，而验证更多地通过对比运行修改前后的程序进行。这方面的主要研究内容包括：①如何利用海量代码数据加速程序合成中的代码搜索；②如何利用海量代码数据加速程序合成中的代码验证；③如何利用程序员的修复数据完成软件错误的自动修复。

(9) 面向人机协作的智能开发环境。人机协作编程的另一个重要基础是高效的智能开发环境。智能开发环境是机器编程技术的集中承载者，是开发人员间交流的通道，也为开发人员提供各种智能服务。在一个智能开发环境中，开发人员应该能够方便地获取各种所需的信息，从而减少对自己大脑信息记忆的依赖，同时智能开发环境应该能够主动识别开发人员的需求，为开发人员推荐相关的信息或开发动作，如推荐完成特定开发任务的代码；作为开发人员交流的中介，智能开发环境应该保证开发人员高效顺畅地交互。如果存在可以独立承担开发任务的机器程序员，智能开发环境也应保证人类程序员与机器程序员间的交互；智能开发环境应该提供开发人员更习惯的多种感官的多通道交互机制。因此这方面的主要研究内容包括：①如何帮助开发人员快速查找开发所需的信息；②如何针对具体的开发任务推荐可能的开发动作；③如何实现开发人员间以及与开发环境间的多通道交互。

(10) 开发过程建模和优化。丰富的工具是软件过程实现 DevOps 化的助推器与基石，工具在有效优化的同时，会产生海量的过程数据。过程挖掘并构建模型以实现过程改进和优化是目前研究的热门领域。因此，如何有效挖掘并利用资源库中蕴含的海量数据有两大类研究内容：①使用传统过程建模技术，为理解、分析以及管控过程提供支持，更进一步地实现过程的改进与优化；②采用机器学习技术，着眼于过程中更具体的点，如缺陷预测、持续集成结果预测、评审人员推荐等，能够为提高过程质量、减少资源消耗和缩短交付周期等提供支持。

(11) 软件系统运行数据管理。通过深入整合与挖掘指标信息、调用链信息以及日志信息来提供更丰富以及更高质量的信息，进而提升 AIOps 的质量和效率，为了实现这个目标，需要开展如下研究：①需要研究提升运维数据质量的方法。日志信息是非结构化的，受开发人员主观因素影响较大，因此大部分数据的质量并不理想。因此在日志的生命周期中，需要将日志决策和日志开发的阶段左移，在需求开发和系统设计中充分考虑日志的需求，并形成日志本身的开发运维反馈闭环。在此基础上，服务自动化日志工具，以此来提高日志的质量以及日志记录的效率。②应该探索相应的方法和技术来提升调用链信息的捕获和存储效率。③需要提出一种深度整合三类运维数据的方法。日志信息、调用链信息以及指标信息应该通过特定的算法关联起来，从而提供多维度的运维信息。

(12) 安全和可信的开发运维一体化。为实现安全且可信的运维，需要进行的主要研究内容包括：①通过自动化运维以及智能化运维，减少运维工作中的一些人工操作。在提升效率的同时，避免手工作业本身可能导致的错误。②对运维过程的监控数据进行分析，及时检测异常的发生，并对问题进行追踪和溯源工作，快速解决问题，避免损失。③DevSecOps 下的安全运维在持续监控和分析的同时，需要建立持续的问题反馈循环，为产品安全性和可行性提供持续的保障。

(13) 开发运维一体化的组织与管理。为缩短软件开发周期，DevOps 整合了软件开发和运维团队，这使得 DevOps 团队的组织、文化和过程都与单纯开发运维团队不同。从组织与管理角度，DevOps 需要解决以下问题：①使用实证软件工程的方法探寻适合 DevOps 的组织结构和过程实践，并进行验证；②如何既能通过团队自组织工作方式提升效率，又能够避免由于具体人员技能缺失或管理人员与 DevOps 团队缺乏信任关系造成的失败，在敏捷与规范之间取得平衡；③在大型项目中使用怎样的组织方式和软件过程能够使得 DevOps 项目具有敏捷应对变更的优势以及工作效率。

(14) 微服务软件体系结构。这方面值得研究的问题如下：①实现合适粒度的微服务划分方法，研究基于领域驱动设计方法识别界限上下文以实现高内聚、低耦合的服务；研究利用遗留系统的现有构件信息识别后选择微服务；综合利用多种划分策略，实现复杂系统的服务划分方法。②基于微服务架构的快速故障定位和消除，研究构建更加完善的监控系统，除了基础指标监控功能，实现分布式服务链路追踪和日志聚合分析等高级功能来帮助故障排查和定位；基于 AIOps 实现智能报警运维。通过已经构建的监控系统平台对多种类型数据进行不同形式的采集、处理、存储、使用并改进机器学习算法对运维数据进行分析预测，实现多种场景的智能报警运维。③微服务架构评估，提出面向微服务系统的一般化架构质量评价方法，为微服务系统架构质量的评估过程提供指南，总结供架构评估使用的核查表，以支持开发和运维中的微服务架构实践。

1.5 小　　结

我们处于一个变革的时代！新一轮工业革命、互联网下半场、数字经济成型展开期等，在这场“变革”的后面，信息化是核心驱动力。在如此高度依赖信息基础设施的社会，软件是最基本的构成元素，面向未来，软件的角色和地位将比历史上任何时候都更加重要和关键，软件技术也将面临比历史上任何时候都更为严峻的挑战，软件科学与工程的发展到了一个重要的历史节点。本章回顾了软件科学与工程的概念与发展历程，指出了面临的挑战和机遇，建议了前沿研究方向，并明确了数据驱动软件工程的重要作用。

练习题

1. 什么是软件、软件科学、软件工程？它们之间是什么关系？
2. 软件的重要性体现在哪些方面？数据驱动场景下软件的重要性发生了什么变化？
3. 为什么说"软件定义一切"？
4. 不局限于本书内容，请总结软件科学与工程的现状和发展趋势。
5. 不局限于本书内容，请分析软件科学与工程面临的挑战，以及当前应对这些挑战的方法。
6. 现在我们还面临软件危机问题吗？为什么？
7. 什么是人-机-物融合系统？人-机-物三元融合的核心技术是什么？为什么需要这些核心技术？
8. 数据科学与软件科学的关系是什么？

参 考 文 献

国家自然科学基金委员会, 中国科学院, 2021. 中国学科发展战略: 软件科学与工程[M]. 北京: 科学出版社.

梅宏, 曹东刚, 谢涛, 2022. 泛在操作系统: 面向人-机-物融合泛在计算的新蓝海[J]. 中国科学院院刊, 37(1): 30-37.

秦逸, 许畅, 陈紫琦, 等, 2019. 面向环境非确定性的信息物理融合系统测试技术研究[J]. 中国科学: 信息科学, 49(11): 1428-1450.

王博弘, 刘轶, 张国振, 等, 2017. 基于逐步细化快照序列的多核并行程序调试[J]. 计算机研究与发展, 54(4): 821-831.

许畅, 秦逸, 余萍, 等, 2020. 可成长软件理论方法和实现技术: 从范型到跨越[J]. 中国科学: 信息科学, 50(11): 1595-1611.

张伟, 梅宏, 2017. 基于互联网群体智能的软件开发: 可行性、现状与挑战[J]. 中国科学: 信息科学, 47(12): 1601-1622.

Colbrook M J, Antun V, Hansen A C, 2022. The difficulty of computing stable and accurate neural networks: On the barriers of deep learning and Smale's 18th problem[J]. Proceedings of the National Academy of Sciences of the United States of America, 119(12): e2107151119.

Liu Z M, Wang J, 2020. Human-cyber-physical systems: Concepts, challenges, and research opportunities[J]. Frontiers of Information Technology & Electronic Engineering, 21(11): 1535-1554.

Weiser M, 1991. The computer for the 21st century[J]. Scientific American, 265(3): 94-104.

第 2 章　数据科学与工程

数据科学研究的是数据形成知识的过程，通过假定设想、分析建模等处理分析方法，从数据中发现可使用的知识、改进关键决策。数据科学的最终产物是数据产品，是由数据产生的可交付物或由数据驱动的产物，表现为一种发现、预测、服务、推荐、决策、工具或系统。数据科学虽然是新兴学科，但并不是一夜之间出现的，数据科学的研究者和从业人员继承了各个领域前辈数十年甚至数百年的工作成果，包括统计学、计算机科学、数学、工程学及其他学科，才成为现在各行业发展的背后动力，且迅速渗透到社会各个行业并通过高等教育传播开来。

学习数据科学需要了解数据来源的业务领域，充分应用领域知识提出正确的问题，例如：每个人都想知道如何提高销量，这确实是问题，但是领域专家能问出更具体的问题，以引导实现可量化、可实现的提高。使用某个特有数据集能否提高部门的产量？是否可以通过零售数据、天气模式数据及停车场密度数据来提高资产回报率？可以使用产品的哪些特性来增强其竞争力？这些细节问题将帮助数据分析找到方向。在数据科学中，数学是必不可少的，通常是解决问题的关键，利用数学知识能够建立概率统计模型，进行信号处理、模式识别、预测性分析。数据科学具有魔力，研究者通过在大数据集上使用精妙的数学方法，获得不可预期的洞察力。科学家研发出人工智能、模式匹配和机器学习等方法来建立预测模型。此外，数据科学是由计算机系统来实现的，数据科学项目需要建立正确的系统架构，包括存储、计算和网络环境，针对具体需求设计相应的技术路线，选用合适的开发平台和工具，最终实现分析目标。

本章围绕数据科学与工程，首先介绍数据科学概念与数据工程技术，在此基础上介绍当下重点研究的多模态、分布式数据科学与工程。

2.1　数据科学概念与数据工程技术

2.1.1　数据科学的概念

数据科学是利用科学方法、流程、算法并系统地从数据中提取有价值信息的跨领域学科。数据科学家综合利用一系列技能(包括统计学、计算机科学和业务知识)来分析从网络、智能手机、客户、传感器等渠道收集的数据。数据科学揭示趋势并产生见解，企业可以利用这些趋势和见解做出更好的决策并推出更多创新产品和服务。

数据科学通常与大数据、机器学习、人工智能等概念一起出现，但值得注意的是，这些概念之间并非简单的相等或包含。首先，数据科学并不完全等同于大数据，可以将大数据看作数据构成的原材料，而数据科学的主要工作则是研究如何处理这些数据，对数据的正确理解和适当应用才能够使数据资源发挥应有的价值。另外，数据科学与人工智能也并非简单的包含关系，数据科学方法与人工智能技术的有机结合才促进了机器学习、数据管理等分析方法的发展进步。数据是创新的基石，但是只有数据科学家从数据中收集信息，然后采取行动，才能实现数据的价值。

与已有的信息科学、统计学、机器学习等学科不同，作为一门新兴的学科，数据科学依赖两个因素：一是数据的广泛性和多样性；二是数据研究的共性。现代社会的各行各业都充满了数据，这些数据的类型多种多样，不仅包括传统的结构化数据，也包括网页、文本、图像、视频、语音等非结构化数据。数据分析本质上都是在解决问题，而且通常是面向随机模型的问题，因此对它们的研究有很多共性，例如自然语言处理和生物大分子模型都用到隐马尔可夫过程和动态规划方法，其最根本的原因是它们处理的都是一维随机信号；再如，图像处理和统计学习中都用到的正则化方法，也是处理问题的数学模型中最常用的一种。

数据科学主要包括两个方面：用数据的方法研究科学和用科学的方法研究数据。前者包括生物信息学、天体信息学、数字地球等领域；后者包括统计学、机器学习、数据挖掘、数据库等领域。这些学科都是数据科学的重要组成部分，只有把它们有机地整合在一起，才能形成整个数据科学的全貌。

1974 年，著名计算机科学家、图灵奖获得者 Peter 在其著作《计算机方法的简明调研》(Concise Survey of Computer Methods) 的前言中首次明确提出了数据科学 (data science) 的概念，即数据科学是一门基于数据处理的科学，并提到了数据科学与数据学 (datalogy) 的区别，前者是解决数据 (问题) 的科学 (the science of dealing with data)，而后者侧重于数据处理及其在教育领域中的应用 (the science of data and of data processes and its place in education)。

Peter 首次明确提出数据科学的概念之后，数据科学研究经历了一段漫长的沉默期。直到 2001 年，当时在贝尔实验室工作的 William 在学术期刊 *International Statistical Review* 上发表题为《数据科学——拓展统计学技术领域的行动计划》(Data Science: An Action Plan for Expanding the Technical Areas of the Field of Statistics) 的论文，主张数据科学是统计学的一个重要研究方向，数据科学再度受到统计学领域的关注。之后，2013 年，Mattmann 和 Dhar 在《自然》(*Nature*) 和《美国计算机学会通讯》(*Communications of the ACM*) 上分别发表题为《计算——数据科学的愿景》(Computing: A vision for Data Science) 和《数据科学与预测》(Data Science and Prediction) 的论文，从计算机科学与技术视角讨论数据科学的内涵，使数据科学纳入计算机科学与技术专业的研究范畴。然而，数据科学被更多人关注是因为后来发生了三个标志性事件：一是 D. J. Patil 和 T. H. Davenport 于 2012 年在哈佛商业评论上发表题为《数据科学家——21 世纪最性感的职业》(Data Scientist: The Sexiest Job of the 21st Century) 的文章；二是 2012 年大数据思维首次应用于美国总统大选，助力奥巴马击败罗姆尼，成功连任；三是美国白宫于 2015 年首次设立数据科学家的岗位，并聘请 D. J. Patil 作为白宫第一任首席数据科学家。

Gartner 的调研及其新技术成长曲线(gartner's 2014 hype cycle for emerging technologies)显示，数据科学的发展于 2014 年 7 月已经接近创新与膨胀期的末端，将在 2～5 年之内开始进入生产高地期(plateau of productivity)。同时，Gartner 的另一项研究揭示了数据科学本身的成长曲线(hype cycle for data science)，如图 2.1 所示。从图 2.1 可以看出，数据科学的各组成部分的成熟度不同：R 的成熟度最高，已广泛应用于生产活动；其次是模拟与仿真、集成学习、视频与图像分析、文本分析等，正在趋于成熟，即将投入实际应用；基于 Hadoop 的数据发现可能要消失；语音分析、模型管理、自然语言问答等已经度过了炒作期，正在走向实际应用；公众数据科学、模型工厂、算法市场(经济)、规范分析等正处于高速发展之中。

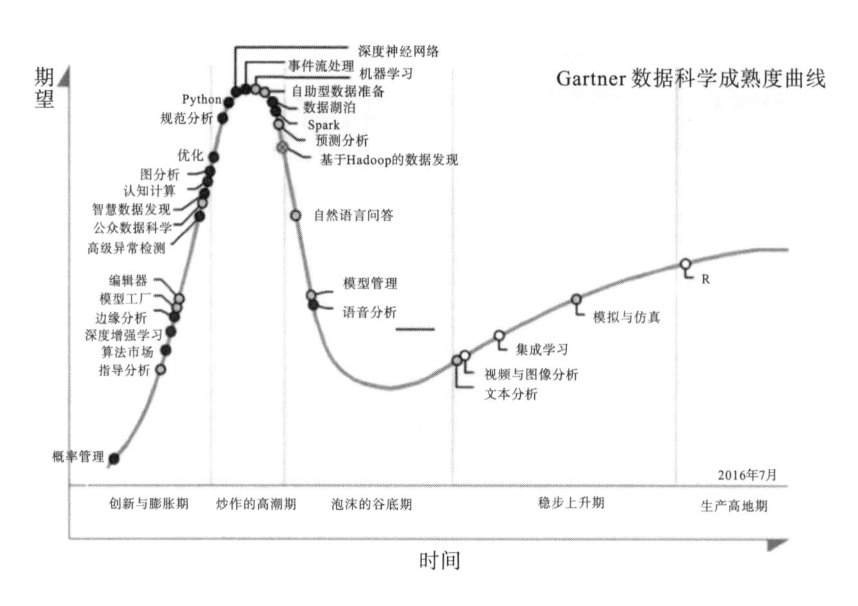

图 2.1 Gartner 数据科学成熟度曲线

2.1.2 数据科学方法论

数据科学的方法论是整个数据工程中的核心，只有方法论是正确的，才能进行数据的分析和科学建模，在数据科学中，可以将数据科学的方法论确定为业务理解、方法分析、数据需求、数据收集、数据理解、数据准备、建模、评估、部署、反馈 10 个阶段。

(1) 业务理解。每个项目，无论其规模大小，都从业务理解开始，这为成功解决业务问题奠定了基础。业务理解的核心是分析解决方案，并且通过从业务角度定义问题、项目目标和解决方案需求，以在此阶段发挥关键作用。和后面 9 个阶段相比，这一阶段更加重要。

(2) 方法分析。在明确说明业务问题之后，数据科学家可以定义解决方法来解决它。这样做涉及在统计和机器学习技术的背景下表达问题，以便数据科学家可以识别适合于实现期望结果的技术。

(3) 数据需求。分析方法的选择决定了对数据的需求，因为要使用的分析方法需要特定的数据内容、格式和表示方法，这些都需要在业务领域专家的指导下完成。

(4) 数据收集。数据科学家识别并收集与问题域相关的结构化、非结构化和半结构化数据资源。在遇到数据收集方面的差距时，数据科学家可能需要修改数据要求并收集更多数据。

(5) 数据理解。描述性统计和可视化技术可以帮助数据科学家理解数据内容，评估数据质量并发现对数据的初步见解。重新审视上一步的数据收集可能是弥合理解上的差距所必需的。

(6) 数据准备。此阶段包括用于构建将在建模阶段使用的数据集的所有活动，包括数据清理、组合来自多个来源的数据以及将数据转换为更有用的变量。此外，特征工程和文本分析可用于导出新的结构化变量，丰富预测变量集并提高模型的准确性。数据准备阶段是最耗时的，这个过程有可能占到整个项目时间的 90%，通常也至少会有 70%。但是，如果数据资源得到良好的管理、集成和清理，从分析而不仅仅是存储的角度来看，它可以降低至 50%。

(7) 建模。从准备好的数据集的第一版开始，数据科学家使用已经描述的分析方法开发预测或描述模型，建模过程是高度迭代的。

(8) 评估。数据科学家评估模型的质量，并检查它是否完全或适当地解决了业务问题，这样做需要使用预测模型的测试集来计算各种诊断测量以及其他输出，如表格和图形。

(9) 部署。在已经开发出业务发起人批准的令人满意的模型之后，将其部署到生产环境或类似的测试环境中，这种部署通常最初限制为允许评估其性能，将模型部署到运营业务流程通常涉及多个团队、技能和技术。

(10) 反馈。该步骤体现了问题解决过程的迭代性质，模型不应该创建一次，然后部署并保持不变，相反，通过反馈、改进和重新部署，模型应该不断适应条件进行改进，在项目过程中，需要模型及其背后的工作持续为项目提供价值，改进解决方案。

通过从实施的模型中收集结果，组织可以获得有关模型性能的反馈，并观察它如何影响其部署环境，分析此反馈使数据科学家能够改进模型，提高其准确性，从而提高其实用性。

2.1.3　数据工程技术

数据工程技术研究步骤主要包括提出分析目标，从自然界中获得一个数据集，对该数据集进行探索发现，使用统计、机器学习或数据挖掘技术进行数据实验，发现数据规律，将数据可视化，构建数据产品等，如图 2.2 所示。

随着互联网和信息系统的发展，人们的日常生活也被“数据化”，越来越多的政府、企业意识到数据正在成为组织最重要的资产，数据分析解读的能力成为企业的核心竞争力。数据分析帮助政府、企业、个人更好地洞察事实，改善计划和决策，分析结果又反过来影响到组织和个人的行为，甚至在一定程度上左右社会的未来。

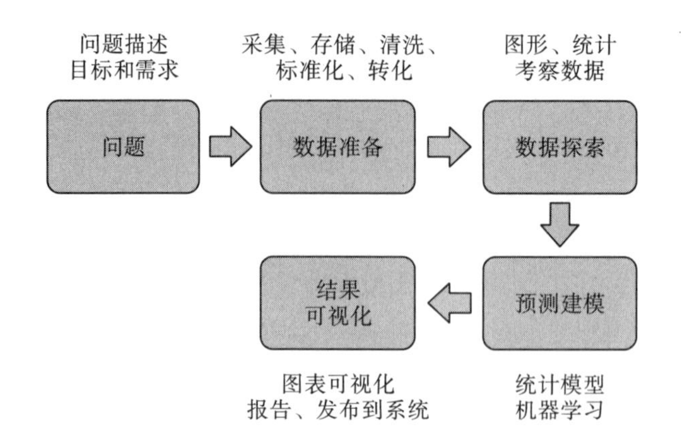

图 2.2　数据工程技术关键步骤

下面通过三个实例来认识数据对社会方方面面的影响。

(1)杭州公交集团发现，286B 路公交线路中某两站每天聚集着数百辆甚至上千辆共享单车，杂乱地停在人行道、非机动车道甚至站台、行车道上。通过分析共享单车的出行轨迹，杭州公交集团发现了单车主要来自社区。于是杭州公交集团对 286B 路公交车的线路进行优化，调整了首末班时间、发车频率，将很多需要骑行到车站的乘客直接送到家门口。新线路缓解了区域出行压力，也排除了共享单车密集可能带来的道路隐患。

(2)根据金融机构整理的市场数据发现，信用卡的主流人群、活跃用户 70%是 18～35 岁的年轻人，虽然 18～24 岁的年轻人有较普遍的透支消费习惯，但透支消费能力差，收入较低且不稳定，他们的金融风险最高。而 25～35 岁的年轻人透支消费主要来源于住房、车辆和小孩等刚性需求，存在长期大额信用贷款的巨大需求，且还贷能力强。此外，数据科学分析结果显示，年轻男性的失信风险是女性的 1.3 倍，车主人群信贷需求是无车人群的 1.3 倍，但风险却低 65%。因此，经过数据分析，目前金融信贷业务偏爱 25～35 岁的年轻人、女性白领、车主等人群，并针对这类人群制订了不同的信贷方案，拿出相应的权益和活动吸引他们信贷消费。

(3)近年来，医疗诊断过程中 CT(computed tomography，计算机断层扫描)、X 射线等应用日益广泛，据统计，我国医学影像数据的年增长率约为 30%，而放射科医师数量的年增长率为 4.1%。很多医疗机构与研究单位合作，基于医院过往的影像资料，利用机器学习等方法建立识别模型，自动读片进行疾病的检测，在皮肤癌、直肠癌、肺癌识别、糖尿病视网膜病变、前列腺癌、骨龄检测等方面达到甚至超过人工检测的准确率，这些疾病的检测模型需要几万至几十万张正确标注后的影像资料进行训练才能达到目前的精度。相比较人工读片，机器读片比较容易继承经验知识，客观、快速地进行定性和定量分析，为医生诊断提供高效的辅助功能。

总之，数据科学揭示趋势并产生见解，企业可以利用这些见解做出更好的决策并推出更多创新产品和服务。在企业日常运营中，每天都产生大量的数据，对企业的运营和发展的决策起到重大作用。通过分析这些数据，企业能够正确地了解目前经营现状、及时发现存在的隐患并分析原因，进一步对未来的发展趋势进行预测，进而制订有效的计划、战略决策等。

数据科学相关的工程技术多聚焦统计学、数学和编程等基本技术。然而数据科学的研究目标必须从数据出发，除了掌握基本技术，还需掌握一些关键技术。下面将从数据工程关键技术来进行介绍。

1. 数据分析技术

数据分析首先需要将实际应用的数据组织为向量或矩阵，以便高效地计算和处理。Python 的开源库 NumPy 提供了多维数据对象 ndarray，支持多种类型的数值型数据组织。下面使用具体举例的方式解释具体的数据分析技术。

【例 2.1】5 位学生参加了学业水平考试，考试科目共 7 门，考试成绩如表 2.1 所示。现要解决 2 个问题：①将学生的考试成绩转换成整数形式的十分制分数；②为每个学生的分数减去 3 分。

表 2.1　学业水平测试成绩表

姓名	数学	英语	C 语言	Python	艺术	数据库	物理
张伟	70	85	77	90	82	84	89
李立	60	64	80	75	80	92	90
王强	90	93	88	87	86	90	91
钱强	80	82	91	88	83	86	80

(1) 利用 NumPy 库中的 floor 函数：

```
>>> np.floor(scores/10)
array([[ 7.,  8.,  7.,  9.,  8.,  8.,  8.],
       [ 6.,  6.,  8.,  7.,  8.,  9.,  9.],
       [ 9.,  9.,  8.,  8.,  8.,  9.,  9.],
       [ 8.,  8.,  9.,  8.,  8.,  8.,  8.],
```

(2) 使用 NumPy 库中 subtract() 函数：

```
>>> np.subtract(scores, 3)
array([[67, 82, 74, 87, 79, 81, 86],
       [57, 61, 77, 72, 77, 89, 87],
       [87, 90, 85, 84, 83, 87, 88],
       [77, 79, 88, 85, 80, 83, 77],
```

Python 是数据分析中常用的编程语言，除了利用其 NumPy 库支持的 ndarray 通用函数进行常见的矩阵和矢量运算外，NumPy 库的 random 模块补充了 Python 的随机数生成函数，可以高效地生成服从多种概率分布的随机样本。

【例 2.2】随机游走轨迹模拟。随机游走又称随机游动或随机漫步，与很多自然、社会现象相关。对随机游走过程的理论研究和计算机模拟已成功地应用于数学、物理、化学和经济等学科，在互联网信息检索、图像分割等领域的应用也取得了很好的效果。

(1)模拟每步游走方向。为了模拟物体在 x 轴和 y 轴上每步的随机运动，首先创建一个 $2\times n$ 的二维数组，行序 0 表示 x 轴上的运动，行序 1 表示 y 轴上的运动，n 为移动总步数。在 x 轴、y 轴的不同方向上的移动概率相同，可以使用 randint()函数在两个整数之间生成随机数。假设某次随机游走了 10 步，用 randint()函数随机生成每步走的方向，结果可以使用一个 2×10 的二维数组记录。之后利用 where()函数判断 rndwlk 数组每个元素值和 0 的关系，如果大于 0，则该元素值赋为 1，否则赋为−1。

```
>>> steps = 10
>>> rndwlk = np.random.randint(0, 2, size = (2,steps))
>>> rndwlk
array( [[ 0,  1,  1,  1,  1,  1,  1,  0,  0,  1],
 [ 0,  1,  0,  1,  0,  0,  0,  0,  1,  0]] )
```

(2)计算每步游走后的位置。rndwlk 记录了物体每步沿着 x 轴、y 轴运动的方向，计算第 i 步所处的位置只需分别计算从第 1 步到第 i 步沿 x 轴、y 轴移动单位总和即可。

```
>>> position = rndwlk.cumsum(axis = 1)  #按照行求累加和
>>> position
array([[-1,  0,  1,  2,  3,  4,  5,  4,  3,  4],
 [-1,  0, -1,  0, -1, -2, -3, -4, -3, -4]],  dtype=int32)
```

(3)计算每步游走后到原点的距离。利用算术运算符和通用函数，可以算出物体在每步结束后到原点的距离。

```
>>> dists = np.sqrt(position[0]**2 + position[1]**2)  #sqrt 求平方根
>>> dists
array([ 1.41421356,  0.,    1.41421356, 2. ,  3.16227766,  4.47213595,
  5.83095189,  5.65685425,  4.24264069,  5.65685425])
>>> np.set_printoptions( precision = 4)   #只显示 4 位小数
>>> dists
array([ 1.4142,  0.    ,  1.4142,  2.    ,  3.1623,  4.4721,  5.831 ,
      5.6569,  4.2426,  5.6569])
```

(4)绘图展示游走轨迹。将 position 中的位置数据标识在二维坐标系上，即可展示随机游走的轨迹。

```
>>> import matplotlib.pyplot as plt                       #导入图形库
>>> plt.plot(x,y, c='g',marker='*')                       #画折线图
>>> plt.scatter(0,0,c='r',marker='o')                     #单独画原点
>>> plt.text(.1, -.1, 'origin')                           #添加原点说明文字
>>> plt.scatter(x[-1],y[-1], c='r', marker='o')           #单独画终点
>>> plt.text(x[-1]+.1, y[-1]-.1, 'stop')                  #添加终点说明文字
>>> plt.show()                                            #显示图
```

当需要将相关数据同时存储以便处理时，多维数组显然已经无法满足需求。Pandas 基于 NumPy 提供了更复杂的数据结构，以及丰富、完善的数据准备和统计分析功能。常用的统计分析量有均值、方差、频率、分位数、众数等。Pandas 设计了两种新型数据结构——Series 和 DataFrame，它将多种数据类型的一维和多维数据组织成类似于 Excel、数据库的表结构，方便关系型数据库处理。

【例 2.3】对 50 名学生进行抽样调查，反馈数据保存在 studentInfo.xlsx 文件的 5 张表中。综合 5 组数据实现以下分析目标。

(1) 男生、女生对数据科学课程的兴趣程度和成绩的变化趋势。

(2) 学生来自的省份及性别与成绩是否存在关系。

(3) 学生身高、体重达标状况。

下面按步骤分段介绍分析方法及实现代码。

导入所需方法库，并从 Excel 文件的 5 张表中读取数据，拼接为一个 DataFrame 对象。

```
import numpy as np
from pandas import Series, DataFrame
```

```
#从 Excel 文件的 5 张表中读取数据
df1=pd.read_excel('data\studentsInfo.xlsx','Group1',index_col=0)
df2=pd.read_excel('data\studentsInfo.xlsx','Group2',index_col=0)
df3=pd.read_excel('data\studentsInfo.xlsx','Group3',index_col=0)
df4=pd.read_excel('data\studentsInfo.xlsx','Group4',index_col=0)
df5=pd.read_excel('data\studentsInfo.xlsx','Group5',index_col=0)
#按行追加形式，拼接数据集
stu = pd.concat([df1,df2,df3,df4,df5], axis = 0)
print( 'Data Size:', stu.shape )
```

(1) 去除完全重复及缺失项较多(大于或等于 2)的数据行，检测是否还有缺失数据。对缺失数据进行填充，“成绩”按照平均分填充；“年龄”用默认值“20”来填充。

```
stu.drop_duplicates(inplace = True)    #去除重复行，更新方式
stu.dropna(thresh=8,inplace = True )  #去除有缺失数据行，更新方式
print( 'Data Size after drop:', stu.shape )
print( "Nan Columns:\n",stu.isnull().any() ) #缺失数据列检测
    stu.fillna({'年龄':20, '成绩':stu['成绩'].mean()},
               inplace=True )
    print( "Nan Columns:\n",stu.isnull().any() )
```

(2) 将学生数据按照“成绩”排序，统计优秀(大于或等于 90)和不合格(小于 60)学生人数。并分别计算优秀与不合格学生的平均课程兴趣度，以及全体学生课程的平均分与课程兴趣度。

```
#按照成绩排序
stu_grade = stu.sort_values(by='成绩', ascending=False)
ex = (stu_grade['成绩']>=90 ).sum()    #计算优秀人数
fail = (stu_grade['成绩']<60 ).sum()  #计算不合格人数
```

```
ex_mean = stu_grade[0:9][['成绩','课程兴趣']].mean()      #前 9 行优秀
total_mean = stu_grade[['成绩','课程兴趣']].mean()
fail_mean = stu_grade[-4:][['成绩','课程兴趣']].mean()    #后 4 行不合格
print("ex_mean:\n", ex_mean, "\ntotal_mean\n",total_mean, "\nfail_
      mean\n", fail_mean)
#计算两列相关度
print( stu_grade['成绩'].corr(stu_grade['课程兴趣']) )
```

使用排序后的 stu_grade 按行选出部分数据，分别统计“成绩”和“课程兴趣”两列的均值。结果表明，3 类统计“成绩”均值分别为 93.8、76.3 和 46.0，而“课程兴趣”的均值分别为 5.0、4.2 和 3.0，从趋势上看，大学课程学习的成绩与兴趣的变化具有一致性。这两列数据的相似度为 0.44，说明从个体来看两者相关度并不是很高，也有可能这两列数据中存在错误数据。

(3) 分析“性别”、“省份”与“成绩”是否存在相关性，由于“性别”和“省份”数据均为字符型，无法用 corr() 函数来计算，简单的方法是分组计算均值。

```
sex_grouped = stu.groupby(['性别'])
sex_counts = sex_grouped.count()     #统计每个分组的行数
#分组统计成绩平均值
sex_mean = stu.groupby(['性别']).aggregate( {'成绩':np.mean } )
print(sex_counts, '\n', sex_mean)
pro_counts = stu.groupby(['省份']).count()
pro_mean = stu.groupby(['省份']).aggregate( {'成绩':np.mean } )
print(pro_counts, '\n', pro_mean)
```

(4) 计算学生的 BMI (body mass index，体质指数) 值，找出各个四分位数，并与国家标准进行比较。结果表明，25%的学生的 BMI 值为 18.6，体重偏轻；75%的学生的 BMI 值为 23.4，在正常范围内；只有 1 位学生的 BMI 超过了 28，属于肥胖。

```
stu['BMI'] = stu['体重'] / ( np.square(stu['身高']/100) )
#计算四分位数
print( stu['BMI'].quantile( [.25,0.5,.75] ) )
#计算 BMI 值>28 的个数
print('BMI>28 肥胖人数:', (stu['BMI']>=28 ).sum() )
```

2. 数据可视化

数据可视化是将数据以图形、图像的形式表示，揭示隐藏的数据特征，直观地传达关键信息，辅助建立数据分析模型，展示分析结果。数据可视化技术主要利用 Python 的绘图库 Matplotlib 和 pandas 等。数据分析中常用的图形有曲线图、散点图、柱状图等，每种图形的特点及适应性各不相同，利用 pandas 绘图函数，辅以 Matplotlib 的一些函数基本上可以完成各种统计图的绘制。下面仍然使用具体举例的方式解释具体的数据分析技术。

【例 2.4】绘制散点图观察学生身高和体重之间的关系。从 students.csv 中读取数据绘制散点图，结果如图 2.3 所示。散点图表明学生的身高与体重具有正相关性，身高越高，体重越重，线性关系越不显著。散点图能够有效地表示数据的分组和簇，绘制时为每组数据设置

不同的颜色或标记，即可在一幅图中清晰地展示数据的聚集特点，为聚类分析提供帮助。

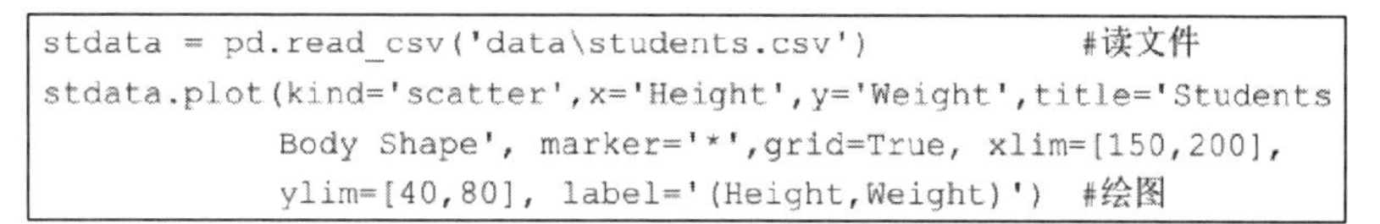

```
stdata = pd.read_csv('data\students.csv')          #读文件
stdata.plot(kind='scatter',x='Height',y='Weight',title='Students
            Body Shape', marker='*',grid=True, xlim=[150,200],
            ylim=[40,80], label='(Height,Weight)')  #绘图
```

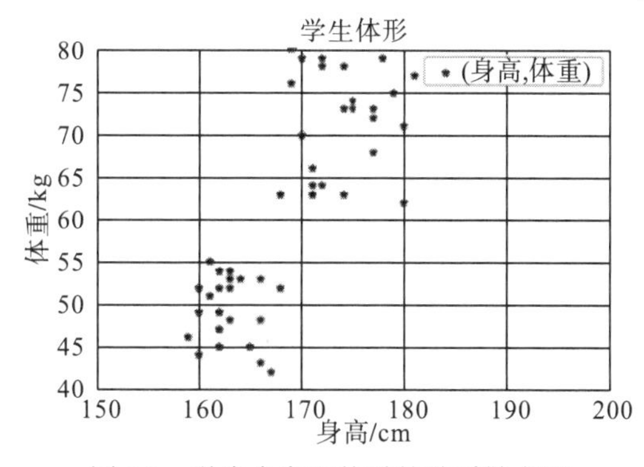

图 2.3　学生身高和体重的关系散点图

【例 2.5】从 students.csv 文件中读取学生信息，绘制身高分布直方图。将身高值 155～185cm 划分为 6 个区间，绘制结果如图 2.4 所示，可以观察每个身高范围内学生的数量。在直方图中，分箱的数量与数据集的大小和分布本身相关，通过改变分箱 bins 的数量，可以改变分布的离散化程度。

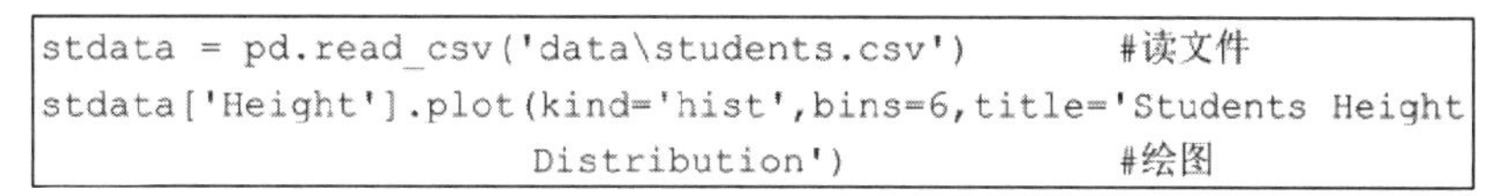

```
stdata = pd.read_csv('data\students.csv')          #读文件
stdata['Height'].plot(kind='hist',bins=6,title='Students Height
                      Distribution')               #绘图
```

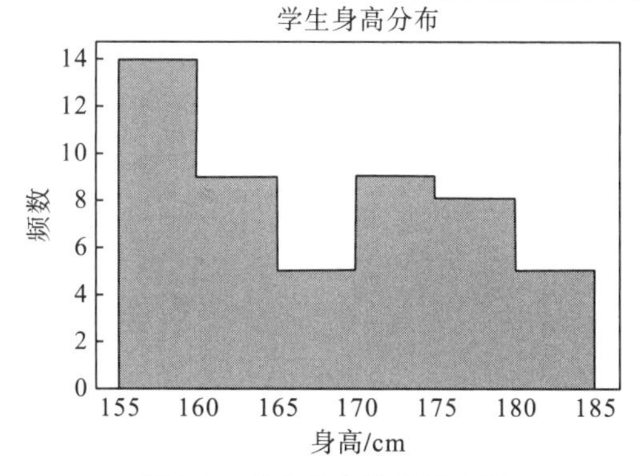

图 2.4　学生身高分布直方图

3. 机器学习建模技术

经过数据探索得到数据集属性的特征及相互之间的关系，如需进一步描述数据集的总体特性，并预测未来产生的新数据，则需要基于数据集构建相关模型。目前主要的建模技术是使用机器学习的算法，让计算机从数据中自主学习生成模型，如应用 Python 提供的机器学习算法库 scikit-learn 实现数据建模和预测分析。

常用的建模分析技术有回归、分类、聚类等。回归分析是一种预测性的建模分析技术，它通过样本数据学习目标变量和自变量之间的因果关系，建立数学表示模型，基于新的自变量，此模型可预测相应的目标变量。常用的回归方法有线性回归(linear regression)、逻辑回归(logistic regression)和多项式回归(polynomial regression)。分类学习是最常见的监督学习问题，分类预测的结果可以是二分类问题，也可以是多分类问题。手机短信程序根据短信的特征，如发信号码、收信人范围、内容关键字等预测是否属于群发垃圾短信以便决定是否自动屏蔽，这是一个典型的二分类问题。停车场计费系统根据扫描的车牌图像，识别出车牌上的每个字母和数字，以便自动记录。计算机判别图像中切割出的每一小块图像对应是36类(26个大写字母+10个数字)中的哪一类，这是一个多分类的问题。

在监督学习中，训练样本包含了目标值，学习算法根据目标值学习预测模型。当数据集中没有分类标签信息时，只能根据数据内在性质及规律将其划分为若干个不相交的子集，每个子集称为一个“簇”(cluster)，这就是聚类方法(clustering)。例如，对多篇新闻报道按照内容的主题进行聚类，获得5个簇，每个“簇”可能对应于潜在的类别：财经、科技、教育、体育和娱乐等。但聚类方法并不知道聚类所得的簇对应于哪个类别名，它只能自动形成“簇”结构，“簇”所对应的现实概念还需要使用者来辨别和命名。

聚类方法作为独立的工具能够获得数据的分布状况，观察每一簇数据的特征，集中对特定的“簇”做进一步分析，也可以作为分类等其他任务的预处理过程。例如，在电商网站上，需要将用户分为不同的类别以便有针对性地推荐商品。直接定义“用户类型”是比较困难的，通常先将用户按照其行为特征进行聚类，统计各“簇”的特性，将每个“簇”定义为有意义的类，再进一步训练分类模型，利用分类模型判别新用户。

【例2.6】使用scikit-learn的k-means算法对Iris(鸢尾花)数据集进行聚类分析。Iris(鸢尾花)数据集记录了山鸢尾、变色鸢尾和弗吉尼亚鸢尾3个不同种类鸢尾花的特征数据，包括4个特征项，即花萼(sepal)长度与宽度以及花瓣(petal)的长度与宽度，1个分类标签是花的类别。数据集共150条记录。Iris(鸢尾花)数据集是统计学家Fisher在20世纪中期发布的，被公认为数据挖掘最著名的数据集。

(1)从文件中读取数据，并展示前5条数据内容。

```
filename = 'data\iris.data'
data = pd.read_csv(filename, header = None)
data.columns = ['sepal length','sepal width','petal length','petal
               width','class']
data.iloc[0:5,:]
```

	sepal length	sepal width	petal length	petal width	class
0	5.1	3.5	1.4	0.2	Iris-setosa
1	4.9	3.0	1.4	0.2	Iris-setosa
2	4.7	3.2	1.3	0.2	Iris-setosa
3	4.6	3.1	1.5	0.2	Iris-setosa
4	5.0	3.6	1.4	0.2	Iris-setosa

(2)四维空间的数据特性无法直接观察，通过绘制特征散点图矩阵，观察不同的两种特征的区分度。图2.5中对角线位置放置的是该特征的直方图，矩阵左右对称位置的图是相同的，只是交换了横、纵坐标。可以看到，大部分特征值明显地聚为2簇，原始标签中

变色鸢尾和弗吉尼亚鸢尾区分度不显著。

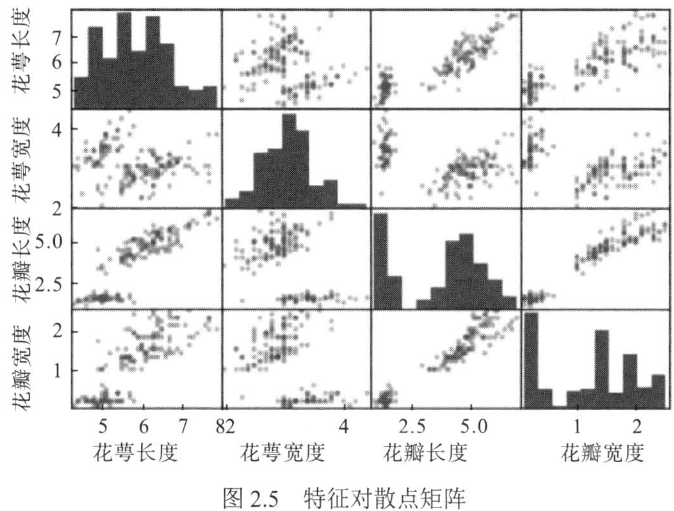

图 2.5　特征对散点矩阵

定义簇的个数为 3，忽略 Iris(鸢尾花)数据集的分类标签，取前 4 列特征值，训练聚类模型。

```
X = data.iloc[:,0:4].values.astype(float)    #准备数据
from sklearn.cluster import KMeans
kmeans = KMeans(n_clusters=3)                 #模型初始化
kmeans.fit(X)                                 #训练模型
```

(3) k-means 模型的参数 labels 给出参与训练的每个样本的簇标签。使用样本"簇"编号作为类型标签，可以绘制特征对的散点图矩阵，用不同颜色标识不同的簇。绘制出的散点图效果如图 2.6 所示，不同簇在各个特征对的空间区分度较好，聚类效果比较理想。

```
import matplotlib.pyplot as plt
pd.plotting.scatter_matrix(data, c=kmeans.labels_, diagonal='hist')
```

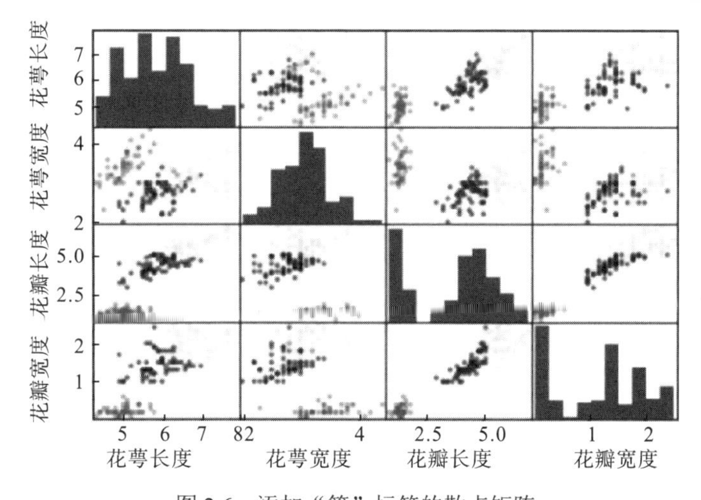

图 2.6　添加"簇"标签的散点矩阵

神经网络也称人工神经网络(artificial neural network，ANN)，是 20 世纪 80 年代以来人工智能领域兴起的研究热点，由于计算复杂度太高，难以实际应用，随后研究陷入低谷。近年来随着计算能力增强和大数据出现，深度学习(也就是深度神经网络)技术呈爆发式发展，在模式识别、机器人、自动控制、生物、医学、经济等领域展现其威力，提高了计算机的智能性。深度学习也成为当今机器学习、人工智能研究最重要的技术方法之一。

神经网络的学习过程，就是根据训练数据集来调整神经元之间的“连接权重”，以及每个神经元的偏置项(统一称为神经网络的参数)，使得最终输出层能够最好地拟合训练集的真实值。目前最强大的学习算法是误差反向传播(back propagation，BP)算法。随着神经网络的神经元数量增大，训练神经网络所需要的数据量也大幅增加。网络模型学习的计算量和神经元数目的平方成正比，神经网络隐藏层越多，意味着网络模型训练时间越长。因此，使用神经网络对数据集的规模、硬件设备的计算能力都有较高要求。

【例 2.7】使用神经网络实现 Iris(鸢尾花)数据集的分类分析。根据鸢尾花实物，直接观察花的形状区分其种类并不容易，下面尝试根据花萼和花瓣的尺寸建立一个神经网络分类器模型来判别。

(1)从数据集中读取数据(方法与【例 2.6】相同，此处略)，计算数据集中每种类别样本数，并给出统计特征，统计结果如下。统计值表明，数据集中各类样本数均为 50，每类样本花瓣长度的均值和方差都存在较大差别，花瓣的宽度均值差别较大，花萼长度的方差差别较大。

```
print('每类花样本数：\n',data['class'].value_counts() )
print('每类花均值：\n',data.groupby('class').mean())
print('每类花方差：\n',data.groupby('class').var())

每类花样本数：
 Iris-versicolor    50
Iris-virginica      50
Iris-setosa         50
Name: class, dtype: int64
每类花均值：
                 sepal length  sepal  width  petal length  petal width
class
Iris-setosa             5.006          3.418         1.464        0.244
Iris-versicolor         5.936          2.770         4.260        1.326
Iris-virginica          6.588          2.974         5.552        2.026
每类花方差：
                 sepal length  sepal width  petal length  petal  width
class
Iris-setosa          0.124249     0.145180      0.030106      0.011494
Iris-versicolor      0.266433     0.098469      0.220816      0.039106
Iris-virginica       0.404343     0.104004      0.304588      0.075433
```

(2) 数据预处理。scikit-learn 从 0.18 以上的版本开始提供神经网络的学习算法库，MLP Classifier 是一个基于多层前馈网络的分类器。MLP Classifier 的分类器训练函数 y 的值可以是整数，用于实现多分类。

```
data.loc[ data['class'] == 'Iris-setosa', 'class' ] = 0
data.loc[ data['class'] == 'Iris-versicolor', 'class' ] = 1
data.loc[ data['class'] == 'Iris-virginica', 'class' ] = 2
X = data.iloc[:,0:4].values.astype(float)
y = data.iloc[:,4].values.astype(int)
```

(3) 创建神经网络分类器，训练网络节点连接权重及阈值。这里创建了一个有 2 个隐藏层的神经网络，每层 5 个节点。在训练数据集上预测准确率达到 98.6%。

```
from sklearn.neural_network import MLPClassifier
mlp = MLPClassifier(solver='lbfgs',alpha=1e-5,hidden_layer_sizes=(5,
                    5), random_state=1)
mlp.fit(X,y)
mlp.score(X,y)
```

(4) 分类器性能评估。注意，MLP Classifier 的分类性能与创建时使用的参数密切相关，不同特性的数据集适用的参数是不同的，没有统一标准。很多时候需要反复尝试，甚至是对参数空间进行地毯式搜索，才能找到相对较优的参数集合。

```
from sklearn import metrics
y_predicted = mlp.predict(X_test)
print("Classification report for %s" % mlp)
print(metrics.classification_report(y_test, y_predicted) )
print( "Confusion matrix:\n", metrics.confusion_matrix(y_test,
    y_predicted) )
```

输出结果如下。

```
Classification report for MLPClassifier
             precision    recall  f1-score   support
          0       1.00      1.00      1.00        50
          1       0.98      0.98      0.98        50
          2       0.98      0.98      0.98        50
avg / total       0.99      0.99      0.99       150

Confusion matrix:
 [[50  0  0]
 [ 0 49  1]
 [ 0  1 49]]
```

4. 不同模态数据处理技术

互联网的飞速发展使网络数据呈现爆发性增长，其中 80%的信息是以文本形式存放的。新闻网站、自媒体、移动终端每天都在产生海量的文本数据，如何从海量文档中快速发现并利用所需的知识成为人工智能的研究热点。虽然目前计算机还不具备理解自然语言文本的能力，但近年来利用统计模型从文本发现知识取得了显著的进展，在知识检索、舆论监控、用户偏好理解和人-机对话等方面获得了广泛的应用。

为了满足不同场景文本数据应用的需求，通常将文本数据处理分解为各种任务，每种任务有具体目标、相应的处理方法和技术。常见任务包括文本分类、信息检索、信息抽取、自动问答、机器翻译、自动摘要等，实际应用通常需要集成多种任务来实现。虽然不同的文本处理任务使用的方法不尽相同，但文本数据处理的基本流程和方法是一致的，通常包括文本采集、文本预处理、特征提取与特征选择、建模分析等。

【例 2.8】垃圾邮件的识别率是衡量一个电子邮件系统服务质量的重要指标之一。识别垃圾邮件有很多种技术，包括关键词识别、IP(internet protocol，网络协议)地址黑白名单、分类算法、反向 DNS(domain name system，域名系统)查找、意图分析技术链接 URL(uniform resource locator，统一资源定位符)等。其中使用分类算法识别垃圾邮件是目前常用的方法，识别效果比较理想。它首先收集大量的垃圾邮件和非垃圾邮件，建立垃圾邮件库和非垃圾邮件库，然后提取其中文本数据处理的特征，训练分类模型。邮箱系统运行时，利用分类模型对收到的邮件进行甄别。本节主要介绍利用邮件正文文本特征实现邮件分类。在实际应用中，还会采集邮件的发件人、收件人、主题、URL 链接及附件类型等作为邮件特征，一起训练分类算法。

(1)本例的数据来源为 Trec06C 数据集，是目前研究实验使用最多的中文垃圾邮件分类数据集。

(2)机器学习的分类算法要求将数据集转换为特征矩阵，矩阵每行表示一条文本的特征。这里的特征采用词袋模型或 TF-IDF(term frequency-inverse document frequency，词频-逆文档频率)模型提取，得到 $m \times n$ 的矩阵 $\boldsymbol{X}$，其中 m 为 10000，n 为文本集的字典词条数目。垃圾邮件识别是二分类问题，标签向量 $\boldsymbol{y}$ 长度为 m，元素值为 0 或 1。

```
import jieba
from sklearn.feature_extraction.text import CountVectorizer

#从文件读取文本，放入列表中
train_file = open("data/train.txt", 'r', encoding = "utf-8")
corpus = train_file.readlines()   #列表中的每个元素为一行文本
#分词
split_corpus = []
for c in corpus:
    split_corpus.append( " ".join(jieba.lcut(c)) )
#使用词袋模型提取特征，得到文本特征矩阵
cv = CountVectorizer(token_pattern=r"(?u)\b\w+\b")
X = cv.fit_transform(split_corpus).toarray()
#构造标签向量，垃圾邮件标签为 0，正常邮件标签为 1
y = [0] * 5000 + [1] * 5000
```

(3) 下面进行模型训练和验证。将数据集随机切分为训练集和测试集(40%)，使用 SVM(support vector machine，支持向量机)模型在训练集上进行学习，得到的分类模型在测试集上取得了 92.5%的精确率，精确率和召回率如图 2.8 所示。其中垃圾邮件识别的精确率是 100%，召回率是 85%，说明有 15%的垃圾邮件未能被识别出来。

```
from sklearn import metrics
#将特征集分为训练集和测试集
X_train, X_test, y_train, y_test = model_selection.train_test_split(X,
        y, test_size=0.4, random_state = 0)

#使用 SVM 训练分类模型
svm = svm.SVC(kernel='rbf', gamma=0.7, C = 1.0)
svm.fit(X_train, y_train)

#SVM 分类性能
y_pred_svm = svm.predict(X_test)

print("SVM accuracy:\n",svm.score(X_test, y_test))
print("SVM report:\n",metrics.classification_report(y_test,
      y_pred_svm))
print("SVM matrix:\n",metrics.confusion_matrix(y_test, y_pred_svm))
```

	precision	recall	f1-score	support
0	1.00	0.85	0.92	1993
1	0.87	1.00	0.93	2007
avg / total	0.93	0.93	0.92	4000

图像作为人类感知世界的视觉基础，是人类获取信息、表达信息和传递信息的重要手段。早期人们使用计算机绘制图像，建立三维模型，随着人工智能技术的发展，计算机开始试图自动识别图像的内容，从开始的手写数字识别、车牌识别，到今天的人脸识别，图像处理技术取得了突破性的进展。在计算机中，按照颜色和灰度可以将图像分为二值图像、灰度图像和 RGB 彩色图像三种基本类型。

图像处理是指应用计算机来合成、变换已有的数字图像，从而产生一种新的效果，并把加工处理后的图像重新输出，主要包括图像变换、图像增强与复原、图像重建、图像编码、图像识别等。基于 Python 的图像处理第三方开源库有很多，如 PIL、Pillow、OpenCV 及 scikit-image 等，其中 scikit-image 使用最方便，功能最全。scikit-image 由多个子模块组成，提供图像处理所需的各种功能。

图像分类是数字图像处理的经典任务，目标是利用计算机将图像或图像中的某部分划归为若干类别中的一类。图像分类首先需要对图像进行特征提取，然后再利用图像特征训练分类器进行分类。图像特征的提取有很多种技术，如基于色彩特征、基于纹理、基于形状，以及基于空间关系等，大多数需要人工干预来实现。近年来深度学习技术被广泛地用于图像分类、识别等领域，取得了巨大的成功。卷积神经网络(convolutional neural network，CNN)是一个典型的深度学习模型，用于图像特征自动提取及分类。通常可以利用 Python 深度学习库 keras 实现基于 CNN 的图像分类。

【例 2.9】构建 CNN 深度神经网络，实现基于 CIFAR-10 的训练图像分类器。CIFAR-10 是一个通用图像分类数据集，包括 6 万张 32 像素×32 像素的 RGB 彩色图像图片，被分成 10 类(图 2.7)：飞机(airplane)、汽车(automobile)、鸟(bird)、猫(cat)、鹿(deer)、狗(dog)、青蛙(frog)、马(horse)、船(ship)和卡车(truck)。其中 5 万张图片用于训练，1 万张图片用于测试。

图 2.7 CIFAR-10 图像库的 10 类图片(见彩版)

(1)读取 CIFAR-10 数据集，同时对数据进行预处理，包括将图像像素归一化为[0,1]，多分类问题一般需要将标签向量转换为二元类矩阵。

```
from keras.datasets import cifar10
(x_train, y_train), (x_test, y_test) = cifar10.load_data()
```

```
num_classes = 10 #分类个数
x_train = x_train.astype('float32')
x_test = x_test.astype('float32')
x_train /= 255
x_test /= 255
y_train = np_utils.to_categorical(y_train, num_classes)
y_test = np_utils.to_categorical(y_test, num_classes)
```

(2)构建 CNN 模型。

```
from keras.layers import Dense, Dropout, Activation, Flatten
from keras.layers import Conv2D, MaxPooling2D
model = Sequential()
model.add(Conv2D(32, (3, 3), padding='same',
          input_shape=x_train.shape[1:]))
model.add(Activation('relu'))
model.add(Conv2D(32, (3, 3)))
model.add(Activation('relu'))
model.add(MaxPooling2D(pool_size=(2, 2)))
model.add(Dropout(0.25))

model.add(Conv2D(64, (3, 3), padding='same'))
model.add(Activation('relu'))
model.add(Conv2D(64, (3, 3)))
model.add(Activation('relu'))
model.add(MaxPooling2D(pool_size=(2, 2)))
model.add(Dropout(0.25))

model.add(Flatten())
model.add(Dense(512))
model.add(Activation('relu'))
model.add(Dropout(0.5))
model.add(Dense(num_classes))
model.add(Activation('softmax'))
```

(3) 对构建好的 CNN 模型进行编译。这是多分类问题，选择损失函数 categorical_crossentropy，同时优化器选择 RMSprop。

```
#初始化 RMSprop 优化器
opt = keras.optimizers.rmsprop(lr=0.0001, decay=1e-6)
#模型编译
model.compile(loss='categorical_crossentropy', optimizer=opt,
              metrics=['accuracy'])
```

(4) 训练 CNN 模型，并对 CNN 模型进行性能评估。

```
batch_size = 32
epochs = 100  #参数学习算法的迭代次数
model.fit(x_train, y_train, batch_size=batch_size, epochs=epochs,
          validation_data=(x_test, y_test), shuffle=True)
    scores = model.evaluate(x_test, y_test, verbose=1)
    print('Test loss:', scores[0])
    print('Test accuracy:', scores[1])
```

模型训练是一项非常耗时的工作，很多科学家和研究机构将训练好的图像分类模型公布出来，供他人直接用来预测。Keras 也包含了很多目前非常优秀的预训练模型，如 Xception、

VGG16、VGG19、ResNet50、InceptionV3、InceptionResNetV2、MobileNet、DenseNet、NASNet等。这些模型都是在ImageNet图像数据集上训练获得的，该数据集是目前世界上最大的图像识别的数据集，包含了1400多万幅图片，涵盖2万多个类别，其中有超过百万张图片有明确的类别标注和图像中物体位置的标注。

【例2.10】使用Keras的ResNet50图像分类模型预测大象图片分类，如图2.8所示。

图2.8 用于预测的大象图片

输出预测结果，按照概率排序前3的类型为Indian_elephant、Tusker和African_elephant，其他预训练模型的调用方法可参考Keras官方文档。

```
from keras.applications.resnet50 import ResNet50
from keras.applications.resnet50 import preprocess_input
from keras.applications.resnet50 import decode_predictions
from keras.preprocessing import image
import numpy as np

#导入预训练模型 ResNet50
model = ResNet50(weights='imagenet')

# 对输入图片进行处理
img_path = 'data/elephant.jpg'
img = image.load_img(img_path, target_size=(224, 224))
X = image.img_to_array(img) #将图像转换为数组
X = np.expand_dims(X, axis=0)
X = preprocess_input(X)

# 模型预测
preds = model.predict(X)
print('Predicted:', decode_predictions(preds, top=3)[0])
```

除了常见的文本图像数据外，数据科学还涉及极为重要的时序数据。时序数据即时间序列数据，是连续观察同一对象在不同时间点上获得的数据样本集。时序数据处理的一个重要目标是对给定的时间序列样本，找出统计特性和发展规律，推测未来值。语音是一类特殊的时序数据，识别语音对应的文本信息是当前人工智能的热点之一。

时序数据随时间流逝，数据记录不断增加，数据量往往非常大，给数据处理增加了难度。特征提取就是对时序数据采样值进行适当规约，减少分析处理的数据量，提高处理效率。时序数据的种类繁多，特征也多种多样。如金融数据普遍具有“高峰厚尾”和“平方序有微弱而持续的自相关”的特点；地震波具有强度随延伸而减弱的特点；语音信号的幅值具有一定的范围，零幅和近零幅的概率很高；心电信号具有很强的周期性。对不同的时序数据，应采用不同的特征提取方法。时序数据特征的提取方法大致可分为四类：基于统计方法的特征提取、基于模型的特征提取、基于变换的特征提取、基于分形理论的特征提取。

【例 2.11】某公司 2017 年股票价格保存在数据集 stockPrice.csv 中，绘制股票收盘价的时序图，并提取该时序数据的常用特征值。

(1) 从文件中读取日期及当日股票收盘价两列数据构成时序数列。使用 DataFrame 的 describe() 函数统计该序列的一些常用特征，使用 plot() 函数绘制折线图。

```
import pandas as pd
import matplotlib.pyplot as plt
plt.rcParams['font.sans-serif'] = ['SimHei']    #设置中文字体
#设置 usecols，从文件中只读取指定列
df = pd.read_csv('data/stockPrice.csv', index_col = 0, usecols=[0,1])
print(df.describe())
#绘制时序图，并添加图元
df.plot(title='2017 年某公司股票价格变化图', grid=True)
plt.xlabel('时间（天）')
plt.ylabel('股价（美元）')
plt.show()
```

(2) 本例是基于统计的特征值提取技术，并进行了时间序列图绘制。从时间序列图 2.9 中容易看出该公司的股价在 2017 年总体趋势是震荡中逐步上升的，属于非平稳序列。

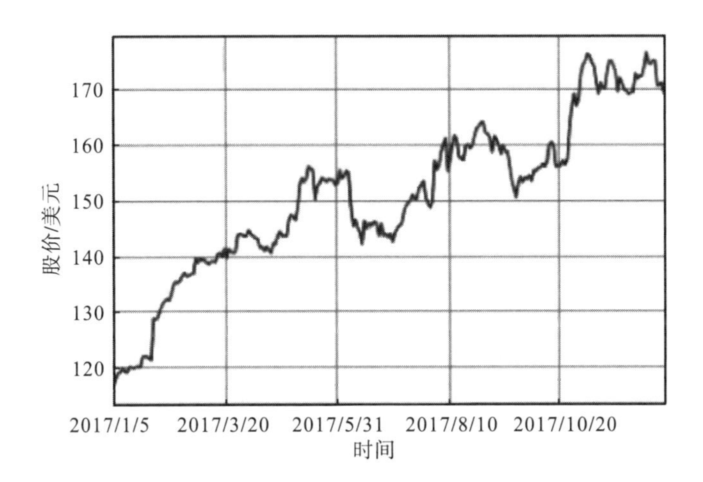

图 2.9　某公司 2017 年股票价格时间序列图

自动语音识别(automatic speech recognition，ASR)技术就是让机器通过识别和理解过程把语音信号转变为相应文本或命令的技术。从 1952 年贝尔实验室 Davis 等研制世界上第一个能识别 10 个英文数字发音的实验系统开始，语音识别技术研究已取得了巨大成就，目前最好的语音识别系统经基准测试，识别率可达 97%，在众多领域被广泛应用。

语音模式识别的过程就是把语音帧识别成对应的状态，把状态映射成音素，把音素映射成单词。其中最困难的是如何识别每一帧所对应的状态。这里就需要用到声学模型、隐形马尔可夫模型和统计知识计算每一帧属于某一个状态的概率。

【例 2.12】使用百度语音开放平台识别一段语音文件对应的文字。百度语音开放平台为用户提供免费的语音识别和语音合成服务的工具包 baidu-aip，用户下载并安装后还需再申请一个百度授权的 Key 才能使用。具体包括以下三个过程。

(1)注册百度账户，获取开发授权 Key。打开网页 http://yuyin.baidu.com/asr，单击“立即使用”按钮后，用百度账户登录(没有则需申请一个)。单击网页上的“创建新应用”按钮，进入应用创建向导，然后查看授权的 Key 信息，保存好备用。

(2)安装百度语音开发包 baidu-aip。打开 Anaconda Prompt，进入命令行界面，下载开发包并自动安装。

(3)编写程序，识别语音文件。Python 需导入 baidu-aip 中的 Aip Speech 库来实现语音识别。

```
from aip import AipSpeech                                   #导入语音识别包
def get_file_content(file_name):                            #从文件中提取语音内容
    with open(file_name, 'rb') as fp:
        return fp.read()

APP_ID = '10694657'
API_KEY = 'qtCumlQUdEk4dKpZItWFGY6a'

SECRET_KEY = 'bab91297af93124058a910c2c962ccae'
aipSpeech = AipSpeech(APP_ID, API_KEY, SECRET_KEY)#初始化识别模型
file_name='data/voice.wav'            #语音文件
result = aipSpeech.asr(get_file_content(file_name), 'wav', 16000,
                        {'dev_ip': '1536'})
print (result['result'][0])
```

本例中设置要识别的语音文件为“data/voice.wav”，格式为“wav”，采样率为“1600Hz”，语言类型为“普通话”。百度语音开放平台对输入音频文件有一些限制，如单声道，语音长度小于 60s。不符合要求会导致识别失败，result 中的 err_msg 会给出错误原因，如“speech quality error.”，这意味着提交的语音文件音质不够好或样本位数不足 16 位等。

2.2　多模态数据科学与工程

模态是事情经历和发生的方式。我们生活在一个由多种模态信息构成的世界，包括视觉信息、听觉信息、文本信息、嗅觉信息等，当研究的问题或者数据集包含多种这样的模态信息时，称为多模态问题。不同模态数据描述如表 2.2 所示。不同模态信息之间具有高度的相关性和互补性，开展多模态研究的主要目的便是研究这些信息间的关联关系，丰富知识的表达方式，更好地服务于下层应用。

表 2.2　不同模态数据描述

数据类型	描述
文本	文本数据是最普遍的由字符和数值组成的数据类型，也是研究时间最早、研究较深的一种数据形态
图像	图像数据是指用数值表示的各像素的灰度值的集合，真实世界的图像一般由图像上每一点光的强弱和频谱(颜色)来表示，把图像信息转换成数据信息时，须将图像分解为很多小区域，这些小区域称为像素。常见的图像数据有可见光图像、红外图像、雷达图像、医疗图像等
视频	视频数据是连续的图像序列，即由一组组连续的图像构成，对于图像本身而言，除了其出现的先后顺序，没有其他结构信息
音频	音频数据就是数字化的声音数据，作为一种信息的载体，以声音信号的形式存在
其他	除了上述典型的数据模态，还有一些其他模态的数据，如符号模态等

软件开发智能化一直是软件工程追求的目标之一。以开源软件为代表的互联网软件开发呈现出边界开放、群体分散、交付频繁、知识复杂等特征，同时贯穿全生命周期的软件开发活动中积累了快速增长、规模巨大的软件大数据。多种模态的数据类型为软件智能化开发建立了数据基础，但需要解决的问题很多，如基础性的数据采集分析、数据消歧、知识抽取利用、多模态表示问题等。通常采用智能搜索、推荐、问答等方式提升软件开发工具智能化程度，从而提高软件开发的效率和质量。智能化的软件工具可以基于多模态数据和知识向开发人员提供推荐和智能检索等功能，由此形成“人-工具-数据”融合的新一代软件智能化开发技术体系和环境。

在数据领域，多模态用来表示不同形态的数据形式，或者同种形态不同的格式，一般表示文本、图片、音频、视频、混合数据。多模态数据是指对于同一个描述对象，通过不同领域或视角获取到的数据，并且把描述这些数据的每一个领域或视角称为一个模态。多模态数据处理是一项具有挑战性的任务。首先，数据是由非常复杂的系统生成的；其次，由于数据多样性的增加，新的可以进行研究的类型、数量以及规模都变得越来越大；最后，为最大限度地利用各个数据集自身的优势，使用异构数据集，使得缺点得到一定程度的抑制并不是一项简单的任务。随着深度学习技术的不断发展，越来越多的研究者尝试将机器学习算法应用于多模态数据处理。

2.2.1 多模态研究方向

多模态机器学习研究主要分为多模态表征学习、多模态翻译、多模态对齐、多模态融合、多模态联合学习等方向，如表 2.3 所示。在解决多模态问题时，多模态表征学习是一个关键的研究点。一般来说，机器学习模型的好坏严重依赖于数据特征的选择，传统的机器学习中，很大一部分工作都在于特征的挖掘以及特征的抽取和选择方面，这些工作的结果可以支持有效的机器学习数据表征。但是这样的特征工作比较耗费时间，尤其是一些基于人工特征的方法没有能力从原始数据抽炼有用的知识，特征工程的目的是将人的先验知识转化为可以被机器学习识别的特征，从而弥补自身的缺点。此外，利用表征学习的方法，可以从数据中学习有用的表征以减少对特征工程的依赖，从而在一些具体任务中能取得更好的应用。一个好的表征要尽可能地包含更多数据的本质信息，相比于单个模态，多模态表征学习面临很多的挑战，如噪声处理、模态之间的融合方式、丢失的模态信息处理、不同模态处理的差异化、实时性和效率等。

表 2.3 多模态研究方向

研究方向	描述
多模态表征学习	挖掘模态间的互补性或独立性以表征多模态数据。在理论层面，多模态表征学习主要指将视觉特征、文本特征和符号知识（如知识图谱）的结构特征构建成统一的知识嵌入
多模态翻译	学习一个模态到其他模态的映射。简单来说，多模态翻译指的是使用语言以及其内容相关的模态信息来进行翻译，例如，英文翻译为中文的任务中，多模态翻译任务的输入是“I love China”以及一张中国国旗的图片，则其输出就是“我爱中国”
多模态对齐	将多模态数据的子元素进行对齐，如定位任务，将一幅图中的多个物体与一段话中的短语或单词进行对齐。在学习表征或翻译时也可能隐式地学习对齐
多模态融合	融合两个模态的数据，用来进行某种预测，例如，视觉问答需融合图像和问题来预测答案。之所以要对模态进行融合，是因为不同模态的表现方式不一样，看待事物的角度也会不一样，存在一些交叉、互补的现象
多模态联合学习	模态间的知识迁移。使用辅助模态训练的网络可以帮助该模态的学习，尤其是在该模态数据量较小的情况下

由于数据的异构性，多模态机器学习的研究领域给计算研究者带来了一些独特的挑战。除了多模态表征学习，从多模态信息源中学习捕获模态之间的对应关系并获得对自然现象深入理解成为当下研究热点。如何将数据从一种模式转换（映射）到另一种模式，即多模态翻译也是一个挑战。异构数据和模态之间的关系往往是开放的或主观的。例如，有许多正确的方法来描述一个图像，但是想要找到一个完美的映射可能性是极小的。给定一个模态中的实体，多模态翻译的任务通常是用不同的模态生成相同的实体。例如，给定一个图像，我们可能希望生成一个描述它的句子，或者给定一个文本描述，生成一个匹配它的图像。多模态翻译是一个长期研究的问题，由于计算机视觉和自然语言处理社区的共同努力，以及大型多模态数据集的可用性，多模态翻译重新引起了人们的兴趣。多模态翻译在语音合成、视觉语音生成、视频描述、跨模态检索等领域都有相应的应用。

虽然多模态翻译的方法非常多，而且通常是模态特有的，但它们有许多共同的因素。多模态翻译模型可分为基于实例的和基于生成的两类。基于实例的模型在模式之间转换时使用翻译字典，而基于生成的模型需要构建一个完成翻译过程的模型，如图 2.10 所示。蓝色和橙色分别代表不同模态的数据，表示输入和翻译输出。基于实例的模型是借助词典进行翻译，词典一般指训练集中的数据对，给定测试样本，直接检索在词典中找到最匹配的翻译结果，并将其作为最终输出。但它存在两个弊端，一是需要维护一个大词典，且每次翻译都需要进行全局检索，使得模型巨大且推理速度慢；二是较机械，仅仅是复制或简单修改训练集的数据，无法生成准确且新奇的翻译结果。相比而言，基于生成的模型可以生成更为灵活、相关性更强、性能更优的翻译结果，它抛弃词典，直接生成目标模态的数据。

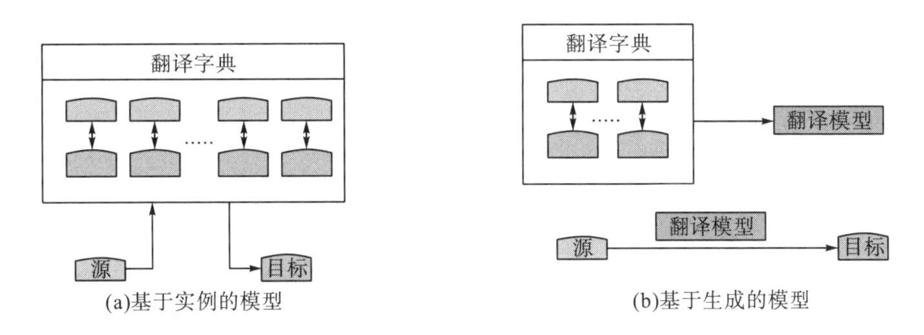

图 2.10　多模态翻译模型(见彩版)

多模态对齐一般定义为从两个或多个模态中查找实例子组件之间的关系和对应，例如，给定一幅图像和一个标题，我们希望找到与标题的单词或短语对应的图像区域，或者给定一部电影，将其与剧本或书中所对应的章节进行比对。多模态对齐分为隐式对齐和显式对齐两种类型。

显式对齐的一个非常重要的部分是相似性度量，大多数方法依赖于以不同模式度量子组件之间的相似性作为基本构建块，这些相似性可以手动定义，也可以从数据中学习。显式对齐主要有两种算法：无监督算法和弱监督算法。前者不使用直接对齐标签，即来自不同模式的实例之间的通信；后者可以访问这些(有时是弱)标签。无监督的多模态校准解决了模态校准而不需要任何直接校准标签。大多数方法都是从早期的统计机器翻译校准工作和基因组序列中得到启发。为了使任务更简单，这些方法假定了对对齐的某些约束，如序列的时间顺序或模式之间存在相似性度量。监督对齐方法依赖于标记对齐的实例。它们用于训练对齐模式的相似性度量。与显式对齐相反，隐式对齐用作一个任务的中间步骤，通常是隐藏步骤。隐式对齐在许多任务中，包括语音识别、机器翻译、媒体描述和视觉问答，可以获得更好的性能。这类模型不显式地对齐数据，也不依赖于监督对齐示例，而是学习如何在模型培训期间对数据进行隐式对齐。隐式对齐模型主要有两种，分别为早期基于图形模型的工作和更现代的神经网络方法。

多模态融合是多模态机器学习中最早提出的课题之一，以往的研究主要侧重于早期、晚期和混合融合方法。多模态融合主要能带来几个方面的优势：首先，能够利用同一对象的不同模态信息，使预测更加可靠；其次，能够访问多种模式，允许捕获互补的信息，这是一些在单独的模态中不可见的信息；最后，当其中一种模态缺失时，多模态系统仍然可以运行，例如，当一个人不讲话时，仍然可以从视觉信号中识别情绪。

多模态融合有着非常广泛的应用，包括视听语音识别、多模态情感识别、医学图像分析和多媒体事件检测。多模态融合分为两大类：不直接依赖于特定机器学习的方法，以及在构建中显式处理融合的基于模型的方法。前者可以分为早期(基于特征)、晚期(基于决策)和混合融合。早期融合在提取特征后立即集成特征，通常只需将其表示连接起来。晚期融合在每种模态做出决定，如分类或回归后执行集成。混合融合结合了早期融合的输出和单个单模态预测因子。这种方法的一个优点是几乎可以使用任何单模态分类器或回归器来实现。然而，这种方法最终使用的技术不是设计用来处理多模态数据的。因此，下面介绍三种基于模型的多模态融合方法：多核学习、图形模型和神经网络。

多核学习(multi kernel learning，MKL)方法是对内核 SVM 的扩展，它允许对数据的不同模态使用不同的内核。由于内核可以看作数据点之间的相似函数，MKL 中特定于模式的内核可以更好地融合异构数据。除了内核选择的灵活性，MKL 的优点是损失函数是凸函数，允许使用标准优化包和全局最优解进行模型训练。此外，MKL 可以用于执行回归和分类。不过，MKL 的一个主要缺点是在测试期间依赖于训练数据，即支持向量，从而导致推理缓慢和内存占用大。

图形模型是多模态融合的另一种常用方法。大多数图形模型可分为两大类：生成-建模联合概率，判别-建模条件概率。最早使用图形模型进行多模态融合的方法包括生成模型，如阶乘隐马尔可夫模型以及动态贝叶斯网络。生成模型的受欢迎程度不如条件随机场等判别模型，条件随机场牺牲了联合概率的建模来获得预测能力。图形化模型的优点是能够方便地利用数据的空间和时间结构，使其在时间建模任务中特别受欢迎，还允许将人类的专家知识构建到模型中，并产生可解释的模型。

神经网络在多模态融合中得到了广泛的应用，使用神经网络进行多模态融合被用来融合信息，用于视觉和媒体的问答、手势识别、情感分析和视频描述生成。虽然使用的模式、架构和优化技术可能有所不同，但在神经网络的联合隐藏层中融合信息的总体思想是相同的。

另一个多模态挑战是共同学习，当其中一种模态的资源有限时，即缺少带注释的数据、有噪声的输入和不可靠的标签，通过从一个资源丰富的模态中获取知识来帮助资源贫乏的模态建模。相关工作主要有三种类型的联合学习方法：平行、非平行和混合方式。平行数据方法需要训练数据集，其中来自一种模态的数据直接链接到来自其他模态的数据，即多模态数据来自相同的实例，例如，在视听语音数据集中，其中的视频和演讲样本来自同一个演讲者。相反，非平行数据方法不需要在不同模态的数据之间建立直接联系，这类方法通常通过在类别上使用重叠来实现共同学习，例如，在零样本学习中，传统的视觉对象识别数据集通过维基百科的文本数据集进行扩展，以提高视觉对象识别的通用性。在混合数据方法中，模态通过共享数据集进行桥接，简单来说，平行数据方法样本数据来自相同的数据集，实例之间存在直接对应关系；非平行数据方法样本数据来自不同的数据集，没有重叠的实例，但在一般类别或概念上有重叠；混合数据方法中的实例或概念通过两种模式数据集进行桥接，如图 2.11 所示。

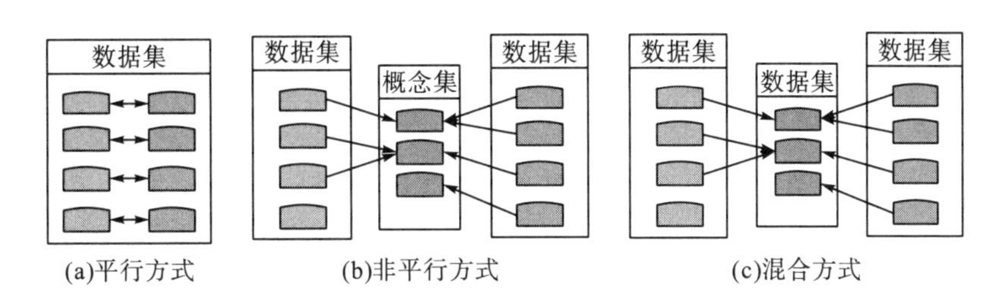

图 2.11　多模态共同学习的联合学习方法

2.2.2　多模态表示学习

多模态表示使用多个模态实体的信息来表示数据，表示多种形式存在许多困难：如何组合不同来源的数据、如何处理不同级别的噪声，以及如何处理丢失的数据。以有意义的方式表示数据的能力对于多模态问题至关重要。好的表征主要有几个特点：数据平滑、时空相关、数据稀疏、自然聚类等。多模态表征空间相似的数据在实际意义或者实体概念上存在相似性，在单一模态信息丢失的情况下，可以通过另一种模态的信息进行补充。单模态表示已被广泛研究，在过去的十年中，已经出现了从手工设计的特定应用到数据驱动的转变，例如，21 世纪初最著名的图像描述符之一，即尺度不变特征变换是人工设计的，但目前大部分的视觉描述都是通过神经网络等神经结构从数据中学习的。在自然语言处理中，文本特征最初依赖于计算文档中的单词出现次数，但已被利用单词上下文的数据驱动的单词嵌入(word embedding)所取代。虽然在单模态表示方面有大量的工作，但直到最近，大多数多模态表示都涉及单模态的简单连接。总体而言，存在两类多模态表示：联合和协调。联合表示将单模态信号组合到同一个表示空间中，协调表示单独处理单模态信号，但对其施加一定的相似性约束，使其达到协调空间。

联合表示法不是唯一用于在训练和推理步骤中同时存在多模态数据任务的方法。联合表示的最简单示例是单个模态特征的串联。神经网络已成为一种非常流行的单模态数据表示方法，且用于表示视觉、声学和文本数据，并且越来越多地用于多模态领域。一般来说，神经网络由连续的内积构建块和非线性激活函数组成。如图 2.12 所示，不同灰度代表数据的不同表示形式。为了使用神经网络来表示数据，首先要训练它执行特定的任务，如识别图像中的对象。由于深层神经网络的多层性，假设每一层后续的神经网络以更抽象的方式来表示数据，因此通常使用最后一层或倒数第二层神经网络作为一种数据表示形式。为了使用神经网络构建一个多模态表示，每个模态都从几个单独的神经层开始，然后是一个隐藏层，该层将模态投射到一个共同空间。然后，联合多模态表示通过多个隐藏层本身或直接用于预测。

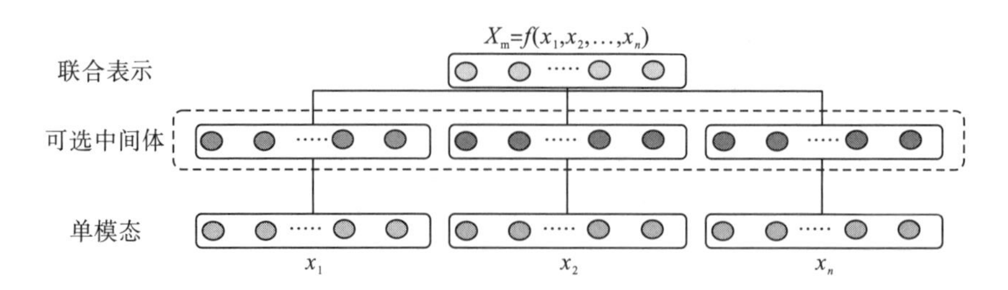

图 2.12 多模态联合表示方法

多模态表示模型可以进行端到端训练，即学习如何表示数据和执行特定任务。在神经网络中，多模态表示学习与多模态融合有着密切的关系。由于神经网络需要大量带标签的训练数据，因此通常使用自动编码器对无监督数据进行预训练。基于神经网络的联合表示的主要优势在于其通常具有优越的性能，并且能够在无监督的情况下对表示进行预训练。然而，性能的提高取决于可用于训练的数据量。其缺点之一是模型不能自然地处理丢失的数据。概率图形模型是另一种通过使用潜在随机变量来构造表示的常用方法，基于图形模型的表示最流行的方法是深度玻尔兹曼机(deep Boltzmann machine，DBM)。与神经网络类似，DBM 的每个连续层都期望在更高的抽象级别上表示数据，其优点在于不需要监督数据进行训练。

多模态联合表示的一种替代方法是协同表示，如图 2.13 所示，不同的灰度代表数据的不同表示形式，与联合表示不同的是，协同表示方法不是将模态一起投影到一个联合空间中，而是为每个模态学习单独的表示，但是通过一个约束来协调它们，相似模型最小化了协同空间中模态之间的距离，如这种模型鼓励“狗”和“狗”两个词的表示，它们之间的距离小于“狗”和“汽车”两个词之间的距离。近年来，神经网络由于具有学习表示的能力，已成为一种常用的构造协调表示的方法，它们的优势在于能够以端到端的方式共同学习协调的表示。这种协调表示的一个例子是设计深度视觉语义嵌入，使用了更复杂的图像和单词嵌入，协调表示法将每个模态投影到一个单独但协调的空间中，使其适用于测试时只有一个模态的应用，如多模态检索和翻译。协同表示存在于各自的空间中，但可以通过相似性计算得到，如使用欧几里得距离计算。

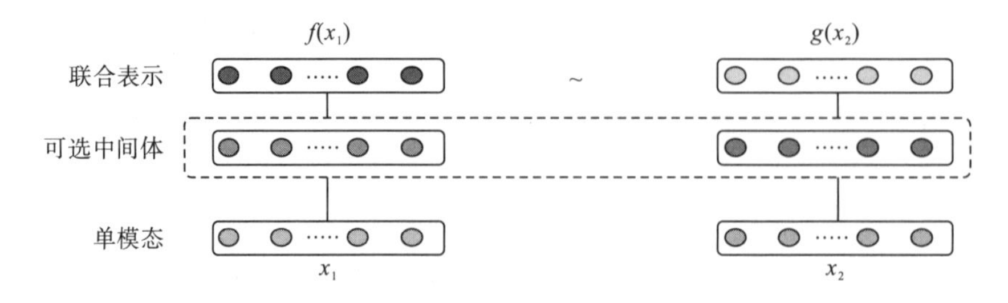

图 2.13 多模态协同表示方法

2.2.3　多模态应用

最早关于多模态研究的例子之一是视听语音识别，当人类受试者在看到一个说“ga-ga”人的嘴唇时听到音节“ba-ba”，他们会感知到第三种声音“da-da”。视觉与声音会相互影响，这个心理学发现启发了研究者去探索如何使用视觉辅助声音识别，因此，许多研究者尝试用视觉信息扩展他们的方法。当时隐马尔可夫模型在语音识别领域具有举足轻重的地位，许多早期的视听语音模型基于各种隐马尔可夫模型扩展。视听语音识别的最初愿景是提高所有上下文中的语音识别性能，如单词错误率，但实验结果表明，视觉信息的主要优势在于语音信号嘈杂，即低信噪比时用于辅助声音识别。

多模态应用的第二个重要类别来自多模态内容索引和检索领域。2000 年左右，互联网的兴起促进了跨模态检索的应用。虽然早期索引和搜索这些多媒体视频的方法是基于关键字，但在尝试直接搜索视觉和多模式内容时出现了新的研究问题，这促成了多模态内容分析的新研究课题，包括视频摘要。早期人们使用文本关键词来搜索图片、视频，近年来出现以图搜图、以图搜视频等。

接着，基于多模态数据的人类社交行为理解被提出，通过分析会议录像语言和视觉信息进行人的情感识别。由于自动人脸检测、面部标志检测和面部表情识别方面的技术进步，情感识别和情感计算领域在 2010 年左右蓬勃发展。随后多模态技术广泛应用于医疗领域，如抑郁和焦虑的自动评估。

2015 年后，联合视觉与语言的任务大量出现并逐渐成为热点，代表性任务是图像字幕(image captioning)，即生成一句话对一幅图的主要内容进行描述。之后，提出了视觉问答的任务来解决一些评估问题，目标是回答关于图像的特定问题。当然，文本→图像、视频→文本、文本→视频等生成任务也被提出。

另外，对大规模视觉语言预训练的研究得到了广泛关注，体现了这种范式在学习开放世界视觉概念方面的潜力。自 2018 年 BERT 预训练模型提出以来，除了在传统自然语言处理领域的应用外，研究者逐渐将该模型应用于计算机视觉领域，进而扩展到多模态研究领域。在多模态领域的应用主要分为两个流派：一个是单塔模型，在单塔模型中文本信息和视觉信息在一开始便进行了融合，如 VisualBERT；另一个是双塔模型，在双塔模型中文本信息和视觉信息一开始先经过两个独立的编码模块，然后再通过互相的注意力机制来实现不同模态信息的融合，如 VilBERT。

在标签离散化的传统监督学习中，每个类别都与一个随机初始化的权重向量相关联，该权重向量被学习以最小化与包含相同类别的图像的距离。这样的学习方法侧重于封闭的视觉概念，将模型限制在预定义的类别列表中，并且在涉及训练期间看不到新类别时是不可扩展的。相比之下，对于像基于对比学习的多模态模型这样的视觉语言模型的出现有效缓解了这些问题，CLIP 是双塔型结构，预训练架构如图 2.14 所示，其主要结构是一个文本编码器和一个图像编码器，然后计算文本向量和图像向量的相似度以预测它们是否匹配。具体来说，采用对比学习的方法来完成图文匹配的任务，图中的 T_i 和 I_i 分别表示文本和图像的特征向量。计算相似度的方法是，给定图文信息对，CLIP 利用线性变换得到多模态嵌入空间的向量，通过点乘计算得到相似度。对角线即为正样本，其他都是负样本。分类权重由参数化文本编码器(如 Transformer)直接生成。例如，为了区分包含不同品种的狗和猫的宠物图像，可以采用“a photo of a {class}，a type of pet”之类的提示模板作为文本编码器的输入，分类的具体权重可以通过用真实的类名填写“{class}”标记来合成。此外，与离散标签相比，CLIP 利用自然语言作为监督信号来学习视觉特征，它允许广泛探索开放集的视觉概念，并已被证明在学习可迁移表示方面是有效的。该模型在视频中的动作识别、地理定位和许多类型的细粒度对象分类等任务中取得了良好的效果。此外，多模态还在其他领域发挥着独特的作用，如表 2.4 所示。

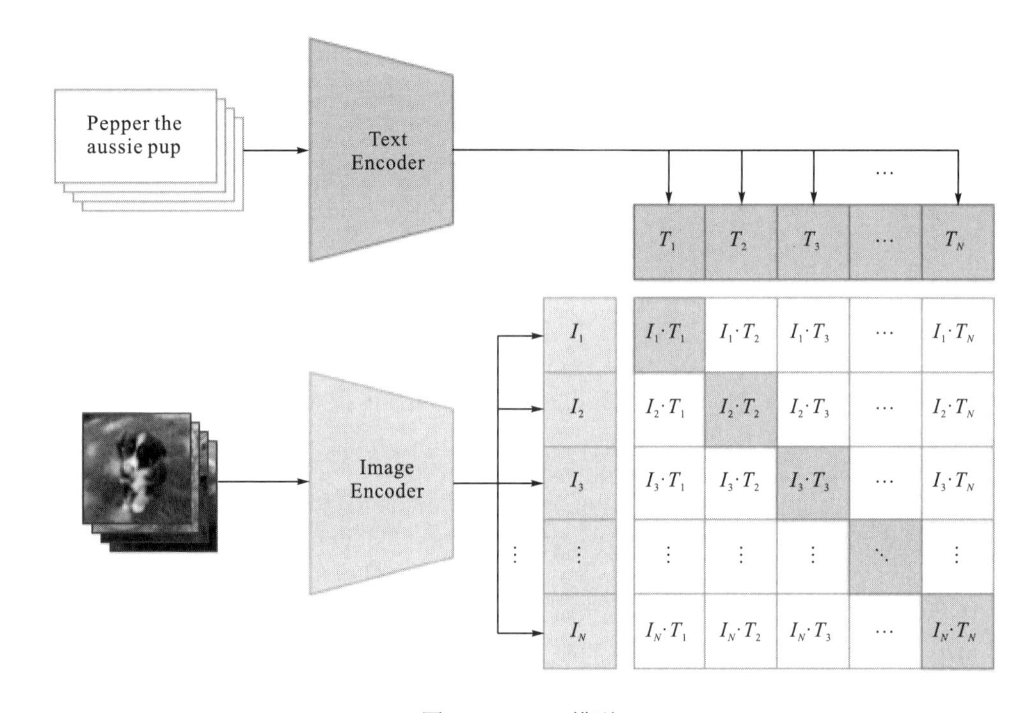

图 2.14 CLIP 模型

表 2.4 多模态应用

数据类型	描述
文本-音频	文本语音生成：给定文本，生成一段对应的声音或者给定一段语音，生成一句话总结并描述主要内容
视觉-音频	视听语音识别：给定某人的视频及语音进行语音识别 视频声源分离：给定视频和声音信号(包含多个声源)，进行声源定位与分离 图像生成：给定声音，生成与其相关的图像 视频生成：给定一段话，生成说话人的视频 3D 动画生成：给定一段话与 3D 人脸模板，生成说话的人脸 3D 动画
视觉-语言	图(视频)文检索：图像/视频↔文本的相互检索 图像/视频描述：给定一个图像/视频，生成文本描述其主要内容 视觉问答：给定一个图像/视频与一个问题，预测答案 图像/视频生成：给定文本，生成相应的图像或视频 多模态机器翻译：给定一种语言的文本与该文本对应的图像，翻译为另外一种语言 视觉-语言导航：给定自然语言进行指导，使得智能体根据视觉传感器导航到特定的目标 多模态对话：给定图像、历史对话，以及与图像相关的问题，预测该问题的回答

续表

数据类型	描述
其他	视觉定位：给定一个图像与文本，定位到文本所描述的物体 关键帧定位：给定一个视频及一段文本，定位到文本所描述的动作(预测起止时间) 视频摘要生成：给定一段话(query)与一个视频，根据这段话的内容进行视频摘要，预测视频关键帧(或关键片段)组合为一个短的摘要视频 视频语义分割：给定一段话(query)与一个视频，分割得到 query 所指示的物体 视频文本语义判别：给定视频(包括视频的一些字幕信息)，还有一段文本假设(hypothesis)，判断二者是否存在语义蕴含(二分类)，即判断视频内容是否包含这段文本的语义 图像视频编辑：一句话自动修图。给定一段指令(文本)，自动进行图像/视频的编辑 情感计算：使用语音、视觉(人脸表情)、文本信息、心电、脑电等模态进行情感识别 医疗图像：不同医疗图像模态，如 CT PETRGB-D 模态：RGB 图与深度图

2.2.4　多模态案例分析

发型设计是计算机视觉领域中一个有趣且具有挑战的问题，长期以来吸引了很多的研究者。近年来，随着深度学习的发展，许多基于条件生成对抗网络的发型设计方法都可以产生令人满意的设计结果。这些方法中的大多数使用精心绘制的草图或掩码作为图像到图像转换网络的输入，以生成发型设计结果。但是，这些方法不够直观或用户友好。例如，为了拥有一个想要的发型，往往需要花费几分钟才能画出一张好的草图，这极大地限制了这些方法的大规模、自动化使用。因此，通过文本图像相结合的方式快速完成发型设计。

受益于跨模态视觉和语言表示的发展，如前面提到的 CLIP，文本引导的图像处理已成为可能。CLIP 有一个图像编码器和一个文本编码器，通过对 4 亿个图像文本对的联合训练，可以测量输入图像和文本描述之间的语义相似度。基于 CLIP 强大的图文学习能力，可以提出一个发型设计框架，它同时支持不同的文本或参考图像作为一个模型中的发型/发色条件。同时，利用在大规模人脸数据集上预先训练的 StyleGAN 作为生成器。图 2.16 展示了使用模型进行发型设计的一些示例，模型支持单独或联合设计发型和头发颜色，条件输入可以来自图像或文本域。图 2.15 最左侧展示了对于输入图片，与单个特征(头发颜色/发型)组合生成的发型，最右侧展示了文本和图像组合生成的发型，如“粉色”和参考图像(散长发)。当然，还有其他组合，不再赘述。

图 2.15　输入及多模态输出(见彩版)

StyleGAN 可以通过渐进上采样网络从噪声中合成高分辨率、高保真度的真实图像，在训练过程中自发地学习在其空间内编码丰富的语义，具有良好的语义解耦特性。CLIP 是从互联网上收集的 4 亿个图像-文本对中预先训练的多模态模型，它由一个图像编码器和一个文本编码器组成，分别将图像和文本编码成 512 维嵌入向量。它采用典型的对比学习框架，最小化正确图像文本对的编码向量之间的余弦距离，最大化错误图像文本对的余弦距离。得益于大规模的预训练，CLIP 通过学习一个共享的图文嵌入空间，可以很好地度量图文之间的语义相似度。

受上述工作以及 StyleCLIP 的启发，利用预训练 StyleGAN 的强大合成能力，旨在学习一个额外的映射网络来实现发型设计功能。模型框架如图 2.16 所示，为一个以发型描述文本和发色参考图像作为条件输入的示例。框架支持根据给定的参考图像和文本完成相应的头发设计，其中图像、文本分别由 CLIP 图像编码器、CLIP 文本编码器编码为 512 维向量作为头发映射的条件输入。具体来说，给定真实图像，首先使用 StyleGAN 反演方法“e4e”得到其在空间中的潜在含义 w，然后使用映射网络根据 w 预测潜在变化和设计条件(包括发型条件和发色条件)，最后将修改后的 w′反馈到预训练的 StyleGAN 中，得到最终发型设计结果。模型主要包括三部分，分别为共享条件嵌入、解耦信息注入和调整模块。为了统一文本和图像，嵌入 CLIP 的联合潜在空间中来表示。对于用户提供的文本发型和文本发色，使用 CLIP 的文本编码器编码为 512 维的条件嵌入。类似地，发型参考图像和发色参考图像由 CLIP 的图像编码器编码并表示。

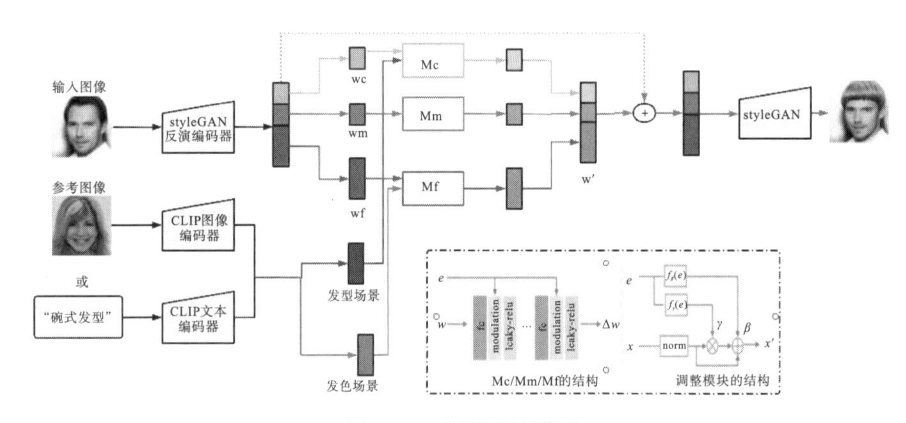

图 2.16 发型设计模型

为了生成不同层次的语义，采用三个具有相同网络结构的子头发映射器 Mc、Mm、Mf，负责预测潜在代码 w 的不同部分(粗、中、细)对应的发型设计的三个部分。更具体地说，wc、wm、wf 分别对应于高语义级别、中语义级别和低语义级别。研究者注意到这种语义分层现象，提出解耦信息注入，旨在提高网络对发型和发色设计的解耦能力。详细来说，使用来自 CLIP 的发型信息的嵌入作为 Mc 和 Mm 的条件输入，来自 CLIP 的发色信息的嵌入作为 Mf 的条件输入。发型通常对应于 StyleGAN 中的中高级语义信息，而发色对应于低级语义信息。如图 2.17 所示，每个子网络遵循简单的设计，由 5 个块组成，每个块由一个全连接层、一个新设计的调整模块和一个非线性激活层组成。调整模块不是简单地将条件嵌入与输入的潜在含义连接起来，而是使用条件嵌入来调整前面全连接层的中间输出。

发型设计的目标是根据条件输入以解耦的方式设计头发，同时要求保留其他不相关的属性(如背景、身份)。因此，设计三种损失函数来训练映射器网络：文本操作损失、图像操作损失和属性保存损失。其中，文本操作损失函数的目的是根据发型或发色的文字提示进行相应的发型设计。对于图像操作损失，希望处理后的图像具有与参考图像相同的发型，使用 CLIP 的图像编码器分别对它们进行编码，以测量它们在 CLIP 潜在空间中的相似性。为了确保发型设计前后的身份一致性，设计了属性保存损失。

在 CelebA-HQ 数据集上进行训练，收集 44 个发型文本描述和 12 个发色文本描述，另外，还使用文本引导发型设计方法生成了几个图像，以增加参考图像集的多样性。在训练期间，模型任务是根据提供的条件输入仅设计发型或仅设计发色或同时设计发型和发色，条件输入随机设置为文本或参考图像。

在十个文本描述上将该方法与当前最先进的文本驱动图像处理方法 TediGAN 和 StyleCLIP 进行比较。视觉对比结果如图 2.17 所示。TediGAN 在所有发型设计相关任务中都失败了，只有发色设计勉强成功，但结果仍然不尽如人意。这种现象与 StyleCLIP 论文中给出的发现一致：由于缺乏从大型数据集中学到的知识，使用 CLIP 相似性损失的优化方法非常不稳定。StyleCLIP 为每个描述训练一个单独的映射器，因此在仅设计发型的任务上表现出更强的操纵能力，但过度的操纵能力反而会影响图像的真实感(参见非洲发型)。由于共享条件嵌入，案例模型通过充分学习许多发型设计描述输入，在操作程度和真实性之间找到平衡。在设计发型和发色的任务上，案例模型表现出更好的操作能力，这是由于提出了分离的信息注入和调制模块，而 StyleCLIP 将这些信息留在一个描述中，使其解耦性差，难以同时执行发型和发色设计任务。

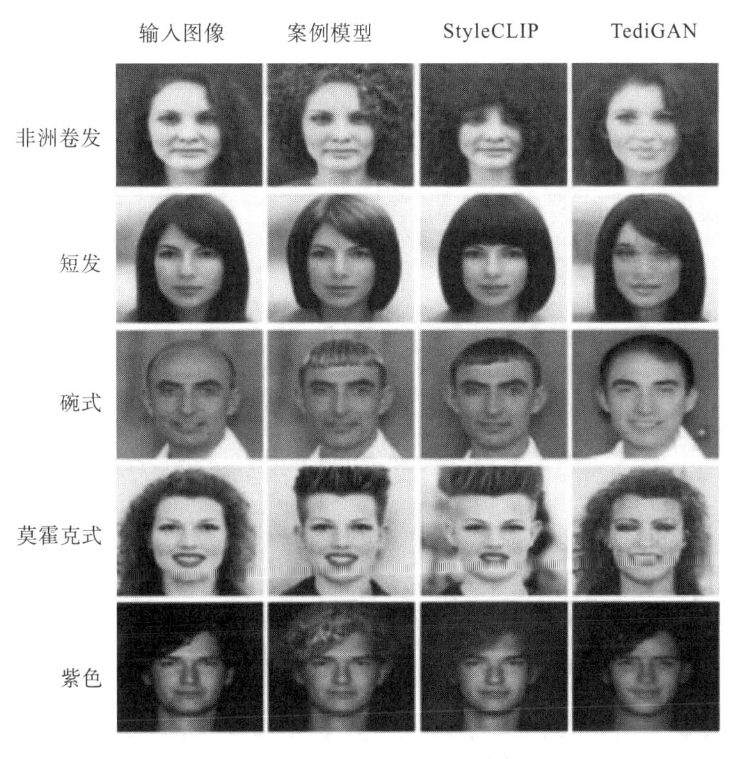

图 2.17　视觉对比结果(见彩版)

给定一个发型参考图像和一个发色参考图像，头发迁移的目的是将它们对应的发型和发色属性转移到输入图像中。将该方法与当前最先进的 LOHO 和 MichiGAN 进行比较，这两种方法都通过在空间域中直接复制来执行发型迁移，以生成更准确的头发结构细节，尽管在某些情况下会在边界区域出现明显的伪影(见图 2.18 第一行的结果)，然而，如最后两行所示，它们对发型参考图像的姿势很敏感，当发型和姿势在发型参考图像和输入图像之间没有很好地对齐时，无法完成合理的发型转换。与这两种方法不同，案例模型在训练期间将相似度的度量空间转换为 CLIP 的潜在空间，并使用来自 CLIP 的参考图像的头发区域的嵌入作为条件输入。因此，案例模型为未对齐的发型转移提供了一种解决方案，并显示出其优越性。

为了进一步评估两种发型设计任务中不同方法设计结果的操作能力和视觉真实性，对于文本驱动的图像处理方法，一次提供来自三种方法的 20 组结果，这些结果是从 10 个头发描述中随机选择的。对于头发转移方法，提供了 20 组结果，其中一半是对齐的发型转移案例，另一半是未对齐的。

图 2.18 头发迁移对比(见彩版)

通过增加参与者并要求其根据精确率和召回率对每项任务的三种方法进行排名，其中 1 代表最好，3 代表最差，平均排名列在表 2.5 中，其中，案例模型在两个指标上都优于其他方法。此外，还设计了消融实验对模型负面因素和限制进行分析，由于篇幅原因不再一一介绍。

表 2.5 模型指标对比

指标	案例模型	StyleCLIP	TediGAN	案例模型	LOHO	MichiGAN
精确度	1.39	1.66	2.95	1.79	2.26	1.95
召回率	1.42	1.63	2.95	1.09	2.48	2.43

2.3　分布式数据科学与工程

在一个由若干台可互相通信的计算机组成的分布式网络中，每台计算机自身存储数据，并都拥有自己的处理器和存储设备，原先集中在单节点上的庞大计算任务被负载均衡地分派给分布式网络中的计算机上并行地进行处理。

2.3.1　分布式数据的隐私保护

数据隐私保护是指对企业敏感的数据进行保护的措施。数据隐私保护可以通过数字水印进行版权信息识别，通过数据脱敏实现技术上的变形处理等。其中，分布式数据作为分布式存储设备上存储的数据，对于隐私保护的需求更高，通常使用联邦学习、同态加密、差分隐私、多方安全计算等隐私保护手段保护分布式数据。

同态加密是基于数学难题的计算复杂性理论的密码学技术，对经过同态加密的数据进行处理得到一个输出，将这一输出进行解密，其结果与用同一方法处理未加密的原始数据得到的输出结果是一样的。简单来说就是能对加密后的内容进行运算，运算的结果进行解密还能还原成正确的结果。同态加密包括以下几种方法。

(1) 加法同态加密 Paillier 算法是 1999 年提出的一种基于合数剩余类问题的公钥加密算法，也是目前最为常用且最具实用性的加法同态加密算法，已在众多具有同态加密需求的应用场景中实现了落地应用，同时也是 ISO(International Organization for Standardization，国际标准化组织) 同态加密国际标准中唯一指定的加法同态加密算法。此外，由于支持加法同态，所以 Paillier 算法还可支持数乘同态，即支持密文与明文相乘。

(2) 乘法同态加密，在实际应用中，密文乘法同态性的需求场景不多，因此乘法同态性通常偶然存在于已有的经典加密算法中。满足乘法同态特性的典型加密算法包括 1990 年提出的 RSA(Rivest，Shamir，Adleman，三个提出者的名字字母缩写) 公钥加密算法和 1985 年提出的 ElGamal 公钥加密算法等。

(3) 全同态加密是满足任意运算同态性的加密算法，由于任何计算都可以通过加法和乘法门电路构造，所以加密算法只要同时满足乘法同态和加法同态特性就称其满足全同态特性。

(4) 差分隐私是密码学中的一种手段，旨在提供一种当从统计数据库查询时，最大化数据查询的准确性，同时最大限度地减少识别其记录的机会。简单来说，就是在数据中加入随机值，使得统计结果理论上不变，但是具体到某一个值很可能不是原值。如拉布拉斯机制、指数机制等都是随机噪声生成的办法。

(5) 安全多方计算主要研究针对无可信第三方的情况下，如何安全地计算一个约定函数的问题。安全多方计算是电子选举、门限签名以及电子拍卖等诸多应用得以实施的密码学基础。该方法的关键点在于加密本身的安全性和协议效率，其中协议效率的关键是加密算法的速度和通信成本，包括不经意传输、混淆电路、零知识证明和秘密共享等方法。

(6)不经意传输是一个密码学协议，在这个协议中，消息发送者从一些待发送的消息中发送一条给接收者，但对接收者收到的具体是哪条信息不知道。

(7)混淆电路是一种密码学协议，遵照这个协议，参与方在互相不知晓对方数据的情况下计算某一能被逻辑电路表示的函数。什么是能被逻辑电路表示的函数？就是将函数本身拆解为电路能识别的与、或、非三种运算来表示，这种电路能识别的逻辑链称为逻辑电路。简单来说，就是将函数变成逻辑电路，再加上混淆的逻辑。

(8)零知识证明指的是证明者能够在不向验证者提供任何有用信息的情况下，使验证者相信某个论断是正确的。简单来说就是利用多项式函数，提供随机抽样点，通过同态加密实现。

(9)秘密共享也称秘密分享，其思想是将秘密以适当的方式拆分，拆分后的每一个份额由不同的参与者管理，单个参与者无法恢复秘密信息，只有若干个参与者一同协作才能恢复秘密信息，其中任何相应范围内参与者出问题时，秘密仍可以完整恢复。

以上所介绍的方法，都从隐私保护中的数据安全层面保护了分布式数据，下面将从联邦学习切入，详细介绍联邦学习如何保护分布式数据并应用到机器学习和深度学习任务中。

2.3.2 分布式数据与联邦学习

联邦机器学习又名联邦学习、联合学习、联盟学习，是一个机器学习框架，能有效帮助多个机构在满足用户隐私保护、数据安全和政府法规的要求下，进行分布式数据的使用和机器学习建模。

数据是机器学习的基础，而在大多数行业中，由于行业竞争、隐私安全、行政手续复杂等问题，数据常常是以孤岛的形式存在的。甚至即使是在同一个公司的不同部门之间实现数据集中整合也面临着重重阻力。在现实中想要将分散在各地、各个机构的分布式数据进行整合几乎是不可能的，或者说所需的成本是巨大的。随着人工智能的进一步发展，重视数据隐私和安全已经成为世界性的趋势，每一次公众数据的泄露都会引起媒体和公众的极大关注，如 Facebook 的数据泄露事件就曾引起了大范围的抗议行动。

同时，各国都在加强对数据安全和隐私的保护。欧盟最近引入的新法案《通用数据保护条例》(General Data Protection Regulation，GDPR)表明，对用户数据隐私和安全管理的日趋严格将是世界趋势，要解决大数据的困境，仅仅靠传统的方法已经出现瓶颈。两个公司简单地交换数据在很多法规，包括 GDPR 框架下是不允许的，用户是原始数据的拥有者，在用户没有批准的情况下，公司间是不能交换数据的。

针对数据孤岛和数据隐私的两难问题，多家机构和学者提出了解决办法。针对手机终端和多方机构数据的隐私问题，谷歌公司和微众银行分别提出了不同的联邦学习算法框架(图 2.19)。谷歌公司提出了基于个人终端设备的联邦学习算法框架，而微众银行随后提出了基于联邦学习的系统性的通用解决方案，可以解决个人和公司间联合建模的问题。在满足数据隐私、安全和监管要求的前提下，设计一个机器学习框架，让人工智能系统能够更加高效、准确地共同使用各自的数据。

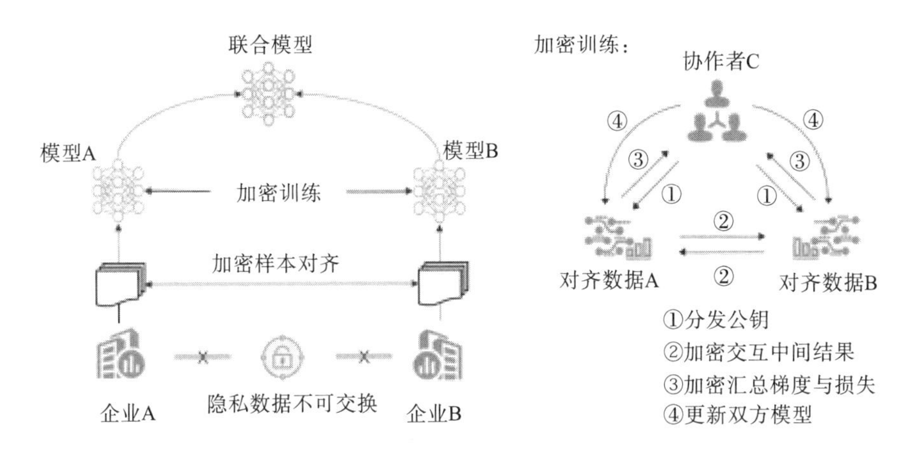

图 2.19　联邦学习建模框架图

例如，假设有两个不同的企业 A 和 B，它们拥有不同数据，企业 A 有用户特征数据，企业 B 有产品特征数据和标注数据。这两个企业按照上述 GDPR 准则是不能粗暴地把双方数据加以合并的，因为数据的原始提供者即各自的用户可能不同意这样做。假设双方各自建立一个任务模型，每个任务可以是分类或预测，而这些任务也已经在获得数据时有各自用户的认可，那么问题是如何在 A 和 B 各端建立高质量的模型。由于数据不完整(如企业 A 缺少标签数据，企业 B 缺少用户特征数据)或者数据不充分(数据量不足以建立好的模型)，那么，在各端的模型有可能无法建立或效果并不理想。联邦学习是要解决这个问题，它希望做到各个企业的自有数据不出本地，而后联邦系统可以通过加密机制下的参数交换方式，即在不违反数据隐私法规情况下，建立一个虚拟的共有模型。这个虚拟模型就好像大家把数据聚合在一起建立的最优模型一样，但是在建立虚拟模型的时候，数据本身不移动，也不泄露隐私和影响数据合规。这样，建好的模型在各自的区域仅为本地的目标服务。在这样一个联邦机制下，各个参与者的身份和地位相同，而联邦系统帮助大家建立了“共同富裕”的策略，因此这个体系称为联邦学习。

联邦学习旨在建立一个基于分布数据集的联邦学习模型，包括两个过程，分别是模型训练和模型推理。在模型训练的过程中，模型相关的信息能够在各方之间交换(或者是以加密形式交换)，但数据不能，这一交换不会暴露每个站点上数据的任何受保护的隐私部分。已训练好的联邦学习模型可以部署到联邦学习系统的各参与方，也可以在多方之间共享。

当推理时，模型可以应用于新的数据实例。例如，在 B2B(business to business，企业对企业)场景中，联邦医疗图像系统可能会接收一位新患者，其诊断来自不同的医院。在这种情况下，各方将协作进行预测。最终，应该有一个公平的价值分配机制来分配协同模型所获得的收益。激励机制设计应该以这种方式进行下去，从而使得联邦学习过程能够持续。具体来讲，联邦学习是一种具有以下特征的用来建立机器学习模型的算法框架，其中，机器学习模型是指将某一方的数据实例映射到预测结果输出的函数。

(1) 有两个或以上的联邦学习参与方协作构建一个共享的机器学习模型。每一个参与方都拥有若干能够用来训练模型的训练数据。

(2) 在联邦学习模型的训练过程中，每一个参与方拥有的数据都不会离开该参与方，即数据不离开数据拥有者。

(3) 联邦学习模型相关的信息能够以加密方式在各方之间进行传输和交换，并且需要保证任何一个参与方都不能推测出其他方的原始数据。

(4) 联邦学习模型的性能要能够充分逼近理想模型(指通过将所有训练数据集中在一起并训练获得的机器学习模型)的性能。

一般地，设有 N 位参与方 $\{F_i\}_{i=1}^N$，协作通过使用各自的训练数据集 $\{D_i\}_{i=1}^N$ 来训练机器学习模型。传统的方法是将所有的数据 $\{D_i\}_{i=1}^N$ 收集起来并存储在一个地方，如存储在某一台云端数据服务器上，从而在该服务器上使用集中后的数据集训练得到一个机器学习模型 M_{SUM}。在传统方法的训练过程中，任何一位参与方 F_i 会将自己的数据 D_i 暴露给服务器甚至其他参与方。联邦学习是一种不需要收集各参与方所有的数据 $\{D_i\}_{i=1}^N$，只需各联邦同意参与训练，无须共享各分布式设备上的分布式数据便能协作地训练一个模型 M_{FED} 的机器学习过程。设 V_{SUM} 和 V_{FED} 分别为集中型模型 M_{SUM} 和联邦型模型 M_{FED} 的性能量度(如准确度、召回度和 F1 分数等)。我们可以更准确地解释性能保证的含义。设 δ 为一个非负实数，在满足以下条件时，联邦学习模型 M_{FED} 具有 δ 的性能损失：

$$V_{\text{SUM}} - V_{\text{FED}} < \delta$$

上式表述了以下客观事实：如果使用安全的联邦学习在分布式数据源上构建机器学习模型，这个模型在未来数据上的性能近似于把所有数据集中到一个地方训练所得到的模型的性能。

联邦学习允许模型在性能上比集中训练的模型稍差，因为在联邦学习中，参与方 F_i 并不会将他们的数据 D_i 暴露给服务器或者任何其他的参与方，所以相比准确度的 δ 的损失，额外的安全性和隐私保护无疑更有价值。根据应用场景的不同，联邦学习系统可能涉及也可能不涉及中央协调方。图 2.20 展示了一种包括协调方的联邦学习架构示例。在此场景中，协调方是一台聚合服务器(也称为参数服务器)，可以将初始模型发送给各参与方 A～C。参与方 A～C 分别使用各自的数据集训练该模型，并将模型权重更新发送到聚合服务器。之后，聚合服务器将从参与方接收到的模型更新聚合起来(例如，使用联邦平均算法)，并将聚合后的模型更新发回给参与方。这一过程将会重复进行，直至模型收敛、达到最大迭代次数或者达到最长训练时间。在这种体系结构下，参与方的原始数据永远不会离开自己。这种方法不仅保护了用户的隐私和数据安全，还减少了发送原始数据所带来的通信开销。此外，聚合服务器和参与方还能使用加密方法，如使用同态加密来防止模型信息泄露。

联邦学习架构也能被设计为对等(peer-to-peer，P2P)网络的方式，即不需要协调方。这进一步确保了安全性，因为各方无须借助第三方便可以直接通信，如图 2.21 所示。这种体系结构的优点是提高了安全性，但可能需要更多的计算操作来对消息内容进行加密和解密。

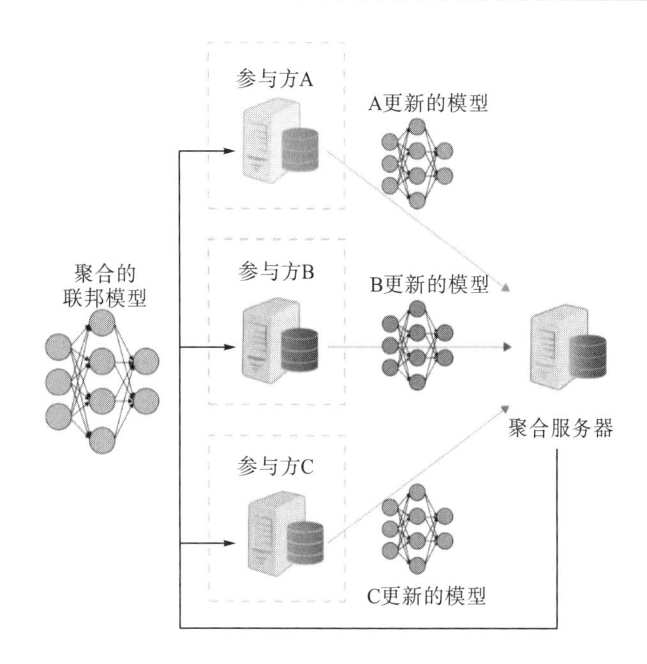

图 2.20　联邦学习系统示例：客户-服务器架构

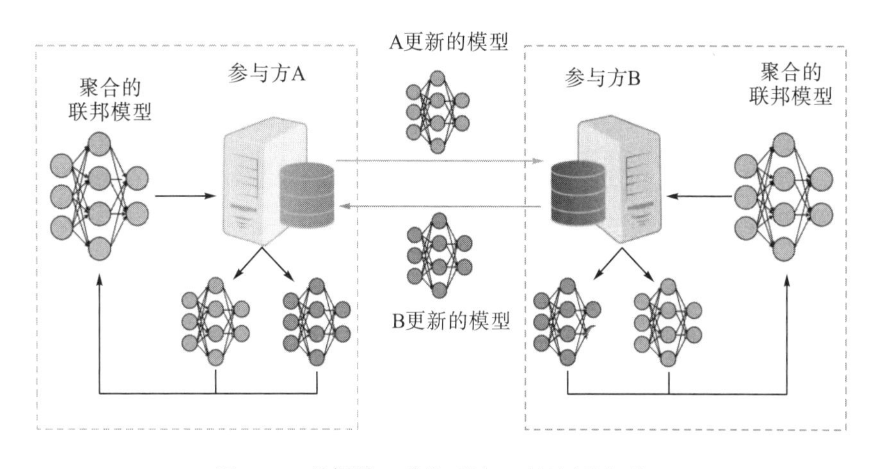

图 2.21　联邦学习系统示例：对等网络架构

联邦学习有巨大的商业应用潜力，但同时也面临着诸多挑战。参与方(如智能手机)和中央聚合服务器之间的通信连接可能是慢速并且不稳定的，因为同一时间可能有非常多的参与方在通信。从理论上讲，每一部智能手机都能够参与到联邦学习中，而这不可避免地将会使系统变得不稳定且不可预测。还有，在联邦学习系统中，来自不同参与方的数据可能会导致出现非独立同分布的情况，并且不同的参与方可能有数量不均的训练数据样本，这可能导致联邦模型产生偏差，甚至会使联邦模型训练失败。由于参与方在地理上通常是非常分散的，难以被认证身份，因此联邦学习模型容易遭到恶意攻击，即只要有一个参与方发送破坏性的模型更新信息，联邦模型的可用性就会降低，甚至损害整个联邦学习系统或者模型性能。

在现实场景中，针对不同的情况，根据分布式数据特征和样本的不同，将联邦学习划分为横向联邦学习、纵向联邦学习和联邦迁移学习。

设矩阵 D_i 表示第 i 个参与方的数据，矩阵 D_i 的每一行表示一个数据样本，每一列表示一个具体的数据特征。同时，一些数据集还可能包含标签信息。将特征空间设为 X，数据标签空间设为 Y，并用 I 表示数据样本 ID 空间。例如，数据标签可以是用户的信用度或者征信信息，也可以是用户的购买计划，还可以是学生的成绩分数。特征空间 X、数据标签空间 Y 和样本 ID 空间 I 组成了一个训练数据集(I，X，Y)。不同的参与方拥有的数据的特征空间和样本 ID 空间可能都是不同的。根据训练数据在不同参与方之间的数据特征空间和样本 ID 空间的分布情况，联邦学习可以划分为横向联邦学习、纵向联邦学习和联邦迁移学习。以有两个参与方的联邦学习场景为例，图 2.22、图 2.23 和图 2.24 分别展示了三种联邦学习的定义。

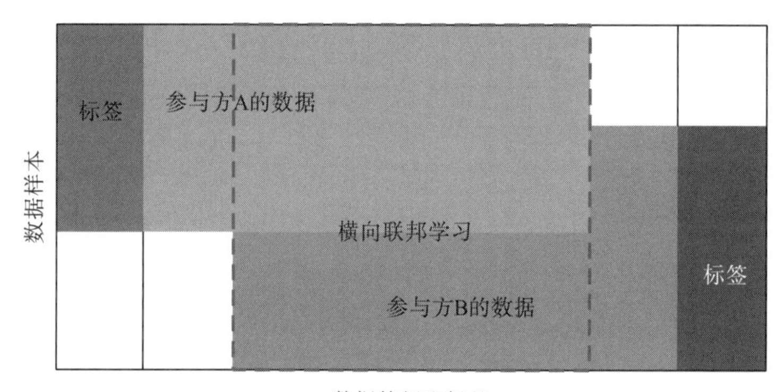

图 2.22　横向联邦学习(按样本划分的联邦学习)

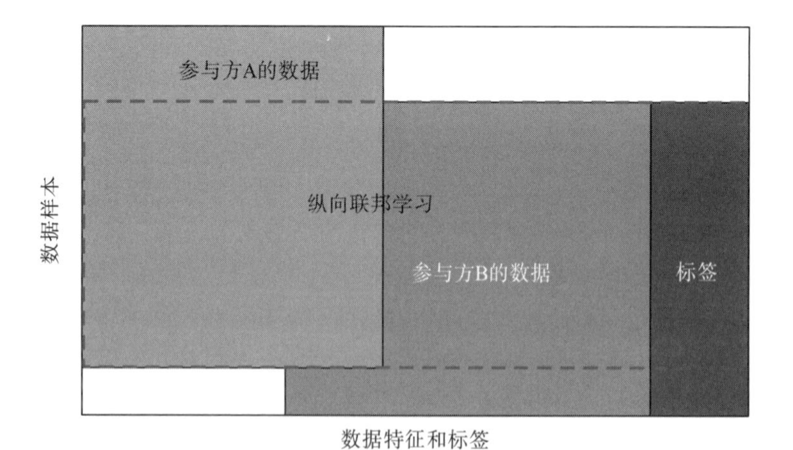

图 2.23　纵向联邦学习(按特征划分的联邦学习)

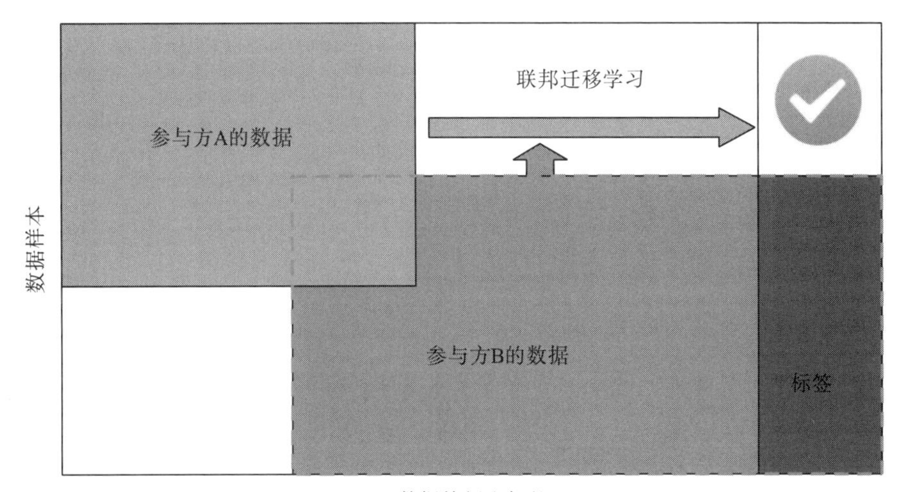

图 2.24　联邦迁移学习

横向联邦学习适用于联邦学习的参与方的数据有重叠的数据特征，即数据特征在参与方之间是对齐的，但是参与方拥有的数据样本是不同的，它类似于在表格视图中将数据水平划分的情况。因此，横向联邦学习又称为按样本划分的联邦学习。与横向联邦学习不同，纵向联邦学习适用于联邦学习参与方的训练数据有重叠的数据样本，即参与方之间的数据样本是对齐的，但是在数据特征上有所不同，它类似于数据在表格视图中垂直划分的情况。因此，纵向联邦学习又称为按特征划分的联邦学习。联邦迁移学习适用于参与方的数据样本和数据特征重叠都很少的情况。

例如，当联邦学习的参与方是两家服务于不同区域市场的银行时，它们虽然可能只有很少的重叠客户，但是客户的数据可能因为相似的商业模式而有非常相似的特征空间。这意味着，这两家银行的客户的重叠部分较小，而数据特征的重叠部分较大，这两家银行就可以通过横向联邦学习来协同建立一个机器学习模型。当两家公司(如一家银行和一家电子商务公司)提供不同的服务，但在客户群体上有非常大的交集时，它们可以在各自的不同特征空间上协作，从而得到一个更好的机器学习模型。换言之，客户的重叠部分较大，而数据特征的重叠部分较小，则这两家公司可以协作地通过纵向联邦学习方式训练机器学习模型。

另外，分割学习可以被看作纵向联邦学习的一种特殊形式。它在纵向联邦学习之上使用了深度神经网络，也就是说，分割学习主要使用了联邦学习的设置，并在纵向划分的数据集上训练深度神经网络。当联邦学习的参与方拥有的数据集在客户和数据特征上的重叠部分都比较小时，各参与方可以通过使用联邦迁移学习来协同地训练机器学习模型。

2.3.3　分布式数据的应用

分布式数据作为分散于多方的数据，在诸多领域都有广阔的应用前景，如联邦学习、分布式数据库、分布式系统等。由于各种原因，这些数据被存储在各个节点上，却要联合起来共同完成建模或计算任务。本节给出了几种已经落地或者富有潜力的、以分布式数据为媒介实现的应用。

联邦学习：旨在建立一个基于分布式数据集的联邦学习模型。联邦学习包括两个过程，分别是模型训练和模型推理。在模型训练的过程中，模型相关的信息能够在各方之间交换(或者是以加密形式进行交换)，但数据不能。这一交换不会暴露每个站点上数据的任何受保护的隐私部分。已训练好的联邦学习模型可以置于联邦学习系统的各参与方，也可以在多方之间共享。当推理时，模型可以应用于新的数据实例。例如，在 B2B 场景中，联邦医疗图像系统可能会接收一位新患者，其诊断来自不同的医院。在这种情况下，各方将协作进行预测。最终，应该有一个公平的价值分配机制来分配协同模型所获得的收益。激励机制设计应该以这种方式进行，从而使得联邦学习过程能够持续。

分布式数据库系统：通常使用较小的计算机系统，每台计算机可单独放在一个地方，每台计算机中都可能有数据库管理系统的一份完整拷贝副本，或者部分拷贝副本，并具有自己局部的数据库，位于不同地点的许多计算机通过网络互相连接，共同组成一个完整的、全局的逻辑上集中、物理上分布的大型数据库。一个分布式数据库在逻辑上是一个统一的整体，在物理上则分别存储在不同的物理节点上，一个应用程序通过网络的连接可以访问分布在不同地理位置的数据库，它的分布性表现在数据库中的数据不是存储在同一场地。更确切地讲，不存储在同一计算机的存储设备上，这就是与集中式数据库的区别。从用户的角度看，一个分布式数据库系统在逻辑上和集中式数据库系统一样，用户可以在任何一个场地执行全局应用，就好像那些数据是存储在同一台计算机上，由单个数据库管理系统管理一样，用户并没有什么不一样的感觉。

分布式数据库：是一种水平拆分、可平滑扩容、读写分离的分布式数据库服务。它在使用的过程中存在于我们的应用和数据库之间，当单台的数据库没有办法满足我们大型业务的需要和支撑的时候，利用分布式可以增加更多服务节点。分布式数据库对于应用层是透明的，用户在使用的时候没有感观上的差别。分布式数据库主要解决三个问题：单机数据库容量瓶颈，即随着数据量和访问量的增长，单机数据库会遇到很大的挑战，依赖硬件升级并不能完全解决问题；单机数据库扩展困难，即传统数据库容量扩展往往意味着服务中断，很难做到业务无感知或者少感知；传统数据库使用成本高，即当业务数据和访问量增加到一定量时，传统数据库需要依赖特定的高端存储和小型机设备，成本快速上升。

分布式数据库系统是在集中式数据库系统的基础上发展起来的，是计算机技术和网络技术结合的产物。分布式数据库系统适合于单位分散的部门，允许各个部门将其常用的数据存储在本地，实施就地存放、本地使用，从而提高响应速度，降低通信费用。与集中式数据库系统相比，分布式数据库系统具有可扩展性，通过增加适当的数据冗余，提高系统的可靠性。在集中式数据库中，尽量减少冗余度是系统目标之一，因为冗余数据浪费存储空间，而且容易造成各副本之间的不一致性，而为了保证数据的一致性，系统要付出一定的维护代价，通过数据共享来达到减少冗余度的目标。在分布式数据库中却希望增加冗余数据，在不同的场地存储同一数据的多个副本，其原因是：①提高系统的可靠性、可用性，当某一场地出现故障时，系统可以对另一场地上的相同副本进行操作，不会因一处故障而造成整个系统的瘫痪。②提高系统可以选择离用户最近的数据副本进行操作，减少通信代价，改善整个系统的性能。

分布式系统：建立在网络之上的软件系统。因此，分布式系统具有高度的内聚性和透明性。网络和分布式系统之间的区别更多的在于高层软件(特别是操作系统)，而不是硬件，但是其内部的数据则是以分布式存储的。

2.3.4　分布式数据案例分析

分布式数据存储在各个分布式节点当中，下面的案例由联邦学习中的分布式数据切入。联邦学习已经被应用于计算机视觉领域，如医学图像分析。联邦学习也被应用于自然语言处理和推荐系统领域。谷歌的研究人员将联邦学习应用于手机键盘的输入预测，即谷歌的 Gboard 系统，大大提升了智能手机输入法预测的准确度，且不会泄露用户的隐私数据。Firefox 的研究人员将联邦学习应用于预测搜索词上。此外，还有很多新的关于使联邦学习更为定制化的研究。

下面介绍谷歌联邦学习应用于智能手机输入法的预测案例。移动设备上有丰富的用户交互数据，包括打字、手势、视频和音频捕获等，通过利用这些分布式数据，有望在现实生活中实现更加智能的应用程序。联邦学习使此类智能应用程序的开发成为可能，同时简化了在基础设施和培训中构建隐私的任务。联邦学习是一种分布式计算方法，在这种方法中，数据被保存在网络边缘，而不是集中收集。相反，可以使用额外的隐私保护技术，如安全多方计算和差分隐私，传输最小的、最重要的参数来更新模型，实现更好的建模任务。与传统的数据收集和存储在中央位置的方法相比，联邦学习提供了更多的隐私保护手段，可以更安全地保护我们的分布式数据。

Gboard 是谷歌触摸屏移动设备的虚拟键盘，支持 600 多种语言，截至 2019 年安装量超过 10 亿次。除了解码来自输入模式(包括点击和文字手势输入)的噪声信号，Gboard 还提供了自动校正、单词补全和下一个单词预测功能。随着用户越来越多地转向移动设备，可靠、快速的移动输入法变得越来越重要。下一个单词的预测提供了一个方便文本输入的工具。基于用户生成的少量前文，语言模型可以预测最有可能出现的下一个单词或短语。

基于图 2.25 中“我爱你”(I love you)的上下文，键盘会预测“和”(and)、“太”(too)和“非常”(so much)。由于每台设备输入法内的文字数据可能包含每台设备使用人的隐私信息，具有各自使用人的文字个性和使用特性，所以单一利用一台设备不能很好地训练出单词预测任务的模型，这时就利用联邦学习的思想，将每台设备上的分布式数据利用起来，各自设备间的数据不进行交换，只贡献训练的参数，包含梯度和损失信息等进行建模，完成一个基于分布式的安全且质量优的预测模型。

训练过程主要包含三部分(图 2.26)：客户端设备计算本地存储数据上的更新(A)；服务器聚合客户端更新构建一个新的全局模型(B)；新模型被发送回客户端(C)，并重复这个过程。

联邦学习提供了一种分散计算策略，可用于训练神经模型，称为客户端的移动设备生成大量可用于培训的个人数据，客户端处理其本地数据并与服务器共享模型更新，而不是将数据上载到服务器进行集中培训，来自大量客户端的权重由服务器聚合并组合，以创建一个改进的全局模型，图 2.26 提供了该过程的图示。

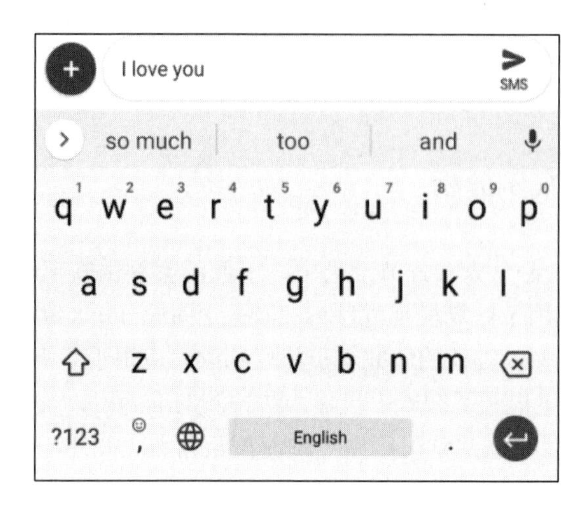

图 2.25　Gboard 下一个单词预测展示

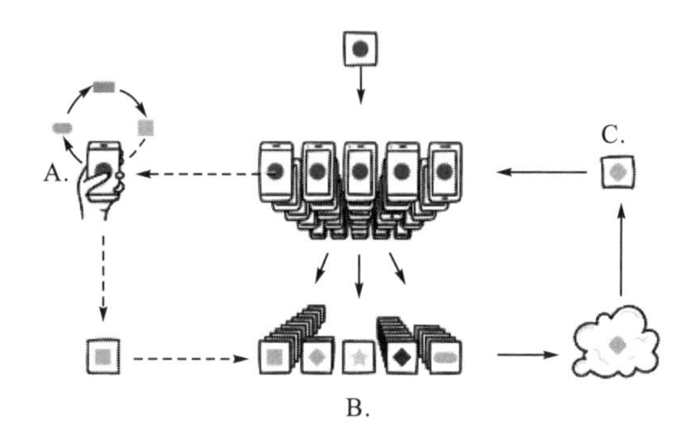

图 2.26　基于联邦学习的单词预测任务模型部署图

在培训开始前，需要构建相应的神经网络，构建初始化模型，并将模型由服务器发送到各个设备上，在单词预测模型中，使用长-短期记忆(long short-term memory，LSTM)递归神经网络的变体模型，即耦合输入和遗忘(coupled input and forget gate，CIFG)算法来构建初始模型。与门控循环单元一样，CIFG 使用单个门来控制输入和递归单元的自连接，从而将每个单元的参数数量减少了 25%。对于时间步长 t，输入门 i_t 和遗忘门 f_t 具有以下关系：

$$f_t = 1 - i_t$$

CIFG 体系结构对于移动设备环境是有利的，因为计算数量和参数集大小都减少了，而不会对模型性能产生影响，该模型使用 TensorFlow 进行训练，没有 peephole connections，使用 TensorFlow Lite2 进行设备推理。

搭建模型首先捆绑输入嵌入和输出投影矩阵用于减少模型大小和加速训练。给定一个 V 大小的词汇表和一个热编码，$V \in R^V$ 映射到密集嵌入向量 $d \in R^D$ 和矩阵 $d = W_V$ 的 $W \in R^{D*V}$。

CIFG 的输出投影(也在 R^D 中)映射到输出向量 $W^{\mathrm{T}}h \in R^V$。输出向量上的 softmax 函数将原始 logit 转换为归一化概率，输出和目标标签上的交叉熵损失用于训练。

客户端设备要求限制了词汇表和型号大小，输入和输出词汇使用 V=10000 个单词的字典。输入标记包括特殊的句子开头、句子结尾和词汇表外标记。在网络评估和推理过程中，忽略与这些特殊标记对应的 logit。输入嵌入和 CIFG 输出投影维度 D 设置为 96。使用 670 个单元的单层 CIFG。总的来说，140 万个参数组成了网络，其中三分之二以上与嵌入矩阵 W 相关。经过重量量化后，发送到 Gboard 设备的模型大小为 1.4MB。

构建好网络之后，采用联邦学习的方法来实现多方建模，联邦学习已被证明可以处理不平衡的数据集和在客户端之间不独立或分布不一致的数据，服务器上使用 Federated Averaging 算法来组合客户端更新并生成新的全局模型。在第 t 轮培训中，将全局模型 w_t 发送给客户端设备的子集 K。在 t=0 的特殊情况下，客户端设备从相同的全局模型开始，该模型已经随机初始化或预先训练过代理数据。参与给定回合的每个客户端都有一个本地数据集，其中 k 是参与客户端的索引，n_k 因设备而异。对于 Gboard 的研究，n_k 与用户的键入量有关。

每个客户使用当前模型 w_t，使用一个或多个随机梯度下降(stochastic gradient descent，SGD)步骤计算其局部数据的平均梯度 g_k。对于客户学习率 ϵ，本地客户端更新 w_{t+1}^k 为

$$w_t \leftarrow \epsilon g_k \leftarrow w_{t+1}^k$$

服务器对客户端模型进行加权聚合，以获得新的全局模型 w_{t+1}：

$$\sum_{k=1}^{K} \frac{n_k}{N} w_{t+1}^k \to w_{t+1}$$

其中，$N = \sum_k n_k$。

本质上，客户机在本地计算更新，这些更新被传送到服务器并聚合。优化了超参数，包括客户端批大小、客户迭代数和每轮客户端数(全局批大小)，以提高性能。与服务器存储相比，分散的设备计算提供的安全和隐私风险更小，即使服务器托管的数据是匿名的。将个人数据保存在客户端设备上，使用户可以更直接、更实际地控制自己的数据。每个客户机传递给服务器的模型更新都是短暂的、集中的和聚合的。客户端更新从不存储在服务器上，更新在内存中处理，并在权重向量中累积后立即丢弃。根据数据最小化原则，上传内容仅限于模型权重。最后，结果仅用于聚合，通过组合来自多个客户端设备的更新来改进全局模型。这里讨论的联邦学习过程要求用户相信聚合服务器不会仔细检查单个权重上传，这仍然比服务器训练更可取，因为服务器从未被委托处理用户数据，目前联邦学习正在探索其他技术来放宽信任要求，联邦学习之前已被证明是对隐私保护技术的补充，如安全聚合和差分隐私。

这是联邦语言建模在商业环境中的第一个应用，联邦学习通过利用分布式数据，使用跨高度分布的计算设备进行训练，不仅提高了语言模型的质量，还为用户提供了安全和隐私方面的优势。

2.4 小　　结

数据科学与工程是当前炙手可热的研究理论和方向，是科技公司飞速发展和数字科技日益壮大的关键所在，大量数据亟待分析，衍生出了很多前所未有的业务需求，业界以及公司都急需大量拥有对口专业或者有相关领域技能的人才，大数据时代已经不可避免，未来对大数据人才的需要也将日益强烈。当前相关技术已基本成熟，逐步成为支撑型的基础设施，其发展方向也开始向提升效率转变，向个性化的上层应用聚焦。随着5G通信标准的落地，物联网、移动互联网、大数据、传统行业将深度融合，算力、模块、云数据、数智等技术融合的趋势越来越明显，大量既懂大数据技术又懂其他相关行业技术的人才在大数据应用领域发挥着越来越大的作用。

练习题

1. 请简述数据科学的概念。
2. 请简述分布式数据的定义，并对其应用场景加以描述。
3. 请结合章节内容，描述联邦学习和集中式学习中数据参与训练的区别。
4. 请描述联邦学习中 Gboard 案例的训练过程。
5. 什么是多模态？如何理解其在传统机器学习中扮演的角色？
6. 多模态学习的任务有哪些？
7. 简述你所了解的多模态研究方向。
8. 多模态表征学习有哪两种方式？
9. 通过 NLP 的预训练模型，可以得到文本的嵌入表示；通过图像和视觉领域的预训练模型，可以得到图像的嵌入表示。那么，如何将两者融合起来，完成以上的各种任务呢？
10. 如何验证一个用多元回归生成的对定量结果变量的预测模型？
11. 什么是过拟合？你如何控制它？
12. 什么是正则化项？
13. 请介绍你知道的文本表征的方法(词向量)。
14. LSTM 相对 RNN 有什么特点？

参 考 文 献

杜鹏飞, 李小勇, 高雅丽, 2021. 多模态视觉语言表征学习研究综述[J]. 软件学报, 32(2): 327-348.

宋晖, 刘晓强, 2018. 数据科学技术与应用[M]. 北京: 电子工业出版社.

谢冰, 魏峻, 彭鑫, 等, 2018. 数据驱动的软件智能化开发方法与技术专题前言[J]. 软件学报, 29(8): 2177-2179.

Alsharif O, Ouyang T, Beaufays F, et al., 2015. Long short term memory neural network for keyboard gesture decoding[C]//2015 IEEE International Conference on Acoustics, Speech and Signal Processing (ICASSP). April 19-24, 2015. South Brisbane, Queensland, Australia. IEEE: 2076-2080.

Anonymous, 2013. Consumer data privacy in a networked world: A framework for protecting privacy and promoting innovation in the global digital economy[J]. Journal of Privacy and Confidentiality: 1-62.

Baltrušaitis T, Ahuja C, Morency L P, 2019. Multimodal machine learning: A survey and taxonomy[J]. IEEE Transations on Pattern Analysis and Machine Intelligence, 41 (2): 423-443.

Bengio Y, Courville A, Vincent P, 2013. Representation learning: A review and new perspectives[J]. IEEE Transactions on Pattern Analysis and Machine Intelligence, 35 (8): 1798-1828.

Bhagoji A, Chakraborty S, Mittal P, et al., 2018. Analyzing federated learning through an adversarial lens[C]//International Conference on Machine Learning. PMLR: 634-643.

Bourlard H, Dupont S, 1996. A mew ASR approach based on independent processing and recombination of partial frequency bands[C]//Proceeding of Fourth International Conference on Spoken Language Processing. ICSLP '96. Philadelphia, PA, USA.

Brown P F, Della Pietra S A, Della Pietra V J, et al., 1993. The mathematics of statistical machine translation: Parameter estimation[J]. Computational Linguistics, 19: 263-311.

Cho K, Van Merriënboer B, Gulcehre C, et al., 2014. Learning phrase representations using RNN encoder-decoder for statistical machine translation[C]//Proceedings of the 2014 Conference on Empirical Methods in Natural Language Processing (EMNLP). Doha, Qatar. Stroudsburg, PA, USA: Association for Computational Linguistics.

D'Mello S, Kory J, 2015. A review and meta-analysis of multimodal affect detection systems[J]. ACM Computing Surveys, 47 (3): 43.

Dwork C, Roth A, 2013. The algorithmic foundations of differential privacy[J]. Foundations and Trends® in Theoretical Computer Science, 9 (3/4): 211-407.

ElGamal T, 1985. A public key cryptosystem and a signature scheme based on discrete logarithms[J]. IEEE Transactions on Information Theory, 31 (4): 469-472.

Evangelopoulos G, Zlatintsi A, Potamianos A, et al., 2013. Multimodal saliency and fusion for movie summarization based on aural, visual, and textual attention[J]. IEEE Transactions on Multimedia, 15 (7): 1553-1568.

Gönen M, Alpaydın E, 2011. Multiple kernel learning algorithms[J]. Journal of Machine Learning Research, 12: 2211-2268.

Greff K, Srivastava R K, Koutník J, et al., 2017. LSTM: A search space odyssey[J]. IEEE Transactions on Neural Networks and Learning Systems, 28 (10): 2222-2232.

Gupta O, Raskar R, 2018. Distributed learning of deep neural network over multiple agents[J]. Journal of Network and Computer Applications, 116: 1-8.

Hatcher W G, Yu W, 2018. A survey of deep learning: Platforms, applications and emerging research trends[J]. IEEE Access, 6: 24411-24432.

Hinton G E, Osindero S, Teh Y W, 2006. A fast learning algorithm for deep belief nets[J]. Neural Computation, 18 (7): 1527-1554.

Hochreiter S, Schmidhuber J, 1997. Long short-term memory[J]. Neural Computation, 9 (8): 1735-1780.

Hodosh M, Young P, Hockenmaier J, 2013. Framing image description as a ranking task: Data, models and evaluation metrics[J]. Journal of Artificial Intelligence Research, 47: 853-899.

Huang L, Shea A L, Qian H N, et al., 2019. Patient clustering improves efficiency of federated machine learning to predict mortality and hospital stay time using distributed electronic medical records[J]. Journal of Biomedical Informatics, 99: 103291.

Juang B H, Rabiner L R, 1991. Hidden Markov models for speech recognition[J]. Technometrics, 33(3): 251.

Kairouz P, McMahan H B, Avent B, et al., 2021. Advances and open problems in federated learning[J]. Foundations and Trends® in Machine Learning, 14(1/2): 1-210.

Karpathy A, Joulin A, Li F F, 2014. Deep fragment embeddings for bidirectional image sentence mapping[J]. ArXiv e-Prints, arXiv: 1406. 5679.

Karras T, Laine S, Aittala M, et al., 2020. Analyzing and improving the image quality of stylegan[C]// 2020 IEEE/CVF Conference on Computer Vision and Pattern Recognition (CVPR) June 13-19, 2020. Seattle, WA, USA: 8107-8116.

Krizhevsky A, Sutskever I, Hinton G E, 2017. ImageNet classification with deep convolutional neural networks[J]. Communications of the ACM, 60(6): 84-90.

Li T, Sahu A K, Talwalkar A, et al., 2020. Federated learning: Challenges, methods, and future directions[J]. IEEE Signal Processing Magazine, 37(3): 50-60.

Liu J, Li T R, Xie P, et al., 2020. Urban big data fusion based on deep learning: An overview[J]. Information Fusion, 53(C): 123-133.

Lowe D G, 2004. Distinctive image features from scale-invariant keypoints[J]. International Journal of Computer Vision, 60(2): 91-110.

Mikolov T, Sutskever I, Chen K, et al., 2013. Distributed representations of words and phrases and their compositionality[J]. ArXiv e-Prints, arXiv: 1310. 4546.

Mothukuri V, Parizi R M, Pouriyeh S, et al., 2021. A survey on security and privacy of federated learning[J]. Future Generation Computer Systems, 115: 619-640.

Paillier P, 2007. Public-key cryptosystems based on composite degree residuosity classes[M]//Advances in Cryptology-EUROCRYPT '99. Berlin, Heidelberg: Springer Berlin Heidelberg: 223-238.

Patashnik O, Wu Z Z, Shechtman E, et al., 2021. StyleCLIP: Text-driven manipulation of stylegan imagery[C]//2021Proceedings of the IEEE/CVF International Conference on Computer Vision (ICCV). October 10-17, 2021. Montreal, QC, Canada: 2085-2094.

Sattler F, Wiedemann S, Müller K R, et al., 2020. Robust and communication-efficient federated learning from non-i. i. d. data[J]. IEEE Transactions on Neural Networks and Learning Systems, 31(9): 3400-3413.

Sheller M J, Reina G A, Edwards B, et al., 2018. Multi-institutional deep learning modeling without sharing patient data: A feasibility study on brain tumor segmentation[C]//International MICCAI Brainlesion Workshop. Cham: Springer: 92-104.

Shokri R, Shmatikov V, 2015. Privacy-preserving deep learning[C]//Proceedings of the 22nd ACM SIGSAC Conference on Computer and Communications Security. October 12 - 16, 2015, Denver, Colorado, USA. ACM: 1310-1321.

Tan Z T, Chai M L, Chen D D, et al., 2020. MichiGAN: Multi-input-conditioned hair image generation for portrait editing[J]. ACM Transactions on Graphics (TOG), 39(4): 95-101.

Tov O, Alaluf Y, Nitzan Y, et al., 2021. Designing an encoder for StyleGAN image manipulation[J]. ACM Transactions on Graphics (TOG), 40(4): 133.

Vepakomma P, Gupta O, Swedish T, et al., 2018. Split learning for health: Distributed deep learning without sharing raw patient data[J]. arXiv preprint, arXiv: 1812. 00564.

Vepakomma P, Swedish T, Raskar R, et al., 2018. No peek: A survey of private distributed deep learning[J]. arXiv preprint, arXiv: 1812. 03288.

Wiener M J, 1990. Cryptanalysis of short RSA secret exponents[J]. IEEE Transactions on Information Theory, 36(3): 553-558.

Wöllmer M, Metallinou A, Eyben F, et al., 2010. Context-sensitive multimodal emotion recognition from speech and facial expression using bidirectional LSTM modeling[J]. Interspeech 2010. 26-30 September 2010, Makuhari, Chiba, Japan. ISCA: 2362-2365.

Xia W H, Yang Y J, Xue J H, et al., 2021. TediGAN: Text-guided diverse face image generation and manipulation[C]//2021Proceedings of the IEEE/CVF Conference on Computer Vision and Pattern Recognition（CVPR）. June 20-25, 2021. Nashville, TN, USA. IEEE: 2256-2265.

Yang Q, Liu Y, Chen T J, et al., 2019. Federated machine learning: Concept and applications[J]. ACM Transactions on Intelligent Systems and Technology, 10(2): 12.

第3章　数据驱动软件过程挖掘

软件产品的质量在很大程度上依赖于产品开发时所使用的过程。软件过程是指用于开发和维护软件产品的一系列有序活动，而每个活动的属性包括相关的制品、资源(人或者其他资源)、组织结构和约束。传统软件过程研究主要分为两类：一类是以能力成熟度模型集成(capability maturity model integration，CMMI)为代表的软件过程评估和改进模型；另一类是软件过程建模，主要是通过特定的方法对软件过程进行抽象、表示和分析以增加对软件过程的理解，并通过直接或者间接的方式指导实际的软件开发活动。

随着对软件过程研究的深入，人们逐渐发现虽然“过程驱动开发”是一种非常好的开发范式，但是传统人为建模的方法却存在许多问题。这些问题主要集中在：软件过程模型的设计工作极其复杂、易于出错、模型生命周期短暂、人们对于实际过程和过程模型间的差异不敏感、对过程工程师的要求较高，同时软件过程还在动态地演化中。随着当前软件系统越来越复杂，一个优质过程模型的建立越来越像“一种艺术而非科学”。因此，传统的软件过程建模方法已经不能有效满足当前大数据时代软件工程领域对“过程建模”的需求，如何能够自动化地从软件开发组织已有的过程数据中挖掘出过程模型已经成为当前软件过程研究的热点。

软件过程数据作为挖掘的基础，是伴随着软件开发、演化、维护以及测试等活动所产生的，是软件工程数据的子集。软件工程数据包括可行性分析与需求分析文档、设计文档、使用说明、软件代码和注释、软件版本及其演化数据、测试用例和测试结果、软件开发者之间的通信、用户反馈等。软件工程数据中存储软件过程的行为信息的数据称为软件过程数据，如谁创建、访问或者改变这些文档；任务具体在什么时间提交并完成等。维护软件过程数据的管理系统包括软件配置管理(software configuration management，SCM)系统、项目管理软件(project management software，PMS)系统、缺陷跟踪系统(defect tracking system，DTS)等，这些包含事件执行语义的过程数据为软件过程挖掘奠定了基础。

软件过程挖掘(software process mining)是指在软件过程数据的驱动下，能够自动地发现软件过程模型，进而帮助软件工程师更好地识别、理解、分析、优化实际执行的软件过程，最终达到软件过程改进并提升软件产品质量的目的。与传统业务过程领域过程挖掘相比，软件过程挖掘具有以下特征：①数据基础不同，即软件过程数据与业务过程数据的来源、组成以及属性方面存在差异；②挖掘难点不同，即软件过程实例相对较少，并且具有大量的并发、迭代以及复杂结构；③验证标准不同，即软件过程挖掘的结果不仅要求能够获取模型，同时更加重视模型的准确度、合理性等质量属性；④挖掘目的不同，即软件过程以人为中心，最终目的是提升软件产品质量。

自动化地发现软件过程模型的方法，已成为软件组织挖掘潜在过程模型、分析过程缺陷、改善产品质量的重要使能技术。当前已有的软件过程挖掘研究，主要借鉴业务过程领域的挖掘方法，未能对软件过程数据进行针对性的分析，缺少统一框架，因此无法建立完整的软件过程挖掘理论基础，挖掘结果不能达到预期标准。针对软件过程挖掘的特点及问题，本章介绍的双层次软件过程挖掘方法在以下两个方面做出了贡献：①相比现有的上下文无关的过程挖掘方法或者仅能挖掘出粗粒度的增量式软件过程挖掘方法，双层次的软件过程挖掘方法在支持缺失任务的活动信息及案例信息的过程挖掘的同时又保证了挖掘结果的正确性和精确度；②在活动层，基于聚类的活动发现方法能够从过程日志中发现活动信息，对过程日志中每个事件中的特征词进行抽取，一个过程日志被转化为特征词集；为了区分特征词的重要程度，加权结构连接向量模型(weighted structured linked vector model，WSLVM)为每个特征词赋予相应的权值；采用平均活动熵来衡量模糊聚类结果，并将聚类结果作为活动与事件进行关联；③在过程层，非完全循环情况下的事件日志的完备性、循环归属等判定方法，完善和补充了启发式的单触发序列的循环实例划分。

3.1　软件过程挖掘概述

软件过程挖掘是软件过程与过程挖掘的一个交叉研究领域。当前现有大量的软件过程模型与元模型使得对于模型的表达和描述已经不再是问题，当前已有的软件过程执行日志和具有大数据特征的软件过程数据为数据的分析和挖掘奠定了基础，当前困难的软件过程模型构建为自动化地挖掘软件过程模型提出了强烈的诉求。综合上述原因，软件过程数据的分析与挖掘应该给予重视。

Rubin 等(2007，2014)将软件过程挖掘分为“软件过程”挖掘和“软件”过程挖掘两种模式。针对“软件过程”挖掘的思路，当前已经存在一定的文献对其相关问题进行讨论，从历史发展的角度而言，过程挖掘最早也是从软件过程的研究中提出的：Cook 和 Wolf(1998)最早关注了软件过程模型的发现问题，但是由于当时技术和数据的限制，无法从当时的数据中正确有效地发现软件过程模型。Garg 和 Bhansali(1992)采用基于解释的学习方法(explanation-based learning)，将具体的软件实施过程泛化，从软件开发过程的历史数据发现潜在的过程模型。Hindle 等(2010)通过 Unified Process 视图展示软件的开发过程对自动地发现软件过程模型的方法进行总结，主要包括语法推理、过程挖掘方法、参考模型的方法，并提出一个软件过程挖掘框架。另一种较流行的软件过程挖掘的方法是由 Kindler 等(2006)提出的一种增量挖掘法，该方法可以通过一些过程数据发现一个粒度较粗的过程模型，并且一旦有其他数据产生，就可以重新细化原来的过程模型，这样随着日志数量的增加，过程模型的精细程度也就越来越高。Kindler 等(2006)已经将该方法应用于软件过程挖掘，并且通过挖掘开源软件中产生的日志可以有效地还原一个较粗的过程模型。但事实上这样还是不够的，软件过程挖掘与业务过程挖掘最大的区别之一就是对日志的数量要求。一般而言，软件过程实施的过程实例相对较少，如果不解决日志的问题，不从其他角度着手，是无法真正解决软件过程挖掘方法的核心问题的。在软件过程实施过程中，过程实例的数量是相对较少的，甚至有时一个项目只有一个过程实例的存在，因此所有试图通过改进 α 算法来适应软件过程挖掘的方法都是徒然的，这就要求必须提出一种适合于在较少的过程实例中挖掘过程模型的方法，同样这也是过程挖掘思想起源于软件过程而在业务过程挖掘中较为成熟的原因。

当前对于软件过程挖掘研究的另一种思路是对“软件”进行过程挖掘，软件就意味着过程，只是对于软件进行过程挖掘时所挖掘出的过程是固化在软件系统中的业务流程，而非传统软件过程领域中的软件开发过程，尽管该领域无法挖掘出软件开发过程，但是对于软件过程的目标——提升软件产品质量却有着一定的作用，通过对软件内在的操作流程进行挖掘，可以有效地发现软件的业务功能与实际需求之间存在的问题，这主要是利用过程挖掘的第三个应用场景——过程改进。对于该方面的研究，软件开发者的活动被记录在软件仓库中，因此，提出了将多种软件仓库中的数据根据相关性进行结合来挖掘软件开发事件的方法。一种逆向工程也被提出来从分布式系统中获取实际的事件日志，并对这些事件日志进行分析来挖掘用户的实际行为。

本章未特殊说明的情况下，软件过程挖掘均是指“软件过程”挖掘，是从软件过程数据中发现过程模型，与传统的软件过程建模方法以及现有的过程挖掘间既有联系又存在区别。

3.1.1 软件过程挖掘与软件过程建模间的关系

传统软件过程的研究主要分为两类：第一类为软件工业界所关注的、以能力成熟度模型集成(CMMI)为代表的软件过程评估和改进模型；第二类是学术界所关注的软件过程建模，主要是通过特定的方法对软件过程进行抽象、表示和分析以增加对软件过程的理解，并通过直接或者间接的方式指导实际的软件开发活动。软件过程建模方法的研究主要是围绕着过程建模语言和以过程为中心的软件工程环境(process-centered software engineering environment，PSEE)展开的。一种建模方法所具备的描述、分析、执行和演化的能力主要依赖于所使用的建模语言，而PSEE决定了一种建模方法对实际开发活动所能提供的支持；PSEE 和过程建模语言往往是密不可分的，每个 PSEE 具有相关联的一种或者几种建模语言，而一种建模语言需要在相应的 PSEE 中被解释和执行。

软件过程建模是对软件过程进行抽象和表示的活动。当前软件过程主流的建模方法包括：基于过程控制流的建模方法、基于角色的建模方法和基于模板的建模方法。模型类型可分为形式化、半形式化和非形式化三种。软件过程描述方法主要基于 Petri 网、有限状态机、数据流图和统一建模语言(unified modeling language，UML)，涵盖了图、表、自然语言、计算机语言以及数学表达式等。其目的是建立过程模型，通过对过程模型的认识和分析，增强对过程本身的理解，进而指导和控制实际软件开发。软件过程语言和模型的提出是为了对软件过程进行表达，建模方法所具备的描述、分析、执行和演化的能力和所使用的建模语言密不可分，而 PSEE 则对建模方法是否能够有效地支持实际开发活动起到决定性作用。

传统软件过程模型的建立主要通过宏观上自顶向下的人为建模完成，从建模思想到模型，再从模型到过程实施，最后生成数据。尽管当前对于软件过程的研究已经有大量的工作，但是仍然存在如下问题：建模主观性强、耗时耗力、易于出错、与实际脱节等。当前的软件密集组织(指广泛使用或开发软件的私人或公共组织)仍没有在实践中采用任何已提出的语言，因此实践中过程模型驱动、形式化建模方法、描述语言等并没有很好地被使用。相反地，以人为核心、迭代、循序渐进的敏捷方法(如 Scrum)得到了广泛应用，其原因在于模型驱动虽然是一种较好的开发范式，但在实际开发中模型的建立十分困难，模型往往存在于开发者的心中而非像“时刻表”一样使得人们遵循计划执行，模型的滞后性等问题导致模型驱动方法实用性不强。此外，过程工程师建立的模型很难在抽象和具体之间寻求到一个平衡点，使得不管对于决策者还是任务的执行者很难起到较好的指导作用。模型的建立从时间角度而言又过于缓慢，无法有效指导过程的实施工作。这些困难和需求都为软件、过程挖掘带来了机遇。不同于过程建模软件，过程挖掘在宏观上是自底向上的，先有数据，后有模型；通过数据来发现过程模型。当前软件工程大数据使得从数据中挖掘过程模型成为可能。

3.1.2　软件过程挖掘与业务过程挖掘间的关系

过程挖掘理论与方法是软件过程挖掘的基础。过程挖掘的理念是指通过从事件日志中提取出知识，从而去发现、监控和改进实际过程(即非假定过程)。如图 3.1 所示，过程挖掘建立了两种连接，一是实际过程与其数据的连接，二是实际过程与过程模型的连接。过程挖掘研究有三个应用场景：过程发现、符合性检查和过程改进。过程发现是指根据一个事件日志生成一个模型，并不使用任何先验信息，如 α 算法能够利用事件日志生成一个 Petri 网，该 Petri 网能够解释该事件的行为，如果给出充足的执行样本，α 算法就能够在不使用任何附加信息的情况下自动地构造出 Petri 网，如果事件日志包含资源信息，过程挖掘就能够发现资源相关的模型。符合性检查是指将一个已知的过程模型与这个模型的事件日志进行对比，进而被用来检查事件在日志中的实际情况是否和模型相吻合，如存在一个过程模型，该模型中说明若一个订单金额大于某个数值时需要被检查两次，通过日志中的执行记录就能够判断该要求是否达到，合规性检查能够用来侦查、定位和解释偏差，并测量偏差的严重程度。过程改进是指使用一些事件日志中记录的实际过程来扩展或者改进现存的过程模型，其理念是利用实际过程产生的事件日志来扩展或改进一个已存在的过程，虽然合规性检查检测度量了模型与现实的契合度，而改进的目的是改变和扩展已知的过程模型。改进的一种类型是修复，即通过对过程模型修改使其能够更好地反映现实业务，如两个活动被建模为顺序关系，但是在现实中它们却可以以任意的顺序发生，那么这两个活动就应该被修正以正确地表达活动间的执行语义。改进的另一种类型为扩展，即通过过程模型和日志其他属性关联给模型增加一个新的视角，如可以将日志中活动的时间戳在模型中进行显示。因此，通过过程挖掘能够有效地分析协作过程中的瓶颈、发现隐藏的非一致性、检测依从性、解释偏离、预测行为以及引导用户朝着“更好的”过程前进。

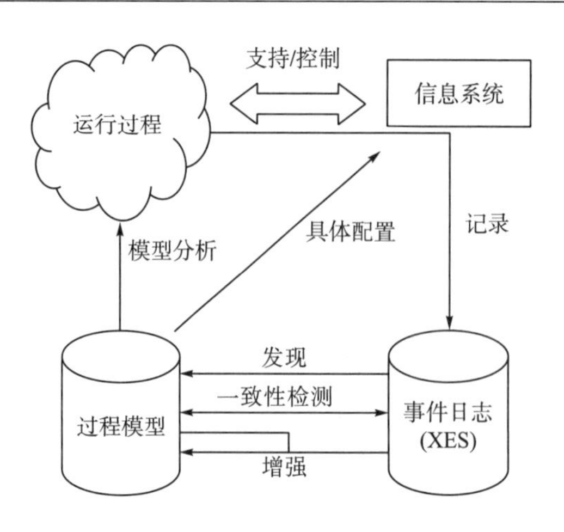

图 3.1 过程挖掘概览

过程挖掘方法最早起源于软件过程，在业务过程挖掘领域得到进一步发展。一般认为，20 世纪 90 年代后期 Cook 和 Wolf 发表的关于软件过程模型发现的文章是第一篇正式的、较为系统地介绍过程发现的文章，该文章提出了相应的解决方案，但是这些方法没有考虑并发结构，故只限于顺序的过程的发现。当前人们提出了大量过程挖掘方法，如 α 算法、启发式挖掘、基于区域的挖掘、遗传过程挖掘、模糊挖掘、ILP(inductive logic programming，归纳逻辑程序设计)挖掘等。但是这些方法在算法效率、挖掘结果拟合度、精确度、泛化度以及简洁度方面很难取得平衡。当前大量的实践发现：α 算法产生的过程模型并不一定是简洁的，对于处理短循环存在天然的缺陷，没有考虑发生次数等；启发式挖掘由于将发生次数较少的情况当作噪声处理，因此其固有缺陷在于生成的日志的拟合度一般并不高；遗传过程挖掘的缺点在于优质种群的准备工作太难、时间复杂度过高，特别是对于软件过程基于大型日志数据，很难在一个特定的时间内使算法收敛。相对于上述方法，基于区域的挖掘得到的精确度较高，是一种能够有效应对软件过程复杂结构挖掘的方法，但是挖掘效率较低，同时会造成空间爆炸问题。归纳式挖掘是 2013 年提出的一种挖掘方法，经过证实该方法能够在多项式时间内快速挖掘出一个拟合度达到 80%以上的合理的块结构的过程模型。软件过程挖掘的目标在于能够快速地发现一个简洁、合理、优质的过程模型以支持软件分析与改进的进行。但是当前遇到的问题是软件开发过程相对复杂，而挖掘算法效率较低，挖掘结果不够简洁，不能在多种度量属性间获得平衡。

软件过程挖掘与传统业务过程挖掘存在区别。当前过程挖掘方法主要是针对业务过程挖掘提出的。业务过程挖掘被广泛研究和应用，软件过程挖掘中软件过程的单实例特性导致一个软件过程在实施中无法同业务过程一样产生大量过程实例。

区别于业务过程软件过程的单实例性问题是指，在实施的过程中所产生的过程实例较少，往往形成只包含一个案例的轨迹，将这样只有一个案例的执行轨迹称为单触发序列。比如，在生产软件 A 时所使用的过程不会再一成不变地指导软件 B 的开发，也就是生产不同软件所使用的软件开发过程往往是不同的，这样就会导致一个过程模型无法像业务过程一样产生大量的过程实例。单实例性并不意味着挖掘出的过程模型对于过程实施没有意义，这些挖掘出的模型一方面能够真实地反映正在实施的过程，另一方面又能够帮助改进实施的过程。

传统业务过程挖掘理论与方法认为：过程是由多个案例组成的，一个案例是由多个事件组成的，事件日志的案例信息对传统过程挖掘而言是必不可缺的。因此，软件过程的单实例性问题是软件过程挖掘面临的挑战之一，软件过程挖掘较业务过程更加复杂和困难。因此，一种增量式的流程挖掘方法被提出，并尝试集成到过程挖掘框架中，从 SCM 数据中获取软件过程模型。Rubin 等(2007)利用同一个开源软件 ArgoUML 的五种不同编程语言所采集的数据进行挖掘，该方法的思想是一旦有其他数据产生，就可以重新细化原来的过程模型。这样随着日志数量的增加，过程模型的精细程度也就越来越高。该方法并不能很好地适用于所有软件过程的发现，因为并不是所有软件开发都存在多个开发实例。另外，对软件系统本身的处理过程进行挖掘，可以使用自底向上的方法，此类方法利用一个软件系统的事件日志(如轨迹数据)来分析用户和系统的运行行为从而改进软件。

当前，在软件过程挖掘的研究领域，还几乎未见重要文献对软件过程的单实例性问题进行详细讨论。尽管单实例性问题导致过程挖掘算法不能很好地适用于软件过程，但是通过软件过程的另一重要特性——迭代性，能够对软件过程的单实例性问题加以解决。

3.2 基本表述

软件过程挖掘涉及模型及数据的表达，模型用来描述挖掘的过程模型，数据为过程挖掘的入口。因此，下面将分别对软件过程模型、软件过程数据以及软件过程日志的相关概念进行表述。

3.2.1 软件过程模型

当前，实践中已经存在大量过程建模语言，包括标号迁移系统、业务过程建模与标记(business process modeling notation，BPMN)、Petri 网、工作流网、事件驱动过程链、因果网以及 UML 活动图等。这些建模语言间含有大量共性的内容(如大多包含两类节点：活动和控制)，甚至其中有些模型能够相互转化(如 Petri 网和 BPMN 模型、变迁系统或 UML 活动图模型的转换等)。为此，本章并不局限于某种建模语言，而采用基本 Petri 网系统对本章的基本方法和原理进行说明，这是因为 Petri 网具有严格的数学表示，且应用最为广泛。

定义 3.1 (软件过程). 一个四元组 $p=(C, A; F, M_0)$ 为一个软件过程，其中：

(1) $(C, A; F)$ 是一个没有孤立元素的 Petri 网，$A\cup C\neq\varnothing A\cup C\neq\varnothing$；

(2) C 是一个条件的有限集；$\forall c\in C$ 称作一个条件；

(3) A 是一个活动的有限集；$\forall a\in A$ 称作一个活动，A 中元素 a 的发生称为 a 被执行或者 a 点火；

(4) $M_0\,(M_0\subseteq C)$ 为 p 的初始标记，一个 $d\in M_0$ 被称为托肯。

定义 3.2 （活动）：一个活动为四元组 $a=(I, O, L, B)$，其中：

(1) I、O、L 分别为输入数据结构、输出数据结构以及本地数据结构；

(2) B 为活动体，既可以为一个软件开发过程 p，也可以为一系列功能 F 的集合。一个功能 F 的主体为一个 2 断言 $A(F)=(\{Q_1\},\{Q_2\})$，其中 Q_1、Q_2 为一阶谓词公式，Q_1 为前条件定义了活动 a 执行前的状态，Q_2 为后条件定义了活动 a 执行后的状态。

定义 3.3 （使能、后继情态）：设 $p=(C, A; F, M_0)$ 为一个过程模型，则：

(1) 设 $a \in A$ 且 $c \subseteq C$，a 是情态 c 使能 (c-enabled) 的（或称为 a 在情态 c 有发生权），当且仅当 ${}^{\bullet}a \subseteq c \wedge a^{\bullet} \cap c=\varnothing$；

(2) 设 $a \in A$，$c \subseteq C$，且 a 是 c 使能的。新情态 $c'=(c-{}^{\bullet}a) \cup a^{\bullet}$ 是 c 在 a 上的后继情态 (follower case)，记为 $c[a>c'$。有时为了方便，在不引起混淆的情况下，$c[a>c'$ 也可简记为 $[a>c'$ 或者 $c[a>$ 或者 $[a>$。

3.2.2 软件过程数据

软件过程数据涵盖了软件过程中出现的所有数据，这些数据被各种数据管理系统进行存储和管理。事实上，当前绝大多数软件密集型企业都有利用某种数据记录和管理软件来对其项目实施开展中产生的数据进行存储，以构建其自身的软件过程数据管理系统。当前主流的软件过程数据管理系统包括 SCM 系统、PMS 系统、DTS 等。

图 3.2 为软件过程数据与软件过程挖掘的关系。随着软件产品的开发和维护，大量包含与开发活动相关的过程实施数据产生。这些数据被各个数据管理系统所存储，通过将这些系统中的数据抽取，能够进行软件过程的挖掘，挖掘出过程模型。软件开发过程挖掘的主要作用包括过程发现、过程改进和过程监控。在以过程为中心的软件工程环境中，软件过程模型的建立越来越困难，过程工程师当前的工作应该更偏重通过已有的过程数据进行过程发现而非将大量精力集中在过程模型的建立。为此，使用过程挖掘的方法对软件过程模型发现将是软件过程发展的又一重要趋势。

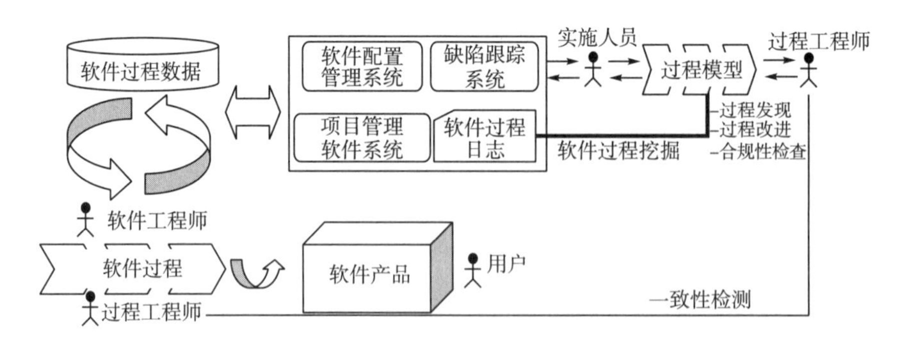

图 3.2 软件过程数据与软件过程挖掘

软件过程数据是软件过程执行后留下的“痕迹”，通过对过程数据的分析与挖掘就可以还原一个真实的开发过程模型，这样的模型比通过过程工程师设计的模型更加精确，更加接近真实，并且更加快速，软件过程挖掘为软件过程数据分析与过程管理之间架起了一座“桥梁”。

作为双层次软件过程挖掘方法的基础，软件过程数据起着决定性的作用，没有数据也就没有过程挖掘，本章主要以 SCM 系统中的数据为基础，进行视图的统一，提出软件开发过程日志的概念，为后续的挖掘工作奠定基础。

SCM 系统能够用于整个软件过程的生命周期，目的是对变更进行标识、控制以及确保变更确实实现，并向相关人员进行报告。它提供工作空间管理、并行开发支持、过程管理、权限控制、变更管理等一系列全面的管理能力，已经形成了一个完整的理论体系。同时在软件配置管理的工具方面，也出现了大批的产品，如最著名的 IBM 公司的 ClearCase[①]、有将近二十年历史的 Perforce[②]、开源产品 CVS[③]、Microsoft 公司的 Visual Source Safe[④]、Apache 公司的 SVN(subversion)[⑤]以及分布式存储管理系统 GitHub[⑥]等。也就是说，SCM 系统是一种标识、组织和控制修改的技术，目的是使错误降为最小并最有效地提高生产效率。从功能角度，SCM 系统能够概括为三个方面的作用：版本控制、变更控制和过程支持。大多数版本控制软件都能对软件系统的开发进程进行详细的记录，对整个软件生命周期中所产生的数据进行存储的目的不仅仅是帮助企业对软件项目进度进行管理，还包括对软件过程进行复审，对软件实施中存在的问题进行追踪和重现等。

当前 SCM 系统逐渐从 SVN、CVS 等经典的集中式管理向分布式存储管理系统 GitHub 进行改变，它相对于传统集中式管理 SVN、CVS 有着以下优势：注重社会协作、支持离线、提交为原子级、每个工作树包含完整项目历史仓库等。但是无论集中式还是分布式，对于软件版本的管理、开发过程中的数据存储、软件的主要功能和目的均没有太大改变，这些数据抽象后其挖掘的方法原理是一致的。因此，本书以 SCM 系统中经典的 SVN 数据为切入口，对比传统事件日志与软件开发过程日志间的区别与差异，进而提出软件过程日志的形式化表达。

3.2.3　软件过程日志

过程挖掘的相关概念主要是围绕如何表达事件日志展开的，事件日志是一切过程挖掘的起点，事件日志的形式化符号体系是过程挖掘方法、理论、实践内容的重要基础。下面给出软件过程日志相关定义。

定义 3.4　(软件过程轨迹，软件过程日志)：设 A 为软件过程活动的集合，则一个只含有活动名称的序列$\sigma \in A^*$为一条软件过程轨迹，且 $L\in(A^*)$为一个软件过程日志，其中(A^*)为 A^*的幂集。

软件开发过程日志 L 在不引起混淆的情况下简称为过程日志，同样的软件开发过程轨迹σ简称为过程轨迹。该定义是从活动的角度进行定义，而现实情况是在过程数据中不存

① http://www-03.ibm.com/software/products/zh/clearcase.
② https://www.perforce.com/.
③ http://www.nongnu.org/cvs/.
④ https://msdn.microsoft.com/en-us/vstudio/aa718670.aspx.
⑤ http://subversion.apache.org/.
⑥ https://github.com/.

在活动和案例信息，仅仅包含事件。

事件日志中包含了整个事件的大量信息，这些信息涵盖了事件的方方面面，但是在过程挖掘的理论方面，大多数时候我们只关心活动、案例、事件等的名称，因此为了简化事件日志，下面给出简单事件日志的概念。

定义 3.5 （简单过程日志）：简单过程日志 L 是轨迹的集合，它被定义为 A 上轨迹的一个多集，即 $L \in B(A^*)$。

例如，$L_1=[<a,b,c,d>^4,<a,e,f,g>^8,<a,e,d>]$。通过该例子可以看出，简单过程日志 L_1 包含有 13 个轨迹，其中轨迹 $<a,b,c,d>$ 发生了 4 次，轨迹 $<a,e,f,g>$ 发生了 8 次，轨迹 $<a,e,d>$ 发生了 1 次。在简单过程日志中，不含有任何属性，即便是时间戳和资源信息都被省略，事件从左至右的顺序代表了事件发生的先后顺序。

定义 3.6 （软件过程事件，属性）：设 E 为软件过程事件空间，即所有可能的事件标识符的集合。事件由不同的属性来描述。设 AN 为属性名的集合。对于任意事件 le∈E 且属性名 an∈AN，则 $\#_{an}(le)$ 表示事件 le 的属性 an 的值。如果事件 le 不含有属性 an，则 $\#_{an}(le)=\perp$（空值）。

软件过程事件属性是从大量过程数据中抽象所得到的，属性的确定以是否能够有效支持后续挖掘工作为基本标准。本书定义软件过程事件 le 的属性集 AN={id，date，paths，msg}。id 属性是事件的唯一标识，date 属性是事件发生的时间，paths 属性是开发活动具体影响的那些文件，msg 属性是事件相关的描述信息。这些属性间仍然能够嵌套属性，如 paths 属性是由多个 path 属性组合而成的，而 path 又是由 action 和 address 组成的，其中 action 表示对文件操作具体是增加、删除还是修改，address 属性是具体的路径。

下面就以 SVN 日志数据为例对传统事件日志与软件开发过程日志间的区别进行讨论。软件开发过程数据中的数据没有明确地给出用于过程挖掘的关键属性信息：活动属性以及案例属性等。SVN 是一种典型的 SCM 系统，其日志数据是在软件开发过程中开发活动的行为记录，通过 SVN 日志数据能够对软件开发过程进行分析与挖掘，SVN 日志能够以 XML 文档的形式导出。如图 3.3 所示，这些日志信息主要包括了版本号(revision)、作者(author)、行为(action)。

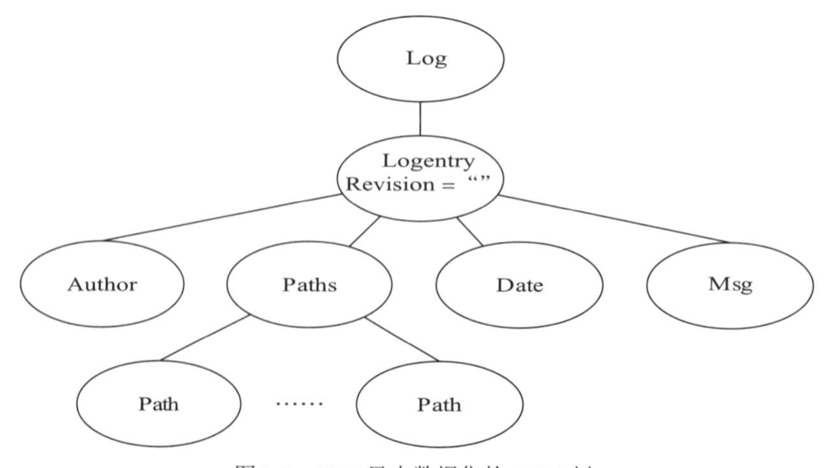

图 3.3 SVN 日志数据集的 DOM 树

图 3.4 为一个只包含三个事件记录的 SVN 日志文档，记为 svnFile。可以看出，svnFile 未包含任何案例信息、未关联任何活动信息。传统事件日志与 SVN 日志数据间结构对比如图 3.5 所示。

```
<log>
  <logentry revision="23823">
    <author>ezust</author>
    <date>2015-01-04T14:43:40.032552Z</date>
    <paths>
      <path text-mods="true" kind="file" action="M"
prop-mods="false">/jEdit/trunk/org/gjt/sp/jedit/jedit.props</path>
    </paths>
    <msg>add new property to jedit.props so it is documented somewhere. </msg>
  </logentry>
  <logentry revision="23882">
    <author>kerik-sf</author>
    <date>2015-02-27T08:47:59.670471Z</date>
    <paths>
      <path prop-mods="false" text-mods="true" kind="file" action="M"
      /jEdit/trunk/org/gjt/sp/jedit/bufferset/BufferSetManager.java</path>
      <path prop-mods="false" text-mods="true" kind="file" action="M">/jEdit/trunk/org/gjt/sp/jedit/View.java</path>
    </paths>
    <msg>documentation only (BufferSetManager)</msg>
  </logentry>
  <logentry revision="23821">
    <author>ezust</author>
    <date>2015-01-04T14:31:09.837049Z</date>
    <paths>
      <path text-mods="true" kind="file" action="M"
```

图 3.4　一个简单的 SVN 日志文档 svnFile

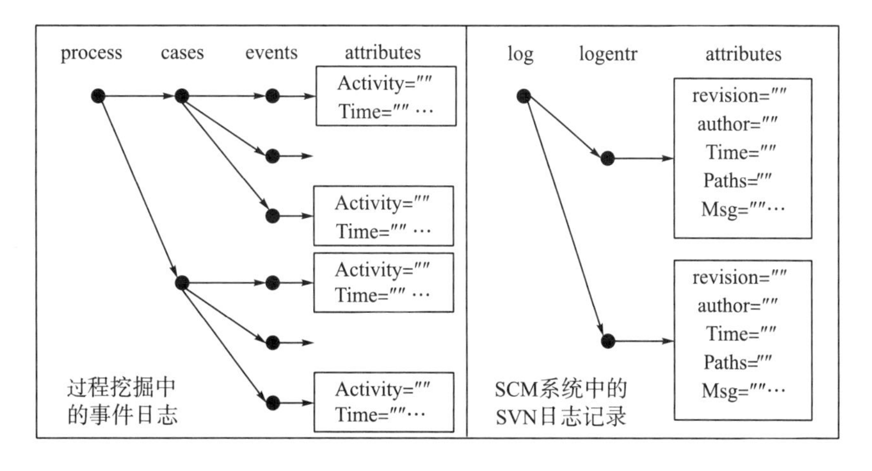

图 3.5　事件日志与 SVN 日志间的异同

使用软件开发过程日志对 svnFile 进行形式化的描述。svnFile 中的 Logentry 元素可以被认为是一个软件开发过程事件，不妨设 svnFile 中三个事件为 le_1、le_2、le_3，则$\#_{revision}(le_1)=$ “23823”，$\#_{date}(le_1)=$ “2015-01-04T14:43:40.032552Z”，$\#_{paths}(le_1)=$ {(M, “/jEdit/trunk/org/gjt/sp/jedit/jedit.props”)}，$\#_{msg}(le_1)=$ “add new property to jedit.props so it is documented somewhere.”，同理能够对 le_2、le_3 进行表示，由于 revision 属性具有唯一性，因此也可以将其作为 id 属性。

通过从软件开发过程数据向过程日志的抽象，能够对数据进行过滤，去除对于挖掘没有意义的数据和属性，使得这些来自不同 SCM 系统的数据能够形成一个统一的过程日志视图。每个过程事件本质上是活动的实例，因此每个过程事件都能够被关联到某个活动上，下面对过程事件的活动关联进行定义，方便后面介绍活动层挖掘使用。

定义 3.7 （事件与活动关联关系）：事件 le 与活动 a 的关联关系记为 le$\mathrm{R}a$，它是事件日志空间 E 与软件活动集 A 上的卡氏集 $E\times A$ 的子集，即 $\mathrm{leR}a\in\{<\mathrm{le},a>|\mathrm{le}\in E\wedge a\in A\}$，且关联函数 $\mathrm{R}(\mathrm{le})=a$。

定义 3.8 （活动分类器）：设 L 为一个过程日志，A 为 L 上活动的集合，过程事件与活动间的关联关系为 R，则事件序列 $<\mathrm{le}_1,\mathrm{le}_2,\cdots,\mathrm{le}_n>$ 被转化为轨迹 $\sigma=<\mathrm{R}(\mathrm{le}_1),\mathrm{R}(\mathrm{le}_2),\cdots,\mathrm{R}(\mathrm{le}_n)>$。

例如，设存在事件序列 $<\mathrm{le}_1,\mathrm{le}_2,\mathrm{le}_3,\mathrm{le}_4,\mathrm{le}_5,\mathrm{le}_6,\mathrm{le}_7>$，其中，$\{\mathrm{le}_1,\mathrm{le}_2,\mathrm{le}_3\}\mathrm{R}a$，$\mathrm{le}_4\mathrm{R}b$，$\{\mathrm{le}_5,\mathrm{le}_6\}\mathrm{R}c$，$\mathrm{le}_7\mathrm{R}d$。则该事件序列通过活动分类器就可以转化为轨迹 $<a,a,a,b,c,c,d>$。

定义 3.9 （单触发序列）：设活动集为 A，且过程日志 $L=[\sigma](|L|=1)$，其中轨迹 $\sigma\in A^*$，A^* 为 A 上的所有有限序列的集合。这样的轨迹是一组活动的序列（如 $\sigma=<a_1,a_2,\cdots,a_n>$，其中对于 $1\leqslant i\leqslant n$ 有 $a_i=\sigma(i)$ 表示轨迹 σ 的位置 i 的活动为 a_i，$|\sigma|=n$ 表示轨迹的长度），当 $|\sigma|>|A|$ 时，将这条轨迹称为单触发序列。

3.3 双层次软件过程挖掘方法

挖掘工作是一项相对复杂的任务，需要进行系统的规划。Tong Li 在其软件演化过程建模著作中提出，自顶向下定义了软件演化过程的四个层次：全局层、过程层、活动层以及任务层。其中，活动层是对软件演化过程的活动进行建模，从活动的视角进行研究，过程层是对软件演化过程进行建模，从过程层面进行分析。该思想符合 CMMI 对于软件过程的定义，双层次的软件过程挖掘框架借鉴该思想，将软件过程挖掘分为活动层挖掘和过程层挖掘，活动层挖掘即关注如何从过程日志中发现活动；过程层挖掘关注如何从活动信息中进一步发现过程模型。

双层次的软件过程挖掘框架的基本结构如图 3.6 所示。软件过程挖掘框架分为活动层挖掘（基础）与过程层挖掘（目的），活动层挖掘是过程层挖掘的基础，过程层挖掘是活动层挖掘的目的。在活动层首先对输入的过程日志中的事件进行以下处理：对每个事件中的特征词进行识别、通过特征词建立每个事件的特征向量、计算事件间的相似度、利用模糊聚类对事件进行聚类、对聚类结果进行评价以及完成最后事件与活动的关联。活动层挖掘主要目标是从过程日志中发现活动信息，其输入是过程日志，输出是一条由日志中每个事件关联的活动所形成的单触发序列，该序列作为过程层的输入，为过程层挖掘奠定基础。

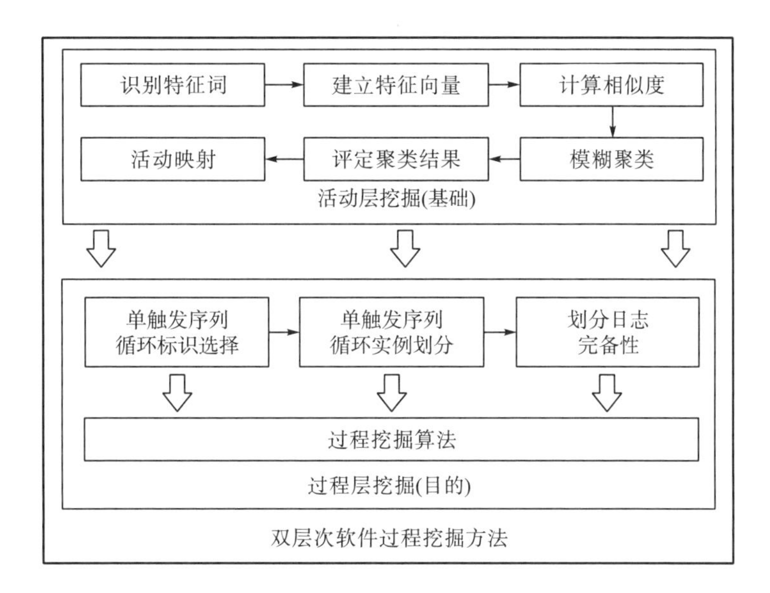

图 3.6　软件过程挖掘框架的基本结构

过程层挖掘是对由活动形成的单触发序列进行研究。其基本思路是对单触发序列中的循环进行发现，并将每条循环实例作为案例信息进行过程挖掘。过程层挖掘的目的是将由活动形成的单触发序列进行循环实例的划分，因此包括对循环标识进行发现、根据循环标识进行循环实例划分以及对划分日志的完备性进行讨论等。划分后能够使用现有的过程挖掘算法对循环进行挖掘，最后再将结果进行整合。

3.3.1　活动层挖掘

活动层挖掘的目的是从过程日志中发现每个事件所关联的活动信息。首先对过程日志中的事件进行分析，抽取每个事件所对应的特征词，然后通过加权结构连接向量模型将每个事件转化为一个特征向量，进而通过特征向量间的相似性度量事件间的相似程度，最后对过程日志中的事件进行模糊聚类，并基于信息熵提出一种平均活动熵的方法作为最终的聚类结果，该聚类结果即为每个事件所对应的活动。

过程日志的本质是活动执行的“痕迹”，事件是活动实例的记录。每个事件反映了一个活动具体在“做什么”。通过对事件进行聚类，能够从蕴含在事件中的语义信息发现活动。这样每个事件所关联的活动信息就能够被发现，为下一步的过程层挖掘奠定基础。

1. 特征词抽取

软件过程日志中每个事件 le 的属性集 AN={id,date,paths,msg}。id 属性被用于唯一的标识该事件，date 属性表达事件发生的时间，paths 属性表达了事件所涉及的文件的路径，msg 属性用于抽取该事件的语义信息。由于 paths 属性蕴含了对文件操作的具体路径，msg

属性蕴含了对操作的描述，因此通过将 paths 属性和 msg 属性转化为特征向量，进而对事件间的相似性进行计算。

过程日志中的事件是包含有事件的隐式语义信息的，换言之，我们无法直接获取每个事件到底做了什么，但是哪些事件是在做相关的事情，哪些事件是做不同的事情是能够被发现的。因此，可以将最相关的事件通过聚类的方法关联到相同的活动，而将不同的事件关联为不同的活动。为了发现事件间的相关性，需要先对过程日志中每个事件的属性 paths 和 msg 进行特征词抽取。抽取出的特征词将形成特征词集，定义如下。

定义 3.10 （特征词集合）：用符号$\$_{an}(\mathrm{le})$表示事件 le 的属性 an 对应的特征词的集合，$|\$_{\mathrm{an}}(\mathrm{le})|$表示 an 属性所对应特征词集合中元素的个数。

例如，$\$_{\mathrm{revision}}(\mathrm{le})=\varnothing$，$\$_{\mathrm{msg}}(\mathrm{le})=\{\mathrm{add,property,jedit,prop,document}\}$，$|\$_{\mathrm{msg}}(\mathrm{le})|=5$。

过程日志中的属性 paths 中为具体路径信息，能够使用正则表达式直接分离。属性 msg 中的信息为自然语言所描述，本章考虑使用斯坦福 CoreNLP[①]进行处理。在特征词抽取之前需要说明的是：①属性 msg 信息只用英语进行描述（也就是本文只考虑英文信息）；②属性 msg 信息一定是规范的、与该条日志密切相关的。

2. 加权结构连接向量模型

本章为了区别一些特征词的重要程度，为每个特征词赋予相应的权值，在基于 TF-IDF 思想的传统结构连接向量模型（structured link vector model，SLVM）的基础上进行改进提出一种加权结构连接向量模型（WSLVM）。一些与结构相关联的方法的本质是将每个 XML 文件的结构层次量化作为其内容的权值，而对于过程日志而言其结构是明确的，且由于不同的属性的重要程度是不同的，如若 paths 比 msg 属性更加重要，其权值也应该高于 msg 属性。为了能够对属性的重要程度进行度量，提出属性权值的概念。

定义 3.11 （属性权值）：用符号$\alpha_{\mathrm{an}}(\mathrm{le})$表示事件 le 的属性 an 的权值。

为每个特征词设置权值的好处在于：①每个特征词的属性不同，其重要程度也应该不同；②可以减少不同属性间相同的两个特征词的相关性；③可以有意识地控制某个属性的重要性，如可能在某些情况下，属性 msg 比属性 paths 更加重要。另外，如果某个特征词在多个属性间出现应该分别计算。例如，对于事件 le_1 中属性 msg 的权值为 0.8，即$\alpha_{\mathrm{msg}}(\mathrm{le}_1)=0.8$，$\$_{\mathrm{msg}}(\mathrm{le}_1)=\{a,b,c,d\}$，则事件中每个特征词 a、b、c、d 的权值均为 0.2；此时如果其他条件不变，若 le_2 中$\alpha_{\mathrm{paths}}(\mathrm{le}_2)=0.2$，$\$_{\mathrm{paths}}(\mathrm{le}_2)=\{a,e,f,g\}$，则事件中每个特征词 a、e、f、g 的权值均为 0.05，这样尽管两个事件中出现了特征词 a，但是属性 msg 的 a 要比属性 paths 的 a 更加重要。下面给出 WSLVM 的具体定义。

定义 3.12 （WSLVM）：WSLVM 是将过程日志 Log 使用矩阵$\Delta_x\in R^{m\times n}$进行表达，表达方式如下：

$$\Delta_x=[\Delta_{x(1)},\Delta_{x(2)},\cdots,\Delta_{x(m)}]$$

① http://nlp.stanford.edu/software/corenlp.shtml.

其中，m 为过程日志 Log 中事件的数量。n 表示过程日志 Log 中所有特征词的数量，设 le_x 表示日志 Log 中第 x 个事件且$\varDelta_{x(i)}\in R^m$ 是指 le_i 的特征向量，则有

$$\varDelta_{x(i,j)}=\alpha_{(j)}\text{TF}(w_j,\text{le}_i)\text{IDF}(w_j),\qquad 1\leqslant i\leqslant m,\ 1\leqslant j\leqslant n$$

$$\alpha_x=[\alpha_{(1)},\alpha_{(2)},\cdots,a_{(n)}],\qquad \sum_i\alpha_i=1$$

$$\alpha_{(j)}=\Sigma_{\forall\text{an}\in\text{AN}\wedge x=\text{le}_j}\alpha_{\text{an}}(x)/\left|\$_{\text{an}}(x)\right|$$

其中，TF (w_j, le_i) 为在事件 le_i 中特征词 w_j 出现的频率；IDF (w_j) = log (m/DF (w_j))，是特征词 w_j 的逆事件频率，用来消减频繁出现特征词的重要性，DF (w_j) 为包含特征词 w_j 的事件的数量；$\alpha_{(j)}$为每个特征词的权重，其中 an 为该特征词所对应的属性。为了减少由于事件内容变化的影响，引入归一化。

定义 3.13　(特征向量归一化)：归一化的事件特征向量定义为

$$\bar{\varDelta}_{x(i,j)}=\varDelta_x(i,j)/\left\|\varDelta_x(i)\right\|_2$$

其中，$\|\varDelta_x(i)\|_2$ 为$\varDelta_x(i)$ 的 2 范数。

通过 WSLVM 方法，每条过程日志中的事件就可以被转化为特征向量，整个过程日志被转化为一个加权特征矩阵。例如，图 3.4 中的简单 SVN 日志利用 WSLVM 方法能够进行表达，该日志对应的特征向量$\varDelta_x$，归一化的文档特征向量 $\bar{\varDelta}_x$ 分别表示为表 3.1 和表 3.2。其中，权值的定义分别为$\alpha_{\text{msg}}(\text{le})=0.5$，$\alpha_{\text{paths}}(\text{le})=0.3$，$\alpha_{\text{action}}(\text{le})=0.2$。

需要说明的是，由于 TF-IDF 是一种抑制事件内无意义高频词的负面影响的算法，如本例中每个事件均含有属性为 action 的特征词 M，因此所对应的 IDF 的值均为 0，这是因为如果一个特征词在所有文档中均出现，它是无法用来区分不同的事件的。

通过将整个过程日志量化为一个特征矩阵，矩阵的每一行为一个事件所对应的特征向量，同时为了能够有效控制每种属性对结果的影响，加入属性权值，即每个属性都对应一个权值，根据其属性不同来有意识地调控不同属性间的重要程度。

量化后的特征向量的相似性主要是通过向量距离进行衡量，一般常用的方法是通过向量间的余弦值进行计算。

3. 活动发现及关联

每个事件被向量化后，就能够对过程日志中的相似性进行度量，再通过某种聚类方法就可以将相似性较强的事件关联为一类，而将相似性较弱的事件区分开。该方法的优点在于能够将一些原本看似无关的事件按照事件语义进行划分，进而得到做“同一件事”的一类事件。在传统过程挖掘中，活动信息是不可或缺的，但是现实情况是，某些非面向过程的 SCM 系统并不会记录任何活动信息，因此，一种过程挖掘领域中常用的通过多个属性来确定活动的分类器在业务过程领域取得了较好的应用，但是由于在开发过程中的单实例性以及过程数据的记录并非面向过程的，故通过分类器的方法从事件发现活动是不可能的。然而，为了有效地发现事件所关联的活动，本节首先利用一种典型的模糊聚类的方法——模糊 C 均值 (fuzzy C-means，FCM) 聚类算法来确定

表 3.1 图 3.4 中简单 SVN 日志对应的文档特征向量

logentry revision	add	property	jedit	prop	document	M	trunk	org	git	sp	jedit.props	documentation	bufferset manager	bufferset	bufferset manager.java	view.java	fix	setproperty	editpane.java
23823	0.0031	0.0031	0	0.0085	0.0085	0	0	0	0	0	0.0036	0	0	0	0	0	0	0	0
23882	0	0	0	0	0	0	0	0	0	0	0	0.0053	0.0145	0.0012	0.0012	0.0012	0	0	0
23821	0.0024	0.0024	0	0	0	0	0	0	0	0	0	0.0024	0	0	0	0	0.0065	0.0065	0.0034

表 3.2 图 3.4 中简单 SVN 日志对应的归一化的文档特征向量

logentry revision	add	property	jedit	prop	document	M	trunk	org	git	sp	jedit.props	documentation	bufferset manager	bufferset	bufferset manager.java	view.java	fix	setproperty	editpane.java
23823	0.2355	0.2355	0	0.6381	0.6381	0	0	0	0	0	0.2735	0	0	0	0	0	0	0	0
23882	0	0	0	0	0	0	0	0	0	0	0	0.3434	0.9303	0.0744	0.0744	0.0744	0	0	0
23821	0.2257	0.2257	0	0	0	0	0	0	0	0	0	0.2257	0	0	0	0	0.6116	0.6116	0.3146

聚类的活动个数、聚类中心以及相应的隶属度矩阵；其次，提出一种基于 H_{pal} 熵的确定聚类结果的方法；最后，通过聚类的结果将事件与发现的活动相关联，完成软件过程活动发现。

确定聚类的活动个数、聚类中心以及相应的隶属度矩阵的基本思想是：设在软件过程日志中事件的个数为 LN，通过模糊聚类的方法将事件关联的活动数为 $C(2\leqslant C\leqslant \mathrm{LN})$，其对应的隶属度矩阵集合记为 M_{U}，聚类中心集合记为 Center。对输入的由事件构建所得的特征矩阵Δ_x，根据活动数 C 使用 FCM 进行聚类，当满足阈值ε或者达到最大迭代次数 K 时迭代停止，记录下取 C 时所对应的隶属度矩阵和聚类中心，最后输出所有活动数 C 所构建的隶属度矩阵集合 M_{U} 和聚类中心集合 Center。该隶属度矩阵和聚类中心为下一步的划分奠定基础。

为了从过程日志中获取活动个数，考虑通过聚类个数变化和活动熵来评估哪种聚类结果更优，进而确定聚类个数。信息熵被用来度量信源发送信息的能力大小。经典信息论中，信息熵的定义如下：对于离散无记忆信源 X，如果其概率空间为$[X, P]=[x_k,p_k]$，$k=1,2,\cdots,N]$，则信源的 X 的平均不确定性记为 $H(X)$，即为信源 X 的熵，其计算公式为：$H(X)=\sum_k p_k \log 1/p_k$ 。可以看出，p_k 一般是不能为 0 的。如果存在为 0 情况，解决方案一般有两种，要么在计算的时候对这种情况单独考察，要么引入一种新的计算方案，而本书采用了后者，引入 H_{pal} 熵作为评价模糊聚类结果。H_{pal} 熵由 Pal 等(1991)提出并成功地应用于图像分割处理。大量文献证明了 H_{pal} 熵的正确性及实用性。同时通过本书实验部分也可以看出 H_{pal} 熵能有效地避免单独考察引起的不必要的逻辑判断，提高程序的效率。

定义 3.14　(H_{pal} 熵)：$H=\sum_{i=1}^{n} p_i \mathrm{e}^{1-p_i}$ 。

定义 3.15　(平均活动熵)：给定过程活动数为 C，对应隶属度矩阵为 U，则平均活动熵定义为 $H(C)=\frac{1}{N}\sum_{i=1}^{C}\sum_{j=1}^{N}\mu_{ij}\mathrm{e}^{1-\mu_{ij}}$ ，其中 μ_{ij} 表示样本 j 属于类 i 的程度。

通过定义 3.15 可知，针对不同 C 的平均活动熵 $H(C)$ 也不同，在所有的活动数 $C(2\leqslant C\leqslant \mathrm{LN})$ 中，存在一个活动数 m 使得平均活动熵 $H(m)$ 达到最小值，此时所对应的活动数 m 即为最佳聚类结果，对应的隶属度矩阵记为 U_m，聚类中心记为 CT_m。具体如算法 3.1 所示。

算法 3.1：聚类结果确定及活动关联

输入：隶属度矩阵的集合 $M_U=\{U_1,U_2,\cdots,U_C\}$，聚类中心集合 $\mathrm{Center}=\{\mathrm{CT}_1,\mathrm{CT}_2,\cdots,\mathrm{CT}_C\}$，隶属度阈值$\delta$。
输出：活动集 A 以及在事件和活动集 A 上的关联关系集 R。
步骤 1：根据活动数 C 和相应的隶属度矩阵依次计算每个 C 所对应的活动熵，得到活动熵集合 Activity_Entropy={activity_entropy$_1$,…,activity_entropy$_C$}。
步骤 2：对活动熵集合归一化，得到归一化的活动熵集合：Activity_Entropy′={activity _entropy/e$^{1-1/c}$,…,agent_entropy/e$^{1-1/c}$}。
步骤 3：得到 C_i=argmin Activity_entropy′及 C_i 所对应的聚类中心 Center_i、隶属度矩阵 U_i。
步骤 4：根据隶属度阈值δ，聚类中心 Center_i、隶属度矩阵 U_i 得到当前每个元素的聚类集合也就是活动集 A，以及 A 与各个元素的相关关系也就是活动集 A 上的关联关系集 R；
步骤 5：输出活动集 A 以及在事件和活动集 A 上的关联关系集 R。

3.3.2 过程层挖掘

通过 3.3.1 节对软件过程事件与发现的活动进行关联，活动层挖掘的结果将是一条单触发序列又作为过程层挖掘的输入，利用过程层挖掘方法最终挖掘出软件过程模型。因此，单触发序列挖掘是过程层挖掘的重点，针对单触发序列的研究，朱锐等(2016)提出一种基于启发式方法的单触发序列挖掘算法，该算法通过对单触发序列中的循环进行划分，从而形成多条循环实例，基于多条循环实例再利用已有的过程挖掘算法，最终能够将循环进行精确挖掘。但是朱锐等(2016)只针对全部循环(模型本身就是循环)的情况进行讨论，而未对非完全循环的情况进行论述。另外，循环实例划分的日志完备性也需要被讨论。综上，本节将首先对单触发序列挖掘的基本思路及启发式关系度量方法进行阐述，然后对非完全循环情况以及日志完备性进行讨论。

1. 基本思路及启发式关系度量

传统过程挖掘可以理解为从一组轨迹中发现过程模型，而单触发序列划分的本质是从一条轨迹中发现属于不同组的事件序列。当前已经存在的大量过程挖掘算法基本上都是假设案例信息的存在，使得这些算法不能很好地支持从单触发序列中挖掘出过程模型，如给定活动序列$<a,b,c,d,a,c,e,f,g,i,b,a,c,c,c,c,p,o,\cdots>$，如何针对单实例的过程轨迹进行挖掘，如何判断哪些活动属于同一个循环实例，哪些活动不属于。

通过将活动根据循环实例进行分组，形成“案例”进而能够发现循环部分对应的过程模型。图 3.7(a)为某过程模型形成的一条简单的具有并发关系的观察轨迹，该轨迹可能为$\sigma=<a_3, a_4, a_1, a_2, s, t, a_1, a_2, a_3, a_4, s, t, a_3, a_1, a_2, a_4, s, t, a_1, a_3, a_4, a_2, s, t, \cdots>$。为能够发现所有行为的完全日志，利用传统过程挖掘方法对该轨迹直接进行挖掘会出现问题。比如，如果使用α算法挖掘结果如图 3.8(a)所示，α算法主要通过轨迹中活动间的依赖关系进行判断，因此对轨迹的开头非常敏感，图中将模型的初始活动标记为a_3，而不是将活动a_1, a_2, a_3, a_4当作一个整体，同时α算法无法处理噪声，如果轨迹中出现噪声，α算法无法进行处理；使用启发式方法挖掘出的结果如图 3.8(b)所示(其中黑色实心方块表示内部活动不产生任何可观察行为)，该方法能够处理噪声，但是一旦参数的设置不当就会导致无法正确地发现活动a_1,a_2和a_3,a_4之间的并发性。如果能够将本该属于同一循环实例的活动进行划分，然后再进行过程挖掘，最后再添加循环就能正确地进行挖掘。

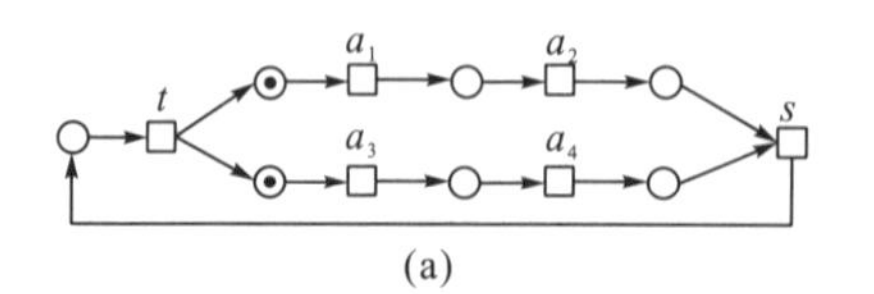

(a)

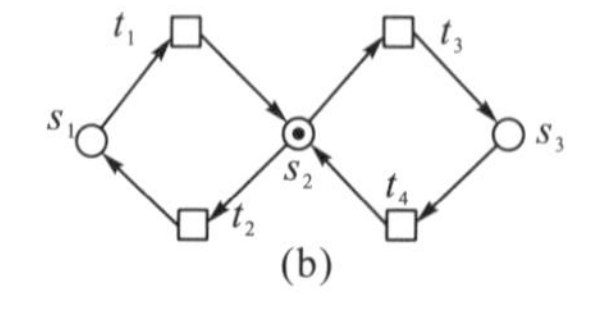

(b)

图 3.7 完全循环示例

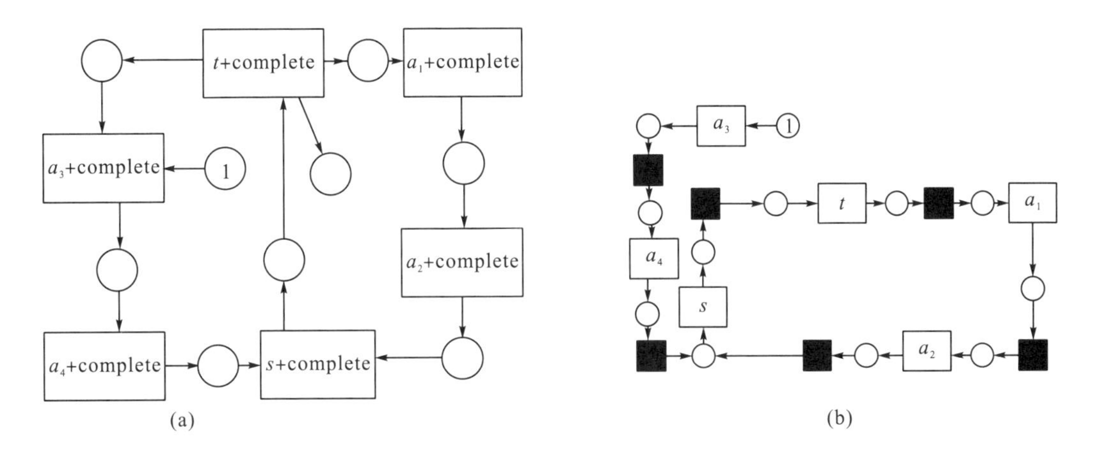

图 3.8　单触发序列挖掘问题图示

并发活动作为轨迹的开头会导致挖掘的失败，其他非顺序结构作为轨迹的开头都无法正确挖掘出过程模型。传统过程挖掘并未对单触发序列中的循环进行处理，而是利用活动间的依赖关系去计算或者推导它们之间的关系，这就会导致挖掘出现问题。但是如果选择活动 s 作为循环标识，则划分后的结果就为$\{<s,t,a_3,a_1, a_2,a_4>,<s,t,a_1,a_3,a_4,a_2>\cdots\}$，通过这样划分就能够将一条轨迹划分为多个循环实例，如果将每个循环实例作为案例信息进而再利用过程挖掘方法就能够正确挖掘出过程模型。类似地，如图 3.7(b)所示，如果初始情态为$\{s_2\}$，则产生的观察轨迹可能为$<t_2, t_1, t_3, t_4, t_3, t_4, t_2, t_1,\cdots>$，这样的轨迹利用传统过程挖掘的知识是无法产生合适的过程模型的。类似的案例还有很多，这里不再赘述。传统过程挖掘需要更多的案例来支撑其挖掘算法的实施，事实上类似图 3.7 的模型尽管只产生一条观察轨迹，某些情况下足以支持挖掘出整个过程模型，也就是只要能够正确地、合适地将单触发序列中的活动进行循环实例划分就能够发现整个过程模型。为了进一步对非完全循环情况下单触发序列挖掘进行详细的分析，本节给出循环、循环标识、循环实例及划分、依赖关系度量、并发关系度量、2-循环度量的相关定义。

定义 3.16 （循环）：设 $p=(C, A; F, M_0)$ 为一个软件过程模型，其中 M_0 表示模型的初始状态，使用 $R(M_0)$ 表示从 M_0 可达的所有情态集合，一个 p 的子网 $\mathrm{LN}=(C_L, A_L; F_L, M_e)$ 为一个循环当且仅当：

(1) $C_L\subseteq C \wedge A_L\subseteq A \wedge F_L\subseteq F \wedge M_e\in R(M_0)$；

(2) 存在一个步序列 $G_0G_1\cdots G_{n-1}(G_0,G_1,\cdots,G_{n-1}\subseteq A_L)$ 和一组情态 $c_1,c_2,\cdots,c_n\subseteq C$，使得 $M_e[G_0>c_1,c_1[G_1>c_2,\cdots,c_{n-1}[G_{n-1}>c_n$ 且 $c_n\cap M_e\neq\varnothing$，称步序列 $G_0G_1\cdots G_{n-1}$ 为循环步序列。

定义 3.17 （循环标识）：设子网 $\mathrm{LN}=(C_L,A_L;F_L,M_e)$ 为过程模型 $p=(C,A;F,M_0)$ 上的循环，若 $M_e[G_0G_1\cdots G_{n-1}>c_n$，用符号$\partial_{\mathrm{set}}$表示将序列转换为集合(如$\partial_{\mathrm{set}}(<d,a,a,a,d>)=\{a,d\}$)，则循环标识 $L_e\in\partial_{\mathrm{set}}(G_0G_1\cdots G_{n-1})\wedge M_e[L_e>\wedge c_n[L_e>$。

定义 3.18 （循环实例，循环实例划分）：设单触发序列$\sigma=<\cdots,a,\cdots,a,\cdots,>$，如果以活动 a 为循环标识，则按照循环标识进行划分，划分结果记为$\sigma(a)=\{<\times a\cdots>,<\times a\cdots>\cdots\}$，其中$\sigma(a)$中的子序列称为循环实例，且该划分过程称为循环实例划分。其中$\times$表示可能出现在活动 a 之前的，但是同属于一个循环实例的活动。

定义 3.19 (依赖关系度量)：设轨迹σ为定义在活动集 A 上的单触发序列，活动 a、b 属于 A，活动 a 与 b 相继发生的次数记为$|a>_\sigma b|=|\{1\leqslant i\leqslant|\sigma|-1\ |\sigma(i)=a\wedge\sigma(i+1)=b\}|$。称

$$a\Rightarrow_\sigma b=\begin{cases}\dfrac{|a>_\sigma b|-|b>_\sigma a|}{|a>_\sigma b|+|b>_\sigma a|+1}, & a\neq b\\ \dfrac{|a>_\sigma a|}{|a>_\sigma a|+1}, & a=b\end{cases}$$

为轨迹σ中活动 a 与活动 b 的依赖关系值。

定义 3.20 (并发关系度量)：设轨迹σ为定义在活动集 A 上的单触发序列，活动 a、b 属于 A，活动 a 与 b 相继发生的次数记为$|a>_\sigma b|=|\{1\leqslant i\leqslant|\sigma|-1\ |\sigma(i)=a\wedge\sigma(i+1)=b\}|$。称

$$a\parallel_\sigma b=1-\left|\frac{|a>_\sigma b|-|b>_\sigma a|}{|a>_\sigma b|+|b>_\sigma a|+1}\right|,\quad |a>_\sigma b|>0\vee|b>_\sigma a|>0$$

为轨迹σ中活动 a 与活动 b 的并发关系值。

定义 3.21 (2-循环度量)：设轨迹σ为定义在活动集 A 上的单触发序列，活动 a、b 属于 A，记轨迹σ中序列“aba”的频度为$|a\gg_\sigma b|=|\{1\leqslant i\leqslant|\sigma|-2\ |\ \sigma(i)=a\wedge\sigma(i+1)=b\wedge\sigma(i+2)=a\}|$。称

$$a\Rightarrow_{2\sigma} b=\frac{|a\gg_\sigma b|+|b\gg_\sigma a|}{|a\gg_\sigma b|+|b\gg_\sigma a|+1}$$

为轨迹σ中活动 a 与活动 b 的 2-循环关系值。

根据设定的归属阈值来判断哪些活动和循环标识归属于同一循环。对于非循环中的活动是无法完全挖掘的(如选择结构)，而对于循环中的活动在日志完备的情况下可以通过划分的多个循环实例进行正确的挖掘，再将模型进行整合，最终完成整个单触发序列的挖掘任务。

2. 非完全循环情况

已有文献的研究限于软件过程模型本身就是循环结构，或者日志中的每个活动都在循环的某个实例中。然而，现实并非完全如此，如可能存在某个软件过程模型，该模型在一个循环的前后都不是循环。

非完全循环下，不处于循环内部的部分会对循环划分产生干扰，并最终导致挖掘出现问题。比如，图 3.9 中，从 t 到 a_1,a_2,a_3,a_4 再到活动 s 是循环结构，在该结构的前边是一个由活动 b 和活动 c 组成的选择结构，在循环结构的后边是一个 h、d、e、f 组成的并发结构。该过程模型可能产生的单触发序列为$\sigma=<b, t, a_1, a_2, a_3, a_4, s, \cdots, t, a_3, a_4, a_1, a_2, h, d, e, f>$，对应的活动集 $A=\{b, t, a_1, a_2, a_3, a_4, s, d, e, f, h\}$，且该模型并不是所有的活动都在循环中，那么这样的日志是否能够使用循环划分的方式进行解决呢？首先由于$|L|>|A|$，日志中

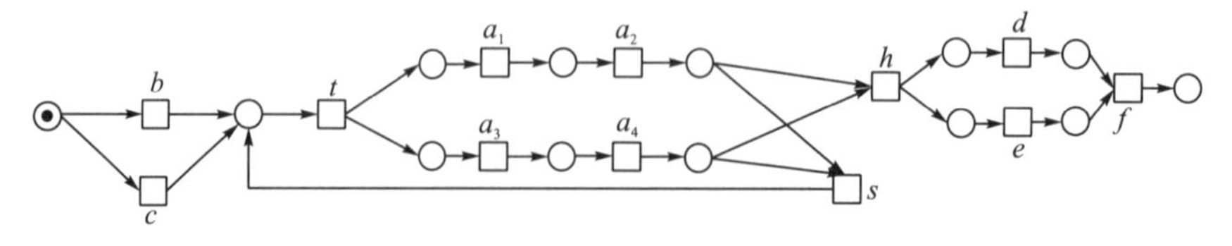

图 3.9 非完全循环情况示例

重复出现了 t、a_1、a_2、a_3、a_4、s 这些活动，因此，可以对这些活动进行并行化的划分，这里可以选择活动 t、活动 a_1(a_2、a_3、a_4 和活动 a_1 在循环实例划分方面的功能等价)以及活动 s 作为循环标识进行讨论。

当以活动 t 为循环标识时，单触发序列 σ 将被划分为 $\sigma(t)=\{<b>, <t, a_1, a_2, a_3, a_4, s>,\cdots, <t, a_3, a_4, a_1, a_2, h, d, e, f>\}$；若以活动 a_1 为循环标识，单触发序列 σ 将被划分为 $\sigma(a_1)=\{<b, t>,<a_1, a_2, a_3, a_4, s, t>,\cdots, <a_3, a_4, a_1, a_2, h, d, e, f>\}$；若以 s 为循环标识，单触发序列 σ 将被划分为 $\sigma(s)=\{<b, t, a_1, a_2, a_3, a_4>, <s,t,\cdots>, \cdots, <s, t, a_3, a_4, a_1, a_2, h, d, e, f>\}$。根据这三种划分情况，利用过程挖掘算法(由于不存在噪声，以 α 算法为例)挖掘的结果分别如图 3.10(a)～(c)所示。显然，虽然活动 a_1、a_2、a_3、a_4 均能够被正确地划分到相应的案例中，但是活动 b 和活动 h、d、e、f 的存在破坏了循环与循环外部之间的关系，这就要求对于非完全循环的情况下必须首先判断哪些活动处于循环内，哪些活动不处于循环内，对循环外部的活动进行过滤，然后再针对剩下处于循环内的活动采用循环实例划分的方法。为判断活动是否处于某一循环内部，给出定义 3.22、定义 3.23。

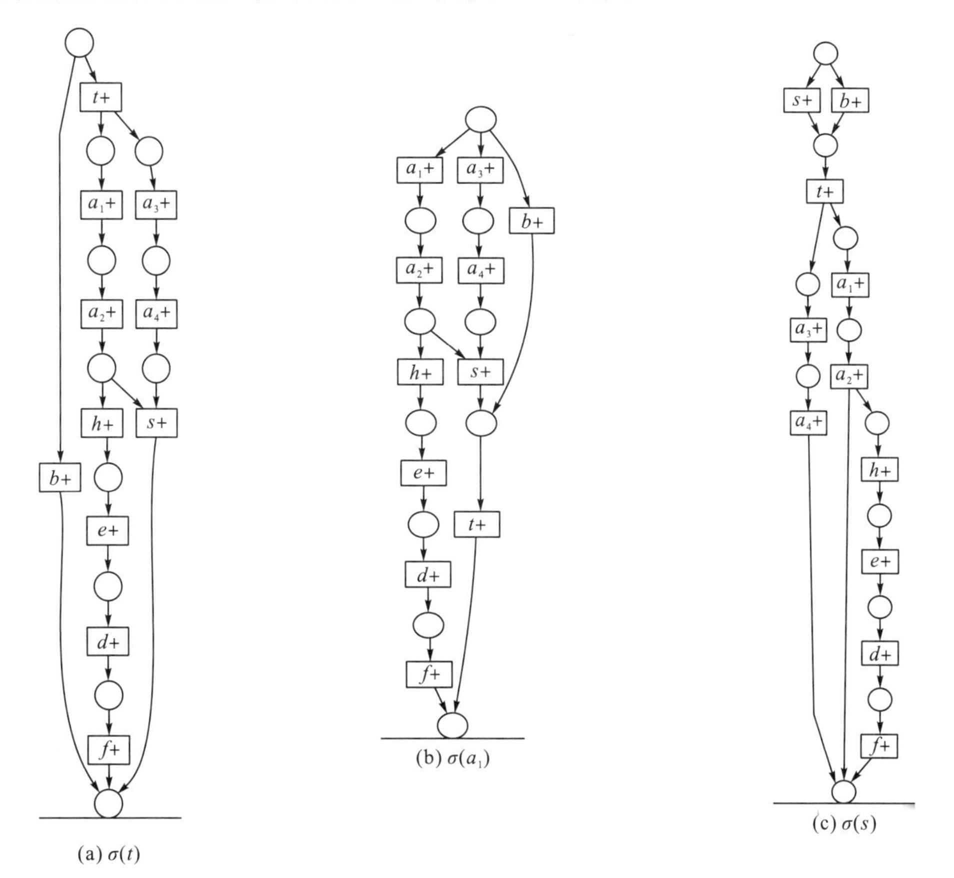

(a) $\sigma(t)$　(b) $\sigma(a_1)$　(c) $\sigma(s)$

图 3.10　σ 使用 α 算法挖掘结果

定义 3.22　(发生先于)：设活动 a、b 为活动集 A 中的两个活动，若存在一个步序列使得 $[a>\cdots[b>$ 则称活动 a 先于活动 b 发生，记为 $a\mapsto b$，否则记为 $\not\mapsto/b$；设活动集 A、B，若对于 $\forall a\in A$，$\forall b\in B$ 均有 $a\mapsto b$，则记为 $A\mapsto B$。

定义 3.23 （循环归属）：设单触发序列对应的事件日志记为 L，活动集为 A，且活动 $a\in A$ 为单触发序列 L 上的循环标识，则活动 $b\in A$ 与活动 a 同属于一个循环，当且仅当：

(1) 事件日志即 L 是完备的；

(2) $a\mapsto b \wedge b\mapsto a$。

本节中 L=[<$b, t, a_1, a_2, a_3, a_4, s,\cdots,t, a_3, a_4, a_1, a_2, s, d, e, f$>]为完备的日志，对于活动 b 并不在循环内，因此对于循环标识（不妨设为 t）而言，$b\mapsto t$ 但是 $t\not\mapsto b$，因此活动 b 不在循环内，同理可以判定活动 d、e、f。这样可以在对循环进行处理时，将活动 b 和活动 d、e、f 首先排除掉，进而剩下的结构为一个完全循环情况。

3. 划分的日志完备性

下面对判断活动是否在循环中的日志完备性进行讨论，因为只有完备的日志才能正确地发现活动是否在循环中，因此正确判断的日志完备性的定义如下。

定义 3.24 （日志完备性）：设 $p=(C, A; F, M_0)$ 为一个软件过程，其中包含循环 LN=$(C_L, A_L; F_L, M_e)$，L 为 p 上的过程日志当且仅当 $L\in(A^*)$ 且 $\forall\sigma\in L$ 均为 p 上的一个点火序列，该序列以情态 M_i 开始，结束于情态 M_o，（$M_i[\sigma>M_o$）且 M_i、$M_o\in R(M_0)$。L 为 p 上能够正确判断活动是否归属于循环的完全过程日志当且仅当：①对于 p 上任意过程日志 L' 均有 $>_{L'}\subseteq>_L$；② $\forall a\in A_L$，均有 a 出现在 σ 中；③设循环标识为 t，$\forall a\in A_L\wedge a\neq t$，则在 σ 中均有 $a\mapsto t$。

能够正确判断活动是否处于循环的完全过程日志的前两个条件同传统事件日志的完备性类似，主要是指活动间的依赖关系必须能够体现，同时活动也要在轨迹中出现过，因此对于单触发序列而言，循环外部如果出现了选择结构，而在该单触发序列其他地方没有出现过，那么这种选择结构是无法进行挖掘的。如图 3.11 中的活动 c 由于没有在日志中出现，因此是不可能被挖掘出的。由于前两条同传统事件日志的完备性类似，此处不再赘述。对于第三条要求，实质上是在说只要在循环中出现过的活动在轨迹中至少要在循环标识之前出现过一次，如图 3.11 中设循环标识为 t，在循环结束时存在一个活动 a 和活动 b 的选择关系，这样如果在前边所有的循环实例中都只发生活动 a，而在循环结束时发生活动 b，如形成轨迹<$\cdots,t,\cdots,a,\cdots,t,\cdots,a,\cdots,t,\cdots,b,c$>，这样通过循环标识 t 进行划分，只有最后的轨迹中包含活动 b，因此只存在 $t\mapsto b$ 但是 $t\not\mapsto b$，根据定义 3.23 活动 b 就不能在 t 所标识的循环中，这样的轨迹所形成的日志不是完备的，因此对于定义 3.24 中的第三个要求，在循环中的活动必须要在循环标识之前发生一次。

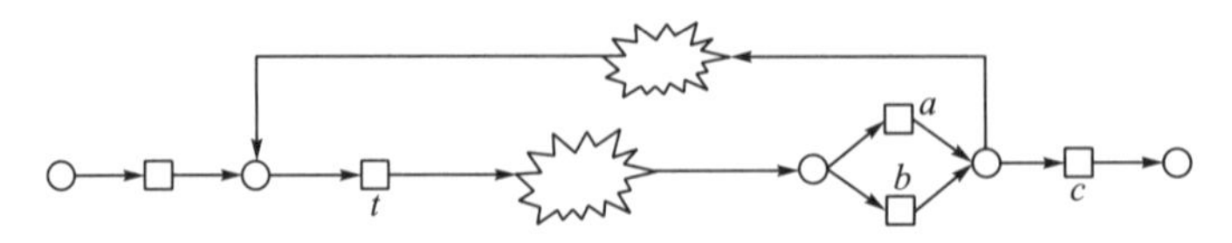

图 3.11 正确判断活动是否在循环中的日志完备性示例

实际应用中，可能受噪声的干扰，会导致某些情况对活动是否在循环中的情况造成干扰，为了避免这种情况的发生，提出启发式的判断方法来对噪声进行处理。

定义 3.25 （循环归属度量）：设轨迹σ为定义在活动集 A 上的单触发序列，活动 a 为循环标识，记轨迹σ中序列“$a\cdots b\cdots a$”的频度为$|a\infty_\sigma b|=|\{1\leqslant i<j<k\leqslant|\sigma|\ |\sigma(i)=a\wedge \sigma(j)=b\wedge\sigma(k)=a\wedge\sigma(t)_{\forall t\in(i,k)}\neq a\wedge\sigma(t)_{\forall t\in(i,j)}\neq b\}$。称

$$a\propto_\sigma b=\frac{|a\infty_\sigma b|+|b\infty_\sigma a|}{|a\infty_\sigma b|+|b\infty_\sigma a|+1}$$

为轨迹σ中活动 b 与循环标识 a 的循环归属值,可记为$C_\sigma^b(a)$。

根据定义 3.25，$a\infty_\sigma b$ 说明了活动 b 出现在两个重复的活动 a 之间，仅仅这一个条件仍无法确定二者处于一个循环中，二者可能处于并发活动中。因为若活动 b 和活动 a 处于同一循环，根据定义 3.23 则有 $a\mapsto b\wedge b\mapsto a$，这就要求还需要对 $b\infty_\sigma a$ 进行度量。一个无噪声的日志中，$|a\infty_\sigma b|$和$|b\infty_\sigma a|$是相等的，也就是说在度量时二者在数量上应该相差不大，所以$|a\infty_\sigma b|$和$|b\infty_\sigma a|$之间的值应该共同增长，即通过定义 3.25 进行度量。需要注意的是条件 $\sigma(t)_{\forall t\in(i,k)}\neq a\wedge\sigma(t)_{\forall t\in(i,j)}\neq b$ 说明，当两个重复的活动 a 之间可能出现多个活动 b 时，选择第一次出现的活动 b 进行计算。

根据设定的归属阈值来判断哪些活动和循环标识归属于同一循环。对于非循环中的活动是无法完全挖掘的(如选择结构)，而对于循环中的活动在日志完备的情况下是可以通过划分的多个循环实例进行正确挖掘的，再将模型进行整合，最终完成整个单触发序列挖掘任务。

3.4　案　　例

本节将建立原型系统 SPMining，并使用真实的数据对本章所提的方法进行案例说明。首先给出 SPMining 系统的体系结构，然后对基础层、功能层以及用户接口层三层进行分别的分析。SPMining 系统主要提供以下功能：首先，SPMining 支持对不同软件开发过程数据进行抽取，建立统一的数据视图，对后续的过程挖掘进行数据的预处理；其次，支持双层次的挖掘方法，在活动层支持活动的特征抽取、活动发现以及活动关联等功能，在过程层支持单触发序列的循环实例划分、混成过程挖掘等功能；再次，支持软件过程库，包括对模型的检索、存储、编辑等基本管理功能，过程层的模型索引及相似度计算功能，活动层的基于知识库的功能分解功能等。

在原型系统的基础上，通过上述内容对三个真实数据进行案例研究。案例一为采用 JD 过程数据(jEdit 的 SVN 日志)为数据集展开过程挖掘工作，案例二为采用 AD 过程数据(ArgoUML 的 SVN 日志)为数据集展开过程挖掘工作，案例三对提出的软件过程库的功能进行案例说明。

3.4.1　原型系统 SPMining

软件开发过程挖掘原型系统 SPMining 体系结构如图 3.12 所示。主要分为三层：用户接口层、功能服务层以及基础层。为了更好地支持业务功能复用、增强系统的灵活度、提

升系统易用性、无需繁杂的环境配置、方便对过程模型数据的管理以及未来对云计算和大数据的支持，整个系统将采用 B/S 架构，功能以 WebService 的形式进行封装，前端将使用 HTML5 进行展示。当前大部分过程建模和挖掘系统往往都是基于 C/S 架构并采用 Java 来实现，如 ProM[①]、Disco[②]和 PIPE[③]，尽管它们具有一定的跨平台能力，但是这些系统往往具有配置复杂、系统臃肿、需要安装、运行速度慢以及用户体验差等缺点，针对上述问题本系统考虑使用 B/S 架构来构建软件开发过程挖掘系统。

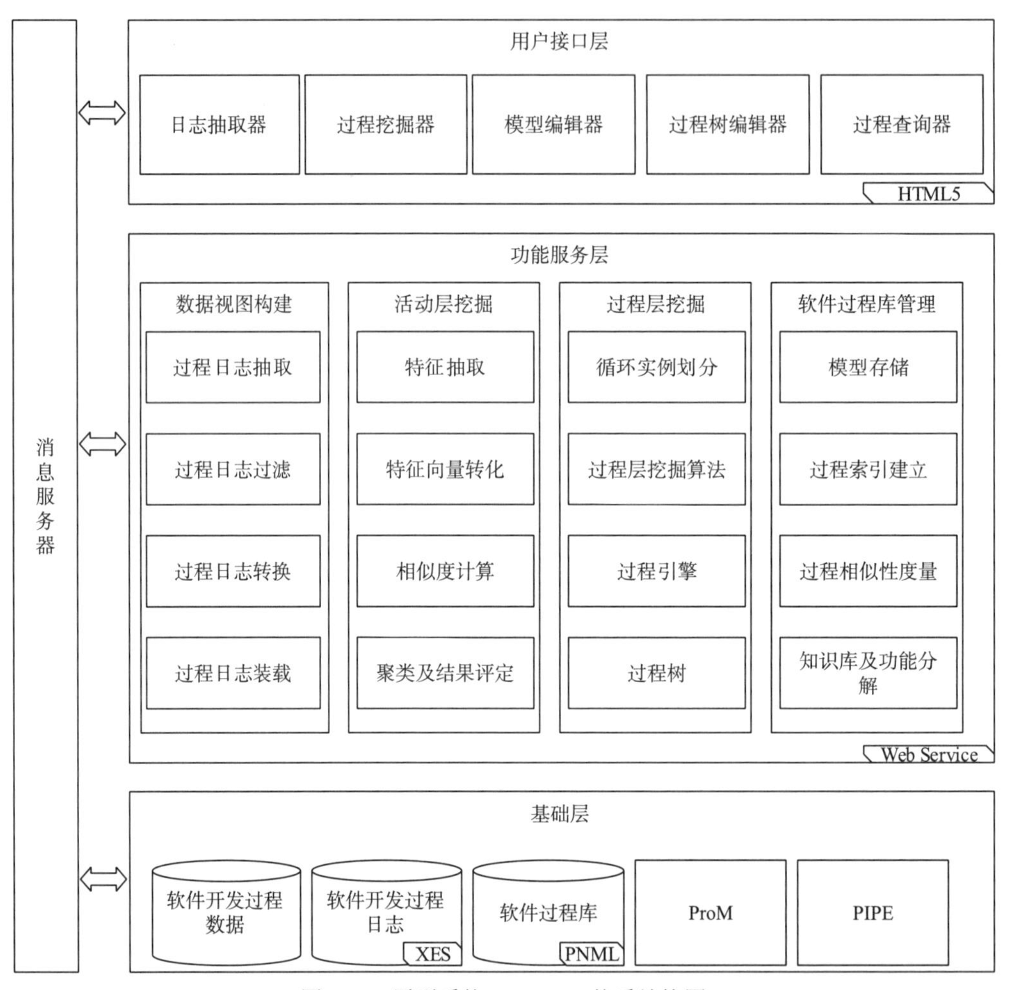

图 3.12 原型系统 SPMining 体系结构图

用户接口层为系统提供用户交互，包括软件开发过程的日志抽取器、过程挖掘器、模型编辑器、过程树编辑器以及过程查询器。日志抽取器是对过程数据进行分析的主要接口，用户可以通过该接口对软件开发过程数据进行查看、抽取、过滤、转化和装载等操作并支持数据的导出和导入。过程挖掘器是用来对软件开发过程进行挖掘的工具，该工具支持活

① http://www.promtools.org/doku.php?id=prom651.
② http://www.fluxicon.com/.
③ http://sourceforge.net/projects/pipe2/?source=directory.

动层挖掘、单触发序列循环实例划分、过程层挖掘算法等一系列功能。模型编辑器是用户对挖掘的模型进行查看、分析、模拟、执行等管理操作的接口。过程树编辑器是对本章所使用的过程树进行查看、编辑、转换等操作的功能界面。过程查询器支持用户对过程进行过程层查询以及基于知识库的功能分解。所有功能将通过接口层进行呈现，方便用户分析使用。

功能服务层主要涵盖了数据视图构建、活动层挖掘、过程层挖掘以及软件过程库管理等功能。数据视图构建的关注点是在挖掘之前对数据处理的相关功能，针对不同的软件过程数据源创建相应的数据交换服务，进而将数据统一为同一个数据视图，完成从原始过程数据到过程日志的转化，为后续的过程层挖掘研究奠定基础。数据视图构建模块主要是对海量软件开发过程数据进行过程日志抽取、过程日志过滤、过程日志转换及过程日志装载，处理好 SVN 日志的数据进而支持软件开发过程挖掘功能的控制维中活动层的挖掘工作，就可以为这些数据建立统一的视图方便后续挖掘工作开展。为了能够支持不同的软件过程数据交换，需要为不同的数据源提供转化服务，如 Subvision、Github、CVS 等 SCM 系统。

活动层挖掘服务主要针对过程日志进行特征抽取、特征向量转化、相似度计算以及聚类及结果评定，完成从过程日志中发现活动信息的研究任务，并根据过程日志中事件发生的时序关系生成活动的单触发序列。活动层挖掘模块是从非面向过程的海量过程执行数据中获得相应的活动信息，将执行记录绑定到相应的活动。

过程层挖掘服务首先针对所形成的单触发序列进行循环实例划分，该单触发序列将形成一个事件流，如何对一个事件流准确地进行循环实例划分是过程层循环实例划分的关注点。然后根据划分的结果实施本书所提出的支持复杂结构的混成挖掘算法进行挖掘，该部分是对当前的过程层挖掘算法针对软件过程进行改进，并能够对这些算法进行比较、分析以及评估。同时，还涵盖过程引擎服务以及过程树相关的服务，需要实现过程的可视化、过程执行、过程树编辑、过程模型与过程树直接的转化等服务。过程可视化功能是对挖掘出的过程模型进行表达，图形描述交换主要使用 Petri 网标记语言(Petri net markup language，PNML)①进行描述，PNML 是当前为了对 Petri 网进行展示而提出的规范标准，当前大量的 Petri 网建模系统在前端均是使用该语言进行描述，如 ePNK②、ProM、Tina③等工具。一个 PNML 描述的软件过程模型翻译为以 Petri 网为基础的过程模型需要模型翻译器的支持，同时 PNML 描述的过程模型将存储在过程库中，其索引即为通过翻译器转化的基于块的过程模型。一个 PNML 描述的过程模型存储于模型库中至少需要存储 PNML 描述、对应的基于块的过程模型索引等，在前端导出模型时还需要使用开源的图形可视化工具 Graphviz④来生成 DOT 图；过程执行引擎，具有能够将输入的过程模型进行模拟、执行、仿真、分析等功能；过程树编辑的功能主要是将通过模型编辑器构建的过程模型转化为相应的过程树进行存储。

软件过程库管理服务在过程层主要关注如何对已挖掘的过程模型建立高效的索引，以及如何对其进行存储、检索，因此该模块包含如何对模型进行表达、模型转化，以及计算

① http://www.pnml.org/.
② http://www.imm.dtu.dk/~ekki/projects/ePNK/.
③ http://projects.laas.fr/tina/.
④ http://www.graphviz.org/.

模型间的相似性。在活动层主要关注如何通过构建知识库进行活动的功能分解问题。同时进行过程查询器的查询服务，对查询语言的词法分析、语法分析、语义分析并根据查询请求作出相应的查询处理。

功能服务层应该以服务为主导，将所有的业务处理放在服务端进行，功能服务层主要通过将业务封装为服务来实现，如 Petri 网的执行功能，首先建立服务 transModelToMatrix 能够将过程模型转化为相应的关联矩阵，然后通过服务 matrixOperation 对关联矩阵进行计算。

基础层主要关注软件开发过程挖掘中所要用到的基础数据或工具，包括过程数据存储及过程日志、事件日志库、软件过程库以及开源工具 ProM 和 PIPE①的支持，同时为了对事件日志进行表达，还需要使用过程挖掘事件日志格式 XES②，该格式于 2010 年 9 月被 IEEE Task Force on Process Mining 采用。需要说明的是，ProM 由 Java 语言开发，支持当前主流的过程挖掘算法，支持 XES 文件输入；PIPE 由 Java 语言开发，支持可视化的 Petri 网建模和分析，具有可达图生成、不变量分析、关联矩阵生成、状态空间分析等功能。

3.4.2 挖掘 JD 数据集

JD 数据集为开源文本编辑软件 jEdit 的 SVN 从 2010 年至今所提交的日志数据，共有 1995 条 Logentry 元素，故对应 1995 个事件，聚类数为 10 的时候平均活动熵达到最小值，因此该数据集被聚类为 10 个活动，通过将活动信息反写入日志文件中，形成一个典型的单触发序列循环实例划分问题，对该单触发序列进行过程层挖掘，即进行循环实例的划分，通过划分后的案例数目为 91 个，活动 J3 被作为循环标识来进行循环实例的划分，将事件日志导入到 SPMining 中对过程信息进行统计（图 3.13），平均每个案例中包含的事件信息为 22 个，最短的案例包含两个事件，最多的案例包含 74 个事件。

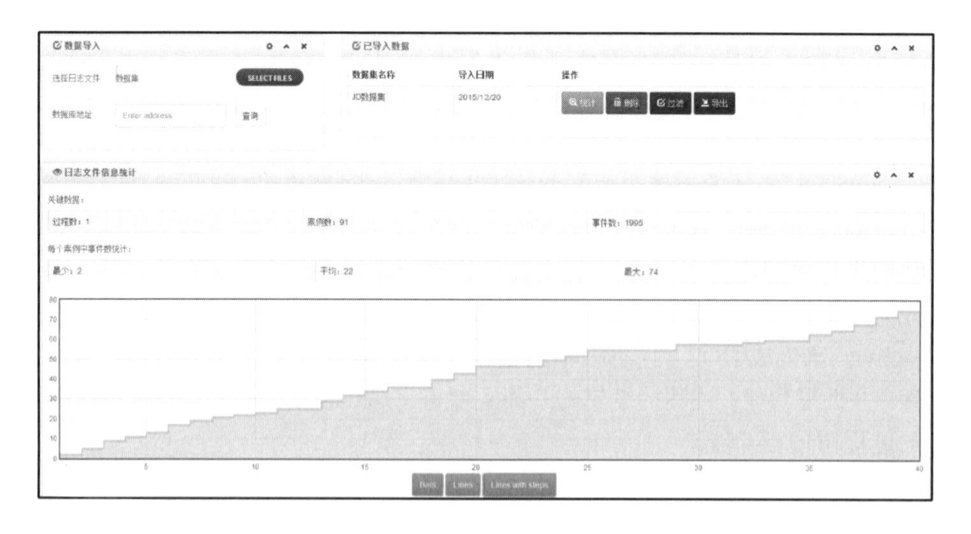

图 3.13　JD 数据循环实例划分后在 SPMining 中数据统计

① http://sourceforge.net/projects/pipe2/?source=directory.
② http://www.xes-standard.org/.

过程层挖掘的目的是能够找到事件的案例信息，以此来适配软件过程的挖掘，再根据混成过程挖掘方法对 JD 数据集进行过程模型的挖掘，挖掘结果如图 3.14 所示。

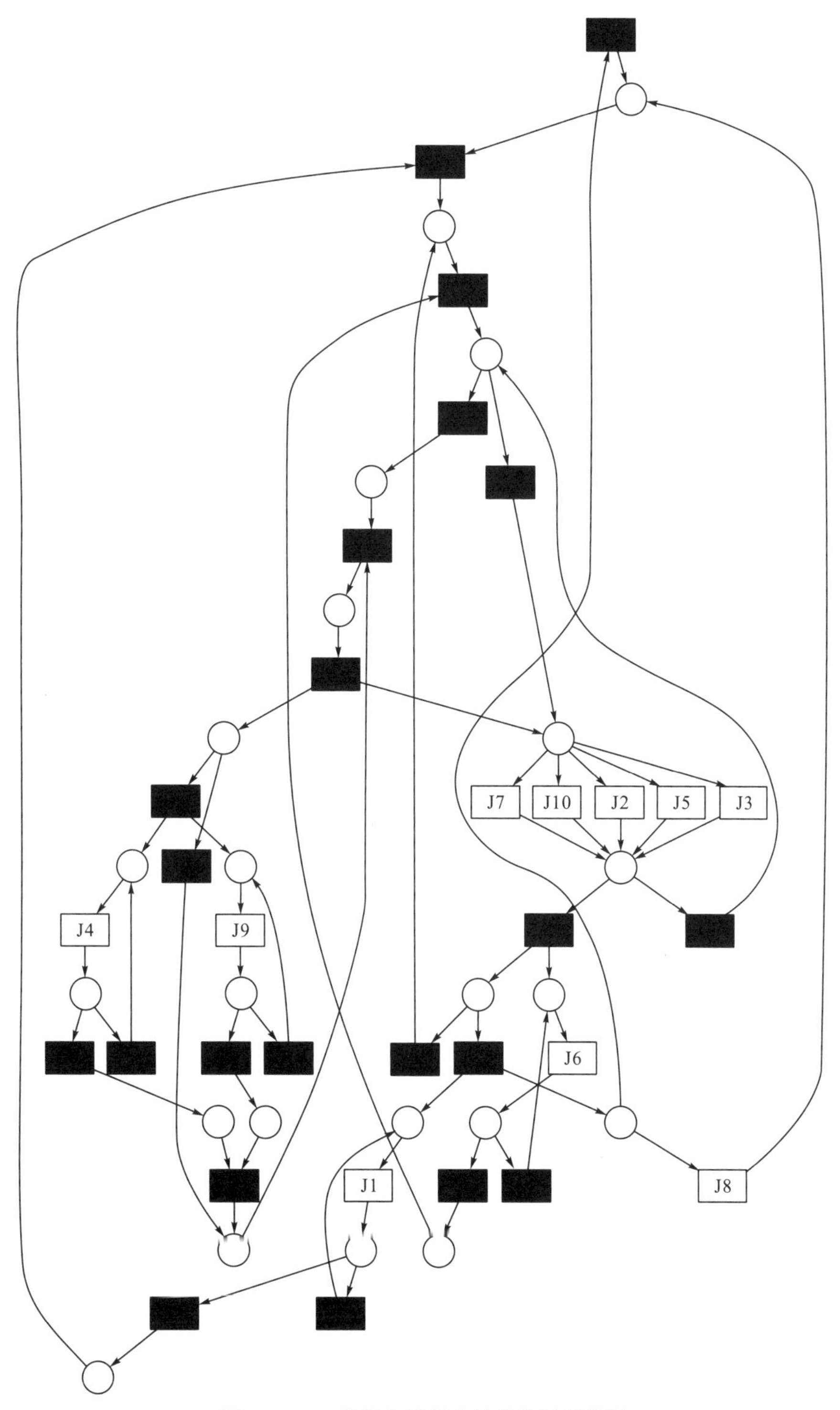

图 3.14　JD 数据集挖掘出的软件过程模型

通过图 3.14 可知，活动 J7、J10、J2、J5、J3 处于一个选择结构中，J6、J4、J9、J1 均处于一个短循环中，日志中 J6、J4 两个活动出现次数最多也证实了该活动处于短循环结构中。挖掘出 JD 数据集对应的过程模型后，每个活动对应的 SVN 日志应该被存储于活动信息内部并能够被查看，如当点击活动 J1 时，绑定在活动 J1 上的 SVN 日志 revision 号对应关系如表 3.3 所示。

表 3.3　绑定在活动 J1 上的 SVN 日志 revision 号

活动	J1	J1	J1	J1	J1	J1	J1	J1	J1	J1	J1	J1	J1	J1	J1	J1	J1
revision	23820	23335	23298	23166	23165	23017	23011	22935	22931	22919	22833	22812	22498	22261	21581	20638	20635
活动	J1	J1	J1	J1	J1	J1	J1	J1	J1	J1	J1	J1	J1	J1	J1	J1	J1
revision	20470	20428	20212	20132	20130	20126	20125	20124	19975	19552	19551	19240	19211	19193	17727	20470	20428

例如，SVN 日志中 revision 号为 23820 以及 revision 号为 23298 的记录如图 3.15 所示，通过分析可以发现二者均对 FAQ 信息进行了修改。

```
<logentry revision="23820">
  <author>ezust</author>
  <date>2015-01-04T01:22:00.224072Z</date>
  <paths>
<path text-mods="true" kind="file" action="M"
  prop-mods="false">/jEdit/trunk/doc/FAQ/faq-install.xml</path>
<path text-mods="true" kind="file" action="M"
  prop-mods="false">/jEdit/trunk/doc/FAQ/faq-use.xml</path>
</paths>
<msg>FAQ: Reformatted whitespace and made small updates.
</msg>
</logentry>
```

```
<logentry revision="23298">
<author>ezust</author>
<date>2013-10-29T15:41:30.563399Z</date>
<paths>
<path prop-mods="false" text-mods="true" kind="file"
    action="M">/jEdit/trunk/doc/FAQ/faq-use.xml</path>
</paths>
<msg>How to toggle auto-indent FAQ.
</msg>
</logentry>
```

图 3.15　挖掘过程中 JD 组数据在服务端控制台产生的过程树截图

3.4.3　挖掘 AD 数据集

AD 数据集为开源 UML 建模软件 ArgoUML 对应的 SVN 事件，共有 1940 条 Logentry 元素(共有 1940 个事件)，被聚类为 31 个活动。对该单触发序列进行过程层挖掘，即进行循环实例的划分，通过划分后的案例数目为 30 个，活动 A15 被作为循环标识来进行循环实例的划分，将事件日志导入到 SPMining 中对过程信息进行统计(图 3.16)，平均每个案例中包含的事件信息为 65 个，最短的案例包含 17 个事件，最多的案例包含 248 个事件。

根据软件过程挖掘实施流程，下一步将利用混成过程挖掘方法对 AD 数据集进行过程模型的挖掘，挖掘结果如图 3.17 所示。

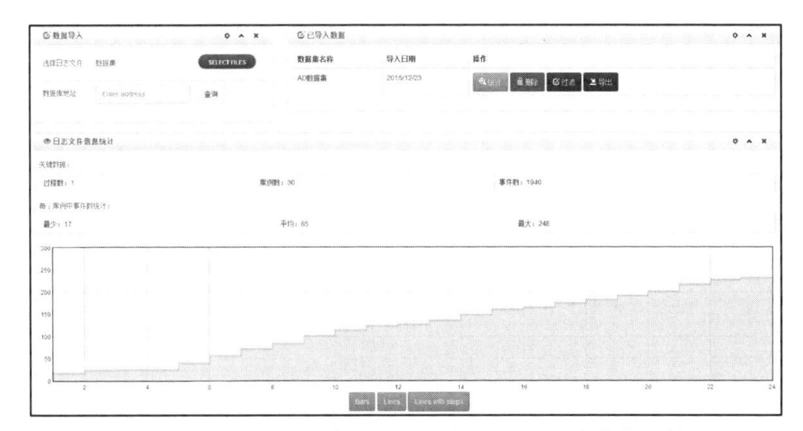

图 3.16　AD 数据循环实例划分后在 SPMining 中的数据统计

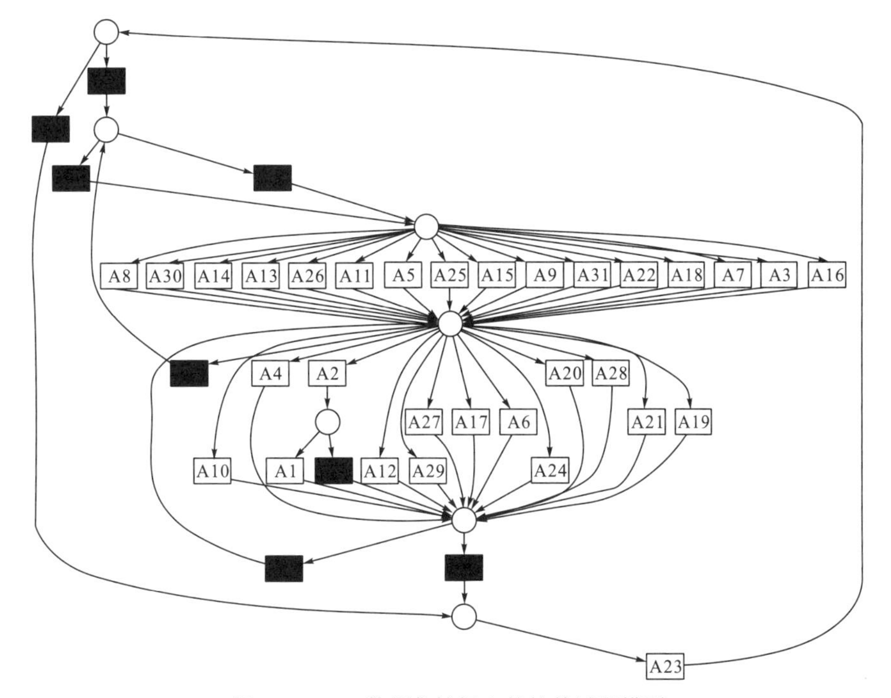

图 3.17　AD 数据集挖掘出的软件过程模型

通过图 3.17 可知，活动 A8、A30、A14、A13、A26、A11、A5、A25、A15、A9、A31、A22、A18、A7、A3、A16 处于一个选择结构中，活动 A10、A4、A2、A12、A29、A27、A17、A6、A24、A20、A28、A21、A19 处于一个选择结构中。同 JD 组数据相同，点击活动能够查看绑定在每个活动上的 SVN 事件，如当选择活动 A10 进行考察分析时，绑定在活动 A10 上的 SVN 日志 revision 号对应关系如表 3.4 所示。

表 3.4　绑定在活动 A10 上的 SVN 日志 revision 号

活动	A10	A10	A10	A10	A10	A10	A10	A10	A10	A10	A10	A10	A10	A10
revision	19856	19506	19242	19240	19239	19012	18944	18711	18710	18620	18548	18388	18315	18086

例如，对SVN日志中revision号为19856以及revision号为19506的记录查看如图3.18所示，通过分析可以发现二者均与PSF文件相关，一个对PSF文件进行增加，另一个对PSF文件进行修改。

```
<logentry revision="19856">
<author>linus</author>
<date>2011-12-30T13:07:32.127453Z</date>
<paths>
<path action="A" kind="">/trunk/www/psf/0_34</path>
<path action="A"
kind="">/trunk/www/psf/0_34/argouml-command-line-build-proje
ctset.psf</path>
<path action="A"
kind="">/trunk/www/psf/0_34/argouml-core-projectset.psf</path>
<path action="A"
kind="">/trunk/www/psf/0_34/argouml-doc-projectset.psf</path>
</paths>
<msg>Added the 0.34 psf files.</msg>
</logentry>
```

```
<logentry revision="19506">
<author>bobtarling</author>
<date>2011-05-24T12:05:49.662988Z</date>
<paths>
<path
    action="M"
    kind="">/trunk/www/psf/argouml-core-projectset.psf</path>
</paths>
<msg>Add deployment2 to main PSF file</msg>
</logentry>
```

图3.18　SVN日志中revisiou号为19856、19506对应的记录

3.4.4　软件过程库

软件过程库案例分为过程层与活动层两部分进行论述。过程层的主要功能是通过给定的过程查询语言，对过程模型进行检索，其基本原理是利用基于过程树的过程索引之间的相似性进行计算，进而获取满足查询条件的过程模型。案例所使用的JD数据集与AD数据集作为真实数据集能够有效验证挖掘方法的实用性和正确性，但是挖掘结果庞大，不利于说明软件过程库的功能，因此，案例在过程层使用在ISO/IEC 12207中提出的软件维护过程扩展的过程P1进行说明，如图3.19所示。

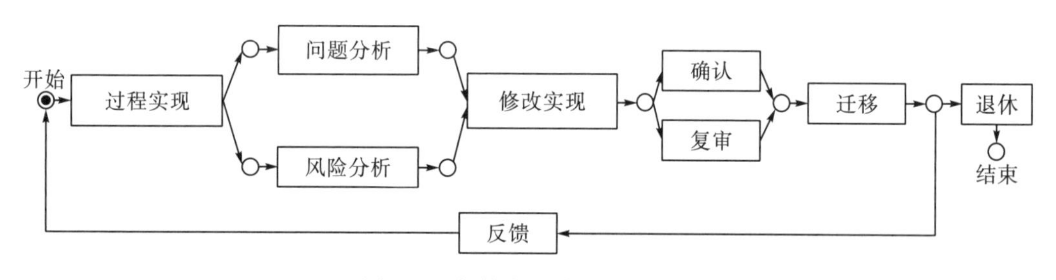

图3.19　软件维护过程示例模型

过程P1已经存储于SPMining系统中，为了通过软件过程库获取该过程模型，需要在过程查询器界面输入查询条件，查询过程是将查询条件与该过程模型对应的过程索引之间的相似性进行计算，进而将相似度最高的查询结果返回，当输入查询条件为“→(Process Implementation，∧(Problem Analysis，Risk Analysis))”时，通过SPMining查询结果如图3.20所示。

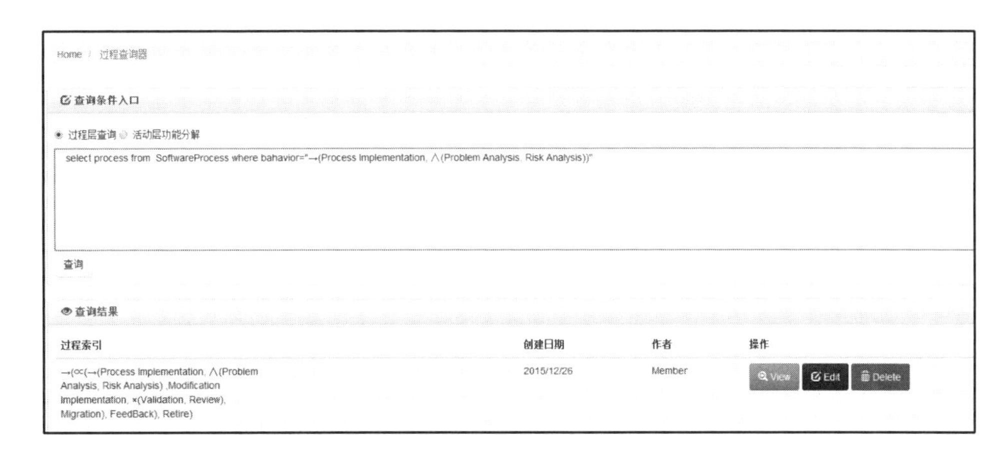

图 3.20　过程层查询及索引结果图示

在查询到该过程模型后，还可以对该模型进行查看和编辑操作，操作界面如图 3.21 所示。

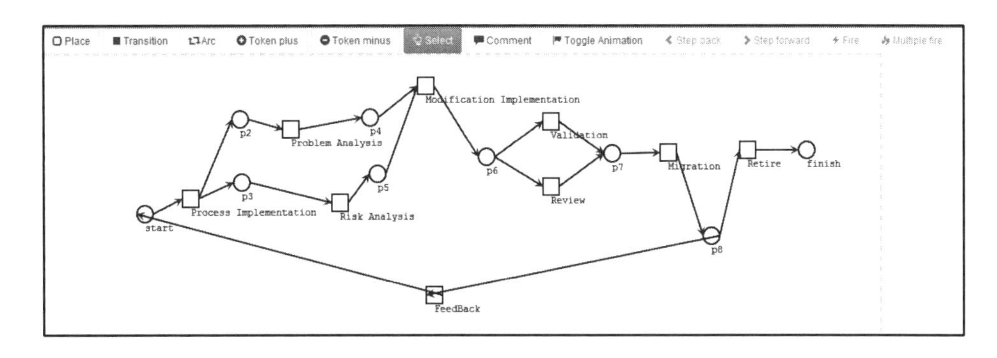

图 3.21　过程 P1 在 SPMining 系统中查看与编辑界面

上述内容主要围绕过程层所关注的通过给定过程规约来获取过程模型的方法，这种方式不涉及每个活动的内部，而基于知识库的活动层过程发现方法主要是通过对活动进行功能分解来获取一个更加细化的过程模型。例如，给定活动 A 只包含一个功能 F，其中组成 F 的 2 断言的前条件 PR(X)为 all x($x\geqslant 0$)表示对于所有的个体 x 都大于等于 0，后条件 PO(X,Y)为 exist x($x\leqslant -1$)表示当功能终止时存在某个 x 是小于等于-1 的。

首先对片段库进行搜索，搜索是否存在该功能对应的代码片段，如果存在则将代码片段与功能 F 进行绑定，否则对实例库进行搜索。如果实例库中已经存在分解实例则根据分解实例将功能 F 分解为结构 STR(F)，然后对 STR(F)中的每个功能迭代本操作，否则根据分解规则对功能 F 进行分解，并将分解结果保存于知识库中，用于下次匹配。

本例中前条件 all x($x\geqslant 0$)与后条件 exist x($x\leqslant -1$)，输入到 SPMining 系统中。由于系统不存在该 2 断言，所以必然无法在片段库与实例库中匹配到，因此需要过程工程师人为地设计该功能分解，此处可以使用顺序分解规则(存在多种方式)将功能 F 分解为功能 F_1 与功能 F_2，即 $A(F) \models\!\rightarrow(A(F_1), A(F_2))$。功能 F_1 首先对 x 取负，功能 F_2 再对 x 减 1。分解完成后再将分解步骤存储于知识库中，至此就完成了功能 F 的全部分解步骤(分解结果见图 3.22)。知识库使用越频繁，其分解能力也就越强。

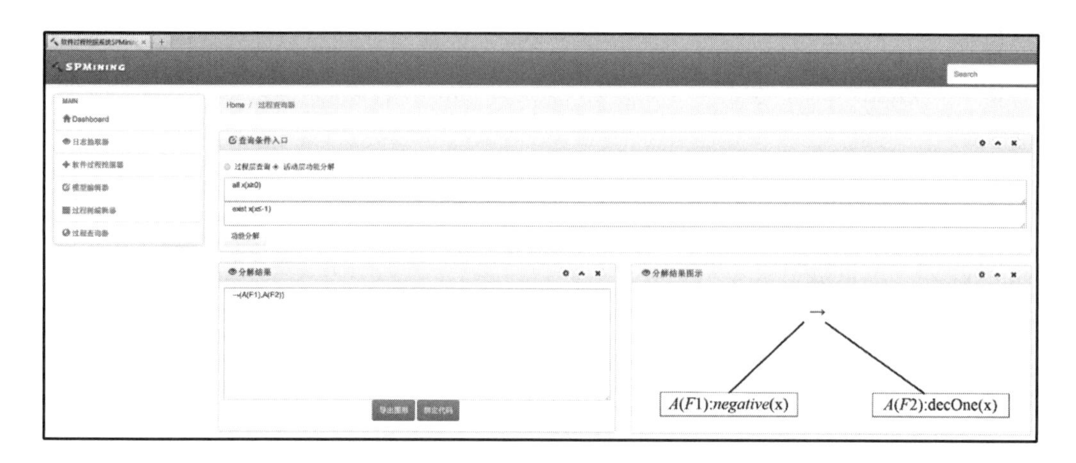

图 3.22 功能 F 在 SPMining 系统进行功能分解图示

3.5 小 结

当前软件过程建模问题已经成为限制软件过程研究的核心问题，过程挖掘作为数据科学的一种最佳实践在多种领域中得到了应用和推广。双层次的软件过程挖掘方法将其分为活动层及过程层。首先在活动层对过程日志中的特征词进行抽取；为了能够有效区别某些单词的重要程度，提出 WSLVM 模型对每条记录的特征进行向量化，将事件转化为特征向量集，然后对特征向量集进行聚类，将聚类的结果作为活动与事件进行绑定；利用模糊聚类方法并结合平均活动熵对聚类结果进行确定。过程层基于启发式的单触发序列挖掘方法，采用非完全循环情况下的循环归属条件，针对非完全循环情况下的事件日志的完备性问题进行研究。

未来工作中，双层次的软件过程挖掘算法还需考虑如下工作。

(1)针对当前的过程挖掘算法进行改进，提出适用于软件过程挖掘的针对性算法。软件过程挖掘的目标在于能够快速地发现一个简洁、合理、优质的过程模型以支持软件开发活动的进行。尽管当前已经存在一些过程挖掘算法，但现实情况是软件过程相对复杂，挖掘算法效率较低，挖掘结果不够简洁，不能在多种度量属性间获得平衡。

(2)从数据来源来看，当前仍没有一种面向过程挖掘与分析的软件过程仓库管理系统，当前软件过程中的数据都是被动式、面向开发者的。被动式是指当前的执行数据是被动式进行存储的，而非有目的的。因此，十分有必要对面向过程的软件过程数据管理系统进行研究。

(3)软件过程挖掘工具。当前过程挖掘工具都仅限于客户端、专业人士，这大大限制了过程挖掘方法的普及和推广，而当前过程挖掘方法已经较为成熟，能够利用现有的优秀的前端展示技术对结果进行展示，将过程挖掘的业务逻辑包装成服务以供不同需求对这些业务服务的使用。

练习题

1. 软件过程是如何保证软件开发质量的？
2. 从软件开发日志中发现过程模型对软件工程有何意义？
3. 除了从 SCM、PMS 和 DTS 中获取开发日志，还能够从哪里获得软件过程数据？
4. 什么样的数据格式能够支持软件过程挖掘，如果不满足该如何解决？
5. Petri 网为何适合于描述软件过程模型？
6. 软件过程活动的粒度该如何权衡？
7. 活动层挖掘中，除了书中所提方法外有无更好的发现活动的方法？
8. 过程层挖掘的基本思想是什么？为何不能使用传统的过程挖掘方法？
9. 什么是日志完备性？如何衡量日志是完备的？
10. 请自行构造新的软件开发日志，并利用双层次软件过程挖掘方法来发现日志中所蕴含的软件过程。

参考文献

李明树，杨秋松，翟健，2009. 软件过程建模方法研究[J]. 软件学报，20(3): 524-545.

郁抒思，周水庚，关佶红，2012. 软件工程数据挖掘研究进展[J]. 计算机科学与探索，6(1): 1-31.

朱锐，李彤，莫启，等，2016. 启发式并行化单触发序列挖掘算法[J]. 计算机集成制造系统，22(2): 330-342.

Bendraou R, Jezequel J M, Gervais M P, et al., 2010. A comparison of six UML-based languages for software process modeling[J]. IEEE Transactions on Software Engineering, 36(5): 662-675.

Bergenthum R, Desel J, Lorenz R, et al., 2007. Process mining based on regions of languages[M] //Lecture Notes in Computer Science. Berlin, Springer: 375-383.

Bezdek J C, 1981. Pattern recognition with fuzzy objective function algorithms[M]. Boston: Springer.

Carmona J, Cortadella J, 2014. Process discovery algorithms using numerical abstract domains[J]. IEEE Transactions on Knowledge and Data Engineering, 26(12): 3064-3076.

Cook J E, Wolf A L, 1998. Discovering models of software processes from event-based data[J]. ACM Transactions on Software Engineering and Methodology, 7(3): 215-249.

Cortadella J, Kishinevsky M, Lavagno L, et al., 1998. Deriving Petri nets from finite transition systems[J]. IEEE Transactions on Computers, 47(8): 859-882.

de Medeiros A K A, Weijters A J M M, van der Aalst W M P, 2007. Genetic process mining: An experimental evaluation[J]. Data Mining and Knowledge Discovery, 14(2): 245-304.

Deiters W, Gruhn V, 1994. The funsoft net approach to software process management[J]. International Journal of Software Engineering and Knowledge Engineering, 4(2): 229-256.

García-Borgoñon L, Barcelona M A, García-García J A, et al., 2014. Software process modeling languages: A systematic literature review[J]. Information and Software Technology, 56(2): 103-116.

Garg P K, Bhansali S, 1992. Process programming by hindsight[C]//Proceedings of the 14th International Conference on Software Engineering. May 11 - 15, 1992, Melbourne, Australia. ACM: 280-293.

Gomaa H, 2005. Designing software product lines with UML[C]//29th Annual IEEE/NASA Software Engineering Workshop-Tutorial Notes (SEW'05). Greenbelt, MD, USA. IEEE: 160-216.

Günther C W, van der Aalst W M P, 2007. Fuzzy mining–adaptive process simplification based on multi-perspective metrics[M] //Lecture Notes in Computer Science. Berlin: Springer: 328-343.

Hindle A, Godfrey M W, Holt R C, 2010. Software process recovery using recovered unified process views[C]//2010 IEEE International Conference on Software Maintenance (ICSM). September 12-18, 2010. Timi oara, Romania. IEEE: 1-10.

Hung W L, Yang M S, 2004. Similarity measures of intuitionistic fuzzy sets based on Hausdorff distance[J]. Pattern Recognition Letters, 25(14): 1603-1611.

Jans M, van der Werf J M, Lybaert N, et al., 2011. A business process mining application for internal transaction fraud mitigation[J]. Expert Systems with Applications, 38(10): 13351-13359.

Kindler E, Rubin V, Schäfer W, 2006. Incremental workflow mining based on document versioning information[M]//Unifying the Software Process Spectrum. Berlin, Heidelberg: Springer Berlin Heidelberg: 287-301.

Leemans M, van der Aalst W M P, 2015. Process mining in software systems: Discovering real-life business transactions and process models from distributed systems[C]// 2015 ACM/IEEE 18th International Conference on Model Driven Engineering Languages and Systems (MODELS). September 30-October 2, 2015. Ottawa, ON, Canada.

Leemans S J J, Fahland D, van der Aalst W M P, 2013. Discovering block-structured process models from event logs-a constructive approach[M]// Application and Theory of Petri Nets and Concurrency. Berlin: Springer: 311-329.

Lohmann N, Verbeek E, Dijkman R, 2009. Petri Net transformations for business processes: A survey[M]// Transactions on Petri Nets and Other Models of Concurrency II. Berlin: Springer: 46-63.

Lonchamp J, 1993. A structured conceptual and terminological framework for software process engineering[C]// Proceedings of the Second International Conference on the Continuous Software Process Improvement. Berlin, Germany. IEEE: 41-53.

López-Grao J P, Merseguer J, Campos J, 2004. From UML activity diagrams to Stochastic Petri nets[J]. ACM SIGSOFT Software Engineering Notes, 29(1): 25-36.

Maciel R S P, Gomes R A, Magalhães A P, et al., 2013. Supporting model-driven development using a process-centered software engineering environment[J]. Automated Software Engineering, 20(3): 427-461.

Mordal K, Anquetil N, Laval J, et al., 2013. Software quality metrics aggregation in industry[J]. Journal of Software Evolution and Process, 25(10): 1117-1135.

Nayak R, Xu S M, 2006. XCLS: A fast and effective clustering algorithm for heterogenous XML documents[M]. Advances in Knowledge Discovery and Data Mining. Berlin: Springer: 292-302.

Pal N R, Pal S K, 1991. Entropy: A new definition and its applications[J]. IEEE Transactions on Systems, Man and Cybernetics, 21(5): 1260-1270.

Perez-Castillo R, Weber B, Pinggera J, et al., 2011. Generating event logs from non-process-aware systems enabling business process mining[J]. Enterprise Information Systems, 5(3): 301-335.

Poggi N, Muthusamy V, Carrera D, et al., 2013. Business process mining from e-commerce web logs[M]//Lecture Notes in Computer Science. Berlin: Springer: 65-80.

Poncin W, Serebrenik A, van den Brand M, 2011. Process mining software repositories[C]//2011 15th European Conference on Software Maintenance and Reengineering. March 1-4, 2011. Oldenburg, Germany. IEEE: 5-14.

Rodriguez D, Garcia E, Sanchez S, et al., 2010. Defining software process model constraints with rules using OWL and SWRL[J]. International Journal of Software Engineering and Knowledge Engineering, 20(4): 533-548.

Rubin V, Gunther C W, van der Aalst W M P, et al., 2007. Process mining framework for software processes[M]//Software Process Dynamics and Agility. Berlin: Springer: 169-181.

Rubin V, Lomazova I, van der Aalst W M P, 2014. Agile development with software process mining[C]//Proceedings of the 2014 International Conference on Software and System Process. May 26 - 28, 2014, Nanjing, China. ACM: 70-74.

Singh V P, 2011. Hydrologic synthesis using entropy theory: Review[J]. Journal of Hydrologic Engineering, 16(5): 421-433.

Tran T, Nayak R, Bruza P, 2008. Combining structure and content similarities for XML document clustering[C]//Proceedings of the 7th Australasian Data Mining Conference-Volume 87. November 27-28, 2008, Glenelg, Australia. ACM: 219-225.

van der Aalst W M P, 2011. Process mining: Discovery, conformance and enhancement of business processes[M]. Berlin: Springer.

van der Aalst W M P, 2011. Process mining: Discovery, conformance and enhancement of business processes[M]. Berlin: Springer.

van der Aalst W M P, 2015. Extracting event data from databases to unleash process mining[M]//Management for Professionals. Cham: Springer International Publishing: 105-128.

van der Aalst W, Weijters T, Maruster L, 2004. Workflow mining: Discovering process models from event logs[J]. IEEE Transactions on Knowledge and Data Engineering, 16(9): 1128-1142.

van der Werf J M E M, van Dongen B F, Hurkens C A J, et al., 2009. Process discovery using integer linear programming[J]. Fundamenta Informaticae, 94(3/4): 387-412.

Xie T, Thummalapenta S, Lo D, et al., 2009. Data mining for software engineering[J]. Computer, 42(8): 55-62.

Yang J W, Chen X O, 2002. A semi-structured document model for text mining[J]. Journal of Computer Science and Technology, 17(5): 603-610.

Yang J W, Cheung W K, Chen X O, 2009. Learning element similarity matrix for semi-structured document analysis[J]. Knowledge and Information Systems, 19(1): 53-78.

Yoon J P, Raghavan V, Chakilam V, 2001. BitCube: A three-dimensional bitmap indexing for XML documents[C]//Proceedings Thirteenth International Conference on Scientific and Statistical Database Management. SSDBM 2001. Fairfax, VA, USA. IEEE: 158-167.

第4章　可信软件需求建模与推理

软件的“可信”是指软件系统的行为及其结果总是符合人们的预期，在受到干扰时仍能提供连续的服务，这里的“可信”强调行为和结果的可预测性与可控制性，而“干扰”包括操作错误、环境影响和外部攻击等。可信软件，本质上就是其可信需求可以得到满足的软件。因此，本章从软件需求科学与工程的角度出发，介绍可信软件需求对软件开发与演化带来的一系列问题以及可信软件需求定义、获取、建模和推理方法。

4.1　可信软件需求概述

随着社会的高速发展，信息爆炸的时代已经到来，计算机技术已深度应用到各行各业中。由于各行业的差距，软件需求也朝着特色鲜明的方向发展，这样的发展趋势使得软件应用多样化、开放化，但是多样化与开放化势必带来一个严重的问题——客户需要的软件必然更加精确、更加可靠、更加安全、更加易用。换句话说，客户需要的是能够以他们期望的方式或者说可以信任的方式长期稳定工作的软件。但是，软件从需求分析阶段开始就会潜伏着一系列不可避免的或者没有预知到的问题，这些潜在的问题对软件以一种客户所信任的方式长期稳定工作造成了极大的威胁。另外，软件正同时朝着两个方向迅速发展，即软件规模快速增大、互联网广泛应用，使得软件面对着更加复杂的环境挑战，这一复杂环境又可以进一步细分为两类：第一类是随着软件渗透到人类生活、文化、政治、经济、娱乐各方面，软件就需要有更加强大的交互性，这势必带来软件漏洞和缺陷的爆发式增长；第二类是随着互联网的用户急速增加以及互联网应用的日常化、开放化，黑客软件和教程的获取变得更加容易，这势必导致软件面临更加严峻的挑战。以上的这些问题正是可信软件研究的核心问题，也是软件可信性被提出来的根本原因。随着可信软件概念的提出，软件设计开发人员希望从需求分析阶段开始就把软件中将会存在的问题尽可能避免，或者缩小问题范围、降低问题严重性。

“可信”一词源于社会学，原本表述的是一种主体和主体之间或者主体和客体之间的相互信任关系，这一信任关系表现在主体与主体之间是双向性的，表现在主体与客体之间则是单向性的，即客体不具有客观意识。可信概念应用到软件工程领域，最早可以追溯到 Laprie 在 1985 年提出的可信赖计算。之后，学术界和工业界开展了大量的研究工作，从不同的角度对可信的概念进行了分析和总结。可信计算组织对可信的定义为：系统可信是指系统能够完全按照其预先指定的程序运行，并且出现背离设计者意图行为的可能性很低。在 ISO/IEC15408 中对于可信的定义为：一个软件可信，是指对于该软件的操作在任何条件下都是可预测的，而且该软件能抵抗外来的干扰和破坏。微软提出可信软件是向人们提供一种可靠的环境，在此基础上提出可信软件的几个基本需求是可靠性（reliability）、安全性（security）、保密性（privacy）和商业诚信（business integrity）。美国国家科学技术委员会（National Science and Technology Council，NSTC）认为，系统的可信是对系统行为是否符合预想的一种测量，同时他们认为一个可信的系统应该具有功能正确性、防危性、容错性、实时性和安全等特征。其他关于软件可信性的定义还有很多，具体内容请参阅 4.3.1 节。

软件需求是软件能否被用户接受的衡量基准，即当软件交付给用户使用时，用户判断软件是否满足其使用目标的唯一基准是软件的需求，与软件设计、实现所应用的技术无关。而软件的“可信”定义为软件的动态行为及其结果总是符合人们的预期，即软件是否“可信”也是用需求作为其衡量标准的。因此，理解可信软件的可信需求是可信软件研究的重要环节。

可信软件需求这一概念的出现至今已有 30 多年历史，但是尚未有被各领域所广泛接纳的统一性定义，因为人们对软件可信性的认识存在较大的分歧。最初人们在软件领域对可信需求的定义是“dependability”，这一定义的背景下，人们的研究主要集中于可靠性需求，这是一种单方向的从主体到客体的价值判断。随着计算机网络的飞速发展，以及如身份验证等行为的出现，可信软件需求不再是单向性的，同时包括了计算机与人的互动行为。美国国家计算机安全中心（National Computer Security Center，NCSC）倡议的可信计算机系统评价标准（trusted computer system evaluation criteria，TCSEC）中仅将软件可信需求定位在安全性这个唯一的非功能需求上，导致许多程序员、工程师和管理者对可信的认知局限于安全方面。Parnas 把可信需求定义为 safety，并用到不同的方法当中，他关注于在软件开发和维护周期中为了尽可能地减少错误所使用的软件工程技术的程度，如增强测试（enhance testing）、评审（reviews）和审查（inspection）。由美国多家政府和商业组织参与的 TSM（trusted software methodology）项目于 1994 年将软件可信性扩展定义为“软件满足既定需求的信任度”，该定义进一步阐述了可信性对管理决策、技术决策以及既定需求集合的高度依赖性。美国陆军研究实验室（Army Research Laboratory，ARL）提出了信息系统的“可生存性”概念，“可生存性”是指系统在人为或自然灾害破坏下表现出的可靠性，是一种更高层次意义上的系统可信性。这一表述主要侧重于当系统面对突发故障或者故意攻击时，仍能保持稳定工作或者具备从灾难中快速恢复的能力。

总之，软件可信性是一个综合复杂的概念，基于软件的不同应用场景，其可信需求具有统一性和相似性，同时也表现出显著的差异性，它可以由一系列具体的可信需求通过集合的形式来具体描述，但在不同应用场景下，集合元素的组成、含义、优先级以及相关关系都可能不同。因此，为区别于非功能需求，人们谈及可信软件需求时，用到的词变成了“trusted”、“trustiness”或“trustworthy”。

4.2 可信软件分领域需求

软件可信性需求的研究是一项极为复杂的工作。从软件全生命过程来说，从需求阶段到维护及演化阶段，软件过程中的一系列活动间存在着错综复杂的交互制约及规范化问题；从软件产品本身来说，软件自身具有开放性、阶段性、演化性、复杂性；从软件可信需求来说，此需求涵盖了可靠性、安全性、保密性、防危性等诸多方面，而这些需求之间还存在着错综复杂的交互关系；从软件可信评估的角度来说，如基于短板效应的评估、基于模糊法的评估、基于多决策的评估等，各种评估方式多不胜数；从软件作用的领域来说，有工业、军事、商业、社会生活等多个领域，各个领域对于软件可信的要求各有不同，甚至大相径庭。如军事领域的软件对于保密性、安全性要求极高，对于易用性的要求可能就比较低，而民用领域的常规性软件对于易用性的要求就很高；农业类软件对功能性的要求就极高，而对于安全性之类的要求就远低于金融类系统软件。

现代工业结构由轻工业、重工业、化工工业三大部分构成。针对工业领域软件，通过分析相关文献报道中各项可信需求在需求分析、设计开发和事故产生中的重要性，统计出各项可信需求在工业领域软件中的比例，如图 4.1 所示。

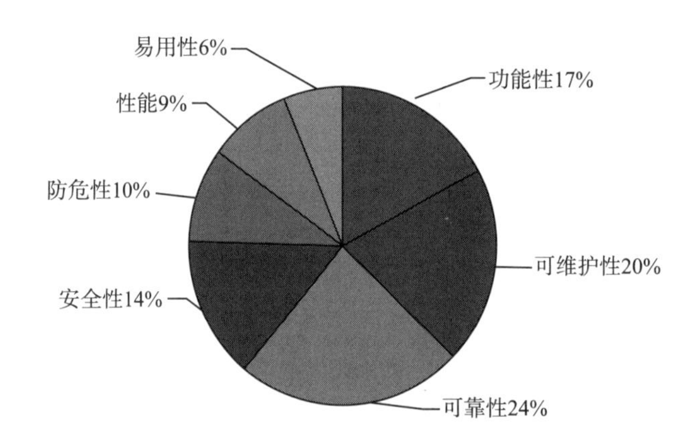

图 4.1　工业软件可信需求统计结果

工业软件对于可靠性的要求最高，占 24%，可靠性可以细分为规定时间完成能力和规定条件完成能力。工业用软件的核心是工业控制系统，这一系统对于按时按量完成生产任务有严格的要求，基于此，工业软件对于系统可靠性的要求较高。至于工业领域软件对于易用性的低要求或许是因为工业生产的专业性，技能工人对于控制信息系统的使用一般会经过较为专业的训练。然而，工业软件对防危性应该加强重视，相应工业软件失效或错误带来的问题更多地会体现在防危性方面。

农业领域软件一般分为农业管理信息系统、农业决策支持系统以及农业专家系统。针对农业领域软件，通过分析相关文献报道中各项可信需求在需求分析、设计开发和信息化建设中的重要性，统计出各项可信需求在农业领域软件中的比例，如图 4.2 所示。

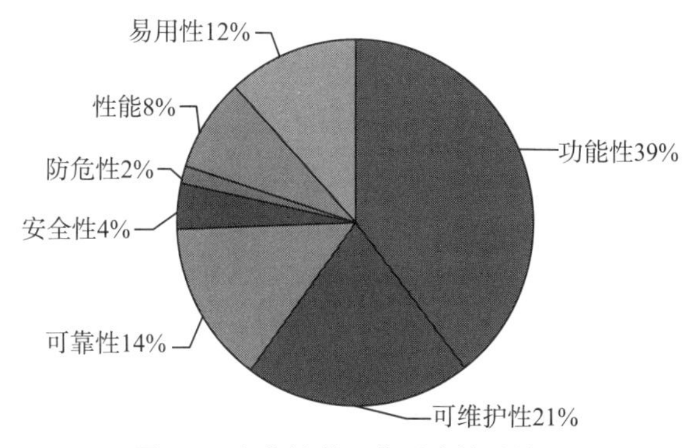

图 4.2　农业软件可信需求统计结果

从图 4.2 的统计结果可以看出，农业软件对功能性的要求极高，占 39%，其主要原因是中国农业信息化尚处于高速建设阶段，农业活动中仍有很多方面处于人工劳作阶段，农业软件对功能性的要求必然极高。同样可以看出，农业软件对于防危性和安全性的要求很低，这可以理解为现阶段的农业信息数据多是在国家政策中可全面共享的数据，因此，安全性、防危性仅分别占 4%与 2%。

近年来，由于我国国民经济的飞速发展，汽车保有量呈爆发式增长，交通运输方面的管理软件开始涌现，特别是智能交通系统的建设，承担了国家运输命脉清道夫的责任。针对道路交通领域软件，通过分析相关文献报道中各项可信需求在需求分析、设计开发和事故产生中的重要性，统计出各项可信需求在交通业领域软件中的比例，如图 4.3 所示。

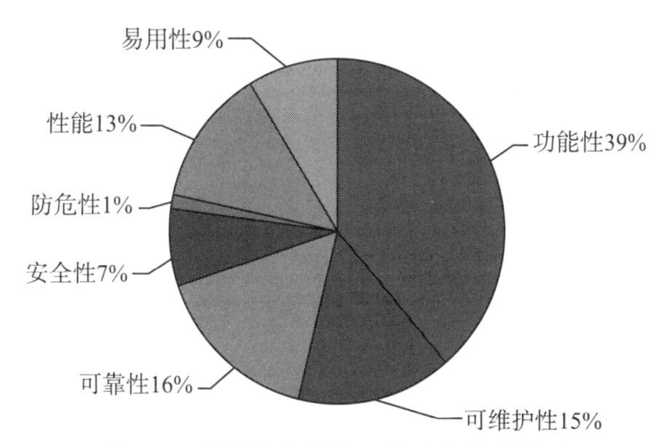

图 4.3　交通管理软件可信需求统计结果

从图 4.3 的统计结果可以看出，我国的道路交通领域软件大多处于发展阶段，此阶段中软件对于功能性的要求最高，占 39%，究其原因是道路交通软件功能性不健全问题仍有待解决。相较之下，软件防危性这一可信需求所占权重极低，仅占 1%，这可能是由于统计数量的不足造成的，但是考虑到如高铁事件的系列事故的发生，对于道路交通领域软件的防危性重视程度应予以更大的重视。

金融业一般可以包括银行业、保险业、信托业、证券业和租赁业。金融类软件一般包括核心业务类软件、中间业务类软件、管理类软件。对于金融信息产业，尤其是核心银行系统，项目实施周期长、风险高已成为行业的共识。另外，在业内人士看来，这些系统的可靠性、灵活性、重用性以及可维护性也应多予以考虑。针对金融领域软件，通过分析相关文献报道中各项可信需求在需求分析、设计开发和灾难事故产生中的重要性，统计出各项可信需求在金融领域软件中的比例，如图 4.4 所示。

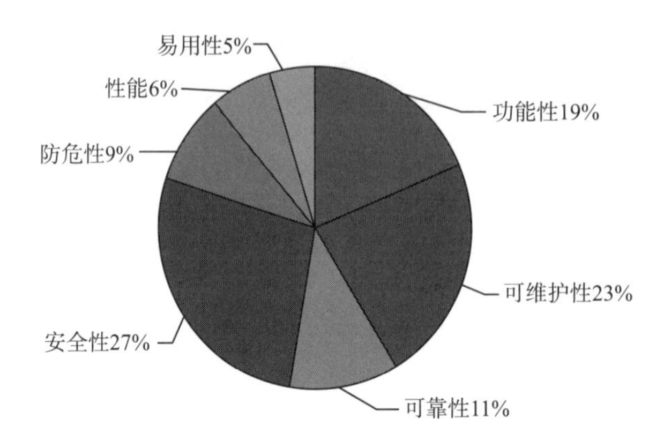

图 4.4 金融软件可信需求统计结果

从图 4.4 的统计结果可以看出，金融领域软件对于安全性的要求非常高，占 27%，究其原因是有不少金融灾难出自非法入侵等安全问题。同时，金融软件通常涉及大量资金的流通，对于保密性、完整性的要求必然较高。另外，统计结果显示，功能性和可维护性持续保持着较高的比例，这两项需求决定了软件的根本作用及其能否持续性地提供服务。

随着各类医疗信息系统的建设，医用软件广泛覆盖，医院数字化进入蓬勃发展阶段。医院数字化在不同历史阶段有着不同的含义，总体上可以分为三个阶段：第一阶段为管理数字化阶段、第二阶段为医疗数字化阶段、第三阶段为“区域医疗”阶段。由于我国的很多大中型医院已经进入第二阶段，医疗信息系统的涵盖范围就变得极为广泛，从一般的医院事务管理到具体而专业的医用软件种类繁多，由于这类软件所应用的特殊领域，对其可信性也就提出了很高的要求。针对医疗行业软件，通过分析相关文献报道中各项可信需求在需求分析、设计开发和运维过程中的重要性，统计出各项可信需求在医疗领域软件中的比例，如图 4.5 所示。

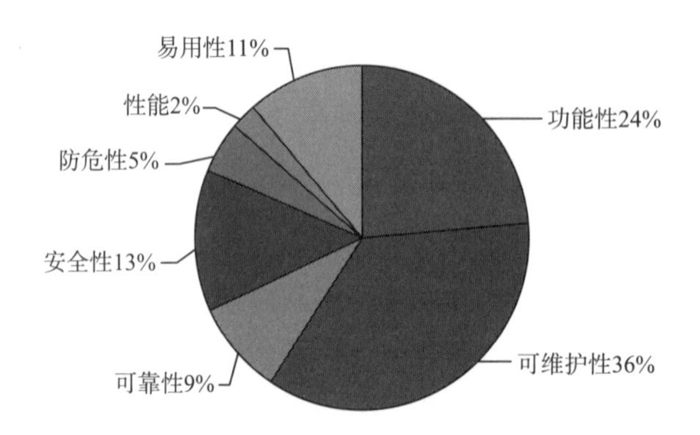

图 4.5 医疗卫生软件可信需求统计结果

从图 4.5 的统计结果可以看出，医用软件对于可维护性的要求很高，占 36%，这主要是由医院作为公益性组织的长期稳定性决定的。医用软件的使用期通常会很久，除了日常性的维护，也会遇到很多版本更新、系统集成的情况。从统计结果中还可以看出，医用软件对于性能的要求并不高，仅有 2%，除去统计数量不足这一因素外，通常仅有直接作用于诸如手术等医疗事件的医用软件对于性能有较高要求。

城市管理领域的系统软件主要指用于数字化城市建设的软件，这类软件的目标是建立一个数据整合的虚拟化城市，并将其与现实城市相结合，使驻扎其中的企业、社区、政府、各服务行业，包括在城市中生活的每一个人能够利用这一虚拟化的城市高效、快捷、方便地生活、学习和工作。针对数字城市管理类软件，通过分析相关文献报道中各项可信需求在需求分析、设计开发和运维过程中的重要性，统计出各项可信需求在城市管理软件领域中的比例，如图 4.6 所示。

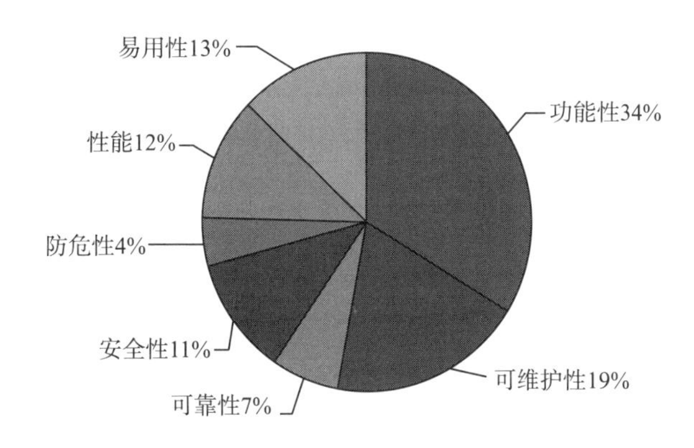

图 4.6　城市管理软件可信需求统计结果

在我国，数字化城市还处于发展阶段，城市管理软件对于功能性的需求还很高，从图 4.6 的统计结果可以看出，功能性的需求比例高达 34%。除此之外，城市管理软件对易用性、性能、防危性、安全性、可靠性与可维护性的需求处于较为均衡稳定的情况。

军工产业是国家的战略性产业，军工企业承担着国防科研生产任务，为国家武装力量提供各种武器装备研制及军工生产经营活动的管理。通常，大型的军工产品结构复杂庞大，甚至同时还要求产品具备很高的精密度，由此导致军工产品的开发、试制、试验、生产、安装、集成、维护等过程都非常复杂烦琐。军工领域的生产管理软件对于软件可信的需求也因此应运而生。针对军工领域的生产管理类软件，通过分析相关文献报道中各项可信需求在需求分析、设计开发和运维过程中的重要性，统计出各项可信需求在军工领域生产管理软件中的比例，如图 4.7 所示。

由于军工领域这些生产管理软件的特殊性，它对于安全性这一可信需求的要求很高，从图 4.7 的统计结果可以看出，其对于安全性的需求比例高达 36%。除此之外，军工生产管理软件对于功能性的要求比其他领域略低，究其原因是军工类生产管理软件的国家掌控性和稳定性，军工生产管理软件一般有较为一致的固定框架模式，对于功能性的需求较为稳定。

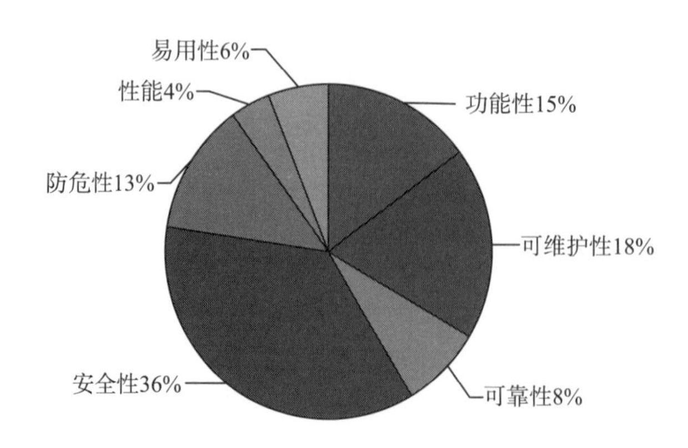

图 4.7 军工生产管理软件可信需求统计结果

除了生产管理软件，在军工领域，作战指挥系统也是一类重要的军工软件。针对作战指挥软件系统，通过分析相关文献报道中各项可信需求在需求分析、设计开发和相关新闻报道中的重要性，统计出各项可信需求在军工领域作战指挥软件系统中的比例，如图 4.8 所示。

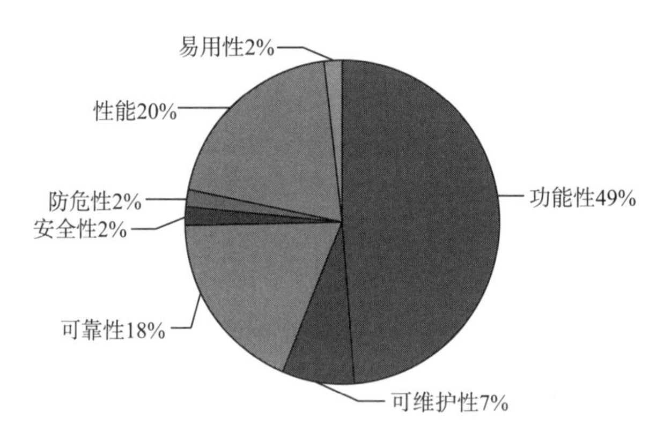

图 4.8 作战指挥软件可信需求统计结果

作战指挥软件系统通常是由许多系统组成的复杂系统，它将自动化装备、通信装备和作战装备联系起来，为指挥员和参谋人员收集与分析情报、制订计划和命令，为监视战术战场提供帮助，同时制订未来的作战计划。由于国家对于各类作战指挥系统的严格保密性，对于作战指挥软件可信需求的统计数据大多源于新闻类报道，报道中对于作战指挥软件各种各样的、高稳定性的、高效的功能有较为详尽的描述。所以该项统计中功能性所占的权重高达 49%，可靠性与性能的统计比例也较高，分别为 18%和 20%。

对于任何一家稍具规模的企业、机构或组织来说，人事管理类软件都是必不可少的工具。人事管理软件作为企业信息化管理的一部分，使用计算机对人事信息进行管理，实现检索迅速、查找方便、可靠性高、存储量大、保密性好、寿命长、成本低等需求。这一系列的特点也使人事管理软件具备可信软件的需求。针对人事管理软件，通过分析每篇文献中各项可信需求在需求分析和设计开发中提及的重要性，统计出各项可信需求在企业领域人事管理软件系统中的比例，如图 4.9 所示。

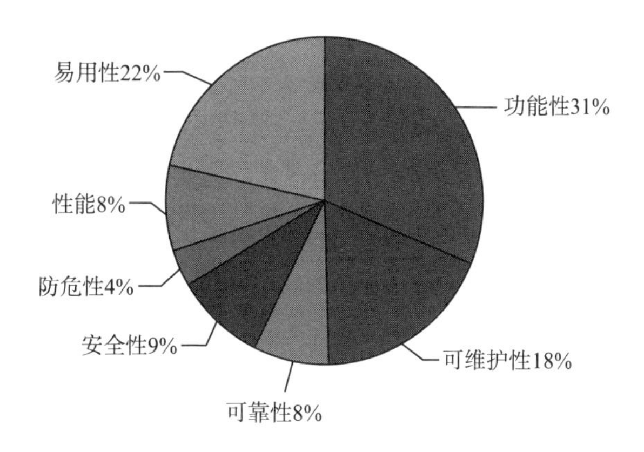

图 4.9　人事管理软件可信需求统计结果

从图 4.9 的统计结果可以看出，功能性占据了人事管理软件可信需求中的最大比重，这是由于使用这类软件的客户群体多样化，导致了该类软件功能性需求的广泛各异性。从统计结果还可以看出，易用性在人事管理软件可信需求中所占比例也较高，这同样是为了满足多样性客户群体的需求，使其能取得良好的用户体验。

总之，本节分析了工业、农业、交通管理、金融、医疗卫生、城市管理、军工生产管理、作战指挥、人事管理 9 个领域的软件，统计结果如表 4.1 所示。

表 4.1　归一化分领域软件可信需求统计比例

领域	功能性	安全性	防危性	可靠性	性能	易用性	可维护性
工业	0.1718	0.145	0.0959	0.2373	0.0873	0.0619	0.1999
农业	0.3948	0.0401	0.0155	0.1436	0.0825	0.118	0.2055
交通管理	0.387	0.0724	0.0133	0.1609	0.1291	0.0871	0.1502
金融	0.1861	0.2737	0.0902	0.1124	0.0632	0.0464	0.2280
医疗卫生	0.2366	0.1330	0.0485	0.0890	0.0242	0.1132	0.3555
城市管理	0.3381	0.1128	0.0460	0.0668	0.1175	0.1285	0.1903
军工生产管理	0.1485	0.3589	0.1281	0.0806	0.0392	0.0591	0.1856
作战指挥	0.4877	0.1860	0.0171	0.1846	0.1992	0.1850	0.0743
人事管理	0.3120	0.0914	0.0367	0.0768	0.0840	0.2157	0.1834

可信软件在不同行业领域中，必然会基于行业领域的特征表现出其对可信需求的不同侧重点，行业领域多种多样的复杂因素必然导致可信软件研究的复杂性，也代表了可信软件需求研究的必要性。总体而言，软件可信研究的目的在于使软件能按照客户期望的方式，长期稳定的运行，但在不同应用背景下，需要对其可信需求进行按需定义及获取。

4.3 可信软件需求定义与获取

4.3.1 可信软件需求定义

基于上述对可信软件在不同领域的不同需求分析结果，将可信软件的需求定义为软件利益相关者需要可信软件具备的可信属性，包括功能需求和非功能需求。其中，功能需求是可信软件的硬目标，非功能需求分为可信关注点和软目标，可信关注点(这里的关注点使用了面向方面方法中关注点分离的思想)是可信软件获得用户对其行为实现预期目标能力的信任程度的客观依据，根据可信软件的不同，可信关注点由不同的非功能需求集合构成，与可信关注点产生相关关系的其他非功能需求集合构成了软目标，软目标不是可信软件的可信依据，但对可信软件的质量有一定的影响。图 4.10 描述了可信软件需求的构成。

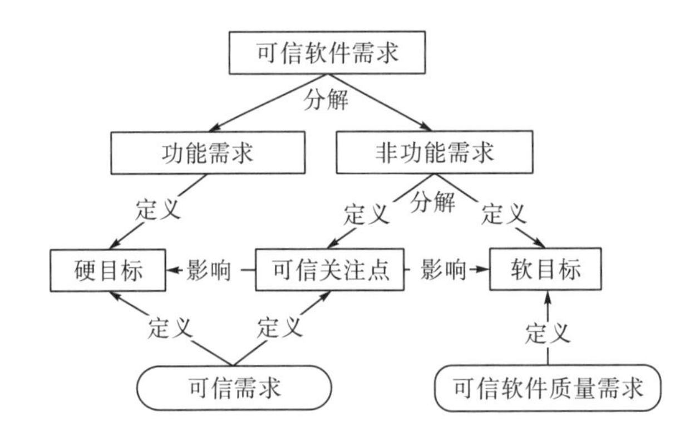

图 4.10 可信软件需求的构成

将可信软件硬目标与可信关注点的集合定义为可信需求，将软目标定义为可信软件质量需求。

(1) 硬目标是可信软件的功能需求，可信软件的所有功能需求都是必须严格实现的，这是可信软件的基础，通过上述分领域可信需求分析可以看出，功能需求在所有领域软件需求中所占据的高比例是稳定的，因而用硬目标描述的是可信软件实现的硬性目标。由于功能需求一直以来都受到足够的重视，相关研究相对充分，因此，本书关注功能需求实现的完整性及正确性，为了与传统功能需求概念相区分，将功能完整性及正确性归入可信关注点。

(2) 可信关注点是可信软件非功能需求集合的一个子集，在这个子集中的非功能需求是由利益相关者共同决定软件可信性的非功能需求，用户通过软件满足这些可信关注点的客观能力事实，从而信任软件的行为能够实现其设定的目标。因此，软件的可信意味着软件满足一系列可信关注点，若软件具有了一系列与软件可信关注点相关的能力，则可以相信该软件的行为能够符合用户的预期目标。这也符合 TSM 有关软件可信性的定义“软件满足一系列需求的信任程度”。

(3) 软目标是可信软件非功能需求中非可信关注点的非功能需求集合，用于描述软件的质量需求。这里借鉴了需求工程中面向目标的建模方法将软件的非功能需求定义为软目标，用于表达软件的质量需求，由于软件非功能需求间存在复杂的相关关系，可信关注点的实现会影响软目标，如果仅考虑可信关注点的实现，有可能损害软目标，从而导致软件质量下降，质量低下的软件绝对不可能是可信软件。然而，需要注意的是，高质量软件又不等于可信软件，软件质量定义为软件满足顾客、用户需求或期望的程度，软件质量的定义并不明确，大致涵盖可靠性、安全性、可维护性、性能和易用性等几个要素，这些要素虽然与可信软件基本要素一致，但可信软件明确强调获得用户信任的能力，其可信需求是明确定制的。因此，本书用软目标描述非可信关注点的非功能需求，而用可信关注点明确描述用户的可信需求。

迄今为止，尽管很多相关研究都曾试图对可信软件的非功能需求作出定义，但是业界尚未对其统一定义形成共识和定论。最早的可信计算机系统评价标准(trusted computer system evaluation criteria，TCSEC)于 1985 年提出，该标准仅将软件的可信性考虑为安全性，并将系统安全标准分为 4 个等级 7 个级别。此后，相关学者和机构陆续提出可信软件非功能需求，如表 4.2 所示。

表 4.2　可信软件非功能需求

来源	可信软件非功能需求
TCSEC	Security (confidentiality，authenticity，accountability)
Dependability	Reliability (availability)，safety，security
TSM	Security，reliability (availability)
Microsoft	Reliability，security，privacy，business integrity
TCG	Security，maintainability
Littlewood，Schmidt	Reliability，safety，robustness，availability，security
DARPA's CHATS	Security (integrity，confidentiality，authentication，authorization，accountability)，reliability (fault tolerance)，performance (Time-behavior，capacity)，survivability
NSS2	Security，safety，reliability，survivability，performance
TrustSoft	Correctness，safety，quality of service (performance，reliability，availability)，security，privacy
COMPSAC	Availability，reliability，security，survivability，recoverability，confidentiality，integrity
ICSP	Functionality，reliability，safety，usability，security，portability，maintainability
Trustie	可用性(功能符合性，功能准确性，易理解性，易操作性，适应性，易安装性)，可靠性(成熟性，容错性)，安全性(数据保密性，代码安全性，控制严密性)，实时性(时间特性)，可维护性(易分析性，易修改性，稳定性，易测试性)，可生存性(抗攻击性，攻击识别性，易恢复性，自我完善性)

基于上述可信软件非功能需求定义及相关分析可知，由可信关注点和软目标构成的可信软件非功能需求是可信软件研究的核心。但是，可信软件的非功能需求并没有、也不应

该有一个统一的标准。可信软件非功能需求是在不断变化发展中的，这种变化除了与软件本身所处的应用领域相关以外，还与信息产业的发展密切相关。随着信息产业的发展，软件的应用规模不断扩展，所涉及的资源种类和范围不断扩大，应用复杂度的提高以及计算技术的革新都导致可信软件的非功能需求不断演变。总之，软件可信性的多变性和高度复杂性给这一领域的研究带来了巨大挑战，随着软件应用规模的不断扩展以及软件本身复杂程度的不断提高，可信软件的非功能需求将不断演变且趋于更加复杂化。

基于上述学者及相关机构提出的可信软件非功能需求，可以得到如图 4.11 所示的可信软件非功能需求分解模型。可信软件非功能需求分解模型并非一成不变，随着时代的发展、技术的进步，以及不同项目需要和不同专家建议，分解模型应该根据可信软件具体需要动态调整。

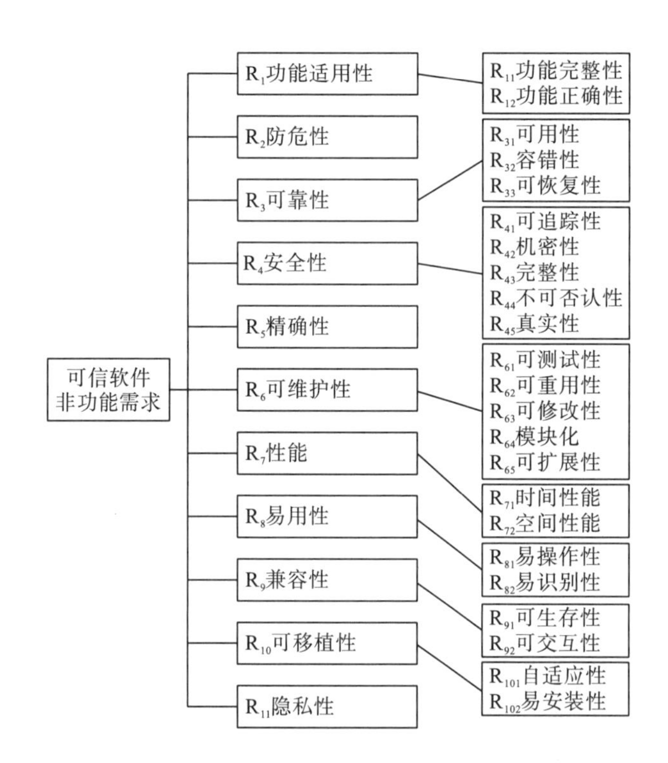

图 4.11 可信软件非功能需求分解模型

可信软件非功能需求分解模型的提出是为了辅助获取可信关注点和软目标，如前所述，可信软件非功能需求由可信关注点和软目标构成，可信关注点的满足是可信软件行为符合用户期望的客观依据，但软件非功能需求间必然存在的相关关系又需要我们关注与可信关注点存在相关关系的软目标，软目标的满足是为了保证可信软件的质量。因此，为了获取可信关注点和软目标，可信软件的利益相关者基于分解模型中的非功能需求进行重要程度的评估，通过综合权衡所有利益相关者的评估数据，决定可信关注点和软目标。

下面基于模糊集合论提出可信软件非功能需求的描述方法，通过收集可信软件利益相关者(stakeholder)给出预期可信目标的非功能需求重要程度评估数据，使用信息熵对评估数据有效性进行筛选，如果评估数据存在分歧，则使用 Delphi 方法辅助利益相关者完成协商，待产生有效评估数据后用模糊排序方法综合权衡所有利益相关者的评估数据，从中获取可信关注点和软目标。

可信软件的利益相关者是获取可信软件需求的来源，其中，非功能需求会因软件利益相关者的不同而以不同的形式表达，并且基于利益相关者的经验以及所处立场的不同，对同一非功能需求的重要程度评估值也不同，因此，首先需要分析软件利益相关者。

软件利益相关者可以是任何人、组织或者机构，他们之所以被称为软件利益相关者是因为他们的利益与软件相关，要么他们因为某种原因对软件感兴趣，要么他们的工作或生活受软件影响。软件利益相关者根据不同的软件而有不同的分类，但通常都使用角色来表达同一类软件利益相关者，图 4.12 给出了一个简单的软件利益相关者分类视图示例。

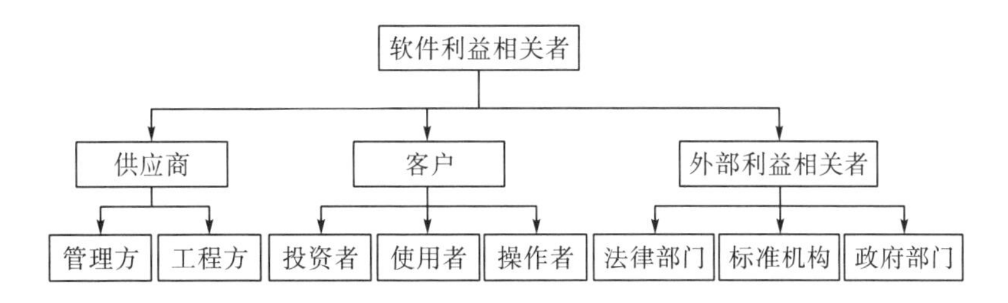

图 4.12　一个简单的软件利益相关者分类视图示例

不同角色的软件利益相关者往往对同一软件表达出不同的期望，例如，软件供应商中管理方通常期望控制成本，并需要在尽量短的时间内生产出软件产品；工程方则更多关注软件功能及非功能需求的满足，以及如何让软件具备更高的可维护性，如果时间能够更充足些则可以生产出更高质量的软件；同时，工程方中的不同工程师之间又会根据自己的立场和项目参与经验对不同的非功能需求提出不同的期望，安全工程师需要软件具有高安全性，可靠性工程师需要软件具有更高可靠性，而产品设计及推广工程师则需要软件具有高易用性；与供应商不同，客户中的使用者往往期望软件具有更高的性能及易用性，同时希望减少软件维护以控制在软件上的开销。利益相关者的这些不同期望会反映在他们对软件非功能需求重要程度的评估数据上，因此，通过软件利益相关者收集可信软件非功能需求的评估数据，需要综合权衡且确认有效之后再加以利用。

很多软件项目就因为忽视了软件利益相关者之间的需求平衡而导致项目失败，而当软件利益相关者众多且表达出不同期望时，相互协商并在需求上达成一致是一大挑战。针对可信软件非功能需求难以精确表达的特点，下面使用模糊集合论中的梯形模糊数量化非功能需求，通过收集软件利益相关者对可信软件非功能需求重要程度的评估数据，使用信息熵对评估数据进行有效性检查，如果利益相关者的评估数据存在分歧，则使用 Delphi 方法辅助协商，待消除分歧后使用模糊排序方法对评估数据进行重要程度排序，实现可信需求的获取。

4.3.2 非功能需求评估数据描述与获取

19世纪末，德国数学家Cantor首创集合论，对于数学基础的奠定有着重大贡献。1965年美国计算机与控制论专家Zadeh提出模糊(fuzzy)集合概念，创建了研究模糊性或不确定性问题的理论方法，对Cantor集合理论作了有益的推广，迄今已形成一个较为完善的数学分支，且在许多领域中获得了卓有成效的应用。

一个经典集合中的任一元素要么属于集合，要么不属于集合，二者必居其一。模糊集合论将经典集合中特征函数的值域由离散集合{0,1}只取0、1两值，推广到区间[0,1]。

对于一个经典集合A，空间中任一元素x，要么$x \in A$，要么$x \notin A$，二者必居其一，这一特征可以用集合A的特征函数f_A表示为

$$f_A : X \to \{0,1\}$$

$$x \mapsto f_A(x)=1,\quad x\in A \text{ 或 } x \mapsto f_A(x)=0,\quad x\notin A$$

经典集合A中元素x与集合的关系只有$x \in A$或者$x \notin A$两种情况。现实世界中有许多事物并不如此明确，如“高的、瘦的、黑的”，到底有多高才算高、瘦到什么程度才算瘦、怎么个黑法才够得上黑，都没有明确，属于模糊概念。其实在日常生活中，人们会经常使用这样的语言，即概念的外延不确切，这些都需要用模糊概念来解决，即用模糊集合来进行研究。

模糊集合论将经典集合中只取0、1两值推广到模糊集合区间[0,1]的定义如下。

定义4.1 模糊集和隶属函数 设$\tilde{A}$是论域X到[0,1]的一个映射，即

$$\tilde{A}: X \to [0,1],\quad x \mapsto \tilde{A}(x)$$

称$\tilde{A}$是X上的模糊集，$\tilde{A}(x)$称为模糊集$\tilde{A}$的隶属函数(membership function)或称为x对模糊集$\tilde{A}$的隶属度。

因此，模糊理论与技术的一个突出优点是能较好地描述与效仿人的思维方式，总结和反映人的体会与经验，对于复杂事物和系统可以进行模糊度量、模糊识别、模糊推理、模糊控制和模糊决策。

可信软件的非功能需求具有无法精确表达、含糊不清以及不确定等特点，非常适合用模糊集合论的方法来描述，所有非功能需求都可以使用统一的模糊数来描述其重要程度，当利益相关者对非功能需求进行重要程度评估时，指定每项非功能需求的隶属度，隶属度描述了区间[0,1]中的值。当集合中一个元素的隶属度为1时，表示这个元素在集合中；相反，当元素的隶属度为0时，表示元素不在集合中，而模糊元素的隶属度则介于0～1。

模糊集合完全由隶属函数来刻画，对模糊对象只有给出切合实际的隶属函数，才能应用模糊数学方法进行计算。如果模糊集合定义在实数域上，则模糊集合的隶属函数就称为模糊分布，模糊分布可以分为3种类型，即偏小型、中间型、偏大型，常见的模糊分布有矩形分布、梯形分布、抛物线型分布、Γ型分布、正态分布和柯西分布(李鸿吉，2005)。

下面使用梯形模糊数描述可信软件非功能需求的量化数值。梯形模糊数也称为模糊区间，一个通用梯形模糊数(generalized trapezoidal fuzzy number，GTrFN) $\tilde{A}$可以表示为$\tilde{A}=(a_1,a_2,a_3,a_4;e)$ ($0<e\leqslant 1$)，其中$0<e<1$和a_1，a_2，a_3，a_4是实数，隶属函数定义为

$$\mu_{\tilde{A}}(x)=\begin{cases}0, & x\leqslant a_1\\ e\dfrac{x-a_1}{a_2-a_1}, & a_1<x\leqslant a_2\\ e, & a_2\leqslant x<a_3\\ e\dfrac{a_4-x}{a_4-a_3}, & a_3\leqslant x<a_4\\ 0, & x\geqslant a_4\end{cases}$$

图 4.13 给出了通用梯形模糊数 $\tilde{A}$ 的隶属函数曲线，当 $e=1$ 时，$\tilde{A}$ 成为标准梯形模糊数(trapezoidal fuzzy number，TrFN)。

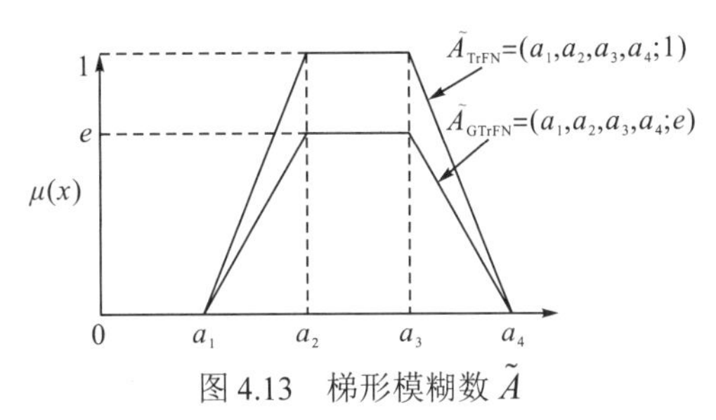

图 4.13　梯形模糊数 $\tilde{A}$

a_1，a_2，a_3 和 a_4 反映了数据的模糊性，当 $a_2=a_3$ 时，$\tilde{A}$ 成为三角模糊数；当 $a_1=a_2$ 并且 $a_3=a_4$ 时，$\tilde{A}$ 成为区间数；当 $a_1=a_2=a_3=a_4$ 并且 $e=1$ 时，模糊数退化为普通实数。

另外，可以对模糊数实施扩张运算，包括一元模糊数的补、数乘、次方以及二元模糊数的加、减、乘、除运算。由于后续内容使用到二元模糊数的加法、乘法和除法运算，假设 $\tilde{A}=(a_1,a_2,a_3,a_4;e_{\tilde{A}})$ 和 $\tilde{B}=(b_1,b_2,b_3,b_4;e_{\tilde{B}})$ 是两个通用梯形模糊数，其加法、乘法运算及除法运算如下。

模糊数加法⊕：

$$\begin{aligned}\tilde{A}\oplus\tilde{B}&=(a_1,a_2,a_3,a_4;e_{\tilde{A}})\oplus(b_1,b_2,b_3,b_4;e_{\tilde{B}})\\&=(a_1+b_1,a_2+b_2,a_3+b_3,a_4+b_4;\min(e_{\tilde{A}},e_{\tilde{B}}))\end{aligned}$$

模糊数乘法⊗：

$$\begin{aligned}\tilde{A}\otimes\tilde{B}&=(a_1,a_2,a_3,a_4;e_{\tilde{A}})\otimes(b_1,b_2,b_3,b_4;e_{\tilde{B}})\\&=(a_1\times b_1,a_2\times b_2,a_3\times b_3,a_4\times b_4;\min(e_{\tilde{A}},e_{\tilde{B}}))\end{aligned}$$

模糊数除法∅：

$$\begin{aligned}\tilde{A}\varnothing\tilde{B}&=(a_1,a_2,a_3,a_4;e_{\tilde{A}})\varnothing(b_1,b_2,b_3,b_4;e_{\tilde{B}})\\&=(a_1/b_4,a_2/b_3,a_3/b_2,a_4/b_1;\min(e_{\tilde{A}},e_{\tilde{B}}))\end{aligned}$$

其中，$b_1\neq 0$，$b_2\neq 0$，$b_3\neq 0$，$b_4\neq 0$。

基于模糊集合论，Zadeh 给出了模糊变量和语言变量的概念，并对模糊语言算子进行了研究，这为模糊语言的研究奠定了基础。语言变量是用自然语言或者人工语言表达词或句子的变量，例如，如果“年龄”是一个语言变量，则取值是语言(年轻、不年轻、非常年轻、较年轻、老、不非常老和不非常年轻等)而非数值(20，21，22，23)。

定义 4.2 语言变量 一个语言变量(linguistic variable)是一个五元组$(X, T(X), U, G, M)$，其中：

(1)X是变量名；

(2)$T(X)$是X的术语集合，即X的模糊集语言变量的术语集合；

(3)U是论域；

(4)G是产生$T(X)$中术语的语法规则；

(5)M是关联每一个语言值x的含义$M(x)$的语义规则，$M(x)$是U的一个模糊子集。

语言变量概念的提出为我们描述现象的大概特征提供了一种方法，这些特征是传统定量术语所无法表达的、复杂的，或者是无法明确描述的。

在获取软件利益相关者对可信软件非功能需求重要程度的评估数据时，使用表 4.3 列出的语言变量：完全不重要(absolutely low，AL)、不重要(low，L)、较不重要(fairly low，FL)、中立(medium，M)、较重要(fairly high，FH)、重要(high，H)、非常重要(absolutely high，AH)。这些用自然语言表达的语言变量方便利益相关者描述他们评估各项可信软件非功能需求的重要程度。

表 4.3 可信软件非功能需求语言变量及对应梯形模糊数

评估语言变量	梯形模糊数
完全不重要(AL)	$(0, 0, 0.077, 0.154; e)$
不重要(L)	$(0.077, 0.154, 0.231, 0.308; e)$
较不重要(FL)	$(0.231, 0.308, 0.385, 0.462; e)$
中立(M)	$(0.385, 0.462, 0.538, 0.615; e)$
较重要(FH)	$(0.538, 0.615, 0.692, 0.769; e)$
重要(H)	$(0.692, 0.769, 0.846, 0.923; e)$
非常重要(AH)	$(0.846, 0.923, 1, 1; e)$

所有这些语言变量都对应一个梯形模糊数，参照关于 Likert 量表的使用与误用争论，在[0,1]按照等间距分为 13 个间距。除了 AL 和 AH 由于表示非常极端重要程度评价而占较小的间距外，其他每一个语言变量都以等间距的梯形模糊数表示，使用相等间距是因为利益相关者应该以相同的概率选择重要程度，在区间[0,1]构造的等间距梯形模糊数隶属函数如图 4.14 所示。

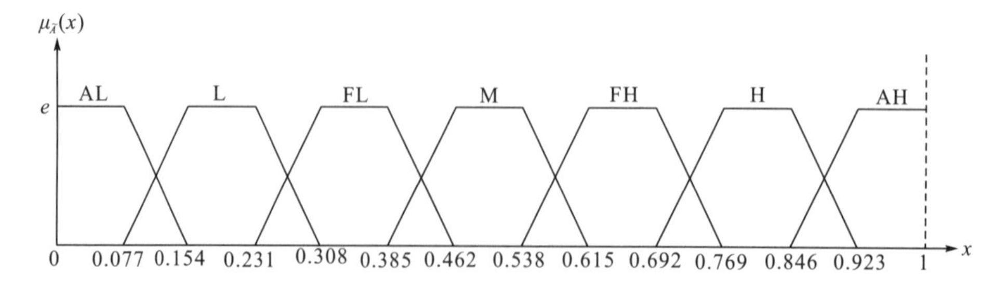

图 4.14 语言变量的隶属函数

4.3.3　非功能需求评估与协商

对于不同软件，其非功能需求实际上受到软件本身所属行业领域、软件规模、类型、复杂度、成本和进度等客观因素影响。因此，在利益相关者提供可信软件非功能需求重要程度评估数据时，为利益相关者增加软件领域、规模、类型、复杂度、成本和进度等客观因素作为参考，可以进一步增强非功能需求评估结果值的有效性。当然，这些参考数据应随着技术的进步和环境的变化，采用迭代方式不断获取、细化并调整完善。当一个可信软件兼具多个软件类型时，需要综合考虑。另外，还需要根据可信软件所处的生命周期阶段，分别按照新开发、维护和演化进行调整。

在上述参考因素辅助下，请利益相关者对可信软件非功能需求重要程度进行评估，如前所述，利益相关者提供的评估数据必然存在着差异，而且评估数据是利益相关者依据其知识背景、经验以及对项目的熟悉程度而主观给出的，在综合权衡所有评估数据之前，需要对评估数据的有效性及客观性进行检查，下面提出基于信息熵的评估数据有效性检查方法。构造评估数据矩阵 A：

$$A=\begin{bmatrix}\tilde{A}_{11}\cdots\tilde{A}_{1m}\\ \vdots\quad\ddots\quad\vdots\\ \tilde{A}_{n1}\cdots\tilde{A}_{nm}\end{bmatrix}=(\tilde{A}_1\tilde{A}_2\cdots\tilde{A}_m)=\begin{pmatrix}\tilde{A}^1\\ \tilde{A}^2\\ \vdots\\ \tilde{A}^n\end{pmatrix}$$

其中，$\tilde{A}_{ij}$ 为第 j 个利益相关者 $(1\leqslant j\leqslant m)$ 对第 i 项非功能需求（这里的非功能需求是可信软件非功能需求分解模型中的非功能需求或者子非功能需求，$1\leqslant i\leqslant n$）重要程度的评估数据，即利益相关者根据专业知识、经验及项目特征对非功能需求的重要程度给出评估。为描述简洁，用 $\tilde{A}_u$ $(1\leqslant u\leqslant m)$ 表示矩阵 A 的第 u 列形成的列向量，用 $\tilde{A}^v$ $(1\leqslant v\leqslant n)$ 表示矩阵 A 的第 v 行形成的行向量。

基于矩阵 A，下面分三个步骤完成评估数据的有效性检验和综合计算。

步骤 1. 评估利益相关者数据有效性。

对于矩阵 A，若 $\tilde{A}_u$ $(1\leqslant u\leqslant m)$ 中各项评估数据的数值相差太小，则说明提供该评估数据的利益相关者对所评估的可信软件需求不明确，其提供的数据会破坏综合评估数据的有效性，需要考虑去除这个利益相关者提供的数据或者重新获取；相反，如果指标值相差较大，说明评定结果分散，该专家对所评估的可信软件需求较为明确且提供的评估数据有一定的针对性，具有较高的说服力，应该在综合评估中起关键作用；当然，如果指标值相差非常大，则说明利益相关者的评估赋值偏激或者过于随意，也会破坏综合评估的有效性，同样需要考虑去除或者重新获取。根据前面的分析，下面用信息熵对利益相关者提供数据的有效性进行检查。

熵的概念最早起源于物理学，用于度量一个热力学系统的无序程度。在信息论里面，熵是对不确定性的度量。

定义 4.3　信息熵　设从某个消息 D 中得知的可能结果是 d_i，$i=1,2,\cdots,n$，记为 $D=$

$\{d_1,d_2,\cdots,d_n\}$，结果 d_i 出现的概率分别是 p_i，$i=1,2,\cdots,n$，则消息 D 中含有的信息量为

$$H(D)=-\sum_{i=1}^{n}p_i\times \operatorname{lb}p_i$$

式中，$H(D)$ 即为消息 D 的熵。

定义 4.4 熵的极值 如果对于某种结果 d_k 有 $p_k=1$，那么其他各种结果 d_i 的 $p_i=0$（$i\neq k$），令 $0\times\operatorname{lb}0=0$，则由熵定义的公式得 $H(D)=0$，此时，熵值为最小值。如果 $D=\{d_1,d_2,\cdots,d_n\}$，$p_k=1/n$，则由熵定义的公式得 $H(D)=\operatorname{lb}n$，此时，熵值为最大值。因此，熵的极值范围为：$0\leqslant H(D)\leqslant\operatorname{lb}n$。

基于评估数据矩阵，计算评估熵值：

$$H_j=-\sum_{i=1}^{n}\tilde{A}_{ij}\otimes\operatorname{lb}\tilde{A}_{ij}=-(\tilde{A}_{1j}\otimes\operatorname{lb}\tilde{A}_{1j}\oplus\tilde{A}_{2j}\otimes\operatorname{lb}\tilde{A}_{2j}\oplus\cdots\oplus\tilde{A}_{nj}\otimes\operatorname{lb}\tilde{A}_{nj})$$

由熵的极值性可知：$H_j\leqslant\operatorname{lb}n$，对 H_j 做归一化处理：

$$\theta_j=\frac{H_j}{\operatorname{lb}n}=-\frac{1}{\operatorname{lb}n}\sum_{i=1}^{n}\tilde{A}_{ij}\otimes\operatorname{lb}\tilde{A}_{ij}$$

其中，$0\leqslant\theta_j\leqslant1$，$\theta_j$ 越大，表明利益相关者 j 对可信软件非功能需求的评估有效性越低，对综合评估数据有效性有负面影响；相反，θ_j 越小，表明利益相关者 j 对非功能需求的评估有效性越高，有利于保证综合评估数据的有效性。为了使计算值能够正向地反映利益相关者提供评估数据的有效性，使用 $1-\theta_j$ 表示其有效性，再次对其进行归一化处理后得到各个利益相关者评估数据的有效性：

$$G_j=\frac{1-\theta_j}{m-\sum_{j=1}^{m}\theta_j}$$

其中，$0\leqslant G_j\leqslant1$ 且 $\sum G_j=1$。G_j 大则表明利益相关者 j 相对重要且数据相对有效，该专家提供的评估数据是有意义的。

步骤 2. 解决利益相关者的分歧意见。

由于在评估可信软件各项非功能需求的重要程度时需要保证评估数据的有效性，并减少主观性，因而需要考虑利益相关者之间的意见分歧，需要注意评估分歧大的非功能需求。因此，根据实际情况，对专家的评估数据熵值设置最小阈值和最大阈值，要保证所获取的评估数据都维持在一个相对有效的范围内，这样可以避免无效数据引入不必要的分歧，致使评估数据变得不合理而产生错误的可信软件非功能需求。

当利益相关者提供的评估数据超出阈值范围时，简单地要求利益相关者重新提交评估数据或者直接删除其评估数据，会导致部分利益相关者的需求不能得到满足，而且，在这个过程中，有可能正确的需求会被忽略或删除。有效增强利益相关者之间的沟通协作，可以更好地保证获取的最终非功能需求数据是全体利益相关者一致需要可信软件具备的可信状态或条件。在交互式决策制定方法中，Delphi 方法是最为广泛被接受并使用的方法。Delphi 方法是 20 世纪 50 年代左右，由 Dalkey 和 Helmer 在 Rand 公司开发的，其特征是通过多次协商过程的迭代，最终获得多人认同的结论。在获取可信软件非功能需求重要程度评估数据时，使用 Delphi 方法遵循如下步骤。

(1) 从不同利益相关者处获取各自的评估数据，对评估数据进行熵运算，如果不存在分歧意见，则输出评估数据，如果存在分歧意见，则将相关分歧意见和已经统一的意见进行整理，并将所有意见以列表的形式详细地表示出来，对已经统一的和存在分歧的意见给出相应比例后，反馈给所有利益相关者，并进入下一步骤。

(2) 利益相关者在获取上述反馈数据后，需要决定修改原评估数据或给出维持原评估数据的理由，再次提交新评估数据后，如果已经不存在分歧意见，则输出评估数据，如果仍然存在分歧意见，则再一次对已经一致的和仍然存在分歧的数据进行总结并反馈给所有利益相关者，进入下一步骤。

(3) 利益相关者根据总结的反馈意见和其他利益相关者提出的理由，修改评估数据，形成最终评估数据。如果对最终评估数据进行熵运算，其结果值在阈值范围内，则完成数据采集，如果结果值仍然表明存在分歧意见，则继续上一步骤，直到达成一致。

通常，采用 Delphi 方法能够在 3～5 轮迭代后达成一致意见。Delphi 方法引入的重要性在于，当少数利益相关者持有正确评估意见时，通过 Delphi 方法中提交理由阶段可以有效实现利益相关者之间的沟通，避免少数利益相关者的正确意见被忽略或删除，影响最终评估数据的正确性，更重要的是，利益相关者之间的协商可以避免因利益相关者需求失衡而导致项目失败的问题。

步骤 3. 综合可信评估数据。

保证可信软件非功能需求评估数据有效后就可以计算综合后的评估数据了，对于上述矩阵，取 $\tilde{A}^v$ $(1\leqslant v\leqslant n)$ 元素值的平均值：

$$W_i=\frac{1}{m}\otimes(\tilde{A}_{i1}\oplus\tilde{A}_{i2}\oplus\cdots\oplus\tilde{A}_{im})=\frac{1}{m}\sum_{j=1}^{m}\tilde{A}_{ij}$$

W_i 是第 i 项非功能需求的重要程度的平均值，平均值越大，表明利益相关者认定这项非功能需求的重要程度越高；相反，平均值越小则说明各个专家认为非功能需求的重要程度越低。然而，由于模糊数无法直接比较其大小，因此，下面使用模糊排序方法对综合后的评估数据进行排序，以辅助确定可信软件的可信关注点和软目标。

4.3.4　可信需求获取

在众多模糊排序方法中，Chen 和 Sanguansat (2011) 的方法同时考虑了正、负区域以及模糊数的高度，有效地解决了其他排序方法中无法处理实数值、不区分高度不同的模糊数、无法区分以不同方式表达的模糊数，以及倾向于悲观决策排序等问题。因此，下面基于 Chen 和 Sanguansat 的模糊排序方法对获取后的非功能需求评估数据进行排序。

对于 m 个可信软件利益相关者 $(s_1,s_2,\cdots,s_m)$，他们分别评估了 n 个可信软件非功能需求 $(c_1,c_2,\cdots,c_n)$ 的重要程度，基于信息熵的方法已经得到各项非功能需求的重要程度值 $W_i=(w_{i1},w_{i2},w_{i3},w_{i4};e_{W_i})$，其中 $-\infty<w_{i1}<w_{i2}<w_{i3}<w_{i4}<\infty$，$e_{W_i}\in(0,1]$ 且 $1\leqslant i\leqslant n$，W_i 的排序过程如下。

步骤 1. 转换每一个通用模糊数 $W_i=(w_{i1},w_{i2},w_{i3},w_{i4};e_{W_i})$ 为标准模糊数 W_i^*。

$$W_i^* = \left(\frac{w_{i1}}{l}, \frac{w_{i2}}{l}, \frac{w_{i3}}{l}, \frac{w_{i4}}{l}; e_{W_i}\right) = (w_{i1}^*, w_{i2}^*, w_{i3}^*, w_{i4}^*; e_{W_i})$$

其中，$l = \max_{ij}(\lceil |w_{ij}| \rceil, 1)$，$1 \leqslant i \leqslant n$ 且 $1 \leqslant j \leqslant 4$。

步骤 2. 计算正、负区域 Area_{iL}^-、Area_{iR}^-、Area_{iL}^+ 和 Area_{iR}^+，它们是隶属函数 $f_{W_i^*}^L$ 和 $f_{W_i^*}^R$ 的梯形区域。

$$f_{W_i^*}^L = e_{W_i} \times \frac{(x - w_{i1}^*)}{(w_{i2}^* - w_{i1}^*)}, \quad w_{i1}^* \leqslant x \leqslant w_{i2}^*$$

$$f_{W_i^*}^R = e_{W_i} \times \frac{(x - w_{i4}^*)}{(w_{i3}^* - w_{i4}^*)}, \quad w_{i3}^* \leqslant x \leqslant w_{i4}^*$$

$$\text{Area}_{iL}^- = e_{W_i} \times \frac{(w_{i1}^* + 1) + (w_{i2}^* + 1)}{2}$$

$$\text{Area}_{iR}^- = e_{W_i} \times \frac{(w_{i3}^* + 1) + (w_{i4}^* + 1)}{2}$$

$$\text{Area}_{iL}^+ = e_{W_i} \times \frac{(1 - w_{i1}^*) + (1 - w_{i2}^*)}{2}$$

$$\text{Area}_{iR}^+ = e_{W_i} \times \frac{(1 - w_{i3}^*) + (1 - w_{i4}^*)}{2}$$

步骤 3. 计算每一个非功能需求 W_i^* 的 $\text{XI}_{\tilde{A}_i^*}$ 及 $\text{XD}_{\tilde{A}_i^*}$ 值，它们分别表示正向及负向影响。

$$\text{XI}_{\tilde{A}_i^*} = \text{Area}_{iL}^- + \text{Area}_{iR}^-$$

$$\text{XD}_{\tilde{A}_i^*} = \text{Area}_{iL}^+ + \text{Area}_{iR}^+$$

步骤 4. 计算每一个 W_i^* 的排序值 $\text{Score}(W_i^*)$。

$$\text{Score}(W_i^*) = \frac{1 \times \text{XI}_{W_i^*} + (-1) \times \text{XD}_{W_i^*}}{\text{XI}_{W_i^*} + \text{XD}_{W_i^*} + (1 - e_{W_i^*})} = \frac{\text{XI}_{W_i^*} - \text{XD}_{W_i^*}}{\text{XI}_{W_i^*} + \text{XD}_{W_i^*} + (1 - e_{W_i^*})}$$

其中，$\text{Score}(W_i^*) \in [-1, 1]$ 且 $1 \leqslant i \leqslant k$。

W_i^* 的排序值 $\text{Score}(W_i^*)$ 越大，表明对应的非功能需求越重要，应将其确定为可信关注点，而对于排序值 $\text{Score}(W_i^*)$ 小的非功能需求，则应确定为软目标。

4.4 可信软件需求建模

需求工程按照阶段可以分为早期需求工程和后期需求工程。后期需求工程主要研究需求的完整性、一致性和自动验证，主要目标是识别和消除需求规约中的不完整、不一致和歧义。早期需求工程则关注建模与分析利益相关者的利益，当利益相关者之间存在利益冲突时权衡相关利益，并且通过不同的解决方案满足这些利益，这个过程是一个不断和利益相关者交互的过程，利益相关者在这个过程中承担两种角色：需求信息提供者和需求决策者。基于利益相关者所承担的这两个角色，早期需求工程阶段需要做的工作可以总结为需求获取、建模、推理和权衡。4.3 节介绍了可信软件需求定义及其非功能需求获取方法，本节介绍可信软件早期需求建模、推理与权衡方法。

参照 NFR 框架和 *i**模型可以明确表达非功能需求和设计决策的能力，使用面向方面方法中关注点和方面的概念，提出可信软件需求元模型(trustworthy software requirements meta-model，TRMM)，该模型参考了 NRE 框架和 *i**模型的符号，针对可信软件，提出以可信关注点作为软件可信目标，并用过程策略中的可信活动实现可信关注点的方法进行可信软件需求建模。在此需要说明的是，过程策略除了包含可信活动，还包含可信活动间的依赖关系、可信活动对其他可信关注点或软目标的交互关系及权衡方法。

可信活动由实现可信关注点的过程策略定义，在可信软件整个生命周期过程中，可信活动将按照不同的粒度建模为可信过程方面或者可信任务方面，可信过程方面和可信任务方面统称为可信方面，通过将可信方面编制到软件过程模型中以提升软件的可信性。

由于可信需求中的非功能需求之间必然存在的冲突问题，某些过程策略有可能损害可信软件的软目标或者其他可信关注点，而软件的软目标与软件质量密切相关，损害软目标意味着软件质量降低，损害其他可信关注点意味着可信性降低，这些都让软件可信性降低，因此，过程策略的选择需要权衡有可能存在的冲突。

图 4.15 用图形化的方式直观地描述了可信软件需求元模型(TRMM)。

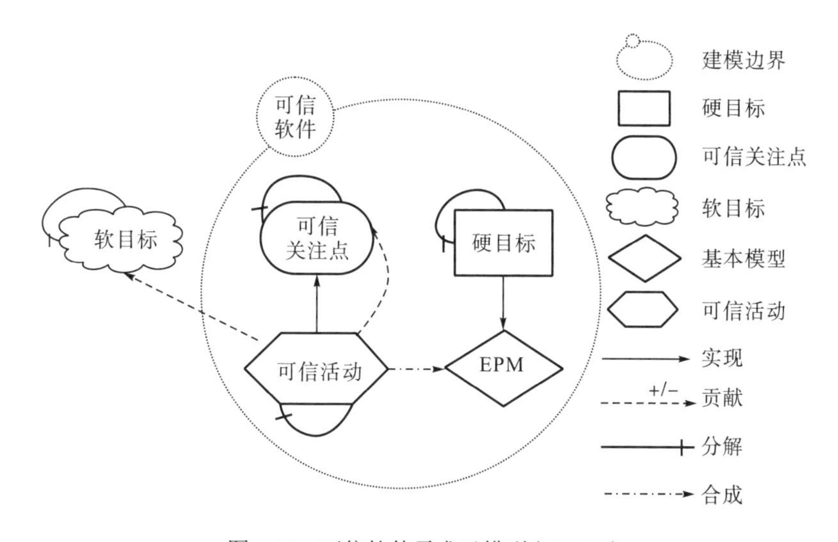

图 4.15　可信软件需求元模型(TRMM)

下面对 TRMM 中的各个元素进行解释，之后给出 TRMM 的形式化定义。

(1) 可信关注点：是可信软件非功能需求按重要程度排序靠前的非功能需求，即重要的非功能需求，可信关注点通过过程策略中的可信活动来实现。

(2) 可信活动：实现可信关注点，多个无依赖关系、独立的可信活动之间是 OR(或)关系，如果可信活动之间存在依赖关系，则将其定义为一个存在分解关系的活动，即这个活动分解为多个存在 AND(与)关系的活动(存在依赖关系的多个活动)。按照不同粒度，可信活动可以细化为可信过程方面或者可信任务方面。

(3) 硬目标：是可信需求中的功能需求，使用 TRMM 建模时不考虑硬目标的实现，重点研究可信软件非功能需求的建模，而可信活动与 EPM (evolution process model，演化过程模型) 之间的合成关系仅仅是表达可信活动可以合成到基本软件过程模型中，以实现可信软件过程建模。

(4) 软目标：是可信需求中非可信关注点的非功能需求，也称为质量需求，TRMM 建模需要考虑软目标，正如前面所述，是由于过程策略中可信活动对软目标可能存在抑制作用，为了保证软件质量，使用可信活动前需要权衡其对软目标可能存在的冲突问题。

(5) 贡献：描述过程策略中可信活动对可信关注点和软目标的贡献，贡献定性表示为促进或者破坏，其中促进表示可信活动的正向促进作用，而破坏表示可信活动的负向抑制作用。

(6) 实现：连接可信关注点和可信活动，表示实现可信关注点的可信活动集合，这些可信活动之间是 OR (或) 关系。实现也用于连接硬目标和演化过程模型 (EPM)，表示软件演化过程建模是实现硬目标。

(7) 分解：可信关注点、硬目标、软目标和可信活动都可以进一步分解细化，分解后的子节点之间为 AND (与) 关系。

(8) 合成：这里使用了面向方面思想中方面与基本模块的合成概念，在 TRMM 中，方面定义为可信方面，可信方面可以进一步分解为可信过程方面和可信任务方面，它们是可信活动按照不同粒度模块化的结果，合成表示将可信方面合成到基本过程模型以实现可信的注入。

使用 TRMM 建模可信软件需求，建模的目的是找出整体满足可信关注点的过程策略，但由于过程策略对其他可信关注点或软目标可能产生冲突，因此，通过使用可满足性问题求解方法，寻找整体满足可信关注点的可信活动集合，如果找不到，显示导致不满足的矛盾，或在项目组能够接受一定程度矛盾的情况下找到可满足的可信活动集合。

为了使用可满足性问题求解方法，下面对 TRMM 做出形式化定义。

定义 4.5 可信软件需求元模型 (TRMM) 一个可信软件需求元模型是一个二元组 $M=(N,R)$，其中：

(1) $N=T\cup S\cup \mathrm{TA}$ 是节点的集合，其中：

① T 是可信关注点的集合，$\forall t\in T$ 是一个可信关注点；

② S 是软目标的集合，$\forall s\in S$ 是一个软目标；

③ TA 是可信活动的集合，$\forall \mathrm{ta}\in \mathrm{TA}$ 是一个可信活动；

(2) $R=R^{\mathrm{dec}}\cup R^{\mathrm{imp}}\cup R^{\mathrm{ctr}}$ 是元素之间二元偏序关系的集合，其中：

① $R^{\mathrm{dec}}\subseteq (T\times T)\cup(S\times S)\cup(\mathrm{TA}\times\mathrm{TA})$ 是可信关注点 T、软目标 S、可信活动 TA 的分解关系：

$-T\times T=\{(t',t)|t,t'\in T\wedge t$ 分解出 $t'\}$，称 t' 为 t 的子可信关注点；

$-S\times S=\{(s',s)|s,s'\in S\wedge s$ 分解出 $s'\}$，称 s' 为 s 的子软目标；

$-\mathrm{TA}\times\mathrm{TA}=\{(\mathrm{ta}',\mathrm{ta})|\mathrm{ta},\mathrm{ta}'\in \mathrm{TA}\wedge \mathrm{ta}$ 分解出 $\mathrm{ta}'\}$，称 ta' 为 ta 的子可信活动。

② $R^{\text{imp}} \subseteq (T \times \text{TA})$ 描述可信关注点与可信活动之间的实现关系；

$R^{\text{imp}} = \{(\text{ta},t)|\text{ta}\in\text{TA}\wedge t\in T\wedge$ 可信活动 ta 实现可信关注点 $t\}$；

③ $R^{\text{ctr}} \subseteq (\text{TA}\times T)\cup(\text{TA}\times S)$ 是可信活动对可信关注点和软目标的贡献关系，$\forall r\in R^{\text{ctr}}$ 是一个贡献关系，$F: r\mapsto\{+,-\}$（$\mapsto$是映射关系），+为促进关系，−为抑制关系：

$-\text{TA}\times T=\{(\text{ta},t)\,|\,\text{ta}\in\text{TA}\wedge t\in T\wedge(\text{ta},t)\mapsto\{+,-\}\}$，称可信活动集合 TA 对可信关注点集合 T 有促进或者抑制的贡献关系；

$-\text{TA}\times S=\{(\text{ta},s)\,|\,\text{ta}\in\text{TA}\wedge s\in S\wedge(\text{ta},s)\mapsto\{+,-\}\}$，称可信活动集合 TA 对软目标集合 S 有促进或者抑制的贡献关系。基于映射(也称为函数)的概念，定义 TRMM 中的贡献、分解和实现关系基数。

定义 4.6　关系基数　TRMM 中的关系 R 分为一对一关系和一对多关系，其中贡献关系是一对一关系，即 $R^{\text{ctr}}: N\mapsto N$，分解和实现关系是一对多关系，即 R^{dec}，R^{imp}：$N\mapsto N\times\cdots\times N$。

可信关注点之间的冲突关系实际上是通过可信活动对可信关注点的贡献关系来体现的，例如，一个可信活动 ta 对一个可信关注点 t_1 是抑制贡献关系，则 ta 实现的可信关注点 t_2 和 ta 抑制的可信关注点 t_1 之间实际是冲突关系。

为了保证使用 TRMM 建模得到的可信软件需求模型能转化为可满足性问题 SAT (satisfiability)求解机能够接受的合取范式(conjunctive normal form，CNF)，在使用 TRMM 建模时，需要满足如下约束。

约束 4.1　节点约束　如果 $\text{dom}(r)=\{x\in N|\exists y\in N:(x,y)\in r,r\in R\}$，$\text{cod}(r)=\{x\in N\,|\,\exists y\in N:(y,x)\in r,r\in R\}$，则 $\text{dom}(r)\bigcup\text{cod}(r)=N$，即模型无孤立节点。

约束 4.1 要求模型中无孤立节点，如果只有孤立的可信关注点，没有可信活动来实现，那可信关注点本质上并没有得到满足，说明建模还没有完成；如果孤立存在一个可信活动则是错误的，因为可信活动必须是为了实现可信关注点而存在的；而对于孤立的软目标则可以从模型中去除，其孤立状态表明没有任何可信活动会抑制这个软目标的满足，因此，假设这个软目标的状态可以满足。

另外，SAT 求解机的输入是表示待检验公式的有向无环图(directed acyclic graph，DAG)，如果模型有环，则无法转化为 DAG。因此，有如下约束 4.2。

约束 4.2　贡献关系约束　实现一个可信关注点的所有可信活动都不会和这个可信关注点本身有贡献关系，即如果 $(\text{ta},t)\in R^{\text{imp}}$，则 $(\text{ta},t)\notin R^{\text{ctr}}$。

基于相关学者及研究机构提出的研究成果，表 4.4 总结了一个可信活动集合的示例。

表 4.4　可信活动示例

可信关注点	可信活动
可信性	可信风险评估，资产识别，金融影响分析，可信性建模及预测，可信性计划，可信性分配，文档化可信需求，可信需求的确认和验证，攻击面及危险分析，形式化规约与验证，第三方可信评测，攻击面及危险复审，可信性监控，持续的过程改进，收集/分析软件执行数据，创建应急响应计划，执行应急响应计划，可信质量管理过程
功能完整及正确性	分析/评估用户特征，分析/评估软件应用环境，功能分析，需求的确认和验证，设计的确认和验证，数据类型检查，程序正确性证明

续表

可信关注点	可信活动
可靠性	确定功能剖面，失效定义及分类，可靠性需求识别与获取，可靠性建模、分析及预测，外购、外协软件可靠性测量，可靠性计划及分配，使用软件可靠性设计准则，避错设计，防差错设计，纠错设计，容错设计，冗余设计，可维护性设计，确定满足可靠性目标的工程措施，软件可靠性增长建模，基于功能剖面的资源配置，面向故障测试，软件可靠性增长测试，强度测试及回归测试，软件可靠性验证测试，制订维护方案，监视软件可靠性，跟踪用户对可靠性的满意程度，持续的过程改进，可靠性度量，可靠性工程管理，故障引入及传播的管理，外购、外协软件可靠性管理，创建应急响应计划，执行应急响应计划
防危性	软件防危计划，建立防危程序，识别危险，评估危险风险，文档化系统防危需求，确定可接受危险等级，确定危险消除方法，确定危险消除优先顺序，程序正确性证明，风险减少的确认及验证测试，危险及风险复审，建立危险追踪系统，记录危险追踪数据
安全性	定义最小安全标准，建立质量门，安全及隐私风险评估，建模误用用例，识别资产和安全边界，识别全局安全策略，研究及评估安全技术，集成安全分析到资源管理过程，建立安全及隐私设计需求，执行安全及隐私设计复审，实现最小密码设计需求，分析攻击面，威胁建模，创建应急响应计划，去除不安全函数，静态分析，动态分析，Fuzzy 测试，渗透测试，攻击面复审，执行应急响应计划
精确性	识别精确性边界，精确性定义与分类，解决不精确计算，从近似值重构准确值，精确性设计
可维护性	可维护性设计，内聚设计，提高抽象设计，制订维护方案
兼容性	外协交互需求分析，接口设计，兼容性测试
易用性	分析评估用户及软件应用环境，功能分析，竞争性分析，金融影响分析，并行设计，用户参与设计，接口协调设计，迭代设计，启发式分析，原型构建，实证测试，收集用户使用反馈
性能	确定性能基准，性能建模与分析，原型系统构建，性能仿真，性能调整，用户参与测试

对每一个可信活动，分析其影响所有其他可信关注点的促进(+)或者抑制(–)贡献，表 4.5 给出了一个贡献关系的示例。

表 4.5　可信活动对可信关注点影响的示例

可信关注点	可信活动	抑制的关注点	促进的关注点
可靠性	容错设计	安全性，精确性，功能适用性	易用性
	冗余设计	安全性，可维护性，性能	防危性
安全性	分析攻击面		可靠性，防危性
	实现最小密码设计	易用性，性能	
	定义最小安全标准	性能，可维护性，易用性	
可信性	可信性监控	性能	
兼容性	接口设计	安全性，可维护性	

4.5　可信软件需求推理

软件非功能需求也称为质量需求或者质量属性，实际是软件的属性或者是功能需求的约束。通常，非功能需求被认为是二级需求，没有功能需求那么重要，然而，一些软件成功与否，以及用户对软件质量是否满意则是由非功能需求决定的，可信软件就属于这类软件。因此，可信软件的非功能需求和功能需求同等重要。然而，非功能需求与功能需求不同，非功能需求反映的是软件作为一个整体应具有的属性，此整体属性的满足不是通过简单累计非功能需求可以得到的，另外，非功能需求之间存在复杂的交互关系，这些交互关系反映出非功能需求之间有的存在着紧密的促进关系，有的存在竞争性的矛盾关系，有的则没有必然的相关关系。因此，研究这些非功能需求间的关系并实现这些需求的平衡是软件可信的前提，甚至是软件成败的关键因素。

软件非功能需求的不平衡曾经导致过很多失败先例。例如，美国新泽西机动车驾照管理系统的工程师为了控制系统成本、提高时效性而使用了第四代语言，但最终因为其性能扩展能力低下而被废弃。最初美国国家医学图书馆开发的系统 MEDLARS II 为可移植性和演化性设计了过多的分层和递归，同样因为性能原因而被废弃。另外，阿帕网(advanced research projects agency network,ARPA)最初的消息处理软件为了追求高性能，工程师设计了一个非常严密的内部循环而让其非常难以演化，幸好项目组专家较早发现了这个问题，从而避免了这个软件的失败。MasterNet 为联营银行开发的一个会计系统因没有解决利益相关者的冲突需求而失败。英国伦敦救护服务中央系统也同样因为没有考虑利益相关者优先级、忽略冲突需求的平衡而导致失败。因此，针对非功能需求的平衡问题进行研究是非常必要的，是软件可信性保障的重要前提。

可信软件需求建模的目的是找出满足可信关注点的过程策略，由于非功能需求之间复杂的相关关系，满足某可信关注点的过程策略有可能对其他可信关注点或者软目标有抑制作用，此抑制作用本质上反映了非功能需求间必然存在的冲突关系。因此，建模得到可信软件需求模型(trustworthy software requirement model，TRM)后需要分析模型中各个元素之间的关系并进行推理，推理本质上是对 TRM 进行可满足性问题求解，如果求解结果是满足，则找到了满足所有可信关注点的过程策略，如果求解结果是不满足，则由建模者决定导致不满足的矛盾的解决方法，最终得到的过程策略将输入后续的可信软件过程建模。

可信软件需求推理分向前推理和向后推理。向前推理是根据过程策略来判断通过实现这些过程策略后可信软件的每一个可信关注点和软目标能够达到的满足状态，向后推理是根据软件利益相关者定义的可信关注点和软目标满足状态来寻找可行的过程策略。

由于向前推理是通过过程策略的满足状态来推断可信关注点和软目标的状态，如果推断出的状态和软件利益相关者可信预期不一致，向前推理不能回溯则不能提供让软件利益相关者满意的过程策略集合，如果穷举过程策略组合实施向前推理，假设模型中有 n 个过程策略，则有 2^n 个可能的组合方案，如此多的组合方案都输入推理过程是不合理也是不必要的。因此，向前推理无法有效判断过程策略应该满足什么状态可以让可信关注点和软目标的状态符合软件利益相关者的可信预期。

为了找到让软件利益相关者满足的过程策略集合，基于可满足性问题求解方法，实现向后推理是寻找符合软件利益相关者可信软件需求的合适方法。下面基于前面提出的可信软件需求建模方法，借鉴目标模型向后推理方法，提出基于可满足性问题求解方法的可信软件需求推理方法，实现可信软件需求的定性向后推理。

可满足性问题 SAT 是逻辑学的一个基本问题，其判定一个给定的合取范式(CNF)的布尔公式是否是可满足的。例如，一个布尔公式 $p\wedge\neg(q\vee\neg p)$ 在 p 为 T、q 为 F 时的赋值为 T，则这个公式就是可满足的。

定义 4.7 可满足性 已知一个命题逻辑公式ϕ，如果有一个赋值使它的赋值为 T，那么ϕ为可满足的。

定义 4.8 合取范式 文字 L 或者是原子 p，或者是原子的否定$\neg p$。公式 C 如果是若干子句的合取，则是一个合取范式(CNF)，而每个子句 D 是文字的析取。

$$L :: p|\neg p$$

$$D :: L|L \vee D$$

$$C :: D|D \wedge C$$

一个公式ϕ若是合取范式(CNF)形式的，其有效性很容易检验，但可满足性的检验很困难，而其子类霍恩公式(Horn formulas)可以更有效地判断可满足性。

定义 4.9 霍恩公式 是命题逻辑公式ϕ，它可以用下列语法作为 H 的实例产生：

$$P ::= \bot | \top | p$$

$$A :: P|P \wedge A$$

$$C :: A \rightarrow P$$

$$H :: C|C \wedge H$$

其中，$\bot$和$\top$分别表示矛盾和重言式，C 的每一个实例称为霍恩子句，霍恩子句的合取构成霍恩公式。

定义 4.10 矛盾 是形如$\phi \wedge \neg\phi$或$\neg\phi \wedge \phi$的表达式，其中ϕ是任意公式。

定义 4.11 重言式 一个命题逻辑公式ϕ称为重言式(tautology)，当且仅当在它的各种赋值情况下的赋值都是 T。

为了求解一个公式的可满足性问题，将公式的语法分析树转化为有向无环图(DAG)，转化递归地定义为

$$T(p) = p \qquad T(\neg\phi)=\neg T(\phi)$$

$$T(\phi_1 \wedge \phi_2)=T(\phi_1) \wedge T(\phi_2) \qquad T(\phi_1 \vee \phi_2)=\neg(\neg T(\phi_1) \wedge \neg T(\phi_2))$$

$$T(\phi_1 \rightarrow \phi_2)=\neg(T(\phi_1) \wedge \neg T(\phi_2))$$

应用 SAT 求解机来检查由 DAG 表示的公式是否可满足。SAT 求解机对所有使公式为真的赋值进行标记来作为约束，如果由 DAG 表示的公式是可满足的，那些约束成为一个可满足性的完全证据，否则，发现矛盾约束。

尽管可满足性问题属于 NP 完全问题，但当前的 SAT 求解水平已经取得了巨大进步，国际上提出的各种不同的 SAT 求解器的能力都在不断增强，能解决的问题规模也在不断增大。目前，在 SAT 问题求解中，回溯搜索算法 DPLL (Davis-Putnam-Logemann-Loveland)作为一种最有效的 SAT 算法，被认为是目前为止 SAT 问题的标准解决方案。基于 DPLL 算法，有很多 SAT 求解器被开发出来，其中，zChaff 是最著名的求解器之一，zChaff 的提出将 SAT 算法的实际运行速度提高了一个数量级。zChaff 极大地提高了布尔约束传播(Boolean constraint propagation，BCP)蕴涵推理的效率，而且对于学习过程也做了很好的分析，找出了到目前为止最为有效的学习方式，之后公布的 SAT 求解器大多数都是以 zChaff 为基础的。

为了表达可信软件需求模型中各个节点的满足状态，用一阶谓词来定义节点状态标记。

定义 4.12　状态标记 $L(n)$　一个状态标记是一个一阶谓词 $L(n)::=\mathrm{SA}(n)|\ \mathrm{PS}(n)|\ \mathrm{PD}\ (n)\ |\ \mathrm{DE}(n)$，其中：$n\in N$（$N$ 在定义 2.5 中定义为节点集合），SA(n)表示节点 n 的状态为满足的一阶谓词，PS(n)表示节点 n 的状态为部分满足的一阶谓词，PD(n)表示节点 n 的状态为部分不满足的一阶谓词，DE(n)表示节点 n 的状态为不满足的一阶谓词。

根据模型中节点的实际含义，节点的满足状态是有所不同的，其中，可信关注点和软目标的状态可以是定义 4.12 中所有状态标记中的任何一种状态；而可信活动只有执行和不执行两种状态，对应着状态标记就只有满足状态和不满足状态。因此，有约束 4.3。

约束 4.3　可信活动状态标记　对于可信活动 $\mathrm{ta}\in\mathrm{TA}$，其状态标记只能取满足状态或者不满足状态，即：$L(\mathrm{ta})::=\mathrm{SA}(\mathrm{ta})|\mathrm{DE}(\mathrm{ta})$。

另外，节点的状态标记之间有如下约束。

约束 4.4　状态标记关系约束　对于状态标记中的满足状态和部分满足状态，它们之间的关系为偏序关系 $\mathrm{SA}(n)\succ\mathrm{PS}(n)$，不满足状态和部分不满足状态间的关系也为偏序关系 $\mathrm{DE}(n)\succ\mathrm{PD}(n)$。

这里的 $L_1(n)\succ L_2(n)$ 实际上表达了一种蕴涵关系 $L_1(n)\rightarrow L_2(n)$，即如果一个节点的状态是满足状态或者是不满足状态，则这个节点也相应地满足部分满足状态或者部分不满足状态。为了进行可信软件非功能需求的可满足性推理，引入有关状态标记的基本公理 B_1 和 B_2。

基本公理　$\forall n\in N$：$\mathrm{SA}(n)\rightarrow\mathrm{PS}(n)$　B_1

$\mathrm{DE}(n)\rightarrow\mathrm{PD}(n)$　B_2

另外，根据节点间存在的分解、实现及贡献关系，表 4.6 给出了节点间状态推理的关系公理。

表 4.6　TRMM 关系公理

节点关系	状态	关系公理	关系公里编号
分解关系 R^{dec} 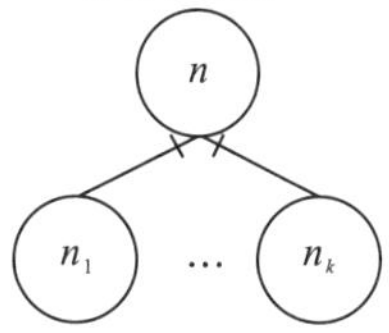 (n; n_1 … n_k)	SA	$\wedge_{i=1}^{k}\mathrm{SA}(n_i)\rightarrow\mathrm{SA}(n)$	D_1
	PS	$\wedge_{i=1}^{k}\mathrm{PS}(n_i)\rightarrow\mathrm{PS}(n)$	D_2
	PD	$\vee_{i=1}^{k}\mathrm{PD}(n_i)\rightarrow\mathrm{PD}(n)$	D_3
	DE	$\vee_{i=1}^{k}\mathrm{DE}(n_i)\rightarrow\mathrm{DE}(n)$	D_4
实现关系 R^{imp} 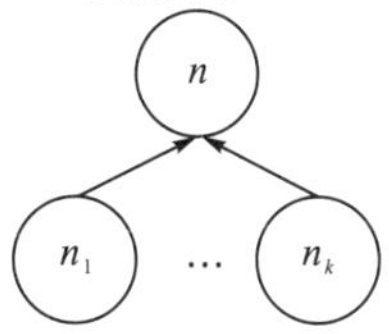 (n; n_1 … n_k)	SA	$\wedge_{i=1}^{k}\mathrm{SA}(n_i)\rightarrow\mathrm{SA}(n)$	M_1
	PS	$\vee_{i=1}^{k}\mathrm{SA}(n_i)\rightarrow\mathrm{PS}(n)$	M_2
	PD	$\vee_{i=1}^{k}\mathrm{DE}(n_i)\rightarrow\mathrm{PD}(n)$	M_3
	DE	$\wedge_{i=1}^{k}\mathrm{DE}(n_i)\rightarrow\mathrm{DE}(n)$	M_4

续表

节点关系	状态	关系公理		关系公里编号
贡献关系 R^{ctr} 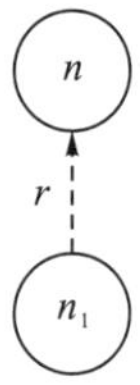	SA	$r \mapsto \{+\}$	$SA(n_1) \to SA(n)$	C_1
		$r \mapsto \{-\}$	$SA(n_1) \to DE(n)$	C_2
	DE	$r \mapsto \{+\}$	$(DE(n_1) \to DE(n)) \vee (DE(n_1) \to PD(n))$	C_3
		$r \mapsto \{-\}$	$(DE(n_1) \to SA(n)) \vee (DE(n_1) \to PS(n))$	C_4

推理分为向前推理和向后推理，为了描述推理方向，定义根节点和叶节点。

定义 4.13 根节点和叶节点 对于 TRMM 中的节点 n 和 n' $(n' \neq n)$，如果不存在 $(n',n) \in R$（R 是 TRMM 中节点间的二元偏序关系），则 n 是一个根节点；如果不存在$(n',n) \in R$，则 n 是一个叶节点。由于根节点和叶节点是一个相对的概念，因此，用 Root(n,r)，$r \in R$ 表示与叶节点 n 有 r 关系的根节点；Leaf(n,r)，$r \in R$ 表示与根节点 n 有 r 关系的叶节点。

从叶节点向根节点的推理定义为向前推理，向前推理是根据已设置的可信活动状态推导可信关注点和软目标的状态，与之相反，从根节点向叶节点的推理定义为向后推理，向后推理是设置需要的可信关注点和软目标状态，然后寻找可以满足此状态的可信活动集合。本书关注向后推理，即寻找满足可信软件需求的过程策略。

在向后推理过程中，节点的状态标记会根据节点间不同的关系而产生不同的状态传播。

对于分解关系，由于其本质是 AND（与）关系，如果父节点状态设置为 SA（或 PS）状态，则需要所有子节点为 SA（或 PS）状态；相反，如果父节点状态设置为 DE（或 PD）状态，则只需要子节点中存在 DE（或 PD）状态的节点。需要说明的是，此处向后推理分解关系的父节点状态指的是最低状态要求，对于推理出的子节点状态也是最低状态要求。例如，对于需要部分满足的父节点，其子节点必须全部是部分满足状态，这是最低要求，若部分子节点达到了满足状态或者所有子节点都达到了满足状态是允许的。基于此思想，假设某可信关注点状态设置为完全满足状态，则其所有的子可信关注点必须完全满足；若另一个可信关注点状态设置为部分满足状态，则其子可信关注点必须全部为部分满足状态，基于最低标准的思想，这其实是最低要求，因为如果有一部分子可信关注点是完全满足，而另外一部分是部分满足的，则其父可信关注点也是部分满足状态。又假设某可信关注点可以是部分不满足状态，则其子可信关注点就可以有其中一部分是部分不满足状态，但不能存在完全不满足的子可信关注点（由基本公理 B_2 的反证规则保证）。如果某可信关注点设置为完全不满足状态，则其子可信关注点只需要有一个不满足即可。

实现关系只存在于可信活动与可信关注点之间，可信活动之间本质是 OR（或）关系，如果设置可信关注点为完全满足状态，则需要所有可信活动都执行；如果设置可信关注点为部分满足状态，则只需要部分可信活动执行；如果可信关注点可以部分不满足，则部分可信活动可以不执行；如果可信关注点完全不需要满足，则所有可信活动都不需要执行。

贡献关系描述了可信活动对可信关注点和软目标的促进或者抑制作用，针对向后推理的研究，将贡献关系反向描述为：当设置某可信关注点的状态后，根据促进或者抑制贡献关系推理出可信活动是执行还是不执行，执行意味着满足，不执行意味着不满足。假设某可信关注点需要完全满足，则对其有抑制贡献关系的可信活动必须不执行，而对其有促进贡献关系的可信活动必须执行。如果某可信关注点的状态设置为部分满足，则对其有抑制贡献关系的可信活动必须不执行，而对其有促进贡献关系的可信活动可以执行也可以不执行，也就是说，在这种情况下，可信关注点的状态不向可信活动传播。同样，如果某可信关注点的状态可以是部分不满足状态，则对其有抑制贡献关系的可信活动可以执行也可以不执行，而对其有促进贡献关系的可信活动可以不执行。如果某可信关注点的状态设置为完全不满足状态，则对其有促进作用的可信活动可以不执行，而对其有抑制作用的可信活动可以执行。

基于以上分析，按照分解、实现和贡献关系的不同，向后推理的状态传播公理见表 4.7。

表 4.7　可信软件需求向后推理的状态传播公理

节点关系	状态	向后状态传播公理	向后状态传播公理编号
分解关系 R^{dec}	SA	$SA(n) \to \wedge_{i=1}^{k} SA(n_i)$	DB_1
	PS	$PS(n) \to \wedge_{i=1}^{k} PS(n_i)$	DB_2
	PD	$PD(n) \to \vee_{i=1}^{k} PD(n_i)$	DB_3
	DE	$DE(n) \to \vee_{i=1}^{k} DE(n_i)$	DB_4
实现关系 R^{imp}	SA	$SA(n) \to \wedge_{i=1}^{k} SA(n_i)$	MB_1
	PS	$PS(n) \to \vee_{i=1}^{k} SA(n_i)$	MB_2
	PD	$PD(n) \to \vee_{i=1}^{k} DE(n_i)$	MB_3
	DE	$DE(n) \to \wedge_{i=1}^{k} DE(n_i)$	MB_4
贡献关系 R^{ctr}	SA	$r_i \mapsto \{+\}$　$SA(n) \to SA(n_i)$	CB_1
		$r_i \mapsto \{-\}$　$SA(n) \to DE(n_i)$	CB_2
	PS	$r_i \mapsto \{-\}$　$PS(n) \to DE(n_i)$	CB_3
	PD	$r_i \mapsto \{+\}$　$PD(n) \to DE(n_i)$	CB_4
	DE	$r_i \mapsto \{+\}$　$DE(n) \to DE(n_i)$	CB_5
		$r_i \mapsto \{-\}$　$DE(n) \to SA(n_i)$	CB_6

在应用可满足性问题求解时，会有两种结果：发现矛盾，则模型是不可满足的；反之，模型在各个节点约束了状态标记的情况下是满足的。在可信软件需求模型推理中，矛盾是指一个节点 n 的状态标记同时标记两种状态为真(true)，例如，一个节点的满足和不满足状态都为真，则不知道这个节点到底是满足状态还是不满足状态，这就是矛盾。矛盾的形式化定义如下。

定义 4.14 矛盾　一个节点 $n \in N$ 的矛盾是指其状态标记谓词满足 $\mathrm{SA}(n) \wedge \mathrm{DE}(n)$ 或者 $\mathrm{SA}(n) \wedge \mathrm{PD}(n)$ 或者 $\mathrm{DE}(n) \wedge \mathrm{PS}(n)$ 或者 $\mathrm{PD}(n) \wedge \mathrm{PS}(n)$，其中：

(1) 强矛盾：节点 n 的状态标记谓词满足 $\mathrm{SA}(n) \wedge \mathrm{DE}(n)$。

(2) 中等矛盾：节点 n 的状态标记谓词满足 $\mathrm{SA}(n) \wedge \mathrm{PD}(n)$ 或者 $\mathrm{DE}(n) \wedge \mathrm{PS}(n)$。

(3) 弱矛盾：节点 n 的状态标记谓词满足 $\mathrm{PD}(n) \wedge \mathrm{PS}(n)$。

在可满足性问题求解过程中，矛盾的出现意味着找不到满足根节点状态的叶节点，而作为根节点的可信关注点之间又存在着复杂的相关关系，因此，完全无矛盾的可满足性求解变成了一种理想中的最佳结果，而实际求解结果往往很难避免矛盾。另外，在寻找过程策略的可行集合时，充分了解出现矛盾的可信活动有利于后面的可信软件过程建模工作。因此，本书在执行可信需求的可满足性求解时，允许建模者根据实际情况选择避免不同等级的矛盾，例如，节点 n 不允许出现强矛盾，其状态标记谓词应满足 $\neg(\mathrm{SA}(n) \wedge \mathrm{DE}(n))$，如果出现强矛盾，求解过程停止，否则，模型可满足且允许存在中等矛盾和弱矛盾。

基于 TRMM 建模得到的可信软件需求模型在进行可满足性求解时，根据 TRMM 和前面可满足性问题分析，一个可信软件需求的 SAT 公式定义为

$$\phi ::= \phi_{\mathrm{Model}} \wedge \phi_{\mathrm{Initial}} \wedge \phi_{\mathrm{Constraint}} \wedge \phi_{\mathrm{Inconsistency}}$$

其中，ϕ_{Model} 为可信软件需求模型公式；ϕ_{Initial} 为初始状态公式；$\phi_{\mathrm{Constraint}}$ 为节点状态约束公式；$\phi_{\mathrm{Inconsistency}}$ 为求解过程中可接受矛盾等级公式。

1) 可信软件需求模型公式

可信软件需求模型描述了所有节点以及节点之间的关系，基于给出的可信软件需求向后推理公理，可信软件需求模型公式 ϕ_{Model} 定义为

$$\phi_{\mathrm{Model}} ::= \wedge_{n, n_i \in N} \left(L(n) \rightarrow \vee_{(n, n_i) \in R} L(n_i) \right)$$

2) 初始状态公式

初始状态由可信关注点状态和软目标状态组成，是使用 2.3 节方法获取可信关注点和软目标后，按照软件利益相关者需要而定义的初始状态，初始状态公式 ϕ_{Initial} 定义为

$$\phi_{\mathrm{Initial}} ::= \wedge_{n \in N} L(n)$$

上述公式定义的初始状态属最低要求，即若某节点的初始状态设置为部分满足状态（PS），则其达到完全满足状态（SA）是允许的。

3) 节点状态约束公式

可信软件需求的可满足性求解过程是基于根节点状态公式的定义来推导可满足的叶节点状态，然而，在某些特殊情况下，除了定义需要的初始状态外，其他节点也有可能需要约束其状态，或者多个节点之间需要联合约束状态，此时，用状态约束公式定义这些节点的约束状态。状态约束公式 $\phi_{\mathrm{Constraint}}$ 定义为

$$\phi_{\mathrm{Constraint}} ::= \wedge_{n \in N} (\mathrm{LL}(n) \mid \vee_{n \in N} \mathrm{LL}(n))$$

其中，$\mathrm{LL}(n) ::= L(n) \mid \neg L(n)$，$\neg L(n) \mapsto \{\neg\mathrm{SA}(n), \neg\mathrm{PS}(n), \neg\mathrm{PD}(n), \neg\mathrm{DE}(n)\}$。

$\neg L(n)$是否定的状态标记，用于阻止节点低于最低状态标准，如$\neg$DE(n)表示节点 n 不能完全不满足(但可以部分不满足)。$\vee_{n\in N}$LL(n)描述多个节点之间的联合约束，例如，SA(n_1)$\vee$SA(n_2)表示节点 n_1 和 n_2 中只需要有一个节点满足，而 DE(n_1)$\vee$DE(n_2)DE(n_1)$\vee$DE(n_2)表示 n_1 和 n_2 中可以是任何一个不满足。

4) 可接受矛盾等级公式

如前所述，在进行可信软件需求的可满足性求解过程中，完全无矛盾推出可满足结论是最佳结果，但那属于理想情况，现实情况是在进行可满足性求解过程中往往不可避免会出现矛盾，此时，在 SAT 公式中增加可接受矛盾等级公式$\phi_{\text{Inconsistency}}$定义三种不同等级的矛盾。如果建模者不允许任何矛盾存在，则公式定义为

$$\phi_{\text{Inconsistency}} ::= \wedge_{n\in N}(\neg(\text{PS}(n)\wedge \text{PD}(n)))$$

如果建模者仅允许存在弱矛盾，不允许中等矛盾和强矛盾存在，则公式定义为

$$\phi_{\text{Inconsistency}} ::= \wedge_{n\in N}(\neg(\text{SA}(n)\wedge \text{PD}(n))\wedge(\text{PS}(n)\wedge \text{DE}(n)))$$

如果建模者仅允许存在弱矛盾和中等矛盾，不允许存在强矛盾，则公式定义为

$$\phi_{\text{Inconsistency}} ::= \wedge_{n\in N}(\neg(\text{SA}(n)\wedge \text{DE}(n)))$$

如前所述，过程策略的选取本质上是可信软件需求的可满足性问题，因此，生成可信软件需求模型的 SAT 公式后寻找满足可信关注点的过程策略转变为求解可信软件需求 SAT 公式可满足性问题。为了实现可满足性问题求解，基于最常用的可满足性问题求解开源工具 zChaff，可以实现可信软件需求可满足性推理。

可信软件需求可满足性推理将可信软件需求模型 TRM 输入 zChaff 进行可满足性求解，求解过程需要与建模者交互以解决求解过程中出现的矛盾，求解结果输出一个节点状态表，其中记录了利益相关者给定的初始可信软件需求、求解完成后所有节点的满足状态以及对矛盾的处理方法，此节点状态表是非功能需求权衡的来源。

推理实现首先将输入的可信软件需求模型 TRM、初始状态、约束状态以及可接受矛盾等级生成 SAT 公式。然后，使用 Yoonsuck Choe 提供的 prop2cnf.py 脚本将 SAT 公式转换为霍恩公式，输入 zChaff 进行求解，如果求解结果满足，则将 TRM 中所有过程策略对应的节点状态标记为真；如果求解后不满足，则将出现矛盾的子句输出，由建模者判断矛盾是否可以接受，如果可以接受，则修改可接受矛盾等级公式，写入节点状态表，重新生成 SAT 公式输入 zChaff 求解，如果不允许矛盾存在，则去除 TRM 中的相应过程策略，写入节点状态表，重新生成 SAT 公式输入 zChaff 求解。此交互过程将一直进行直至所有矛盾都解决，最终得到可满足的结果。

4.6 案例研究

使用一个案例介绍可信软件需求建模方法，这个案例来源于一个真实的工业案例：可信第三方认证中心软件 SIS。SIS 软件提供网络身份认证服务，负责签发和管理数字证书，

是一个具有权威性和公正性的第三方可信机构，是所有网上安全活动的核心环节。SIS 软件作为可信第三方认证中心的核心软件，负责完成认证中心提供的所有服务，对任何个人或企业甚至一个地区来说，一个安全和值得信赖的网络环境依赖于 SIS 软件的可信性，因此，认证中心软件 SIS 属于可信软件。

SIS 软件可信需求获取阶段的第一步是确定利益相关者，选取认证中心 5 名利益相关者(S_1 认证中心监管部门，S_2 工程方，S_3 认证中心专家，S_4 软件操作部门，S_5 证书持有者)对认证中心 SIS 软件进行可信需求评估，评估数据以表格的形式收集，如表 4.8 所示。

表 4.8　SIS 软件可信需求评估数据

可信软件非功能需求	S_1	S_2	S_3	S_4	S_5	模糊排序值
R_1 功能适用性	AH	AH	AH	AH	AH	0.942
R_{11} 功能完整性	AH	AH	AH	AH	AH	0.942
R_{12} 功能正确性	AH	AH	AH	AH	AH	0.942
R_2 防危性	AL	AL	AL	AL	L	0.085
R_3 可靠性	H	FH	H	H	H	0.777
R_{31} 可用性	H	H	H	H	H	0.808
R_{32} 容错性	FH	FH	FH	H	FL	0.715
R_{33} 可恢复性	AH	AH	H	AH	H	0.888
R_4 安全性	AH	AH	AH	AH	AH	0.942
R_{41} 可追踪性	AH	AH	AH	AH	H	0.915
R_{42} 机密性	AH	AH	AH	AH	AH	0.942
R_{43} 完整性	AH	AH	AH	AH	AH	0.942
R_{44} 不可否认性	AH	AH	AH	AH	AH	0.942
R_{45} 真实性	AH	AH	AH	AH	AH	0.942
R_5 精确性	AL	AL	AL	AL	L	0.085
R_6 可维护性	H	AH	H	H	H	0.834
R_{61} 可测试性	M	FH	L	FL	FL	0.408
R_{62} 可重用性	M	FH	M	FL	FL	0.469
R_{63} 可修改性	M	FH	L	FL	FL	0.408
R_{64} 模块化	FH	FH	H	H	FL	0.715
R_{65} 可扩展性	H	H	H	H	M	0.746
R_7 性能	M	M	M	FH	M	0.531
R_{71} 时间性能	M	M	M	FH	M	0.531
R_{72} 空间性能	M	M	M	FH	M	0.531
R_8 易用性	FH	FH	M	H	M	0.623
R_{81} 易操作性	FH	H	M	H	FH	0.684
R_{82} 易识别性	FH	H	FH	H	M	0.684
R_9 兼容性	H	H	H	H	H	0.808

续表

可信软件非功能需求	S_1	S_2	S_3	S_4	S_5	模糊排序值
R_{91} 可生存性	M	FH	FH	H	H	0.684
R_{92} 可交互性	H	H	H	H	AH	0.834
R_{10} 可移植性	AL	AL	L	L	M	0.200
R_{101} 自适应性	AL	AL	L	L	M	0.200
R_{102} 易安装性	AL	AL	L	L	M	0.200
R_{110} 隐私性	AL	AL	AL	L	M	0.173

为检查各个利益相关者提供的可信评估数据的有效性，计算其熵值，如表 4.9 所示，其中：利益相关者 S_1 认证中心监管部门、S_2 工程方、S_3 认证中心专家和 S_4 软件操作部门的熵值相对一致，而 S_5 证书持有者的熵值相对较大，一定程度上表明其对于可信软件的需求相对不明确，根据项目组需要，可以要求其重新提供评估数据。

表 4.9　利益相关者可信评估数据熵值

利益相关者	熵值	模糊排序值
S_1	(0.445，0.218，0.141，0.088)	0.223
S_2	(0.387，0.161，0.088，0.045)	0.17
S_3	(0.472，0.28，0.169，0.099)	0.255
S_4	(0.453，0.248，0.119，0.052)	0.218
S_5	(0.684，0.426，0.233，0.127)	0.368

在可信评估数据有效性确认后，各项非功能需求的模糊排序值如表 4.9 中最后一列所示，将模糊排序值大于 0.7 的非功能需求确定为可信关注点，余下有相关关系的非功能需求确定为软目标，如表 4.10 所示。

表 4.10　SIS 软件的可信关注点与软目标

可信关注点			软目标
R_1 功能适用性	R_4 安全性	R_6 可维护性	R_7 性能
R_{11} 功能完整性	R_{41} 可追踪性	R_{64} 模块化	R_{71} 时间性能
R_{12} 功能正确性	R_{42} 机密性	R_{65} 可扩展性	R_{72} 空间性能
R_3 可靠性	R_{43} 完整性	R_9 兼容性	R_8 易用性
R_{31} 可用性	R_{44} 不可否认性	R_{92} 可交互性	R_{81} 易操作性
R_{32} 容错性	R_{45} 真实性		R_{82} 易识别性
R_{33} 可恢复性			

使用非功能需求本体知识库，基于可信软件需求元模型 TRMM 建模得到 SIS 软件的可信需求模型，如图 4.16 所示。

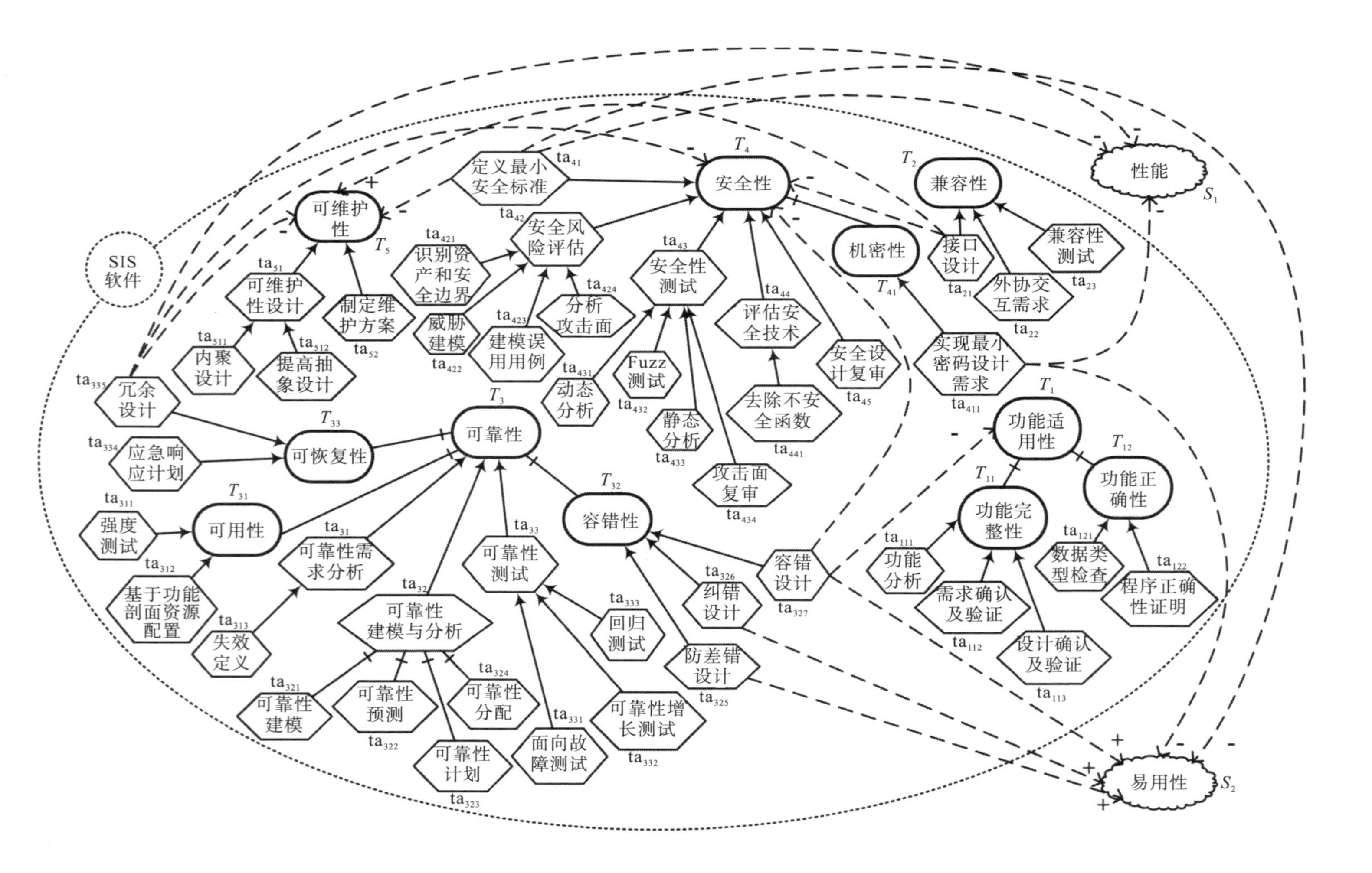

图 4.16 SIS软件可信需求模型

基于 SIS 软件的可信软件需求模型，建立其需求推理公式为

$$\phi ::= \phi_{\text{Model}} \wedge \phi_{\text{Initial}} \wedge \phi_{\text{Constraint}} \wedge \phi_{\text{Inconsistency}}$$

初始状态公式：

$$\phi_{\text{Initial}} ::= \text{SA}(T_1) \wedge \text{PS}(T_2) \wedge \text{SA}(T_3) \wedge \text{SA}(T_4) \wedge \text{PS}(T_5) \wedge \text{PS}(S_1) \wedge \text{PS}(S_2)$$

状态约束公式：

$$\phi_{\text{Constraint}} ::= (\text{SA}(\text{ta}_{325}) \vee \text{SA}(\text{ta}_{327})) \wedge (\text{SA}(\text{ta}_{326}) \vee \text{SA}(\text{ta}_{327}))$$

可接受矛盾等级公式：

$$\phi_{\text{Inconsistency}} ::= \neg(\text{SA}(n) \wedge \text{DE}(n))$$

其中，n 为模型中节点。

可信需求模型公式：

$$\begin{aligned}
\phi_{\text{Model}} ::= & \left(\text{SA}(T_1) \to \text{SA}(T_{11})\right) \wedge \left(\text{SA}(T_{11}) \to \text{SA}(\text{ta}_{111})\right) \wedge \left(\text{SA}(T_{11}) \to \text{SA}(\text{ta}_{112})\right) \\
& \wedge \left(\text{SA}(T_{11}) \to \text{SA}(\text{ta}_{113})\right) \wedge \left(\text{SA}(T_1) \to \text{SA}(T_{12})\right) \wedge \left(\text{SA}(T_{12}) \to \text{SA}(\text{ta}_{121})\right) \\
& \wedge \left(\text{SA}(T_{12}) \to \text{SA}(\text{ta}_{122})\right) \wedge \left(\text{PS}(T_2) \to \text{PS}(\text{ta}_{21})\right) \wedge \left(\text{PS}(T_2) \to \text{PS}(\text{ta}_{22})\right) \\
& \wedge \left(\text{PS}(T_2) \to \text{PS}(\text{ta}_{23})\right) \wedge \left(\text{SA}(T_3) \to \text{SA}(\text{ta}_{31})\right) \wedge \left(\text{SA}(\text{ta}_{31}) \to \text{SA}(\text{ta}_{313})\right) \\
& \wedge \left(\text{SA}(T_3) \to \text{SA}(\text{ta}_{32})\right) \wedge \left(\text{SA}(\text{ta}_{32}) \to \text{SA}(\text{ta}_{321})\right) \wedge \left(\text{SA}(\text{ta}_{32}) \to \text{SA}(\text{ta}_{322})\right) \\
& \wedge \left(\text{SA}(\text{ta}_{32}) \to \text{SA}(\text{ta}_{323})\right) \wedge \left(\text{SA}(\text{ta}_{32}) \to \text{SA}(\text{ta}_{324})\right) \wedge \left(\text{SA}(T_3) \to \text{SA}(\text{ta}_{33})\right) \\
& \wedge \left(\text{SA}(\text{ta}_{33}) \to \text{SA}(\text{ta}_{331})\right) \wedge \left(\text{SA}(\text{ta}_{33}) \to \text{SA}(\text{ta}_{332})\right) \wedge \left(\text{SA}(\text{ta}_{33}) \to \text{SA}(\text{ta}_{333})\right) \\
& \wedge \left(\text{SA}(T_3) \to \text{SA}(T_{31})\right) \wedge \left(\text{SA}(T_{31}) \to \text{SA}(\text{ta}_{311})\right) \wedge \left(\text{SA}(T_{31}) \to \text{SA}(\text{ta}_{312})\right) \\
& \wedge \left(\text{SA}(T_3) \to \text{SA}(T_{32})\right) \wedge \left(\text{SA}(T_{32}) \to \text{SA}(\text{ta}_{325})\right) \wedge \left(\text{SA}(T_{32}) \to \text{SA}(\text{ta}_{326})\right) \\
& \wedge \left(\text{SA}(T_{32}) \to \text{SA}(\text{ta}_{327})\right) \wedge \left(\text{SA}(T_3) \to \text{SA}(T_{33})\right) \wedge \left(\text{SA}(T_{33}) \to \text{SA}(\text{ta}_{334})\right) \\
& \wedge \left(\text{SA}(T_{33}) \to \text{SA}(\text{ta}_{335})\right) \wedge \left(\text{SA}(T_4) \to \text{SA}(T_{41})\right) \wedge \left(\text{SA}(T_{41}) \to \text{SA}(\text{ta}_{411})\right) \\
& \wedge \left(\text{SA}(T_4) \to \text{SA}(\text{ta}_{41})\right) \wedge \left(\text{SA}(T_4) \to \text{SA}(\text{ta}_{42})\right) \wedge \left(\text{SA}(\text{ta}_{42}) \to \text{SA}(\text{ta}_{421})\right) \\
& \wedge \left(\text{SA}(\text{ta}_{42}) \to \text{SA}(\text{ta}_{422})\right) \wedge \left(\text{SA}(\text{ta}_{42}) \to \text{SA}(\text{ta}_{423})\right) \wedge \left(\text{SA}(\text{ta}_{42}) \to \text{SA}(\text{ta}_{424})\right) \\
& \wedge \left(\text{SA}(T_4) \to \text{SA}(\text{ta}_{43})\right) \wedge \left(\text{SA}(\text{ta}_{43}) \to \text{SA}(\text{ta}_{431})\right) \wedge \left(\text{SA}(\text{ta}_{43}) \to \text{SA}(\text{ta}_{432})\right) \\
& \wedge \left(\text{SA}(\text{ta}_{43}) \to \text{SA}(\text{ta}_{433})\right) \wedge \left(\text{SA}(\text{ta}_{43}) \to \text{SA}(\text{ta}_{434})\right) \wedge \left(\text{SA}(T_4) \to \text{SA}(\text{ta}_{44})\right) \\
& \wedge \left(\text{SA}(\text{ta}_{44}) \to \text{SA}(\text{ta}_{441})\right) \wedge \left(\text{SA}(T_4) \to \text{SA}(\text{ta}_{45})\right) \wedge \left(\text{PS}(T_5) \to \text{PS}(\text{ta}_{51})\right) \\
& \wedge \left(\text{PS}(\text{ta}_{51}) \to \text{PS}(\text{ta}_{511})\right) \wedge \left(\text{PS}(\text{ta}_{51}) \to \text{PS}(\text{ta}_{512})\right) \wedge \left(\text{PS}(T_5) \to \text{PS}(\text{ta}_{52})\right) \\
& \wedge \left(\text{SA}(T_1) \to \text{DE}(\text{ta}_{327})\right) \wedge \left(\text{SA}(T_1) \to \text{DE}(\text{ta}_{333})\right) \wedge \left(\text{SA}(T_4) \to \text{DE}(\text{ta}_{327})\right) \\
& \wedge \left(\text{SA}(T_4) \to \text{DE}(\text{ta}_{21})\right) \wedge \left(\text{SA}(T_5) \to \text{DE}(\text{ta}_{335})\right) \wedge \left(SA(T_5) \to \text{DE}(\text{ta}_{41})\right) \\
& \wedge \left(\text{SA}(T_5) \to \text{SA}(\text{ta}_{21})\right) \wedge \left(\text{PS}(S_1) \to \text{DE}(\text{ta}_{41})\right) \wedge \left(\text{PS}(S_1) \to \text{DE}(\text{ta}_{411})\right) \\
& \wedge \left(\text{PS}(S_1) \to \text{DE}(\text{ta}_{335})\right) \wedge \left(\text{PS}(S_2) \to \text{DE}(\text{ta}_{41})\right) \wedge \left(\text{PS}(S_2) \to \text{DE}(\text{ta}_{411})\right)
\end{aligned}$$

将可信需求推理公式ϕ输入推理后得到如图 4.17 所示结果。

```
root@wangfan-virtual-machine: /home/wangfan/wf/zchaff64
root@wangfan-virtual-machine:/home/wangfan/wf/zchaff64# ./zchaff tennis.cnf
Z-Chaff Version: zChaff 2007.3.12
Solving tennis.cnf ......
conflict at 28
 CONFLICT during preprocess

Instance Unsatisfiable
Random Seed Used                                0
Max Decision Level                              0
Num. of Decisions                               0
( Stack + Vsids + Shrinking Decisions )         0 + 0 + 0
Original Num Variables                          65
Original Num Clauses                            78
Original Num Literals                           149
Added Conflict Clauses                          0
Num of Shrinkings                               0
Deleted Conflict Clauses                        0
Deleted Clauses                                 0
Added Conflict Literals                         0
Deleted (Total) Literals                        0
Number of Implication                           63
Total Run Time                                  0
RESULT: UNSAT
root@wangfan-virtual-machine:/home/wangfan/wf/zchaff64#
```

图 4.17　SIS 软件可信需求第一次推理结果

推理结果显示公式ϕ不满足，矛盾子式为第 28 个子式 $\mathrm{SA}(T_{32})\rightarrow\mathrm{SA}(\mathrm{ta}_{327})$，即“容错设计”这项过程策略与初始需求矛盾，在节点状态表中记录矛盾。修改公式后继续输入 TACD 工具进行需求推理，推理结果显示在$\neg(\mathrm{SA}(\mathrm{ta}_{335})\wedge\mathrm{DE}(\mathrm{ta}_{335}))$、$\neg(\mathrm{SA}(\mathrm{ta}_{41})\wedge\mathrm{DE}(\mathrm{ta}_{41}))$和$\neg(\mathrm{SA}(\mathrm{ta}_{411})\wedge\mathrm{DE}(\mathrm{ta}_{411}))$子句有矛盾，分别对应“冗余设计”，“定义最小安全标准”和“实现最小密码设计需求”5 项过程策略，同样，记录矛盾后再次修改公式，输入 TACD 工具进行需求推理，推理结果显示公式ϕ满足，如图 4.18 所示。

```
root@wangfan-virtual-machine: /home/wangfan/wf/zchaff64
Z-Chaff Version: zChaff 2007.3.12
Solving tennis.cnf ......

c 74 Clauses are true, Verify Solution successful.
Instance Satisfiable
1 2 3 4 5 6 7 8 9 10 -11 12 13 14 15 16 17 18 19 20 21 22 23 24 25 26 27 28 29 3
0 31 32 33 34 35 36 37 38 39 40 41 42 43 44 45 46 47 48 49 50 51 52 53 54 55 56
57 58 59 60 -61 62 63 64 65 Random Seed Used                            0
Max Decision Level                              0
Num. of Decisions                               1
( Stack + Vsids + Shrinking Decisions )         0 + 0 + 0
Original Num Variables                          65
Original Num Clauses                            74
Original Num Literals                           141
Added Conflict Clauses                          0
Num of Shrinkings                               0
Deleted Conflict Clauses                        0
Deleted Clauses                                 0
Added Conflict Literals                         0
Deleted (Total) Literals                        0
Number of Implication                           65
Total Run Time                                  0
RESULT: SAT
root@wangfan-virtual-machine:/home/wangfan/wf/zchaff64#
```

图 4.18　SIS 软件可信需求最终推理结果

此时，节点状态表记录了模型中所有节点的满足状态和矛盾状态，如表 4.11 所示。

表 4.11　节点状态表

节点类型	节点	初始状态	推理后状态	矛盾
可信关注点	功能适用性	SA		
	功能完整性		SA	
	功能正确性		SA	
	兼容性	PS		
	可靠性	SA		
	可用性		SA	
	容错性		SA	
	可恢复性		SA	
	安全性	SA		
	机密性		SA	
	可维护性	PS		
软目标	性能	PS		
	易用性	PS		
可信活动	功能分析		SA	
	需求确认及验证		SA	
	设计确认及验证		SA	
	数据类型检查		SA	
	程序正确性证明		SA	
	接口设计		PS/DE	兼容性，可维护性，安全性
	外协交互需求分析		SA	
	兼容性测试		SA	
	冗余设计		SA/DE	可靠性，可维护性，安全性
	应急响应计划		SA	
	强度测试		SA	
	基于功能剖面资源配置		SA	
	可靠性需求分析		SA	
	失效定义		SA	
	可靠性建模与分析		SA	
	可靠性建模		SA	
	可靠性预测		SA	
	可靠性计划		SA	
	可靠性分配		SA	
	可靠性测试		SA	
	面向故障测试		SA	
	可靠性增长测试		SA	
	回归测试		SA	

续表

节点类型	节点	初始状态	推理后状态	矛盾
可信活动	防差错设计		SA	
	纠错设计		SA	
	容错设计		SA/DE	功能适用性，安全性
	定义最小安全标准		SA/DE	安全性，可维护性，性能，易用性
	安全风险评估		SA	
	识别资产和安全边界		SA	
	威胁建模		SA	
	建模误用用例		SA	
	分析攻击面		SA	
	安全性测试		SA	
	动态分析		SA	
	Fuzzy 测试		SA	
	静态分析		SA	
	攻击面复审		SA	
	评估安全技术		SA	
	去除不安全函数		SA	
	安全设计复审		SA	
	实现最小密码设计需求		SA/DE	安全性，性能，易用性
	可维护性设计		SA	
	内聚设计		SA	
	提高抽象设计		SA	
	制订维护方案		SA	

经过对这 5 项存在矛盾的过程策略的研究，将“容错设计”去除，因为“容错设计”严重损害功能适用性和安全性，而“纠错设计”和“防差错设计”可以在一定程度上满足容错性。余下的 4 项过程策略则保留。

4.7 小结

可信软件的功能需求严格、非功能需求复杂是可信软件不同于普通软件的根本原因。本章首先定义了可信需求包含功能需求和可信关注点，并用软目标描述质量需求。针对非功能需求无法精确描述的特点，使用梯形模糊数量化非功能需求，收集利益相关者对可信软件非功能需求重要程度的评估数据，基于信息熵检验评估数据的有效性和客观性，使用 Delphi 方法综合权衡所有利益相关者提供的有效评估数据，应用模糊排序方法获取可信关注点和软目标，在此基础之上，参考 NFR 框架和 i*模型定义了可信软件需求元模型 TRMM，并提出了基于知识库实现可信软件需求建模的方法。可信软件需求建模方法中软件可信与否的关键非功能需求定义为可信关注点，而与可信软件质量密切相关的质量需求定义为软目标。由于软件的可信关注点之间，以及可信关注点与软目标之间存在着相关关系，因此，需要对此相关关系进行研究并解决其中的冲突关系。根据 Nuseibeh 和 Easterbrook(2000)提出的软件需求分析应使用形式化推理，而逻辑正是实施这种分析的有效工具，使用逻辑的一大优势在于可以进行自动的推理和分析。因此，本章对可信需求模型 TRM 使用可满足性问题求解方法实施向后推理，向后推理是根据软件利益相关者需要的可信关注点和软目标满足状态来推理过程策略，如果可满足性问题求解结果是不满足，找出矛盾策略，通过建模者的介入，记录矛盾并修改推理公式，再进行推理，直至可信关注点满足，找到过程策略集合。

根据 Zave(1997)关于需求工程的定义，需求工程是软件工程的一个分支，其结果要服务于软件工程过程中的其他阶段，本章根据需要满足的可信关注点推理并权衡可满足的过程策略集合，而过程策略对应扩展软件演化过程的可信活动，可信活动可用于未来可信软件过程建模方法研究。

练习题

1. 软件可信需求和软件质量需求之间的相同点和差异是什么？

2. 什么是软件非功能需求？什么是软件可信需求？什么是软件质量需求？

3. 什么是 SAT？SAT 在软件需求推理中的作用是什么？

4. 软件需求工程按照阶段可以分为早期需求工程和后期需求工程。这两个阶段的需求工程分别完成什么任务？它们之间的关系如何衔接？

5. 软件需求建模结果是什么？如何描述需求建模的结果？

6. 请扩展查阅资料，分析为什么软件需求工程是软件工程中最复杂以及最难的工程活动。

7. 请结合实际案例分析为什么需要软件可信。

8. 在软件工程领域常常会使用到信息熵，请解释什么是信息熵，在本章内容中信息熵的作用是什么？软件工程其他领域是否有信息熵的使用？请举一个实例。

9. 什么是面向目标的需求工程？目标和需求之间的关系是什么？

10. 本章得到了可信活动，请扩展阅读，分析这些可信活动后续如何使用。

参考文献

陈火旺，王戟，董威，2003. 高可信软件工程技术[J]. 电子学报，31(S1)：1933-1938.

丁博，王怀民，史殿习，等，2011. 一种支持软件可信演化的构件模型[J]. 软件学报，22(1)：17-27.

金芝，刘璘，金英，2008. 软件需求工程：原理和方法[M]. 北京：科学出版社.

李鸿吉，2005. 模糊数学基础及实用算法[M]. 北京：科学出版社.

刘克, 单志广, 王戟, 等, 2008. “可信软件基础研究”重大研究计划综述[J]. 中国科学基金, 22(3): 145-151.

王怀民, 唐扬斌, 尹刚, 等, 2006. 互联网软件的可信机理[J]. 中国科学 E 辑: 信息科学, 36(10): 1156-1169.

Amyot D, Ghanavati S, Horkoff J, et al., 2010. Evaluating goal models within the goal-oriented requirement language[J]. International Journal of Intelligent Systems, 25(8): 841-877.

Amyot D, Mussbacher G, 2003. URN: Towards a new standard for the visual description of requirements[M]//Lecture Notes in Computer Science. Berlin: Springer: 21-37.

Bernstein L, Yuhas C M, 2005. Trustworthy systems through quantitative software engineering[M]. New York: Wiley.

Boehm B, In H, 1996. Identifying quality-requirement conflicts[J]. IEEE Software, 13(2): 25-35.

Carifio J, Perla R, 2008. Resolving the 50-year debate around using and misusing likert scales[J]. Medical Education, 42(12): 1150-1152.

Castro J, Kolp M, Mylopoulos J, 2002. Towards requirements-driven information systems engineering: The Tropos project[J]. Information Systems, 27(6): 365-389.

Chen S M, Sanguansat K, 2011. Analyzing fuzzy risk based on a new fuzzy ranking method between generalized fuzzy numbers[J]. Expert Systems with Applications, 38(3): 2163-2171.

Cheng B H, Atlee J M, 2007. Research directions in requirements engineering[C]//FOSE '07: 2007 Future of Software Engineering. ACM: 285-303.

Chung L, do Prado Leite J C S, 2009. On non-functional requirements in software engineering[M]//Conceptual Modeling: Foundations and Applications. Berlin: Springer: 363-379.

Chung L, Nixon B A, 1995. Dealing with non-functional requirements: Three experimental studies of a process-oriented approach[C]//Proceedings of the 17th International Conference on Software Engineering (ICSE). April 24 - 28, 1995, Seattle, Washington, USA. ACM: 25-37.

Cysneiros L M, do Prado Leite J C S, 2004. Nonfunctional requirements: From elicitation to conceptual models[J]. IEEE Transactions on Software Engineering, 30(5): 328-350.

Dalkey N, Helmer O, 1963. An experimental application of the Delphi method to the use of experts[J]. Management Science, 9(3): 458-467.

Dardenne A, van Lamsweerde A, Fickas S, 1993. Goal-directed requirements acquisition[J]. Science of Computer Programming, 20(1/2): 3-50.

Ericson C A, 2005. Hazard analysis techniques for system safety[M]. New Jersey: Wiley.

Giorgini P, Mylopoulos J, Nicchiarelli E, et al., 2003. Formal reasoning techniques for goal models[M]//Journal on Data Semantics I. Berlin: Springer: 1-20.

Giorgini P, Mylopoulos J, Sebastiani R, 2005. Goal-oriented requirements analysis and reasoning in the tropos methodology[J]. Engineering Applications of Artificial Intelligence, 18(2): 159-171.

Goranko V, 2007. Logic in computer science: Modelling and reasoning about systems[J]. Journal of Logic, Language and Information, 16(1): 117-120.

Hall A, 2002. Correctness by construction: Integrating formality into a commercial development process[M]// FME 2002: Formal Methods-Getting IT Right. Berlin: Springer: 224-233.

Hall A, Chapman R, 2002. Correctness by construction: Developing a commercial secure system[J]. IEEE Software, 19(1): 18-25.

Hasselbring W, Reussner R, 2006. Toward trustworthy software systems[J]. Computer, 39(4): 91-92.

Holt J, Perry S A, Brownsword M, 2011. Model-based requirements engineering[M]. London: The Institution of Engineering and Technology.

Horkoff J, Yu E, 2010. Finding solutions in goal models: An interactive backward reasoning approach[C]// Parsons J, Saeki M, Shoval P, et al, International Conference on Conceptual Modeling. Berlin: Springer: 59-75.

Laprie J C, 1985. Dependable computing and fault-tolerance: Concepts and terminology[J]. Digest of Papers FTCS-15: 2-11.

Letier E, van Lamsweerde A, 2004. Reasoning about partial goal satisfaction for requirements and design engineering[J]. ACM SIGSOFT Software Engineering Notes, 29(6): 53-62.

Liaskos S, McIlraith S A, Sohrabi S, et al., 2011. Representing and reasoning about preferences in requirements engineering[J]. Requirements Engineering, 16(3): 227-249.

Littlewood B, Strigini L, 2000. Software reliability and dependability: A roadmap[C]//Proceedings of the Conference on The Future of Software Engineering. Limerick Ireland. ACM: 175-188.

Nuseibeh B, Easterbrook S, 2000. Requirements engineering: A roadmap[C]//Proceedings of the Conference on the Future of Software Engineering. Limerick Ireland. ACM: 35-46.

Parnas D L, van Schouwen A J, Kwan S P, 1990. Evaluation of safety-critical software[J]. Communications of the ACM, 33(6): 636-648.

Robertson S, Robertson J, 2012. Mastering the requirements process: Getting requirements right[M]. 3rd edition. London: Pearson Education, Inc.

Schmidt H, 2003. Trustworthy components-compositionality and prediction[J]. The Journal of Systems and Software, 65(3): 215-225.

van Lamsweerde A, 2009. Reasoning about alternative requirements options[J]. Conceptual Modeling: Foundations and Applications. Berlin: Springer: 380-397.

van Lamsweerde A, Letier E, Darimont R, 1998. Managing conflicts in goal-driven requirements engineering[J]. IEEE Transactions on Software Engineering, 24(11): 908-926.

Yu E S K, 1997. Towards modeling and reasoning support for early-phase requirements engineering[C]//Proceedings of the 3rd IEEE International Symposium on Requirements Engineering. ACM: 226-235.

Yu Y, Niu N, González-Baixauli B, et al., 2009. Requirements engineering and aspects[M]//Lecture Notes in Business Information Processing. Berlin: Springer: 432-452.

Zadeh L A, 1965. Fuzzy sets[J]. Information and Control, 8(3): 338-353.

Zadeh L A, 1975. The concept of a linguistic variable and its application to approximate reasoning-I[J]. Information Sciences, 8(3): 199-249.

Zave P, 1997. Classification of research efforts in requirements engineering[J]. ACM Computing Surveys, 29(4): 315-321.

第5章　软件需求变更工程

在软件工程中，不同的实体，如需求、组件、体系结构、文档、产品、人等，都是相互依赖而存在的，其中任意实体发生变化，都可能导致其他相关实体的变化，而由于各个实体之间的紧密联系，导致变更成为软件工程风险的一个重要原因。因此，主动预测软件需求变更是保持和提升软件整体质量的有效方法。

软件需求变更可能发生在软件生命周期过程中的任意阶段，变更不仅不可避免，甚至是需要的，在21世纪，软件工程面临着快速变化带来的强有力挑战，当软件组织和软件项目处于这样一种动态的环境中时，软件需求变更不可能在软件开发初期就完全确定，变更处于运动中，随着时间、空间的改变，变更不断发生、不断改变。在大量的软件项目实证研究中，这样频繁而无规律可循的变更给软件项目带来了巨大的风险，甚至影响到了软件项目的成败。即便是支持需求变更的敏捷方法，在其需求工程实践过程中也面临着因为需求变更而引发的挑战。当然，需求变更的根本问题不是变更本身，正如前面所述，变更是需要的，问题是目前还没有非常有效的方法管理变更。因此，本章进行需求变更分析和变更影响分析。

5.1　软件需求变更与软件工程

软件工程的目标是在给定成本和时间的前提下，开发出满足用户需求的软件产品，并提高软件产品的质量和开发效率，减少维护的困难。然而，随着计算技术的发展，软件开发方法不断演变，从最初面向具体问题、支撑个体软件开发者的集中式开发方法，经过面向群体问题、支撑群体开发者的构件开发与系统组装式开发方法，到现在面向服务、支撑大量软件最终使用者(含开发者)的服务发布、查询、使用三阶段松耦合式开发方法，软件开发及演化进入了一个动态多变、控制难度不断增大的环境之中。

Boehm等(1996)指出21世纪软件工程将面临快速变化带来的强有力挑战。当软件组织和软件项目处于这样一种动态的环境中时，软件过程通常难以按照预定义的模型来执行，即便通过高层管理者强制推广软件过程模型，但由于缺乏有效的手段，如灵活的裁剪和控制分析、问题反馈分析机制等，在动态环境下，不能及时调整和改进过程，必然会使得软件过程烦琐且僵化，无法适应软件企业所面临的动态环境。执行这样的软件过程，要么付出很高的代价，要么开发人员绕开管理过程，使得管理与技术脱节。无论是哪种情况，实施效果都不尽如人意。因过程实施效果不佳而形成的软件项目不成功经验将产生负面效应，从而降低软件企业实施过程的积极性。因此，要使所开发的软件在一种非确定的环境下能够应付自如，必须动态地对软件过程进行改进以符合企业及项目的实际情况。

在动态环境下，软件过程中不同的实体都面临着快速的变化，软件需求不间断快速演化、技术持续进步、人员能力不断提升、团队成员变动等，都对预定义不变的软件过程带来了冲击。其中，软件需求“易变性”特征尤为突出，针对 Brooks 的名言“软件开发没有银弹”，Berry 提出：之所以不存在银弹，就是因为需求发生了变更，需求变更使软件开发人员面临着巨大的困境。因此，本节对软件需求变更以及需求变更的影响进行初步介绍。

5.1.1　软件需求变更概念

软件需求是软件能否被用户接受的衡量基准，即当软件交付给用户使用时，用户判断软件是否满足其使用目标的唯一基准是软件的需求，与软件设计、实现所应用的技术无关。软件工程的实践说明，软件需求是不断变化的，而软件需求变更的原因来自多个方面且受到系统内部和外部共同作用，有些变更可控制，但有些变更会超出所能控制的范围。

需求变更可能的外部原因包括多个方面：首先，软件目标发生了变化。软件的开发是为了解决某个或某些问题，具有明确的目标，但如果要解决的问题发生了变化，目标也就要随之调整。此变化的原因可能是社会经济情况发生了变化，也可能是政府规章制度发生了变化，还可能是市场情况和客户偏好发生了变化。其次，需求提供者的意图改变。关于待开发系统，需求提供者最初往往无法清晰、准确且完备地描述出需求意图，他们有可能在使用软件后才逐渐明确其需求，并且不同需求提出者因其利益偏好，在提出需求时也存在着需求的冲突。另外，需求提供者随着知识和实践经验的增加或社会经济变化、政府规章制度变化或市场发展，也可能会不断调整观念和对软件的意图。再加上需求提供者的流动性，不同需求提供者自然会提出不同的意图。再次，系统外部环境变化。不可控的外部环境发生变化对系统内的软件同时存在促进和抑制作用，即带来新机遇的同时也带来新的约束。新机遇促进软件得到不断的改进和提升，朝着更加符合市场及用户需要的方向发展，这是所有人都希望的，但同时也需要注意伴随着的新约束。最后，引入新系统或新软件。当前系统边界外可能出现新的系统或软件，虽然在系统边界之外，但新系统和软件必然会引起当前系统内部软件的需求变更，因为新系统或软件的引入引起了组织行为的变化，旧的工作方式必须改变，新需求不可避免出现或已定义需求不可避免要变化。

当然，除了上述外部原因外，还有很多变更源自系统内部的项目团队并贯穿于软件生命周期过程中。例如，在软件可行性和需求分析阶段，项目团队没有正确地通过需求提供者获取需求，对业务分析不到位导致高估或低估软件的可行性，在分析不充分的情况下选择了错误的非开发项(non-development item，NDI)；在设计阶段选择了不合适的设计架构或设计模式产生潜在的重构风险；在代码编写阶段，编写了不安全的代码导致系统存在被入侵的入口；在软件发布阶段，缺少或没有提供充分的软件使用指导或用户培训。另外，项目团队在软件过程中，对软件的理解与认知也是在不断加强的，随着团队成员不断熟悉软件，自然也会提出必要的需求变更。

需求变更虽然具有意外特性，但也具备必然特性，冻结需求变更是不合理，也是不科学的。在软件过程中，有些需求是必须变更的，避免这类变更的发生可能会丧失变更带来的创新能力。另外，不允许改变，积压需求变更，最终将形成系统崩溃的压力，导致软件过程回溯或项目返工，甚至严重至项目失败。因此，面向软件需求变更，只能分析变更原因及类型，并提出一个合理的需求变更管理方法。表 5.1 给出了十类需求类型以及对应的变更情况描述。

表 5.1 软件需求类型及对应变更

需求类型	变更
计算类	等式中变更运算数，变更使用的括号，错误/不完全正确的等式，四舍五入/截取错误
逻辑类	逻辑表达式中的变更运算数，逻辑顺序变更，变更变量，忽略逻辑或条件测试，变更循环迭代的次数
输入类	变更格式，从错误位置读取数据，错误读取文件
数据处理类	数据文件不可用，数据关联超出系统边界，数据初始化，索引和标签变量设置变更，数据定义/范围变更，数据下标变更
输出类	数据写入不同的位置，变更格式，输出不完整或丢失，输出混乱或有歧义
接口类	变更软件与硬件的接口、软件与用户的接口、软件与数据库的接口或软件间的接口
操作类	COTS 软件改变，配置控制变更
性能类	超出时间约束，超出存储约束，低效的代码和设计，网络工作效率
规约类	系统接口规约变更/不完整，功能规约变更/不完整，用户手册/培训不充分
改进类	改进现有功能，改进接口

面对如此复杂多样的需求类型和相应的变更情况，使用软件需求管理对软件需求的变更和需求变更将带来的影响进行管理。软件需求管理有广义的需求管理和狭义的需求管理之分。

(1) 由于需求在软件过程的任何阶段都有可能发生变更，因此，广义需求管理跨越软件系统的整个生命周期的所有活动，管理发生在开发过程、实现过程，甚至是实施部署过程的变更需求。

(2) 狭义需求管理是软件需求工程过程中的需求变更管理，且主要以维护软件需求文档的一致性、完整性和正确性为目标。

目前还没有统一规范的方法和技术来系统地管理需求变更，由五个阶段构成的变更管理过程。

阶段一：认识到特定需求的改变是不可避免的，并为这个改变制订计划。至于变更是否合理，只能首先承认任何来自需求相关者的现实和潜在需要都是合理的，除非有明确和充分的否定理由。

阶段二：为需求文档制定基线。需求文档在生成后必然经历迭代修改的过程，在此过程中必须建立基线，即利用版本控制手段管理需求文档的发布及需求文档中需求条款的增加、删除或更新等。建立需求文档的基线，有利于识别和管理新需求，找到新需求的合理位置以及可能引起冲突的地方，帮助需求工程师判断是否可以接受变更。从而保证变更管理以一种有序、有效和及时响应的方式进行。

阶段三：建立单一的通道和相同的影响分析方法控制需求变更。在任何情况下，所有软件需求变更都需要等待这个变更被单一通道和相同影响分析的管理机制确认后才进入变更执行阶段。

阶段四：使用变更控制工具管理变更。阶段三提出的单一通道和相同影响分析方法在使用变更控制工具时，将能更好地支持变更管理，对于识别、评估和决定最终采纳的变更，是一种有效的途径。基本的变更控制工具的功能包括：通过统一的通道接收变更请求，评估变更对软件开发开销和软件功能的影响；分析变更对利益相关者的影响；分析变更对软件稳定性等质量因素的影响；决策是否采纳变更请求并对采纳的变更请求进行分类保存。变更管理需要跟踪大量跨越较长时间段的相互关联的信息，没有工具的支持可能很难成功。

阶段五：采用分层的思想管理变更。需求变更往往会引起连锁反应，基本不存在独立无依赖关系的变更，因此，分层管理需求变更是对每一个变更请求分析其对上一层需求的影响，并应用此连锁关系进行影响的分析和评估，直至所有的变更都考虑到。

实际项目实施过程中，参照上述过程，通常通过定义变更管理策略的方法来处理变更请求，或者提供一定的技术手段帮助需求工程师实施变更管理。

此外，需求变更通常不是独立存在的，往往会与变更来源、其他变更，甚至设计、实现、测试、发布、维护之间存在固有的交互关系，分析这些交互关系、记录需求变更追踪信息对变更管理至关重要。按照交互关系的方向，可以将需求变更交互关系追踪方向分为两类，一类是向前追踪，即追踪需求变更与变更来源之间的关系；另一类是向后追踪，即追踪需求变更与其他需求、设计、实现、测试、发布和维护之间的关系。

追踪需求变更，首先需要分析需求的可追踪性，表 5.2 给出了总结的需求可追踪性。

表 5.2　可追踪依赖关系

可追踪类型	描述
需求-源可追踪性	把需求和需求提供者或者文档链接起来，记录需求源
需求-理由可追踪性	把需求和需求提出理由链接起来，记录需求理由
需求-需求可追踪性	把需求和与之存在依赖关系的其他需求链接起来，记录需求之间的依赖关系
需求-体系结构可追踪性	把需求和实现该需求的子系统链接起来，这对于子系统由不同开发小组开发来说很重要
需求-设计可追踪性	把需求和实现该需求的设计类/包/构件链接起来，对于关键系统来说，维护这类追踪关系特别重要
需求-接口可追踪性	把需求和用于提供该需求的外部系统接口链接起来，这对于维护系统整体稳定性很重要

目前，基本的三种追踪技术是可追踪性表、可追踪性列表和自动化可追踪性链接。

(1) 可追踪性表是一个项目元素前后参照的矩阵，表中每一个单元条目表示在行和列之间的某种可追踪性链接。

(2) 可追踪性列表是可追踪性表的简化形式，对每一个需求都建立一个与之存在追踪关系的项目元素列表。

(3) 自动化可追踪性链接是设计数据库来包含可追踪性信息，每一个可追踪性链接在数据库记录中是一个字段，这样可以管理大量需求之间的依赖关系，并方便利用数据库管理系统操作和维护这个需求依赖数据库，提供快速查询、提取依赖关系、自动生成可追踪性表和可追踪性列表等。

总之，对需求变更进行有效预测、评估需求文档质量以及需求变更之间的依赖关系和影响分析，可以为软件开发、软件维护过程中的利益相关者做出决策提供有价值的信息。

5.1.2 基于过程改进的变更管理

随着工业界和学术界对软件工程领域不断深入的研究，大量的研究实践表明软件过程是保证软件质量的关键因素。在软件工程中，不同的实体(如需求、组件、体系结构、文档、产品、人等)都是相互依赖而存在的，其中任意实体发生变化，都可能导致其他相关实体的变化，而由于各个实体之间紧密联系，因此变更成为软件过程风险的一个重要原因。如果忽视变更，将有可能出现项目计划无法执行、项目持续变化、项目延期、项目缺陷、软件产品不能满足用户需求以及软件开发风险无法控制等问题。因此，主动预测软件需求变更是保持和提升软件整体质量的有效方法。

在动态环境下研究工程与变更之间的关系，首先，需要明确变更是不确定性或者缺乏对一系列可能性的完整认识，即变更不可能在软件开发初期就完全确定，变更处于运动中，随着时间、空间的改变，变更不断发生、不断改变；其次，找出变更因素、预测并分析变更影响，不仅可以促进软件开发和演化，还可以提高软件项目的成功率和可预测性。

按照能力成熟度模型(capability maturity model，CMM)的思想，混乱无序的软件过程不能生产出高质量软件，软件过程越成熟则生产出软件的质量越高。借鉴此思想，学界提出了基于过程改进的变更管理，期望通过过程改进提高变更管理能力，他们面向需求变更提出了五项关键过程改进实践。

(1) 使用一个变更改进框架，如图 5.1 所示；

(2) 借鉴组织机构变更过程和软件变更过程，定义如图 5.2 所示的软件需求变更过程；

(3) 参照表 5.1 分类变更；

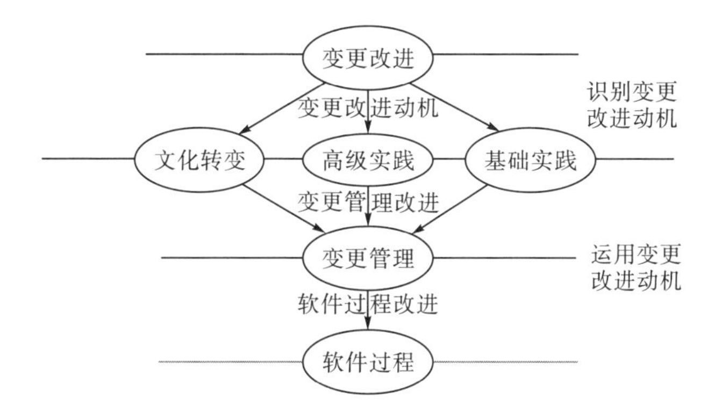

图 5.1　变更改进框架

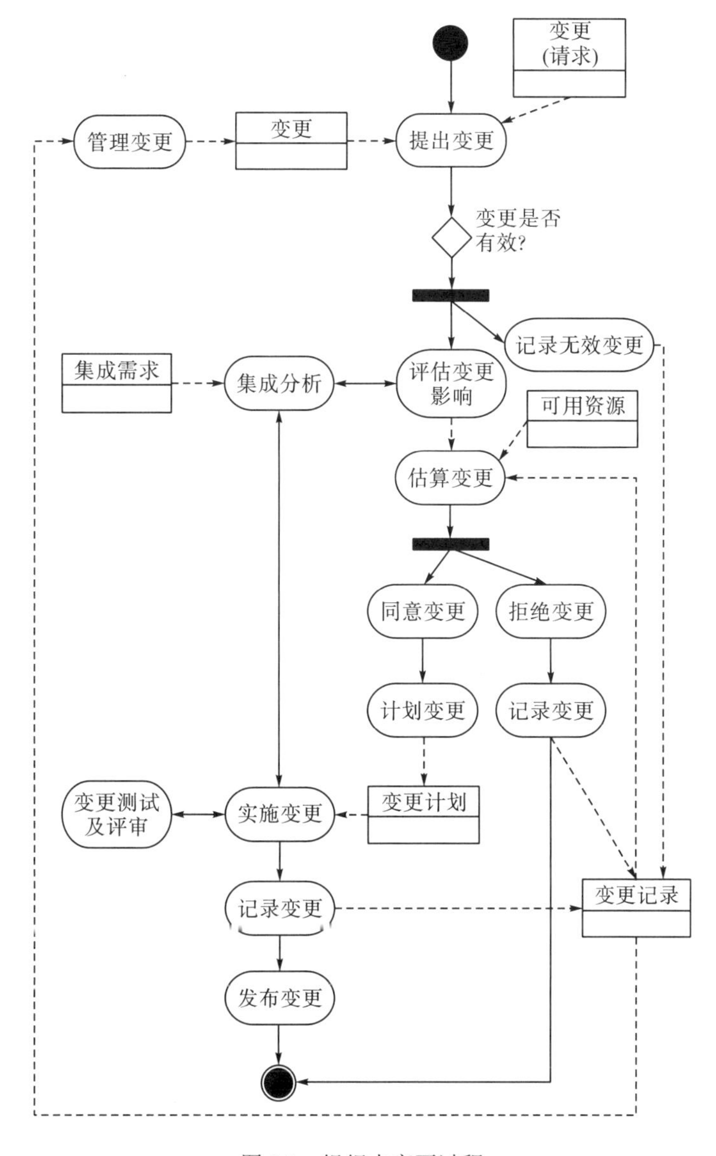

图 5.2　组织内变更过程

(4)估计包括时间和成本在内的变更工作量，如图 5.3 和图 5.4 所示；

(5)定义指标，度量变更改进，表 5.3 给出了变更改进的五个度量指标。

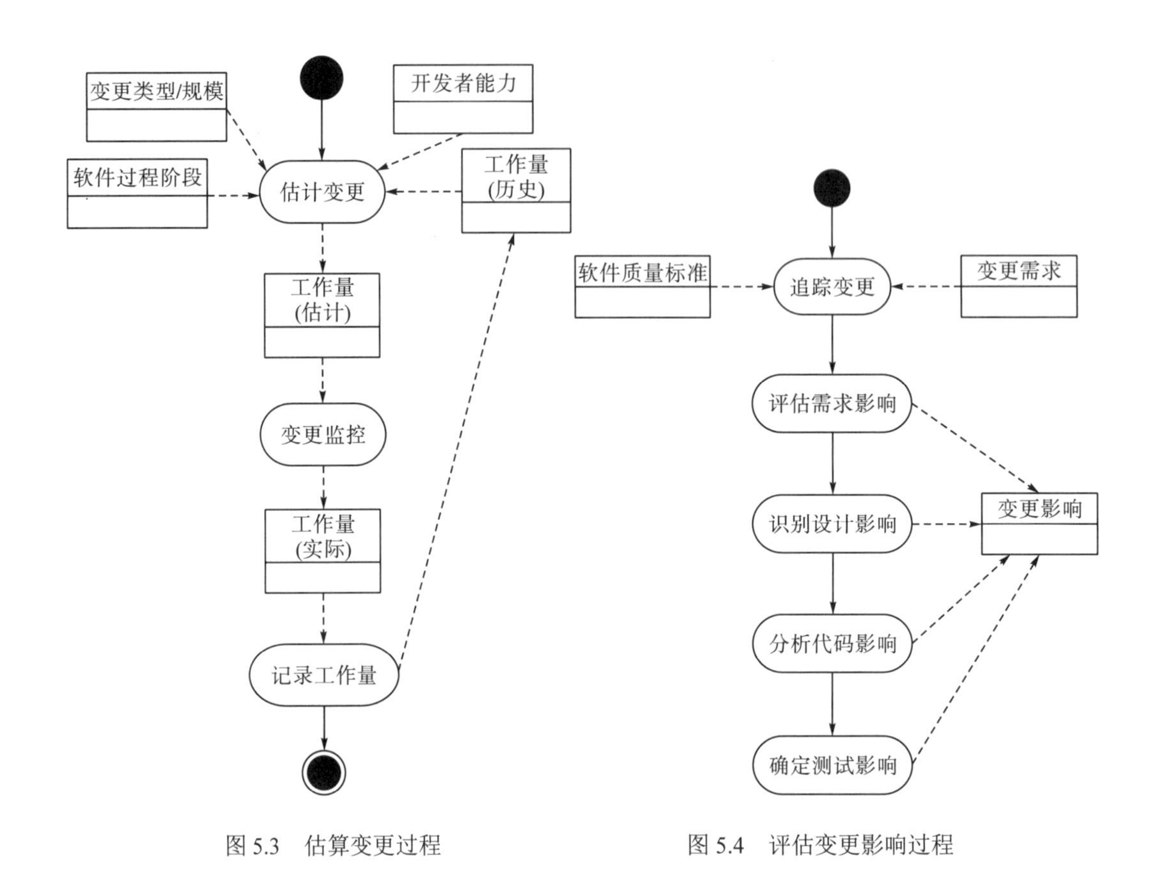

图 5.3 估算变更过程

图 5.4 评估变更影响过程

表 5.3 变更度量指标

指标	含义
变更工作量	度量完成一个变更或一类特定变更需要付出的工作量。此指标用于变更评估，对于特定变更类型需要一定的历史数据量才能评估其工作量
易变性	度量在一个给定的报告周期内的变更量或者一类特定变更的数量。总体易变性指标反映了一个系统的成熟度和稳定性，在一个项目的初始阶段，整体易变性指标可能会比较高。一类特定类型变更的易变性高则反映了项目存在潜在问题的位置(如高数据变更率或许是数据库设计不成熟的问题)，也可以将特定类型定义为变更出现的阶段，如需求变更、设计变更、测试变更、第一次发布版本内的变更等
变更完整性	度量一个变更请求中包含的所有需求是否都被解决。此度量反映一个系统是否已经可以发布
变更错误率	度量在一个给定的报告周期内一个变更被重新处理(如这个变更引发了错误)的实例数量。此指标辅助判断改进过程的有效性，因为一个改变只应被处理一次
需求变更密度	度量一个特定需求的变更(增删改)数量。此指标反映一个系统的成熟度、稳定性和需求工程过程的有效性

上述研究从软件过程改进视角研究需求变更管理，然而，在大量软件工程项目中，软件需求变更也影响着软件过程。软件需求的变更影响着很多软件工程活动，包括软件架构设计、项目计划、软件维护、产品发布计划和变更影响分析等。

5.1.3 软件需求变更的影响

Yau 和 Collofello 最早针对软件稳定性对软件维护过程的影响问题进行了研究，通过分析软件模块内部及模块间涟漪效应提出了当软件维护活动作用于软件模块时，根据涟漪效应度量软件稳定性及变更传播状况的方法。王青研究员和李明树研究员基于 15 个项目的数据，分析了需求变化频率与软件过程稳定性之间的关系，并通过需求变更分布阶段找出具体相关软件过程的缺陷、进一步可采取的纠正预防措施，进行过程改进。Parnas 和 Clements 认为用户很少能够准确地知道他们的需求，也无法非常清晰地陈述他们所提出的需求；即便能够获得所有需求，可当对其进行实现时才能发现其中许多需求的细节问题；即便能够掌握所有细节问题，要应对其复杂性也是非常困难的；即便能够应对所有的复杂性，外部力量最终会不断迫使需求发生改变，而其中的很多改变都将推翻根据早期需求所制定的决策。所以，软件需求必然是在变化中，不能一蹴而就，而软件开发则应该采用迭代且递增的软件过程。Zowghi 和 Nurmuliani(2002)基于证据的方法对需求易变性及其对软件开发过程的影响进行分析。陆汝钤院士和金芝教授提出要适应需求变更，不仅需要把用户吸引到软件开发过程中，还要让用户自己定义、设计、开发、维护和修改他的软件，为实现这个目标，他们首先提出一种基于知识的软件开发方法，并进一步提出知件的概念，通过知件，将软件中的知识含量分离出来，支持用户的自主软件开发与维护。Ferreira 等基于实证调研数据，使用分析建模和软件过程仿真手段分析了需求易变性对项目成本、进度和质量的影响关系。宋巍等认为过程模型的制定，依赖于需求分析的结果以及预定义的环境信息，PAIS 过程应当随着需求和环境的变化而自主演化，其演化实现机理需要首先进行过程的静态演化，即根据需求和环境的变化对过程模型进行修改，使过程模型从一个版本升级到另一个版本，而后进行过程的动态演化，即将过程模型的变动传播到正在运行的过程实例上。王怀民等(2006)提出复杂软件系统是一种泛在的新型软件形态，其需求和运行环境无法事先“冻结”并精确描述，需要在运行时朝着适应用户需求和环境变化的方向不断演进，软件整体质量只有在持续改进过程中保持和提升，因此，他们提出面向复杂软件系统的“成长性构造”和“适应性演化”法则，并将软件开发过程划分为初始开发阶段和持续演化阶段，不断依据环境和需求的变化，推动软件向着人们希望的方向逐步逼近和进化。在这些需求变更管理和需求演化分析等领域的研究都反映出需求变更对软件过程的重要影响。

软件开发、部署、运行和维护的环境已经从封闭、静态、可控转变为开放、动态和难控，被动适应变化是远远不能满足需求的，主动迎接变化，有效依据变化实施软件过程改进，在持续改进过程中保持和提升软件质量已经成为连接未来的重要技术。本章介绍动态环境下变化与过程的关系，基于需求变更的预测与分析实施软件过程改进，以提升软件系统适应外部动态环境的能力，实现需求变更可预测可控制，由被动的应变转向主动的求变，通过更科学的决策改进软件过程以期获得更好的软件质量、更快的开发演化效率、更好的风险控制以及更多的收益。另外，支持更复杂环境下的软件开发及演化，包括分布式开发环境下涉及更复杂多样涉众和更多样地域文化的全球软件开发(global software development)，以及社区化、分布式、自组织知识型生产的开放环境软件开发(open environment software development)，这对于提高软件项目管理和控制能力，提升软件企业的过程能力成熟度具有重要的意义。

5.2 软件需求变更分析

在软件开发与维护过程中，管理需求变更是一项耗费时间和精力的工作，有效管理需求变更，对于控制软件项目进度、节约时间和成本预算十分重要。需求变更管理过程中，通过需求变更分析、需求文档质量评估以及需求变更依赖关系和影响分析，可以为软件开发和维护过程中利益相关者做出有效管理决策提供有价值的信息。

当今，许多软件组织在执行软件维护工作时，常使用 Issue 跟踪系统(如 Bugzilla 或 JIRA 等)来管理需求变更请求从提出到关闭的全过程。Issue 在描述软件开发任务时是一个含义广泛的词汇，在开源项目中定义为需求，此需求包含软件新特征、对软件的改进需求和软件缺陷等。在 Issue 跟踪系统中，变更请求报告(change request report)可以是缺陷报告(bugs report)、功能请求报告(feature requests report)或代码补丁报告(patches report)等，软件用户和开发者可以在系统中提出他们在使用软件系统时遇到的问题、给出合理的改进建议或对变更请求报告进行评论。

常用的 Issue 跟踪系统都提供了管理 Issue 报告状态(如 Open、Closed 等)、报告描述、报告评论、报告附件等功能。一般来说，用户在使用软件过程中遇到问题，都在 Issue 跟踪系统中提交一个变更请求报告。由于用户个体差异，变更请求报告的质量也就参差不齐。一个好的缺陷报告可以帮助开发者迅速、正确地修复缺陷，但是一个质量较低的报告却常常引发许多问题。因此，鉴别和处理质量较高的报告可以辅助开发者更好地完成软件工程任务。此外，Issue 跟踪系统中的变更请求报告存在相互关联的关系。例如，一个变更请求报告依赖另一个变更请求报告，此时需要先完成被依赖的变更请求，才能完成另一个依赖的变更请求。本章接下来将通过分析需求变更请求报告本身和因不断提出新变更请求报告而引发的需求变更和变更间交互影响关系变化，为软件项目的需求变更管理提供有价值的决策支持。

5.2.1 软件需求变更过程

通过对 Issue 跟踪系统的研究，可以总结出变更请求报告的生命周期过程，如图 5.5 所示，整个过程以需求变更请求提交者提交反映变更的请求报告为起点，此时，报告的状态为 Open。当开发团队收到变更请求报告后，会首先对报告进行评论和投票，以决定是否处理，按照报告请求的变更内容，会分为两种情况进行处理：一种情况是报告请求变更内容无效，此时，如果报告请求内容重复，则将报告标记为 Duplicate；如果报告请求内容无效，开发团队拒绝处理变更请求，就按变更请求内容将报告状态标记为 Invalid、Rejected、Wont-fix 或者 Out-of-date；另一种情况是报告请求变更内容有效，此时，阅读报告的分派者(Triager)将其分派给合适的开发者，变更请求报告状态由 Open 标记为 Accepted。接下来，开发者实现或修复变更请求，完成后提交团队成员验证，验证通过，将报告的状态由 Accepted 标记为 Resolved，如果进一步被提交者验证通过后，报告状态标记为 Closed。如果报告在关闭之后又发现新问题，则重新打开变更请求报告，变更请求报告标记为 Reopen 状态。因此，变更请求报告的状态包括 Open、Resolved、Closed、Reopen、Accepted、Rejected、Fixed、Duplicate、Wont-fix、Invalid 和 Out-of-date。

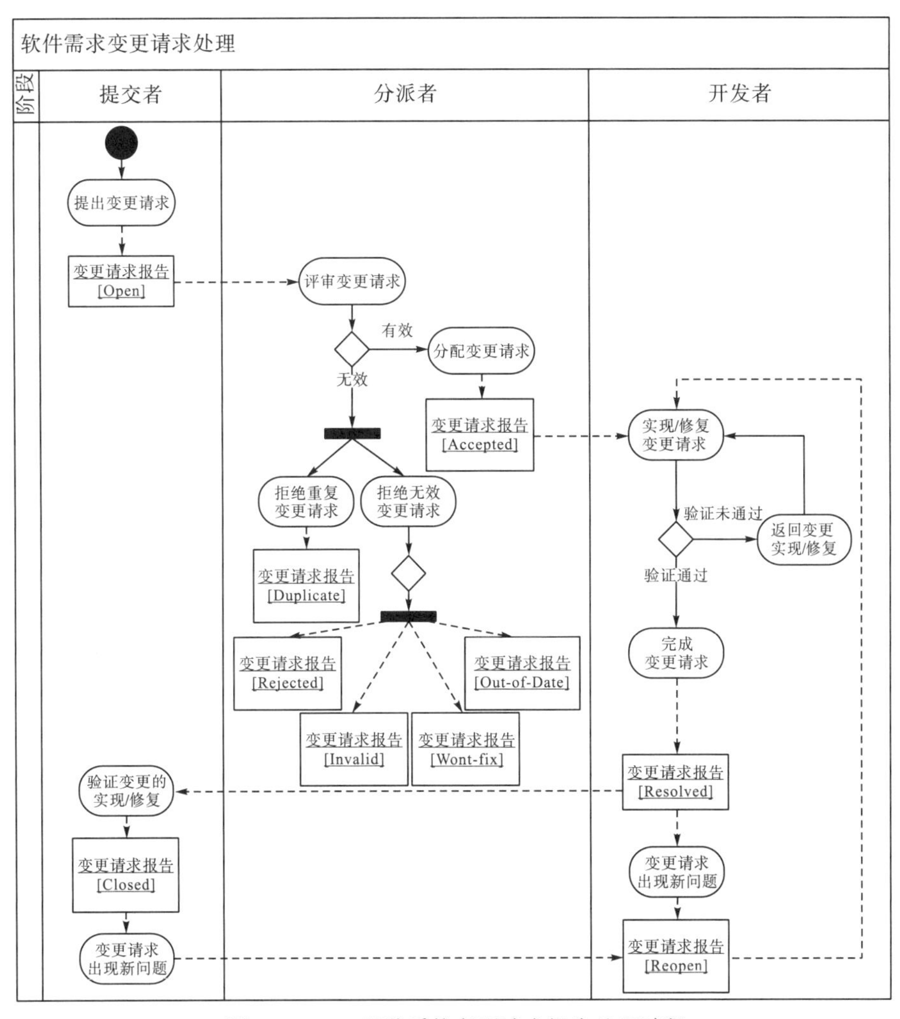

图 5.5　Issue 跟踪系统变更请求报告处理过程

监控和管理变更请求报告往往是一项具有挑战性的任务，因为 Issue 跟踪系统中每天有大量新增的变更请求，对应这些变更请求的报告往往在有限的时间和资源内很难快速得到处理。Anvik 等(2006)通过对 Mozilla 项目部署的 Bugzilla 缺陷跟踪系统(Issue 跟踪系统中针对缺陷跟踪的系统)进行分析后指出，Mozilla 平均每天收到 300 个缺陷报告(变更请求报告的其中一种类型)。如果开发者阅读这些没有优先级次序的报告会导致很多重要的变更请求很长时间得不到及时处理。通过对 Apache 和 Eclipse 的缺陷报告进行统计分析，发现分别有 10.72%和 14.94%的缺陷报告需要进一步处理。通过对 SourceForge 上的软件项目进行统计分析，发现绝大多数开源项目开发者或管理者只有 1 人。另外，在 Issue 跟踪系统中还存在很多虽然标记为 Open 状态的报告，但实际上开发者已经在某个版本中实现或修复报告中所描述的变更请求，导致报告的状态在很长时间后还未标记为 Closed。如图 5.6 所示，变更请求报告已标记为 Open-accepted，图 5.7 所示的评论表明开发者已修复所描述的变更请求，但此报告在 1 年后仍然处于 Open 状态。

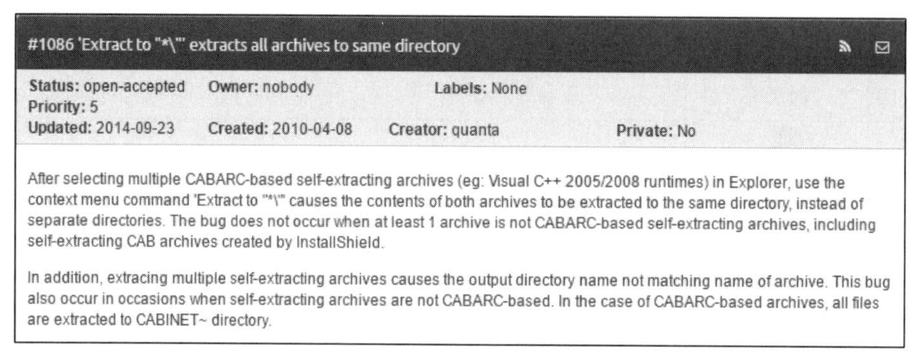

图 5.6 异常标识的变更请求报告

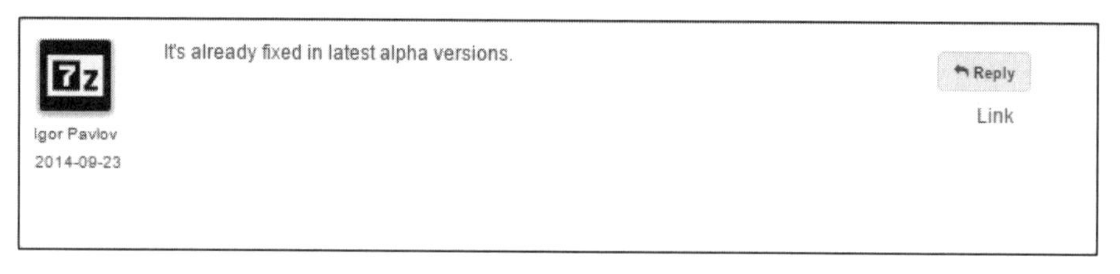

图 5.7 开发者表示已修复缺陷

可见，如果没有 Issue 跟踪系统的提示，开发者可能会忘记关闭一些已经实现或修复的变更请求。如果用户提交的变更请求报告没有得到及时处理和关闭，开发者和用户会一次次点击和阅读处于 Open 状态的变更请求报告，这会让繁忙的开发者一次次进入没有必要的返工，而且大量长期未关闭的变更请求报告也会降低用户满意度和反馈积极性。

需求变更请求报告是那些部署了 Issue 跟踪系统的软件项目不断演化的动力。通过变更请求报告，开发者可以识别和解决软件系统的缺陷、增加新的功能以及接受提交者提交的源代码补丁，进而提高软件系统质量。如果开发者决定接受变更请求报告中反映的软件需求变更，则该变更请求就进入下一版本的规划中。因此，拒绝、接受或不处理需求变更请求报告，会造成后续开发过程中软件需求变更工作量的变化，此变化反映了软件项目的需求易变性(requirements volatility)。需求易变性在传统软件工程中指的是用例模型(use case model，UCM)中用例数量频繁变动的情况。需求变更请求报告和 UCM 表达的软件需求类似，因此 Issue 跟踪系统中处于打开状态的变更请求报告存在关闭的可能性会影响下一版本软件需求变更数量的变动。研究表明，需求易变性对软件项目的实施性能具有重要的影响，软件项目管理人员必须识别关键的需求，为进一步分析需求易变性原因时分配合理的资源。

以上强调的是需求变更报告本身的重要性，在实际软件开发与维护过程中，需求变更之间存在依赖关系，此依赖关系可以直接影响需求选择活动(requirements selection activity)和需求追踪管理(requirements traceability management)。因为需求可能会以复杂的方式相互依赖，找到软件系统下一版本的最佳需求集合是困难的。

在 Bugzilla 和 JIRA 等 Issue 跟踪系统中，需求变更之间的依赖关系由 Issue 链接指出，图 5.8 是一个需求变更请求依赖关系示例，其中 Issue 链接下面给出了与这个需求变更请求存在依赖关系的 3 个其他需求变更请求。

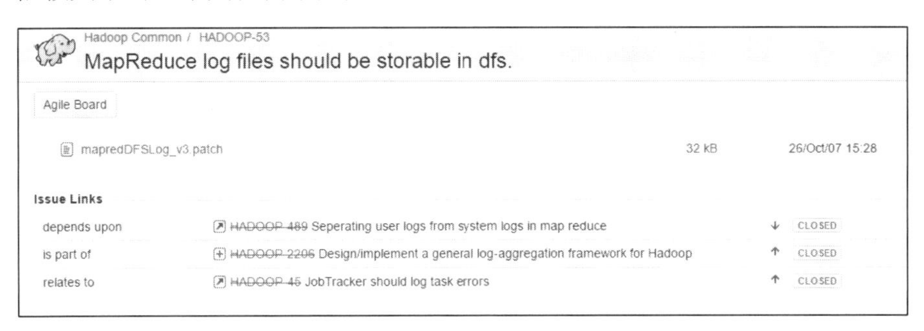

图 5.8　需求变更请求依赖关系示例

基于依赖关系，这些变更请求报告组成了一个变更请求关联网络，图 5.9 给出了一个部分网络的示例。

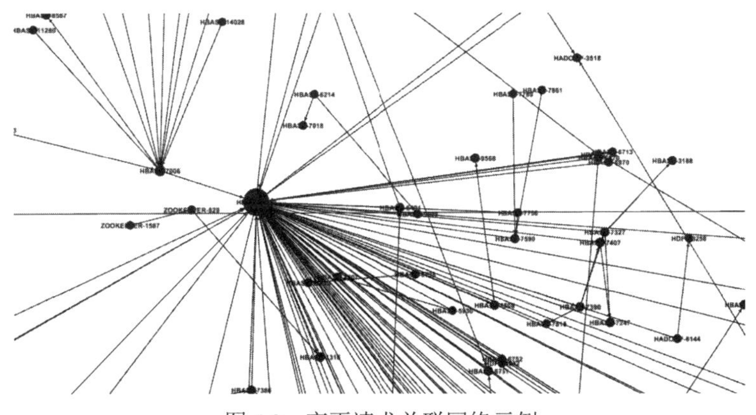

图 5.9　变更请求关联网络示例

当软件项目开发者试图修复、实现、解决一个变更请求报告时，深入和清晰理解相关的变更请求报告是很重要的，这可以避免无效和前后不一致的开发工作。因此，检测和识别“变更请求关联网络”中重要的变更请求报告节点可辅助开发者深刻理解和更好地实现变更请求报告所报告的变更需求。针对 Issue 跟踪系统中存在大量需要处理的变更请求报告，本节基于变更请求报告本身，结合变更需求关联关系，分析需求变更，并提出预测变更请求报告关闭可能性的方法。图 5.10 给出了需求变更分析框架。

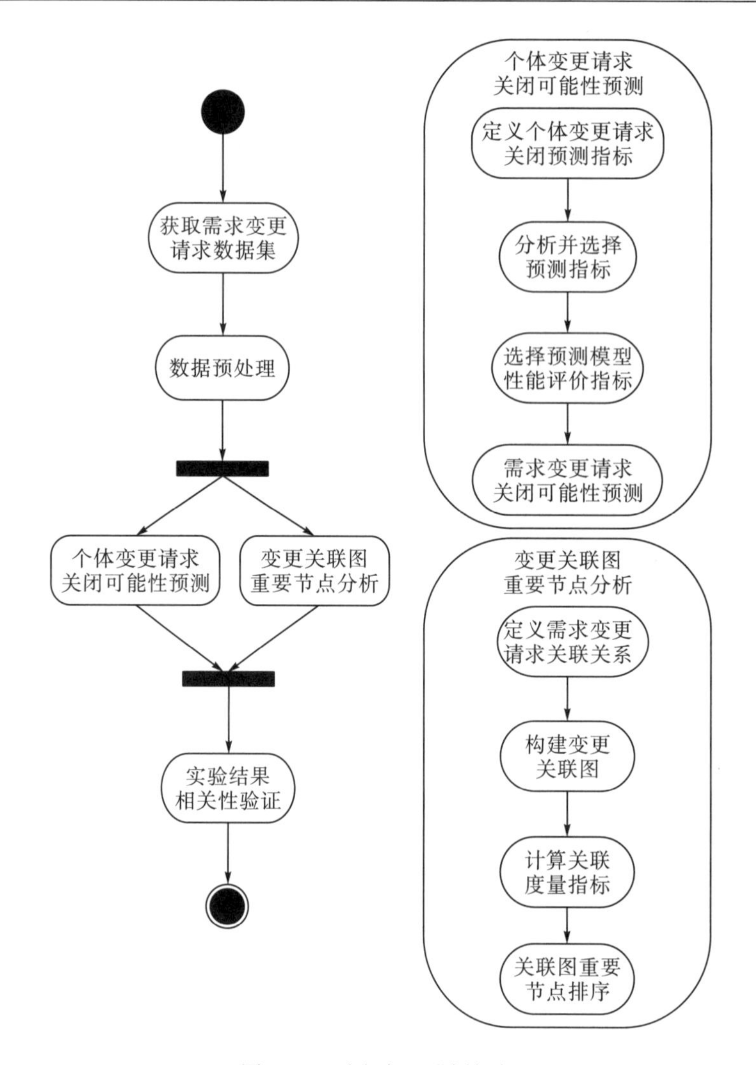

图 5.10　需求变更分析框架

需求变更分析框架主要由两个复合活动构成，一个是分析个体需求变更请求并预测变更请求报告关闭可能性，另一个是根据需求变更请求间的关联关系研究需求变更优先级。

首先，基于 Logistic 回归提出个体需求变更分析及变更请求报告关闭可能性预测模型。通过分析相关文献和变更请求报告字段内容，定义 12 个衡量变更请求报告特征的指标构建预测模型。为了找到一个最佳的预测指标集合，将 20 个 SourceForge 项目作为训练数据集，使用逐步回归技术，筛选得到在大多数项目上预测效果最佳的 5 个指标。然后，再使用筛选得到的 5 个指标对另外 20 个 SourceForge 测试项目(与训练数据集的 20 个项目无交集)构建 Logistic 回归模型，预测报告关闭可能性，通过对比实际报告关闭数据，说明预测模型是有效的。最后，把筛选得到的 5 个指标迁移到 JIRA 平台上，对 Hadoop 项目群进行预测，同样得到有效的结论。

接下来，对需求变更请求报告在需求变更关联网络中的重要性进行分析。通过定义需求变更关联关系构建关联图，使用改进的 PageRank 方法对关联图节点进行重要性排序。

在 Hadoop 项目群上确定关联关系的前向和后向定义，构建变更请求关联网络后，确定 5 个从不同角度刻画关联网络节点重要性的指标，对节点进行重要性排序。最后，将实验结果与个体变更请求报告关闭结果进行相关性分析。

5.2.2　需求变更分析及预测

下面通过分析需求变更请求报告的特征，构建一个能够预测其关闭可能性的预测模型。

在构建预测模型时，选取的预测指标需满足以下能够衡量变更请求报告的特征：

(1) 指标能够反映变更请求报告内容的复杂程度；

(2) 指标能够反映变更请求报告随着时间不断变化的特征；

(3) 指标能够反映利益相关者参与变更请求报告讨论的程度。

在预测缺陷报告严重等级时，无结构缺陷报告文本相对于有结构缺陷报告文本的预测结果可能更好。有结构缺陷报告文本指的是对变更请求报告采取自然语言文本预处理的加工技术，包括分词、停用词移除、词根还原以及使用 TF-IDF 和信息增益。这两个报告特征的主要差别是：描述的严重性 (Minor vs. Normal)、主机操作系统 (Windows XP vs. Windows NT)、评论的数量 (Few vs. Many)、附件 (Screen vs. Nothing) 以及描述的质量 (Potentially Misleading vs. Direct)。受需求易变性、缺陷预测、缺陷优先级排序、缺陷报告质量等相关研究的启发，本节定义了在 Issue 跟踪系统中比较容易获取的衡量变更请求报告特征的 12 个指标，如表 5.4 所示。

表 5.4　需求变更请求报告指标

分类	指标	描述
title content	NTITLELEN	变更请求报告标题的长度 (字符数)
	NTITLEWORD	变更请求报告标题的单词数目
report description	NREQLEN	变更请求报告的长度 (字符数)
	NREQWORD	变更请求报告的单词数目
	NREQLINE	变更请求报告的行数
	NREQHREF	变更请求报告所包含的链接数目
	NREQATTACH	变更请求报告包含的附件数目
	NUMPRETAG	变更请求报告包含的带有预格式化文本的数目
evolution	NREQPOSTS	变更请求报告具有的评论数目
	NREQOWNER	开发者参与变更请求报告讨论的次数
	REQWAITDAY	变更请求报告的等待生存时间 (单位：天)
status	inLABEL	变更请求报告的状态 (Open:-1; Closed:1)

衡量变更请求报告复杂度的指标包括描述标题 (title content) 及报告描述内容 (report description)。Zhang (2009) 对 Eclipse 和 NASA 数据集进行实验分析，发现简单的复杂度

指标如代码行(line of code，LOC)可用于预测具有较多缺陷的组件。参考此结论，本节定义衡量变更请求报告复杂度的指标包括：标题长度的 NTITLELEN、标题单词数的 NTITLEWORD、内容长度的 NREQLEN、内容单词数的 NREQWORD 以及内容行数的 NREQLINE。

Bettenburg 等(2007，2008)对 3 个开源项目(Apache、Eclipse、Mozilla)的开发者进行了缺陷报告质量的相关调查，通过调查发现，开发者认为最常用到的缺陷报告信息包括重现缺陷的步骤、期待的行为以及堆栈信息。参照此结论，本节定义预格式化文本数 NUMPRETAG 来衡量报告含有预格式化的嵌入文本信息，带有预格式化的文本往往包含源代码、程序执行堆栈等信息。另外，Issue 跟踪系统中变更请求报告来源于互联网的环境，报告常含有网页链接来说明变更请求，衡量变更请求的链接数量也很重要，因此，定义链接数量 NREQHREF 来统计变更请求内容含有链接的数量。而提交者对报告附加如屏幕截图、失败测试案例等附件也是有价值的数据，因此，定义附件数目 NREQATTACH 来衡量报告含有附件的情况。一旦变更请求报告被提交，相关的开发者或有权限的用户都可以对报告进行评论，以讨论不同解决方案或详细了解变更请求反映的需求。因此，定义评论数目 NREQPOSTS 来衡量报告的利益相关者参与讨论沟通的情况，以及使用开发者参与讨论次数 NREQOWNER 来衡量关键利益相关者(开发者)参与讨论的情况。报告生命周期也用报告等待生存时间 REQWAITDAY 来衡量，具体计算方法如下：

$$\text{REQWAITDAY} = \begin{cases} \text{ClosedDate} - \text{OpenDate} \\ \text{GetDate} / \text{LatestResolvedDate} - \text{OpenDate} \end{cases}$$

存在一类特殊情况：Issue 跟踪系统中存在一些状态为关闭，但却没有关闭时间记录的变更请求报告，如图 5.11 所示。

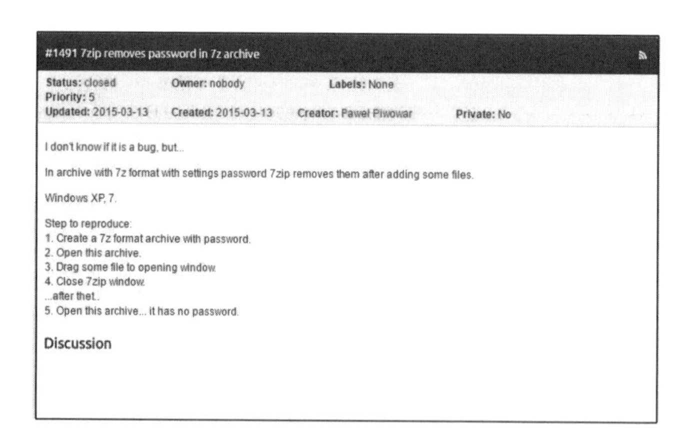

图 5.11　缺少关闭时间记录的变更请求报告

这些报告往往是提交者在提交报告时状态相关字段部分直接选了 Closed，对于这部分报告的 REQWAITDAY 指标需要做特殊处理。因此，在获取数据时确定指标 REQWAITDAY 的方法是：如果报告的状态为 Open 且没有 Resolved，REQWAITDAY 的值为获取数据的时间与打开报告的时间之间相差的天数；如果报告的状态为 Open-Resolved，REQWAITDAY

的值为最后一次 Resolved 时间与打开报告时间之间相差的天数；如果报告的状态为 Closed，且可以找到关闭时间记录，指标 REQWAITDAY 的值为 Closed 时间与打开报告的时间之间相差的天数；如果报告的状态为 Closed，但没有 Closed 时间记录的，如图 5.11 所示的报告，此时 REQWAITDAY 赋值为-999，因为预测这些没有按正确流程关闭的变更请求应具有的真实状态也是有意义的，开发者一样可以对这样的变更请求报告进行评论，讨论解决方案或提供意见反馈。

Issue 跟踪系统往往把 Open 和 Closed 相关的报告放在不同的导航类别下，因此，可以轻易获得变更请求报告所处的状态，定义 inLABEL 来量化变更请求报告的状态，Open 为-1，Closed 为 1。

预测一个变更请求报告被关闭的可能性，选择 Logistic 回归作为构建预测模型的方法。Logistic 回归使用量化数值、布尔值或类别的组合因素来预测事件发生的概率，本节将其用于预测变更请求报告关闭可能发生的概率。Logistic 回归和其他诸如线性回归的回归技术不一样，它可以用于分析自变量和因变量之间是否存在某种函数式的依赖，而没有假定自变量和因变量之间存在线性的关系。

假设变更请求报告关闭（即 Closed 或 Resloved）的概率为 p，则不关闭（即 Open）的概率为 $1-p$，关闭与不关闭的概率之比为 $p/(1-p)$，取对数得 $\ln(p/1-p)$，记为 $\text{Logit}(p)$，因此，Logistic 回归模型的方程如下：

$$\text{Logit}(p) = \ln\left(\frac{p}{1-n}\right) = \beta_0 + \beta_1 x_1 + \beta_2 x_2 + \cdots + \beta_n x_n$$

其中，β_0 为常数项，$\beta_0, \beta_1, \cdots, \beta_n$ 为回归系数；x_n 表示选入预测模型的指标。

为了使用 Logistic 回归模型得到变更请求报告关闭可能性的概率值，需要确定一个 [0,1]区间的 Cut-off 点来决定变更请求报告得到关闭的可能性是高还是低，关闭可能性高就预测为高关闭可能性状态，关闭可能性低就预测为低关闭可能性状态。在此设置 Logistic 模型的 Cut-off 点为一般社会统计学常使用的 0.5，即概率小于 0.5 时把变更请求报告分类为低关闭可能性状态，大于 0.5 时分类为高关闭可能性状态。

在上述内容中，定义了 12 个衡量变更请求报告特征的指标，为了选择 Logistic 回归模型的输入变量，使用逐步回归方法在训练数据集上选择表现最佳的指标。在逐步回归中，“向后回归”先将所有可能对因变量有影响的自变量都纳入公式模型，然后逐步从中排除对因变量没有影响的自变量，直至留在模型中的自变量都不能被排除，这里，通过设置置信水平决定是否排除自变量。

使用逐步回归筛选指标后，在训练数据集上可以得到表现最佳的预测指标，不过，还需要找到一个相对通用的预测指标集合，因此以训练数据集含有项目总数的中位数作为分界线，确定此相对通用的预测指标集合作为最终预测指标集合。具体方法是：如果使用逐步回归训练 N 个模型，得到在这 N 个模型中逐步回归筛选后的每个指标在 N 个模型中出现的总次数，用于确定那些在 $N/2$ 个模型中都表现最佳的指标，以此类推，获得最终预测指标集合。

在数据集分布不均衡的预测模型中，准确率不具有对结果的表征作用。考虑到在预测变更请求报告关闭可能性时，得到关闭的可能性会随着变更请求报告的特征不断演化而发生变化，因此不使用准确率来评估模型。为了评估预测模型的性能，使用召回率和伪正率这两个指标来评价模型的性能，这两个指标在预测模型领域有广泛的使用，通过表 5.5 所示的混淆矩阵可以计算得到。

表 5.5 混淆矩阵

分类		预测	
		不关闭	关闭
实际	不关闭	TN (true negative)	FP (false positive)
	关闭	FN (false negative)	TP (true positive)

召回率是变更请求报告被正确预测为关闭数目与总的实际关闭数目的比值，计算公式如下：

$$\text{Recall} = \frac{\text{TP}}{\text{TP} + \text{FN}}$$

伪正率是变更请求报告被错误预测为关闭数目与总的实际为未关闭数目的比值，计算公式如下：

$$\text{FPR} = \frac{\text{FP}}{\text{FP} + \text{TN}}$$

5.2.3 关联需求变更请求重要性分析

在对社交网络进行分析前，先要对社交网络进行建模，网络中的一个节点对应一个社交实体，节点之间的边表示社交实体关系。与此类似，在 Issue 跟踪系统中，变更请求报告之间具有的 Issue 链接关系和网页链接结构是类似的。把变更请求报告发生变更的原因看成是入链，把变更的结果看成是出链，即可以把特征向量中心性运用到变更请求报告的重要性排序中，分析 Issue 跟踪系统中对软件系统影响较大的关键节点、分析需求变更产生的根源以及分析需求变更后对其他需求产生的影响。

为了分析一个变更请求报告相对于其他变更请求报告的重要性，下面首先构建“变更请求关联网络”，之后，对变更请求关联网络的度量指标值进行计算，通过计算得到的值的大小实现变更请求节点重要性排序。

在构建“变更请求关联网络”前，首先定义网络节点的前向和后向关联关系。例如，在 Bugzilla 跟踪系统中，“A Blocks /Depends B”（A 阻断/依赖 B）的可追溯性方向定义为“A→B”。而 JIRA 跟踪系统中的 Issue 链接依赖关系相较 Bugzilla 更为复杂，因此，在构建“变更请求关联网络”时除了参考已有文献方法外，还通过分析若干的变更请求报告及研究团队讨论来确定前向和后向的方法，得到 21 类 Issue 链接关系的类别统计，如表 5.6 所示，其中：A “Issue Links” B，A 是 B 产生的原因，方向为“A→B”，“→”表示变更请求报告的影响方向，表示 A 影响 B 或 B 依赖于 A；“--”表示不考虑此种关联关系，因为这些不考虑的关联关系没有反映需求之间的影响关系。

表 5.6　关联关系

编号	Issue 链接种类	方向	编号	Issue 链接种类	方向
1	Supercedes	--	12	is_superceded_by	--
2	Blocks	→	13	is_blocked_by	--
3	Breaks	→	14	is_broken_by	--
4	Contains	→	15	is_contained_by	--
5	relates_to	--	16	is_related_to	→
6	Incorporates	→	17	is_part_of	--
7	Duplicates	--	18	is_duplicates_by	--
8	depends_upon	--	19	is_depended_upon_by	→
9	Requires	--	20	is_required_by	→
10	is_a_clone_of	--	21	is_cloned_by	--
11	links_to	--			

为了使用 Gephi 进行网络分析，我们编写了 Python 脚本把原始数据处理成 Gephi 能够处理的格式。表 5.7 给出了处理格式数据的示例，其中“源 Issue ID”代表的变更请求是“目标 Issue ID”代表的变更请求发生的原因。

表 5.7　Gephi 输入数据示例

源 Issue ID	目标 Issue ID
HBASE-14158	HBASE-14160
HBASE-14150	HBASE-14158
HBASE-14181	HBASE-14158
HBASE-13992	HBASE-14158
HBASE-13992	HBASE-14150
HBASE-13992	HBASE-14149
HBASE-14159	HBASE-14160

在 Gephi 中，构建变更请求关联网络为一个有向图，图 5.12 给出表 5.7 示例数据对应的关联网络。

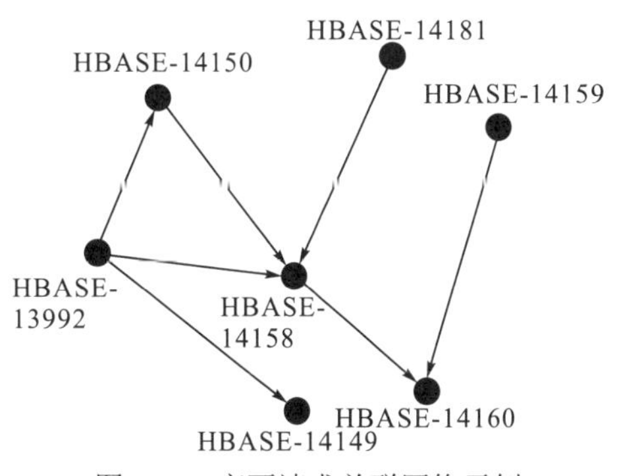

图 5.12　变更请求关联网络示例

变更请求关联网络的构建以每个变更请求报告的唯一标识符为节点，以变更请求报告之间的关联关系为边，构建有方向的变更请求网络。

定义 5.1 变更请求关联网络 一个变更请求关联网络是一个二元组 $G=<V, R>$，其中：

(1) V 是变更请求节点集合，$\forall v \in V$ 是 V 的一个变更请求节点；

(2) $R \subseteq (V \times V)$ 是变更请求节点 V 间的关联关系，$V \times V=\{(v,v')|v,v \in V \wedge v$ 关联 $v'\}$，$\forall r \in R$ 是 R 的一个变更请求关联关系。

基于需求变更请求关联网络定义，下面构造关联网络对应的节点邻接矩阵。

定义 5.2 节点邻接矩阵 已知变更请求关联网络 $G=<V, R>$ 有 m 个节点和 n 条边，则节点邻接矩阵 $A=[a_{ij}]_{m\times m}$，其中 $a_{ij}=|r_k|\,(r_k=<v_i,v_j>\in R)$，当且仅当存在从节点 v_i 指向 v_j 的关联关系时$|r_k|=1$，否则$|r_k|=0$。

图 5.12 所对应的节点邻接矩阵如表 5.8 所示。

表 5.8 图 5.12 所对应的节点邻接矩阵

源	HBASE-14158	HBASE-14150	HBASE-14181	HBASE-13992	HBASE-14159	HBASE-14160	HBASE-14149
HBASE-14158	0	0	0	0	0	1	0
HBASE-14150	1	0	0	0	0	0	0
HBASE-14181	1	0	0	0	0	0	0
HBASE-13992	1	1	0	0	0	0	1
HBASE-14159	0	0	0	0	0	1	0
HBASE-14160	0	0	0	0	0	0	0
HBASE-14149	0	0	0	0	0	0	0

常见的社交网络重要节点排序主要采用指标度量的方法，常见的指标有特征向量中心性(eigenvector centrality)、介数(betweenness)、入度(in degree)、出度(out degree)、接近中心性(closeness centrality)等。这些度量指标从不同的视角来刻画网络中节点的重要性。复杂网络中重要节点的排序方法包括四种类型：基于节点移除和收缩、路径、节点近邻、特征向量。下面选择三个常用的度量指标，结合上述变更关联网络的定义进行指标定义。

1. 局部度量指标

变更请求关联网络中节点的度(degree)需要考虑其局部环境的特征，即考虑有直接关联关系的邻居。在节点的后向关联方向上，变更请求报告影响的节点数目称为出度；在节点的前向关联方向上，变更请求报告依赖的节点数目称为入度。根据定义 5.1 和定义 5.2 有

$$D_i^{\text{out}}=\sum_{j=0}^{m}a_{ij},\quad D_j^{\text{in}}=\sum_{i=0}^{n}a_{ij}$$

其中，a_{ij} 为定义 5.2 所表示的邻接矩阵中第 i 行第 j 列元素；出度 D_i^{out} 为节点对后向邻居节点影响的度量值；入度 D_j^{in} 为节点受前向邻居节点影响的度量值。出度和入度的和为度：

$$D(i) = D_i^{\text{in}} + D_i^{\text{out}}$$

以表 5.8 所示的邻接矩阵为例，HBASE-14158 节点对应的局部度量指标为

$$D_{\text{HBASE}-14158}^{\text{out}} = 6 \times 0 + 1 = 1$$

$$D_{\text{HBASE}-14158}^{\text{in}} = 4 \times 0 + 3 \times 1 = 3$$

$$D(\text{HBASE}-14158) = D_{\text{HBASE}-14158}^{\text{in}} + D_{\text{HBASE}-14158}^{\text{out}} = 1 + 3 = 4$$

因此，得到 HBASE-14158 出度为 1，入度为 3，度为 4。

2. 全局度量指标

基于全局网络的度量指标需要考虑整体网络的全局信息，主要有特征向量中心性和接近中心性等。特征向量中心性具有考虑节点邻居重要性的优点，特征向量中心性是迭代计算网络中一个节点的相对分数，节点的重要性由与该节点连接的邻居数目(即出度和入度)和每个邻居节点具有的重要性共同决定。在变更请求关联网络中的每一个节点 i 在网络中的重要性受其依赖和所影响的直接邻居数目以及直接邻居本身所具有的重要程度的共同影响。设 $x(i)$ 是变更请求关联网络节点 v_i 的特征向量中心性值，则有

$$x(i) = \frac{1}{\lambda} \sum_{j=1}^{n} A_{i,j} x(j)$$

式中，λ 为一个常数；$A=(a_{i,j})$ 为定义 5.2 中的变更请求关联网络对应的邻接矩阵；n 为网络节点数。

如果记 $x = [x(1), x(2), \cdots, x(n)]^{\text{T}}$，则上式可以写成向量的形式，表示经过多次迭代后，所有点的特征向量中心性值：

$$x = \frac{1}{\lambda} \boldsymbol{A} x \text{，即 } \boldsymbol{A} x = \lambda x$$

上式是线性代数中的特征向量方程式，λ 为特征值，x 为邻接矩阵 $\boldsymbol{A}$ 对应的特征向量，通过递归迭代计算得到一个收敛的非零特征向量 x。计算特征向量 x 的基本方法是给定一个初始值 $x(0)$，然后进行如下的迭代过程：

$$x(t) = \frac{1}{\lambda} \boldsymbol{A} x(t-1), \quad t = 1, 2, \cdots$$

直到归一化为 $x'(t)=x'(t-1)$。

3. 随机游走指标

随机游走指标排序方法基于变更请求报告之间的关联关系，利用 PageRank 算法实现变更请求关联网络中节点的排序。PageRank 是由谷歌公司提出的，通常作为网页结构挖掘的算法，通过分析基于 Web 结构的链接对网页进行排序，计算得到每一个网页的 PageRank 值，进而实现对网页的重要性排序。网页和网页之间由存在的超链接进行相互关联，把每个网页看成是网络中的一个节点，计算 PageRank 值可以得到每一个网页的重要性：

$$\mathrm{PR}(u)=(1-c)+c\times\sum_{v\in P(u)}\frac{\mathrm{PR}(v)}{N(v)}$$

其中，PR(u)为网页 u 的 PageRank 值，网页 v 是与网页 u 有超链接关系的网页；$P(u)$为指向网页 u 的网页集合；$N(v)$为网页 v 向外链接的网页总数目；c 为阻尼系数，通常设置为 0.85，表示用户继续访问一个链出的链接的概率，例如，点击了网页上的一个链接，1-c 表示不通过点击链接直接浏览其他网页的概率(即在浏览器上重新打开一个标签输入网址打开一个新的网页)。上述公式通过迭代计算得到所有的 PR 值收敛于某个确定的阈值时停止迭代。

PageRank 算法利用网页的超链接结构给互联网中的每一个网页进行排序，每一个网页的重要性取决于指向它的其他页面的质量和数量，如果一个页面由很多高质量的页面所指向，则认为这个网页的质量比较高，应该给这个页面较高的 PR 值。PageRank 作为有向网络中节点排序的经典算法，在其基础上进行改进的很多算法也在其他领域得到广泛应用，包括对学术期刊论文的排序、新浪微博、Twitter、Facebook 等用户的排序以及科学家影响力的排序等。

与此类似，在 Issue 跟踪系统中，假定阅读和处理变更请求报告的开发者首先打开项目的 Issue 跟踪系统，在他面前呈现所有的变更请求报告，在随机打开一个变更请求报告、阅读报告内容时，不断访问与该变更请求报告相关联的其他报告，直到把 Issue 跟踪系统中所有的变更请求报告都阅读完毕，最终确定每一个变更请求报告的重要性进而进行分配。PageRank 算法可以对各个变更请求报告的重要程度的数值进行计算。计算需求变更请求关联网络中每个节点的 PageRank 值如下：

$$\mathrm{PR}(i)=(1-c)+c\times\sum_{j\in P(i)}\frac{\mathrm{PR}(j)}{N(j)}$$

式中，i 和 j 为两个有关联关系的变更请求报告；PR(i)为变更请求报告 i 的 PageRank 分数值；c 为阻尼系数，在这里可以表示开发者通过变更请求报告的关联关系，在所有的关联关系中随意选中要解决、实现或修复的变更请求报告的概率，而 1-c 表示开发者不通过关联关系，而是直接打开标签输入要实现的变更请求报告所在的网址；$P(i)$是所有 i 依赖的变更请求报告的集合；$N(j)$是变更请求报告 j 所影响的变更请求报告数目即节点 j 的出度。

计算 PageRank 值是一个迭代的过程，得到需求变更关联网络中每一个变更请求报告的 PageRank 值的过程如下。

(1)初始步骤：给所有节点一个同样的 PageRank 值 $\mathrm{PR}_l(0)$，其中，下标 l 是变更请求报告的编号，$1\leqslant l\leqslant k$，k 为变更请求报告总数，此时有

$$\sum_{l=1}^{k}\mathrm{PR}_l(0)=1$$

(2)校正步骤：c 是一个比例因子，一般取经验值 0.85，可以把每个节点的 PageRank 值进行 c 倍的缩减，这样所有节点的 PageRank 值也会相应缩减为原来的 c 倍，再把 1-c 平均分配到每个节点的 PageRank 值，最终保证关联网络总的 PageRank 值为 1。

在对变更请求关联网络中的节点进行排序时，先计算三类指标，即局部度量指标、全

局度量指标和随机游走指标中的五个指标：入度、出度、度、特征向量中心性、PageRank。为了进行对比分析，构建每个指标为一个 $2\times m$ 的矩阵，矩阵的第一列为节点的编号，第二列为指标的值，得到五个指标值矩阵。在每个指标值矩阵内，可以根据指标值的大小由大到小进行排序，排序位置越在前面的表示节点的重要性越高。

由表 5.7 的数据在 Gephi 中构造出的关联图示例如图 5.13 所示。

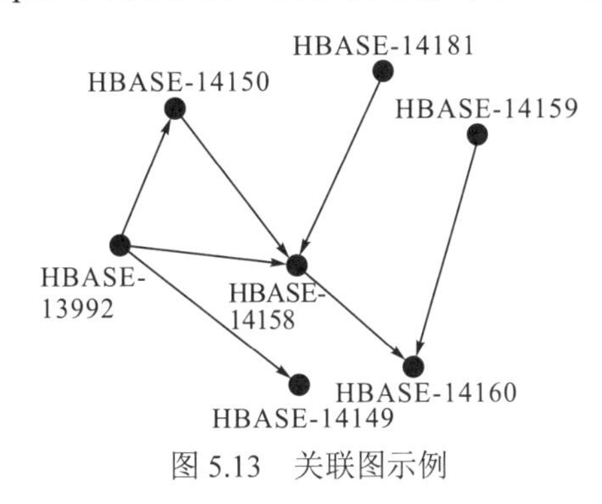

图 5.13　关联图示例

在构建需求变更关联网络时，计算表 5.7 中每个节点特征向量中心性值，表 5.9 给出了特征向量中心性值计算结果。

表 5.9　特征向量中心性值

Issue_ID	特征向量中心性值	Issue_ID	特征向量中心性值
HBASE-14160	1	HBASE-14181	0
HBASE-14158	0.239335087	HBASE-13992	0
HBASE-14150	0.026639047	HBASE-14159	0
HBASE-14149	0.026639047		

绘图时根据特征向量中心性值对节点的大小和标签进行设置后，得到图 5.14 所示的结果。

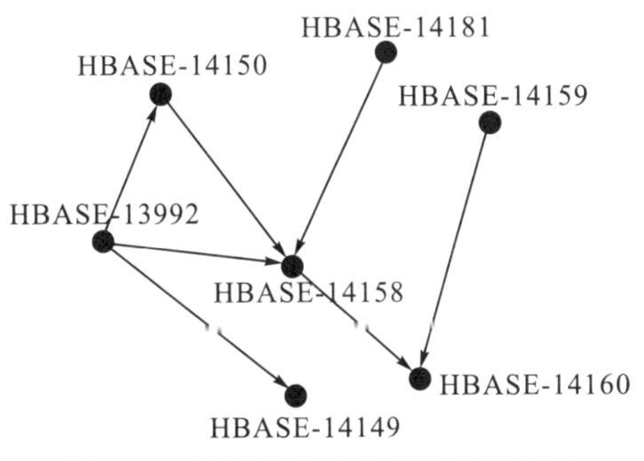

图 5.14　特征向量中心性排序的结果

将需求变更关联网络中节点的特征向量中心性按从小到大排序得到重要性排序，表 5.9 和图 5.14 中最为重要的节点为 HBASE-14160，它的特征向量中心性值为 1。排序结果为：HBASE-14160>HBASE-14158>HBASE-14150(HBASE-14149)>(HBASE-14181，HBASE-13992，HBASE-14159)。

5.2.4 案例研究

本节案例数据来源于 Hadoop 及其相关项目在 JIRA 平台共计 224840 条变更请求报告数据。实验所使用的 Hadoop 及相关项目数据统计如表 5.10 所示，可以看到 Hadoop 涉及的项目多达 54 个，其中 Hadoop、Hive、Hbase、HDFS 这 4 个项目的数据最多。

表 5.10 Hadoop 相关项目数据统计

项目名称	2ssne 数量	项目名称	2ssne 数量
ACCUMULO	1114	KNOX	84
AMBARI	635	KYLIN	2
AMQ	587	LEGAL	36
APEXCORE	55	LOGGING	5
APEXMALHAR	41	LUCENE	1307
AVRO	395	MAHOUT	224
BIGTOP	575	MAPREDUCE	2038
BOOKKEEPER	245	MESOS	1740
CASSANDRA	2139	MRUNIT	25
CHUKWA	104	NUTCH	443
CURATOR	47	OOZIE	458
DRILL	841	ORC	9
FLINK	461	PHOENIX	256
FLUME	583	PIG	953
GERONIMO	295	QPID	678
GIRAPH	210	REEF	652
GORA	125	SAMZA	296
HADOOP	4494	SENTRY	476
HAMA	91	SLIDER	267
HARMONY	1295	SOLR	3016
HBASE	4387	TEZ	654
HCATALOG	165	THRIFT	696
HDFS	3734	TWILL	20
HIVE	4910	WHIRR	191
INFRA	984	YARN	2235
IVY	109	YETUS	100
KAFKA	599	ZOOKEEPER	678

1. 数据预处理

获取 Hadoop 的 JIRA 数据前先要定义 Issue 链接的存储方式，使用字典的方式进行存储，即{“Issue 链接类型”：对应的 Issue ID}。图 5.15 是一个变更请求报告。

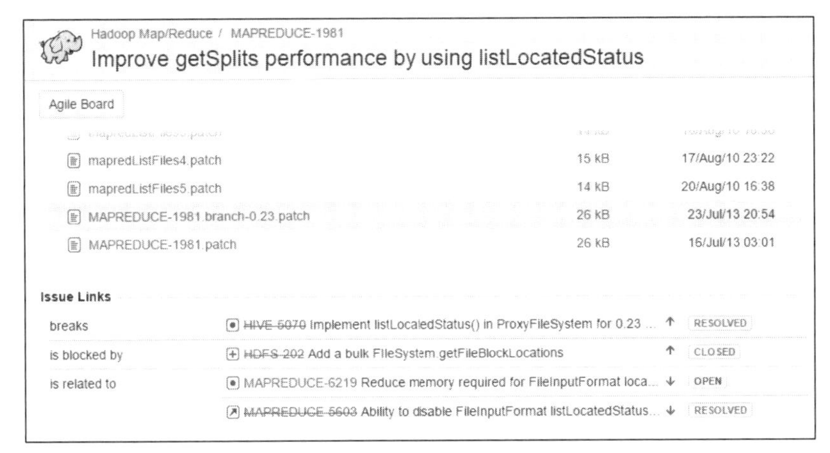

图 5.15 Issue 链接关系示例

图 5.15 报告 Issue 链接可以存储为以下格式：

{"breaks":"HIVE-5070"},{"is_blocked_by":"HDFS-202"},{"is_related_to":"MAPREDUCE-6219,MAPREDUCE-5603"}

通过脚本解析方式解析为(Source ID，Destination ID)的形式，之后根据前面定义的关联关系进行过滤，去除没有 Issue 链接并且选择定义有“→”关系的变更请求报告。通过筛选，224840 个变更请求中有 38529 对请求有“→”关系，包括 54 个项目的 46759 个变更请求节点。最后，生成两个表格，其中一个表格用于做预测关闭可能性，另外一个表格用于构建变更请求关联网络。

2. 变更请求节点重要性排序

使用上面预处理得到的数据，由 46759 个变更请求节点构成，共有 38529 对“→”关联关系组成的有向变更请求关联网络如图 5.16 所示。

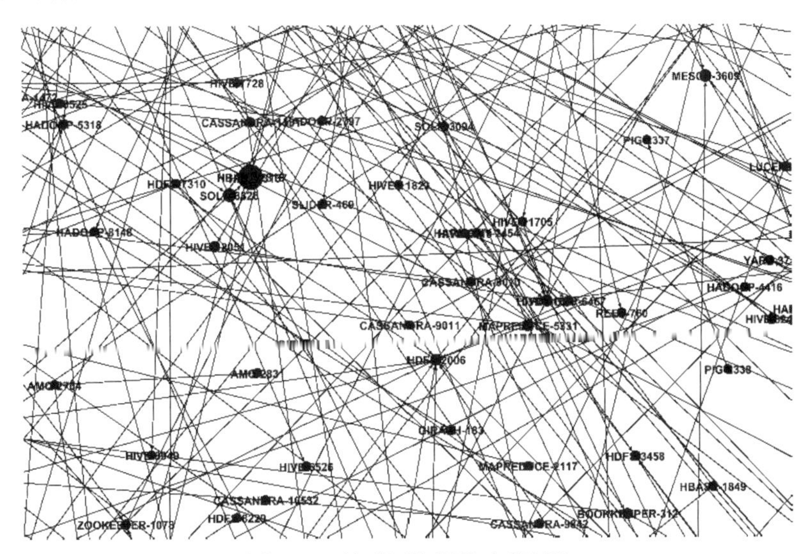

图 5.16 关联网络图构建(局部)

根据定义的五个指标计算得到排序最高的 10 个(简称 Top10)变更请求报告统计如表 5.11 和表 5.12 所示。

表 5.11 页排序和特征向量中心性

页 ID	页排序	特征向量中心性 ID	特征向量中心性
HIVE-4660	0.001188751	HBASE-5843	1
HBASE-5843	6.66E-04	REEF-811	0.972307135
HADOOP-11010	5.60E-04	REEF-1215	0.971398777
REEF-811	5.30E-04	HIVE-4660	0.853750297
SOLR-8125	5.11E-04	SOLR-8125	0.830844779
REEF-1215	4.86E-04	REEF-1251	0.778053482
REEF-1223	4.49E-04	REEF-1223	0.739110397
HBASE-4602	4.21E-04	HBASE-7407	0.683838949
PIG-4266	3.95E-04	GIRAPH-211	0.637289749
HADOOP-9991	3.82E-04	SOLR-8680	0.633414994

表 5.12 入度、出度和度

入度 ID	入度	出度 ID	出度	度 ID	度
HIVE-4660	113	HADOOP-8645	76	HIVE-4660	113
HBASE-5843	54	HADOOP-8562	73	HADOOP-8562	85
HADOOP-11010	51	HBASE-14414	70	HBASE-5843	84
SOLR-8125	39	HARMONY-3196	41	HADOOP-8645	79
HBASE-4602	37	REEF-1223	40	REEF-1223	77
REEF-1223	37	CASSANDRA-9012	36	HBASE-14414	71
HADOOP-9991	35	PIG-1618	32	SOLR-8125	60
PIG-4266	35	HBASE-5843	30	HADOOP-11010	51
HADOOP-11694	32	HDFS-4685	30	HADOOP-9902	44
REEF-811	28	HADOOP-9902, HDFS-3602	29	HBASE-4602	44

排序结果表明 PageRank、入度、度指标得到最重要的节点为 HIVE-4660，特征向量中心性得到最重要的节点是 HBASE-5843，出度指标得到最重要的节点为 HADOOP-8645。因此，各个指标得到的排序结果并不一致，但总体上呈现一定的规律，如 HIVE-4660、HBASE-5843、HADOOP-8645 这三个节点在五个指标中出现在 Top10 中的次数皆在 2 次以上，分别是 4 次、5 次、2 次。由于各个指标得到的重要性排序结果有差异，为了得到排序结果最为准确的度量指标，下面进行对比实验。

使用变更请求报告的内部特征预测其得到关闭的概率，概率越高，说明处理优先级越高、越重要，因此，预测关闭可能性是一种评判变更请求报告重要性的方法。同时，通过建立全局的需求变更关联网络，通过网络分析的方法对变更请求重要性进行排序，但五个指标排序得到的结果不尽相同。由于两种方法分别从变更请求的内部和外部评价变更请求的重要性，因此将两种不同的方法进行综合比较，通过比较的方法寻找五个指标中评价结果最好的指标。

首先，基于表 5.11 和表 5.12 中五个指标 Top10 的节点，去除重复后得到 24 个节点，统计每个节点在各个指标中出现的情况，最后增加一列为节点关闭概率预测值做对比，得到结果如表 5.13 所示。

表 5.13　不同指标值的分布

Issue_ID	指标	关闭概率
HIVE-4660	pageranks，eigencentrality，indegree，degree	0.89332
HBASE-5843	pageranks，eigencentrality，indegree，outdegree，degree	0.89984
HADOOP-11010	pageranks，indegree，degree	0.61883
REEF-811	pageranks，eigencentrality，indegree	0.84961
SOLR-8125	pageranks，eigencentrality，indegree，degree	0.82923
REEF-1215	pageranks，eigencentrality	0.87231
REEF-1223	pageranks，eigencentrality，indegree，outdegree，degree	0.93965
HBASE-4602	pageranks，indegree，degree	0.91043
PIG-4266	pageranks，indegree	0.67911
HADOOP-9991	pageranks，indegree	0.64295
REEF-1251	eigencentrality	0.87732
HBASE-7407	eigencentrality	0.99401
GIRAPH-211	eigencentrality	0.99989
SOLR-8680	eigencentrality	0.92037
HADOOP-11694	indegree	0.67933
HADOOP-8645	outdegree，degree	0.50496
HADOOP-8562	outdegree，degree	0.99997
HBASE-14414	outdegree，degree	0.73738
HARMONY-3196	outdegree	0.98648
CASSANDRA-9012	outdegree	0.65021
PIG-1618	outdegree	1
HDFS-4685	outdegree	0.99872
HDFS-3602	outdegree	0.68621
HADOOP-9902	outdegree，degree	1

可以看到有的节点在五个指标的 Top10 里都有出现，如 HBASE-5843，这表明此节点在五个指标的排序结果中都是处于最重要的 10 个节点里。

表 5.13 的最后一列是和 5.2.2 节提出方法的对比，可以看到所有指标 Top10 节点得到的关闭概率皆大于 50%，表明 5.2.2 节从变更请求报告内部特征进行重要性度量和 5.2.3 节从节点关联关系进行重要性度量具有某种程度上的一致性。另外，表 5.13 中各个指标出现的次数统计展示在表 5.14 中。

表 5.14 指标出现在五个 Top10 中的统计

页排序	特征向量中心性	入度	出度	度
10	10	10	11	10

可以看到出度指标出现的次数最多，出现了 11 次，而其他指标皆出现了 10 次。为了综合比较两种方法，考虑所有预测的节点，将局部度量指标(入度、出度、度)、全局度量指标(特征向量中心性)和随机游走指标(PageRank)所得结果与得到的关闭概率进行 Pearson 相关性计算，得到如表 5.15 所示的计算结果。

表 5.15 相关性计算结果

	页排序	特征向量中心性	入度	出度	度
Pearson	0.005	−0.016	0.000	0.069	0.049
显著性	0.351	0.002	0.940	0.000	0.000

在统计学中显著性小于 5%时，表示检验指标之间具有线性相关关系，Pearson 相关系数小于 0.3 表示相关的程度为弱相关。通过表 5.15 的相关性分析结果可以看到，在关联网络中最能判断节点重要性的指标是出度，出度、度、特征向量中心性与关闭概率的相关程度统计显著性小于 5%，表明是相关的，只是程度比较弱。另外，关闭可能性概率和局部独立指标(出度和度)的相关性和显著性比全局度量指标和随机游走指标要好，并且关闭可能性与入度的相关性最差，和出度的相关性最好，表明出度越高，其影响的节点(后向节点)越多，更需要即时关闭，影响一个节点重要性的原因往往在于后向节点的数目，而不是在于前向节点的数目，因此，使用 PageRank 得到的结果比较差。PageRank 的一个假设是前向节点越重要，则它所指向的节点重要性程度也会提高。在表 5.15 得到的实验结果中，出度和关闭可能性的相关程度最高，即节点具有出度的数值越大，其得到关闭的可能性越大；与节点邻接的后向节点重要程度越大，则其前向的节点越需要及时关闭，越需要及时实现新功能或修复缺陷，从而更早开始后向节点所反映需求变更的开发活动。

总之，通过 Hadoop 项目群的变更请求报告关闭可能性预测和关联网络分析的实验结果对比表明，判断有关联关系的变更请求报告的重要性是复杂的，需要综合考虑变更请求报告本身的重要性以及其在关联网络中的重要性。

5.3 基于技术债务的软件需求变更影响分析

在软件过程中，软件项目团队为了快速达到一个短期目标，如新功能升级或缺陷修复，可能会选择暂时忽略新引入变更产生的影响，在开发中走“捷径”。技术债务(technical debt)就被用来比喻这样做所导致的长期且维护代价逐渐增加的后果。随着技术的飞速发展，应用环境不断变化，在软件演化过程中，需求变更不可避免，新的变更请求不断提出。

因为估算失误而推迟某些需求变更的实现可能会影响其他需求变更的实现，而因为工期，被迫快速实现某些需求变更，则有可能引入新的技术债务，这两种情况都会对软件的长期健康发展造成不可预知的影响，称为需求变更技术债务。对软件需求变更技术债务的研究，本质上是研究软件需求变更的影响。然而，需求变更技术债务至今没有明确的定义和量化方法，因为它和真正的债务之间存在两个根本区别：第一，软件需求变更技术债务到底是什么仍然是不明确的；第二，真正的债务有利率，即债务带来的影响，而需求变更技术债务对软件带来的影响如何、是否随时间增长、增长速度如何，也都是不明确的。而且，如何量化这些需求变更技术债务是一个很大的挑战。本节研究目标就是通过定义和量化软件项目中的需求变更技术债务，推进对软件项目中需求变更影响的理解和管理。

5.3.1　软件技术债务

在实际的软件项目开发过程中，由于预算受限、时间或者资源短缺等，项目计划与软件质量常常会发生冲突。在这种情况下，一方面可以投入更多的成本来保障软件质量，另一方面则可能选择用质量较差的软件或技术以满足预算和发布时间。这种现象就是软件从业者所熟悉的技术债务，它是由 Cunningham 于 1992 年在语言和应用(OOPSLA)会议上提出的，用来描述开发人员在短期收益和长期的软件健壮性之间的权衡。

虽然技术债务概念已经提出了 20 多年，但近几年来才受到重视。它最初涉及软件实现(即在代码级别)，目前已经逐渐扩展到了软件架构、软件设计，甚至文档、需求和测试。技术债务既可以有益于软件项目，又可以损害项目。如果技术债务的成本保持可见并受到控制，那么，在某些情况下，开发团队可能会选择承受一定的技术债务，以获得业务价值。但更多的情况是无意中产生了技术债务，这意味着项目经理和项目团队不知道技术债务的存在、位置和后果。如果不及时发现并偿还，那么技术债务就会逐渐累积，这将对项目维护和演化造成不可估算的后果。

对技术债务的研究，早期主要关注通过概念化技术债务的现象和分类，建立技术债务研究的基础。技术债务有多重分类方式，根据软件生命周期的不同阶段，技术债务可以分成以下 10 种类型。

(1) 需求债务：在域假设和约束条件下，最优需求规范与实际系统实现之间的距离。

(2) 架构债务：由一些内部质量(如可维护性)做出妥协的架构决策引起的技术债务。

(3) 设计债务：某些不够健壮的设计或者需要重构的代码块。

(4) 代码债务：违反了最佳的编码规则而引发的技术债务，如简单的代码复制和过度的代码复用。

(5) 测试债务：计划却没有实行的测试。

(6) 构建债务：软件系统在构建过程中产生缺陷，使构建过于复杂和困难。

(7) 文档债务：软件开发过程中各个方面的不完整或过时文档，包括过时的架构文档和缺少代码注释等。

(8) 基础设施债务：开发相关过程、技术、支持工具等的次优配置，这种次优配置对团队生产优质产品的能力产生不利影响。

(9) 版本控制债务：指源代码版本控制的问题，如不必要的代码分支等。

(10) 缺陷债务：在软件系统中发现的缺陷、错误或故障而导致的技术债务。

在技术债务的 10 种类型中，代码债务是研究最多的，测试债务、架构债务、设计债务、文档债务和缺陷债务也受到重视，而需求债务、构建债务、基础设施债务和版本控制债务尚未受到重视。

软件技术债务通常由紧张的资源供给（如有限的预算和开发时间）以及不规范的软件开发过程（如没有及时整理文档或不按编码规范编码）等造成。具体来源可以分为以下几种。

(1) 不良行为。有时，开发人员需要降低某些软件质量指标（如可维护性）以在获得短期收益和为了软件的长期健康考虑提升软件质量这两项决策间做出抉择。没有按照代码健壮性要求编写的代码从表面上看可能会加快工作效率，但从长远来看，会使得软件工程其他阶段（如维护阶段）的效率降低。设计糟糕的源代码也会为日后软件的修改和升级工作带来风险，因为一个较小的改动可能会破坏到软件的其他组件。

不良的软件设计通常是因为开发团队某个成员的不良软件编写习惯，在无意中引入了技术债务。如果对软件开发过程没有合适的控制措施，技术债务便会逐渐积累，例如，如果系统中保存了错误的输入数据，数据质量会下降，并可能导致用户在使用软件时出现严重的问题。因此，忽视软件开发过程的控制将会降低软件健壮性，并降低安全系数。

(2) 缺乏协作和有效沟通。软件开发与维护是一项需要团队协同规划、集思广益和详细设计的工作。在软件过程中错误的决策和设计都是很难避免的，通过团队的协作，可以尽量减少错误，将每个人的优势最大化，以此来推动项目进行。然而，当一些项目参与人员对决策后果的理解不全面时，往往会导致技术债务的产生，因为某一些人员的决策往往会影响其他的利益相关者。业务人员与技术人员沟通困难也经常会导致项目出现问题，对于非技术人员，可能没有合适的方式和技术部门就一些技术问题进行沟通。因此，企业往往缺乏全局视野和沟通渠道，出现导致技术债务。因此，使企业中各方的相关人员对产品质量的评估和管理达成一致，可以促进各部门间为了达成共同目标而进行更有效的合作，从而减少因沟通不畅产生的技术债务。

(3) 过于乐观。因项目团队过于乐观的估计而制定出的目标也往往会导致技术债务。在敏捷开发环境中，开发人员会根据对现有资源的估计制定出短期开发目标，而这些估计有一定出错的概率，例如，对开发速度过于乐观而制定出过短的交付周期。而这给开发人员带来进度压力，会导致开发人员在软件质量方面进行妥协，从而导致技术债务在整个迭代周期中产生的概率大大增加。

完美的软件，即没有任何缺陷的软件，是不切实际的，每个软件项目都会有一定量技术债务。如果有意或无意引进的技术性债务可以如同经济学上的债务一样，以相同的方式进行管理，那么资本、利息和增长率将由项目技术人员控制，项目经理就可以更好地实现成本之间的平衡，这将有利于软件项目的短期收益和长期利益。

由于借鉴了经济学的“债务”的概念，软件技术债务也包括本金和利息。本金是完成以前未完成的任务所需的金额（如升级软件新功能所需的人力和时间等），利息意味着如果应该完成的任务不是现在完成，为此需要支付额外的开销（如因升级新功能而引发的漏洞）。

5.3.2　软件需求变更技术债务

在软件的整个生命周期中，需求不断发生变更，特别是大型软件项目的版本演化过程中，每天都有许多需求变更请求由用户或者开发人员提出，如在 Hadoop 和 Spring Framework 项目的 Issue 跟踪系统中已经存储了上万条软件相关需求变更请求报告。如何妥善地处理这些变更请求，并准确地估算这些变更的影响，已成为一个难题。

我们在研究中观察到，有些需求变更因为处理方式不恰当而导致后续不断出现新问题，技术债务就是用来比喻这种解决了短期问题，却造成长期花费积累的后果。由需求变更引入的技术债务定义为需求变更技术债务。根据产生债务的方式不同，需求变更技术债务可分为两种基本类型，一种是被延迟实现的需求变更，短期看来并没有影响，实际上已经欠下了债务，在后期将会阻碍软件发展；另一种是被迫快速实现的需求变更，由于技术方法不成熟或者考虑不全面等引入新的技术债务，造成了后期维护费用的积累。这两种需求变更技术债务都对软件的长期发展造成了不可预知的后果。

如今，在技术不断更新、应用环境不断变化的情况下，软件的更新速度越来越快，需求的变更不可避免。那种自顶向下的开发模式，在需求设计阶段就直接设计出完美的软件蓝图的时代已经成为过去。现在的问题是，如何更好地管理在软件演化过程中不断发生的不可避免的需求变更。在软件演化阶段，往往通过人工来确定是否进行需求变更，因此，软件开发管理人员无法准确估算需求变更对软件带来的影响和收益，导致某些需求变更未完成或者快速完成，给软件的发展带来不可预知的后果。这种为了实现短期的效益，没有考虑到软件长期发展的需求变更，定义为需求变更技术债务。

目前，大型开源项目 Hadoop 通过 Issue 跟踪系统来跟踪管理变更请求(change requests)。变更请求在软件演化过程中，由用户或者开发人员提交，其本质上反映了变更需求。到 2017 年，Hadoop 项目的 Issue 跟踪系统中已经记录了 12000 多个变更请求，其中最多的是漏洞(bug)，占 54%；其次是改进(improvement)，占 26%；子任务(sub-task)和新功能(new feature)分别占 8%和 6%，如图 5.17 所示。

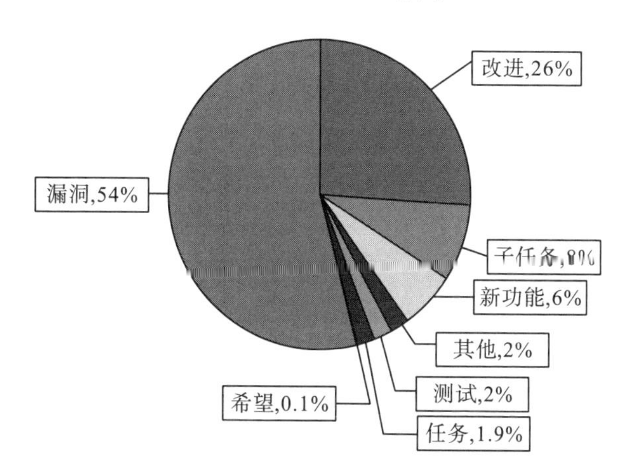

图 5.17　变更请求报告类型分布

通过研究这些 issue，发现没有被妥善处理的变更请求将引发一系列的不良后果。例如，2011 年 5 月 27 日，一个名为 dhruba borthakur 的用户提交了编号为 HDFS-2006、类型为改进的变更请求，如图 5.18 所示，他希望 HDFS 能够提供存储文件的扩展属性，但是，当时项目开发团队认为这个变更请求并没有什么用处，开发人员也没有处理这个变更请求。2013 年 8 月 29 日，编号为 HADOOP-10150 的变更请求由 Liu 提出，请求添加一个特性来保护 Hadoop 中数据的安全，而这个特性的实现需要之前 HDFS-2006 提供存储文件的扩展属性，因此，开发人员要先实现 HDFS-2006 后再实现 HADOOP- 10150。这两个需求变更请求之间的关系如图 5.19 所示。

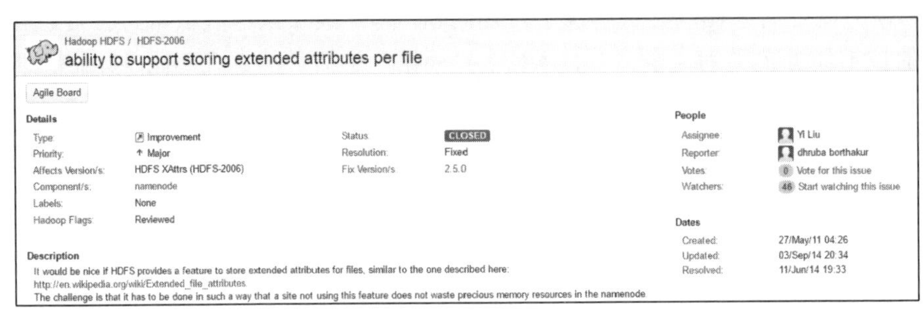

图 5.18　HDFS-2006 报告页面

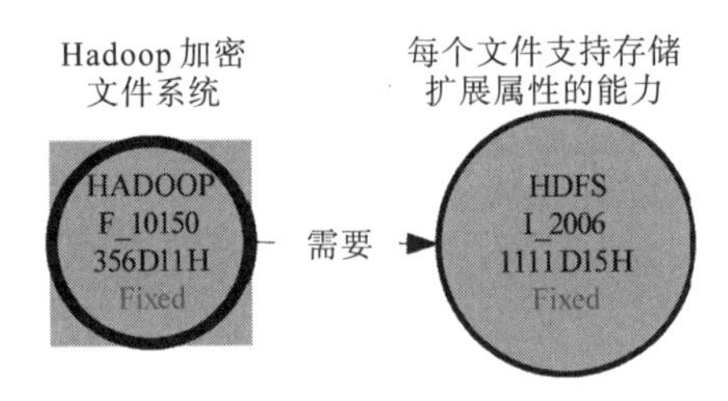

图 5.19　HDFS-2006 与 HADOOP-10150 关系图

同时，类似于 HADOOP-10150 的新特性 HDFS-6134 被提出要求在 HDFS 中提供安全性。当项目组实现了这两个需求变更后，用户在使用过程中发现一个新漏洞，其编号为 HADOOP-11286，至此，四个需求变更间产生了如图 5.20 所示的影响关系。

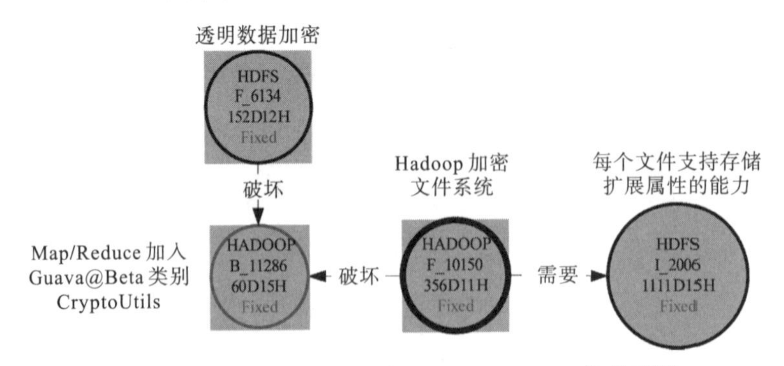

图 5.20　增加 HDFS-6134 和 HADOOP-11286 的关系图

之后，越来越多相关的漏洞被发现，也有其他新的相关需求变更不断提出，最后形成了如图 5.21 所示的需求变更相互影响的庞大复杂网络。

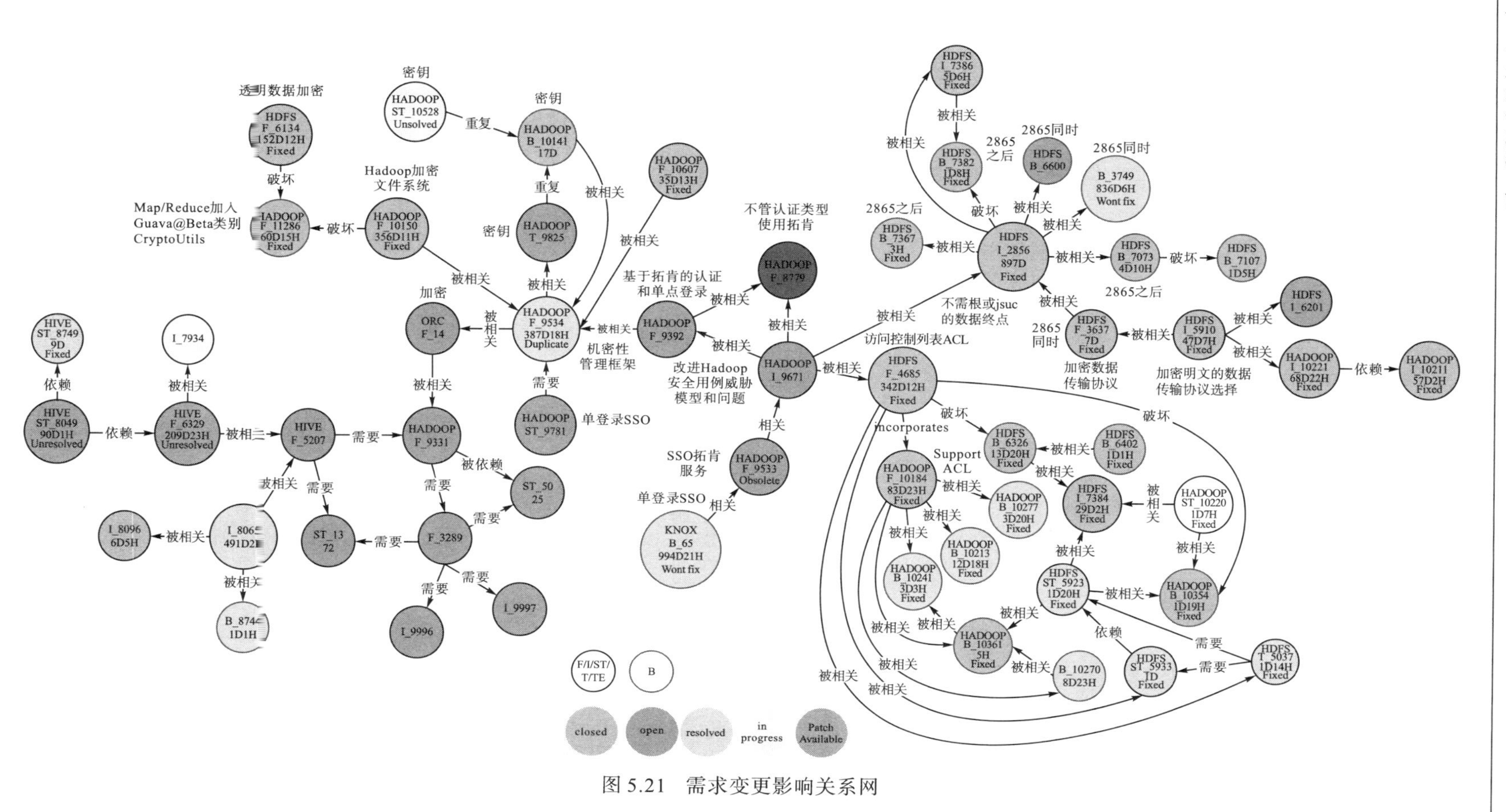

图 5.21　需求变更影响关系网

这种影响其他需求变更、造成额外花费的需求变更称为需求变更技术债务，而相关联的其他变更请求集合称为债务利息。需求变更技术债务可以用有向图表示，其中各个节点代表了不断提出的需求变更，边代表了需求变更之间的影响关系，需求变更节点上的属性保存了节点的相关信息，因此，下面先给出需求变更影响关系图定义，然后给出需求变更技术债务定义。

定义 5.3 需求变更影响关系图 G 是一个三元组 $G=(V,R,O)$，其中：

(1) V 是需求变更节点集合，$\forall v\in V$ 是一个需求变更节点；

(2) $R\subseteq(V\times V)$是需求变更节点间影响关系的集合，定义为节点间二元偏序关系集合，$V\times V=\{(v,v')|v,v'\in V\wedge v$ 影响 $v'\wedge(v,v')\mapsto A\}$，$\mapsto$是映射关系，$A$ 表示影响关系类型集合，$\forall a\in A$ 是一个需求变更对另一个需求变更的影响关系类型；

(3) O 是需求变更节点的属性信息集合，$\forall o\in O$ 是一个需求变更节点的属性值。

软件需求变更的属性根据实际研究对象来确定。在 Hadoop 项目的 Issue 跟踪系统中，属性信息可以分为状态信息、人员信息、时间信息、模块信息。状态信息包括变更请求编号(ID)、变更请求类型(type)、缺陷报告描述(description)、报告当前所处状态等。人员信息包括缺陷报告的提交者(reporter)和当前指派人员(assignee)信息。时间信息分为变更请求提交时间(created date)、最后一次更新时间(updated date)以及解决时间(resolved date)。模块信息指的是变更请求所在的项目(project)、组件(component)以及版本(version)等。

在软件项目生命周期的各个阶段，每一个变更请求的提出都是一个潜在的需求变更技术债务。简单的变更请求，对项目影响不大，很容易实现；有些变更请求比较复杂，不及时妥善处理，将引发不可预计的后果，甚至威胁到软件的质量。因此，根据产生债务的情况不同，将需求变更影响关系分为两种基本类型。图 5.22 表示了这两种不同的需求变更影响关系类型随时间的变化情况，其中，横坐标表示时间，纵坐标表示需求变更的花费(如时间花费、人力花费、物力花费等)，花费的增长意味着债务的积累。

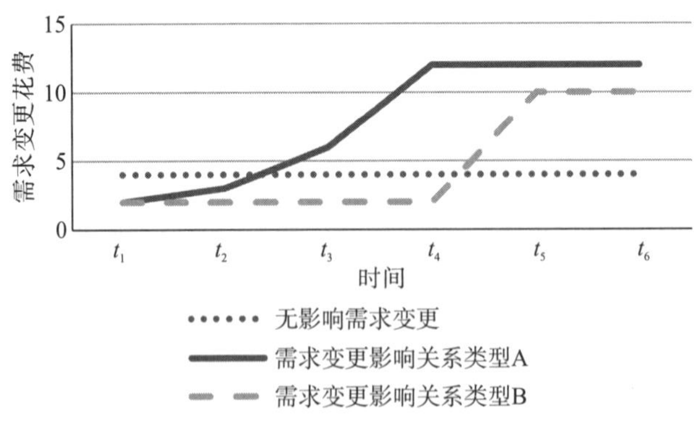

图 5.22 需求变更影响关系类型

在图 5.22 中，无影响需求变更，除了需求变更本身的花费以外，不影响其他需求变更，所以不产生其他额外的花费。但需求变更极少独立存在，在软件维护与演化过程中，一些需求变更提出后，没有被实现，可能会影响到其他需求变更的完成，只要这些需求变更不实现，其他被影响的需求变更也将无法实现，导致欠下的债务越来越多，这类需求变更在图 5.22 中表现为需求变更影响关系类型 A，受其影响而不能实现的需求变更越来越多，债务值也越来越大，导致所需总的花费也越来越高。到 t_4 后，受影响的需求变更数量到达最大值，债务值不再积累。需求变更影响关系类型 A，债务值越大，其被完成的优先级越高，这种影响到其他需求变更完成的关系为影响类关系。

另外，有些需求变更因为重要而被快速实现，但是由于时间紧迫或者考虑不全面，虽然实现了需求变更，达到了短期的效益，却在后期引发了一系列的问题，导致维护花费的增加，这种需求变更影响关系类型在图 5.22 中表现为需求变更影响关系类型 B，t_4 之后花费增加是因为由 B 产生了其他的变更需要修复，这种产生了其他需求变更的关系为产生类关系。

基于需求变更影响关系图，用时间花费来度量需求变更技术债务。当然，需要说明的是，需求变更技术债务还可以用代码或人力物力花费来进行度量，或采用综合的方式进行度量。

以时间花费为度量方式，首先，定义解决需求变更的时间花费为变更请求的解决时间(resolved date，RE)减去提出时间(created date，CD)：

$$C = T_{RE} - T_{CD}$$

其中，C 为解决一个需求变更请求的时间花费；T_{RE} 为需求变更请求的解决时间；T_{CD} 为需求变更请求的提出时间。

接下来，基于需求变更影响关系图和变更请求时间花费，基于定义 5.2 给出软件需求变更技术债务定义。

定义 5.4　软件需求变更技术债务是指需求变更快速实现或没有实现所带来的时间花费，分为本金和利息，其中本金指需求变更本身的时间花费，利息是指该需求变更影响的其他需求变更的时间花费。

需求变更技术债务的量化步骤如图 5.23 所示。

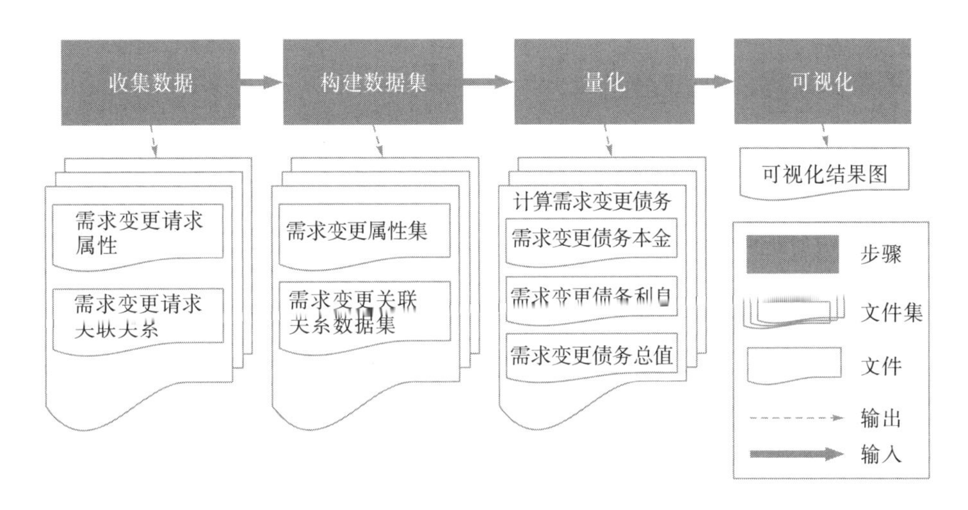

图 5.23　需求变更技术债务量化步骤图

步骤 1：收集数据。从软件项目中收集历史需求变更数据，包括需求变更的属性和需求变更之间的关联影响关系。

步骤 2：构建数据集。从收集的数据中筛选出需要的需求变更属性和关联关系，分别构成属性数据集和关联影响关系数据集。通过属性和关系构建出需求变更影响关系图，即需求变更技术债务图。

步骤 3：量化。计算出项目中每个需求变更技术债务的本金和利息，将本金和利息相加，就可以得到每个需求变更技术债务值。

步骤 4：可视化。对需求变更技术债务量化结果进行可视化，以直观地看出项目中需求变更技术债务情况，利于理解和分析。

最后将需求变更技术债务量化为两部分，一部分是本金，另一部分为利息。计算公式如下：

$$D = C_{\mathrm{R}} + \sum_{i=1}^{m}\sum_{j=1}^{n} l_i r_x c_{ij}$$

其中，D 为需求变更技术债务值；C_{R} 为需求变更技术债务本身的花费，即债务的本金；c_{ij} 为需求变更所影响的第 i 层 $(1 \leqslant i \leqslant m)$、第 j 个需求变更的花费，即需求变更技术债务的利息；系数 l_i 为影响需求变更的强度系数；系数 r_x $(1 \leqslant x)$ 为不同的影响关系类型，这两个系数分别从需求变更影响关系层级和关系类型两方面来描述需求变更之间影响的强度。

5.3.3 案例研究

Hadoop 是一个能够对大量数据进行分布式处理的软件框架，于 2006 年 1 月 28 日诞生，它改变了企业对数据的存储、处理和分析的过程，使大数据的发展加速，形成了一个重要的技术生态圈，并得到非常广泛的应用，具有一定的代表性和研究价值，因此，本节使用 Hadoop 项目作为研究需求变更影响的案例。下面收集 Hadoop 项目的需求变更数据。

1. 需求变更请求报告属性信息

Hadoop 项目使用 Issue 跟踪系统跟踪管理需求变更请求，在 Issue 跟踪系统中，每一个变更请求都有详细的属性信息，这些属性信息可分为四个部分：状态信息、人员信息、时间信息和模块信息。状态信息包括需求变更请求编号(ID)、变更请求类型(type)、变更请求报告描述(description)、报告当前所处状态等，详细信息如表 5.16 所示，其中解决方式包括：①Fixed，已解决且被测试过的需求变更；②Won't fix，不会被解决的需求变更；③Duplicated，与现有的需求变更请求重复；④Incomplete，这个需求变更请求提供的信息不足，难以解决；⑤Cannot reproduce，无法重现这种变更请求。

表 5.16　变更请求内容信息表

变更请求内容	含义
编号(ID)	是变更请求唯一的标识
类型(type)	变更请求的类型，由用户填写
状态(status)	变更请求目前所处生命周期阶段
解决(resolution)	已解决的变更请求的解决方式
摘要(summary)	变更请求的摘要
环境(environment)	变更请求相关联的硬件或者软件环境
描述(description)	变更请求的详细描述
重要性(priority)	相对于其他变更请求的重要性
附件(attach)	变更请求的附件，如补丁、文档等
评论(comments)	用户对变更请求的评论

人员信息包括需求变更请求报告的解决者(assignee)信息和提交者(reporter)，详细信息如表 5.17 所示。

表 5.17　变更请求人员信息表

变更请求人员	含义
解决者(assignee)	变更请求目前被指派的人
提交者(reporter)	变更请求的提交者

时间信息包括变更请求提交时间(created date)、更新时间(updated date)以及解决时间(resolved date)，详细信息如表 5.18 所示。

表 5.18　变更请求时间信息表

变更请求时间	含义
提交时间(created date)	变更请求报告创建时间
更新时间(updated date)	变更请求报告最后一次更新时间
解决时间(resolved date)	变更请求报告关闭时间

模块信息指的是需求变更请求所在的项目(project)、组件(component)、影响版本(affect version)和解决版本(fix version)等，详细信息如表 5.19 所示。

表 5.19　变更请求模块信息表

变更请求模块	含义
项目(project)	变更请求所属的项目(可选)
组件(component)	变更请求关联的组件(可选)
影响版本(affect version)	变更请求表明的项目版本(可选)
解决版本(fix version)	变更请求被解决的版本(可选)

2. 需求变更请求报告间影响关系数据

在 Hadoop 项目的 Issue 跟踪系统中，变更请求很少独立存在，相互之间的影响关系是研究需求变更技术债务的基础，其影响关系在每个需求变更请求的 Issue 链接中记录，图 5.24 给出一个 Issue 链接的示例。

Issue Links

depends upon	HADOOP-9613 [JDK8] Update jersey version to latest 1.x release	RESOLVED
	HADOOP-11628 SPNEGO auth does not work with CNAMEs in JDK8	RESOLVED
	HADOOP-11888 bootstrapStandby command broken in JDK1.8 with kerberos	RESOLVED
	HADOOP-11449 [JDK8] Cannot build on Windows: error: unexpected end tag: </ul>	CLOSED
is blocked by	HADOOP-12553 [JDK8] Fix javadoc error caused by illegal tag	RESOLVED

Show 28 more links (2 is blocked by, 1 is depended upon by, 21 is related to, 4 relates to)

图 5.24 需求变更请求影响关系示例图

Issue 跟踪系统中需求变更之间的 Issue 链接有如下 10 种类型。

(1) 阻止关系：blocks 和 is blocked by。

(2) 依赖关系：depends upon 和 is depended upon by。

(3) 需要关系：requires 和 is required by。

(4) 相关关系：relates to 和 is related to。

(5) 重复关系：duplicates 和 is duplicated by。

(6) 克隆(复制)关系：is clone by 和 is a clone of。

(7) 破坏关系：breaks 和 is broken by。

(8) 包含关系：contains 和 is contained by。

(9) 合并关系：incorporates 和 is part of。

(10) 替代关系：supersedes。

接下来，明确要获取的数据，以图 5.25 所示的一个编号为 HADOOP-4895 的需求变更请求报告页面为例，数字编号位置是要获取的数据。

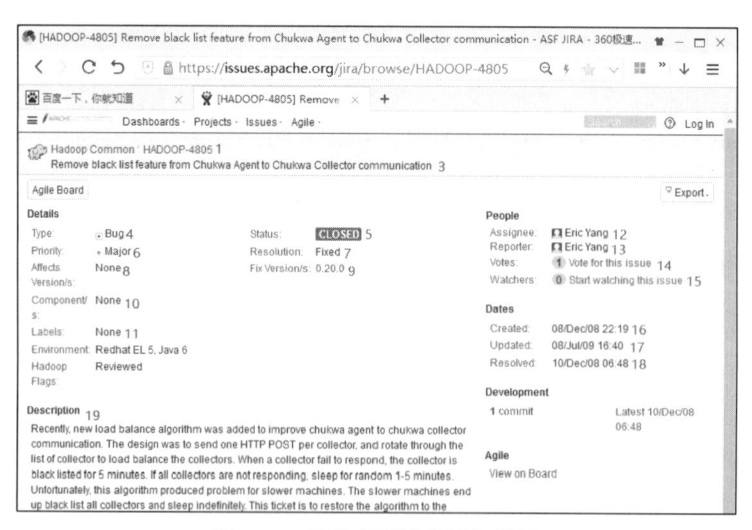

图 5.25 需求变更请求报告示例

最终，获取了从 2006 年 4 月到 2016 年 12 月，总共 12932 条 Hadoop 项目的需求变更请求数据，数据以文本的形式存储，变更请求报告各属性信息和影响关系数据以特定分隔符分隔，以方便后期对数据的读取操作，存储格式如图 5.26 和图 5.27 所示。

```
HADOOP-1□https://issues.apache.org/jira/browse/HADOOP-1□initial import of code from
Nutch□Task□Closed□Major□Fixed□None□0.1.0□None□None□Doug Cutting□Doug Cutting□0□1□01/Feb/06
02:54□17/Sep/15 06:00□04/Feb/06 05:57□The initial code for Hadoop will be copied from Nutch.□0□64
HADOOP-2□https://issues.apache.org/jira/browse/HADOOP-2□Reused Keys and Values fail with a
Combiner□Bug□Closed□Major□Fixed□None□0.1.0□None□None□Owen O'Malley□Owen
O'Malley□0□1□04/Feb/06 05:54□11/Aug/15 07:18□31/Mar/06 05:11□If the map function reuses the key or
value by destructively modifying it after the output.collect(key,value) call and your application uses a
combiner, the data is corrupted by having lots of instances with the last key or value.□1□28
HADOOP-3□https://issues.apache.org/jira/browse/HADOOP-3□Output directories are not cleaned up before
the reduces run□Bug□Closed□Minor□Fixed□0.1.0□0.1.0□None□None□Owen O'Malley□Owen
O'Malley□1□0□04/Feb/06 05:58□08/Jul/09 16:51□23/Mar/06 04:14□The output directory for the reduces
is not cleaned up and therefore if you can see left overs from previous runs, if they had more reduces.
For example, if you run the application once with reduces=10 and then rerun with reduces=8, your output
directory will have frag00000 to frag00009 with the first 8 fragments from the second run and the last 2
fragments from the first run.□2□4
```

图 5.26　变更请求属性数据存储格式

```
HADOOP|HADOOP-10|https://issues.apache.org/jira/browse/HADOOP-10|null
HADOOP|HADOOP-12|https://issues.apache.org/jira/browse/HADOOP-12|{"is_related_to":"HADOOP-16"}
HADOOP|HADOOP-16|https://issues.apache.org/jira/browse/HADOOP-16|{"relates_to":"HADOOP-12"}
HADOOP|HADOOP-17|https://issues.apache.org/jira/browse/HADOOP-17|{"duplicates":"HADOOP-4"}
HADOOP|HADOOP-18|https://issues.apache.org/jira/browse/HADOOP-18|null
HADOOP|HADOOP-19|https://issues.apache.org/jira/browse/HADOOP-19|{"duplicates":"HADOOP-56"}
HADOOP|HADOOP-20|https://issues.apache.org/jira/browse/HADOOP-20|null
HADOOP|HADOOP-21|https://issues.apache.org/jira/browse/HADOOP-21|null
```

图 5.27　变更请求影响关系数据存储格式

Issue 跟踪系统中需求变更请求有开放(open)、处理中(in progress)、重新开放(reopened)、解决(resolved)、可用补丁(patch Avaliabe)和关闭(closed)六种状态，如图 5.28 所示，为了能够准确地计算出每个需求变更请求的时间花费，仅选择已经修复的变更请求作为研究对象，即状态为解决(resolved)和关闭(closed)的变更请求。

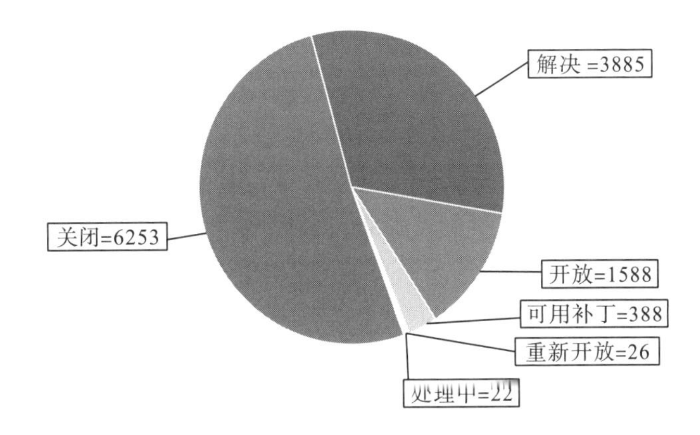

图 5.28　变更请求状态比例

由已解决的需求变更请求解决方式(图 5.29)可知，解决方式为修复(fixed)的变更请求占 62%，其他解决方式的变更请求，如解决方式为(Duplicate)的变更请求，其比例高达 9%，这种变更请求只是重复了已有的变更请求，因此，需删除这些数据，避免这些数据对实验结果造成干扰。通过对解决方式的选取，从最初抓取的 12932 条数据中，删除干扰数据后，保留 9400 条数据。下面根据 5.3.2 节需求变更技术债务定义和量化流程量化需求变更请求技术债务，首先计算各个需求变更的时间花费。

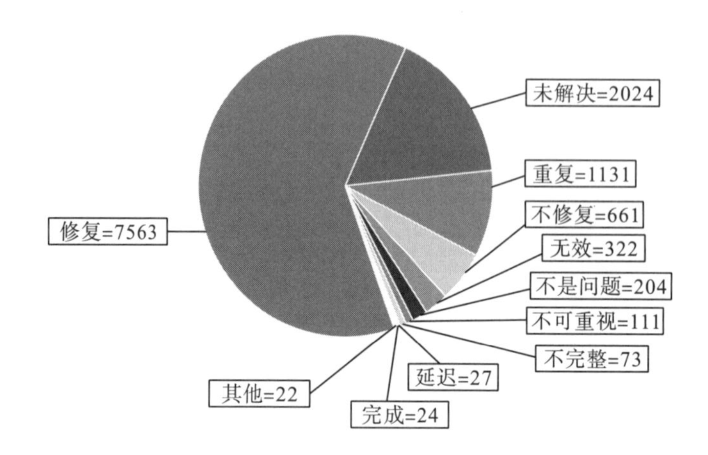

图 5.29 变更请求解决方式比例

如下是一条需求变更请求数据的文本存储形式：

HADOOP-1□initial import of code from□Nutch□Task□Closed□Fixed□01/Feb/06 02:54□04/Feb/06 05:57□0□6□4

它表示变更请求 HADOOP-1，它的提出时间是 2006 年 2 月 1 日 02:54，解决时间是 2006 年 2 月 4 日 05:57，那么它的时间花费是

$$C= T_{RE} - T_{CR} = 270180\,(s)$$

与此类似，通过计算每个需求变更请求的时间花费，将时间花费这一属性添加进原数据集中，构建研究的基础数据集——需求变更请求属性数据集，数据存储格式如下：

HADOOP-1□initial import of code from□Nutch□Task□Closed□Fixed□01/Feb/06 02:54□04/Feb/06 05:57□270180□0□6□4

为了构建变更请求关系数据集，本节对 10 种关联关系进行了研究，其中符合需求变更技术债务类型 A 影响类关系的关系是 is depended upon by、is required by 和 is related to，符合需求变更技术债务类型 B 产生类关系的关系是 blocks 和 breaks，其他类型均不符合影响类和产生类关系，本书将选取的关系对应系数 r 取值为 1，不选取的关系对应系数 r 取值为 0，选取结果及对应系数 r 值如表 5.20 所示。

表 5.20 变更请求相互关系类型及选取结果表

关系名	是否选取	对应系数 r 值
blocks	是	1
is depended upon by	是	1
is required by	是	1
is related to	是	1

续表

关系名	是否选取	对应系数 r 值
breaks	是	1
depends upon	否	0
requires	否	0
is cloned by	否	0
is a clone of	否	0
duplicates	否	0
is duplicated by	否	0
contains	否	0
is part of	否	0
relates to	否	0
is blocked by	否	0
is contained by	否	0
is broken by	否	0
incorporates	否	0
supersedes	否	0

通过对边类型的选取，构建出需求变更影响类和生产类关系数据集，其关系数据存储格式如图 5.30 所示。

```
HADOOP-249;HADOOP-2560,HADOOP-830;MAPREDUCE-93,HADOOP-3293,HADOOP-249
HADOOP-263;HADOOP-239
HADOOP-264;HADOOP-217
HADOOP-288;MAPREDUCE-458
HADOOP-313;MAPREDUCE-443
HADOOP-319;HADOOP-59;NUTCH-143,HADOOP-220
```

图 5.30　变更请求关系存储示例

选取三层影响关系，根据对变更请求之间层级关系的观察和分析，关系距离越远，影响范围越大，债务越高，所以对应公式中系数 l 的取值为 l_1=1.00，l_2=1.02，l_3=1.04，利用 5.3.2 节定义的需求变更技术债务量化公式计算出每个需求变更技术债务的债务值。例如，变更请求 HADOOP-4487 的债务计算如下：

$$D = C_{\mathrm{R}} + \sum_{i=1}^{m}\sum_{j=1}^{n} l_i r_x c_{ij}$$

$$=\{64887660+[(47734200+9593280+5105700+13250040+160418100+34489440+90000780+7058940+5616540)+(169212660+740700+6195240)\times 1.02]\}\div 259200$$

$$=235.36$$

与此类似，进行计算后，Hadoop 项目中需求变更技术债务计算结果排名前 20 的变更请求如表 5.21 所示。

表 5.21　需求变更技术债务值排名表

排名	编号(ID)	标题(Title)	债务值(*D*)
1	HADOOP-4487	Security features for Hadoop	238.36
2	HADOOP-4998	Implement a native OS runtime for Hadoop	195.16
3	HADOOP-5962	fs tests should not be placed in hdfs.	194.42
4	HADOOP-6581	Add authenticated TokenIdentifiers to UGI so that they can be used for authorization	167.07
5	HADOOP-4343	Adding user and service-to-service authentication to Hadoop	166.32
6	HADOOP-6589	Better error messages for RPC clients when authentication fails	159.95
7	HADOOP-6572	RPC responses may be out-of-order with respect to SASL	159.86
8	HADOOP-4656	Add a user to groups mapping service	156.98
9	HADOOP-5135	Separate the core，hdfs and mapred junit tests	154.91
10	HADOOP-6201	FileSystem:ListStatus should throw FileNotFoundException	141.20
11	HADOOP-7363	TestRawLocalFileSystemContract is needed	139.67
12	HADOOP-11745	Incorporate ShellCheck static analysis into Jenkins pre-commit builds.	136.27
13	HADOOP-6584	Provide Kerberized SSL encryption for webservices	135.95
14	HADOOP-5081	Split TestCLI into HDFS，Mapred and Core tests	135.40
15	HADOOP-6419	Change RPC layer to support SASL based mutual authentication	134.77
16	HADOOP-10854	unit tests for the shell scripts	134.68
17	HADOOP-4348	Adding service-level authorization to Hadoop	133.81
18	HADOOP-13073	RawLocalFileSystem does not react on changing umask	132.36
19	HADOOP-4453	Improve ssl handling for distcp	132.29
20	HADOOP-5219	SequenceFile is using mapred property	132.29

需求变更技术债务值可以作为评估软件质量的重要指标。用 Pearson 相关系数分析需求变更技术债务值与变更请求属性信息之间的关系，图 5.31 展示了相关系数结果。

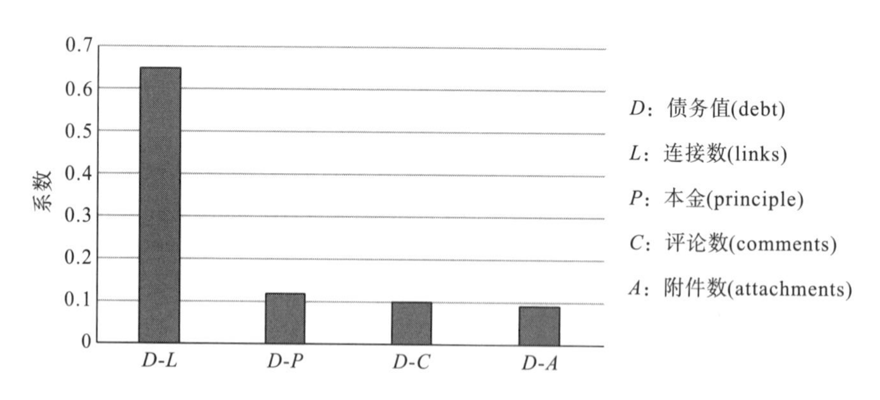

图 5.31　需求变更技术债务值与其他属性直接的关联程度

如图 5.31 所示，债务值与变更请求的连接数有强相关联性；与变更请求的评论数、时间花费都具有弱相关联，与附件数不具相关性。在所有属性中，总连接数可以被认为是与需求变更技术债务值关联最强的因素，这个事实可以理解为，连接数越多，说明影响的范围越大，相应的债务值也就越大。

实验结果的可视化可以更直观地反映出 Hadoop 项目中需求变更技术债务情况。本节使用开源软件 Gephi 进行可视化操作，Gephi 是一款基于 JVM 的开源免费软件，主要针对网络和复杂系统进行分析和可视化，可以对网络数据进行排序、布局、分割、过滤和统计，从而达到对数据可视化和探索性分析的目的，还提供用户交互的功能，用户可以使用鼠标点击和拖动来改变可视化的结果。Hadoop 项目需求变更技术债务量化值可视化未优化前结果如图 5.32 所示。

为了能够更直观地反映出项目中需求变更技术债务的具体情况，对结果进行处理，根据债务值的大小不同，对节点的面积和颜色进行处理，可视化增强后效果如图 5.33 所示。

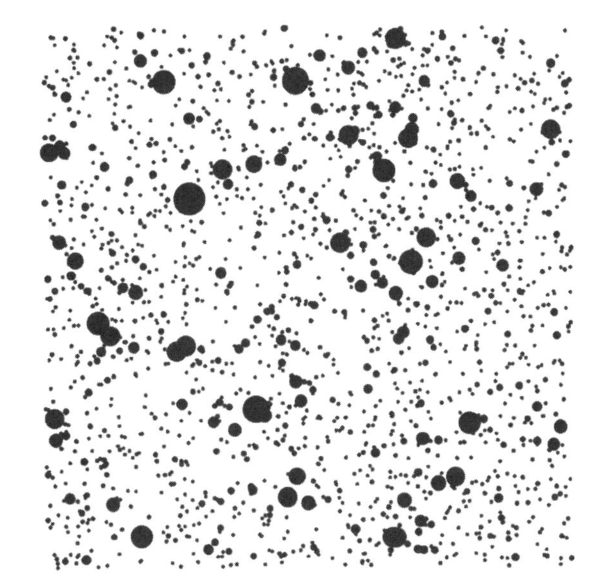

图 5.32　Hadoop 需求变更技术债务可视化未优化结果（见彩版）

图 5.33　Hadoop 需求变更技术债务可视化

在图 5.33 中，每个圆点代表一个需求变更技术债务，圆点上的文字表示变更请求编号，圆点面积越大，颜色越深，表明需求变更技术债务值越大。从图中可以明显看出需求变更技术债务值的大小情况，从而帮助管理员有效地管理在 Issue 跟踪系统中的变更请求。例如，图中债务值最大的是编号为 HADOOP-4487 引发的需求变更技术债务。下面将针对 HADOOP-4487 的债务做出分析。

当 Hadoop 最初设计时，安全性并没有被考虑进去，因为当时假设集群是由可信用户使用可信计算机组成的，总是处于一种可信环境当中，虽然设置有 HDFS 权限，即审查和授权控制，但仍然缺乏全面的安全机制，无法对用户和服务进行身份验证及安全性保护，所以任何用户都可以提交代码并执行，这样会存在以下两种安全隐患。

(1) 怀有恶意别有用心的用户，通过降低其他 Hadoop 作业的优先级，加速自己任务的完成。为了杜绝这样的用户，提高集群的安全性，有的组织就把集群设置在专用网上，限制其他的用户访问，做了网络上的隔绝。

(2) 普通的用户的操作也会导致安全事故的发生，即便使用上面提到的方法，安全性仍然无法得到保障，安全事故仍然常常发生，因为所有的用户权限等级是一样的，其中某个用户的一次错误操作，就有可能造成严重的安全事故，如大量数据被删除等。

2008 年 10 月 22 日，Kan Zhang 在 Hadoop 的 Issue 跟踪系统中第一个提交了编号为 HADOOP-4487、标题为 Security features for Hadoop 的变更请求，其报告页面如图 5.34 所示，请求实现 Hadoop 的安全机制。

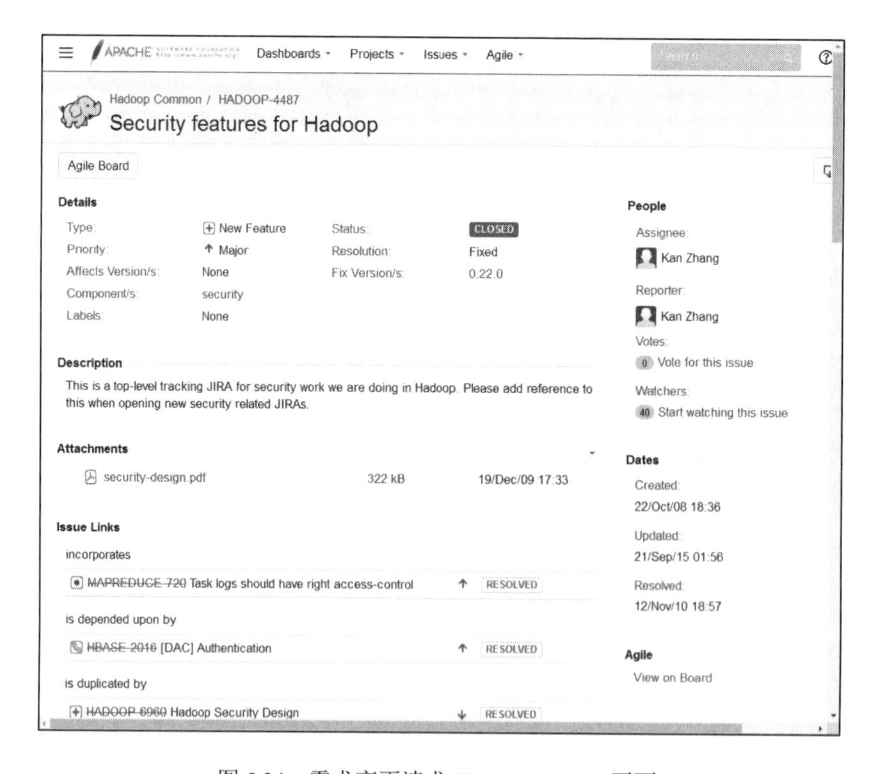

图 5.34　需求变更请求 HADOOP-4487 页面

随后，安全方面不断有新的变更请求提出。但变更请求 HADOOP-4487 提出后并没有被快速解决，直到 2009 年，Apache 才专门抽出一个团队，为 Hadoop 实现安全机制，偿还了安全需求方面的债务。在变更请求 HADOOP-4487 解决期间，相关变更请求被提出，如图 5.35 所示。

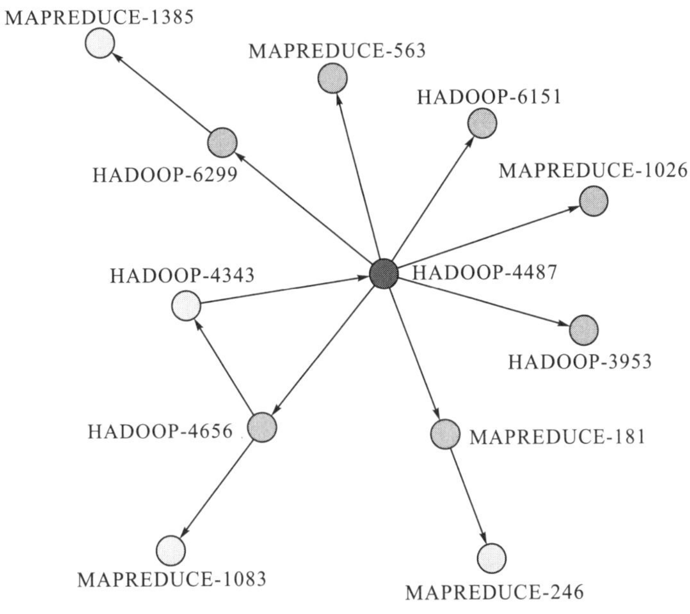

图 5.35　需求变更技术债务 HADOOP-4487 结构图

图 5.36 给出了相关变更请求的技术债务增长情况，横坐标是关联的其他变更请求(按提出时间排序)，纵坐标是债务值。由图 5.36 可见，在开始阶段，技术债务值迅速增长，在保持了一段时间后逐渐趋于平缓，最后被全部偿还。

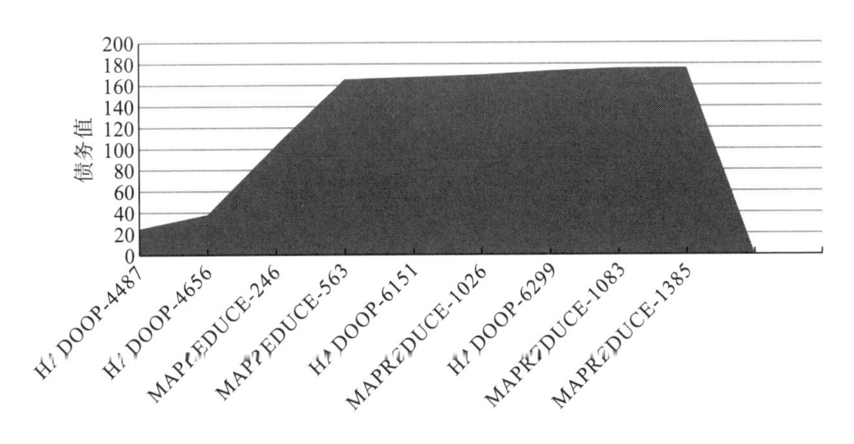

图 5.36　HADOOP-4487 相关需求变更技术债务增长情况

可以假设，如果在 HADOOP-4487 刚被提出时就解决，是不是就直接能偿还完债务？答案为否定，因为如果盲目地、迅速实现某些需求变更并不一定能获得理想的结果，还可能会因为考虑不全面而引发新的问题，导致额外的花费。通过需求变更技术债务值的增长情况可以看到，当债务值增长趋向平缓时，也就是需求变更所涉及的方方面面都被考虑进来时，技术债务才能被偿还。因此，对于一个新提出的变更请求，其债务值的迅速增长并不一定是件坏事，债务值越大，其影响的范围越大，越应该慎重考虑如何解决。例如，Hadoop 的安全机制在项目组发布的新版本中通过以下方式完整地实现了其安全目标。

(1) 在 RPC 连接上使用 KerberosRPC(SASL/GSSAPI) 进行相互验证。SASL/GSSAPI 用于实现 Kerberos，并在 RPC 连接上对用户、进程和 Hadoop 服务进行相互验证。

(2) HTTPWeb 控制台的“可插拔”身份验证。这意味着 Web 应用程序和 Web 控制台的实现者可以为 HTTP 连接实现自己的身份验证机制，这可能包括(但不限于) HTTPSPNEGO 身份验证。

(3) 执行 HDFS 文件权限。基于文件权限的 NameNode 可以对 HDFS 中的文件进行访问，控制用户和组的访问控制列表。

(4) 用于后续身份验证检查的委托令牌(在初始身份验证后)。在各种客户端和服务之间使用这些令牌，以便在初始用户身份验证后减少 KerberosKDC 上的性能开销和负载，具体来说，委托令牌用于与 NameNode 通信，用于后续的身份验证访问，而不使用 Kerberos 服务器。

(5) 当需要访问数据块时，NameNode 将根据 HDFS 文件权限进行访问控制决策，并发布可以发送到 DataNode 的块访问令牌(使用 HMAC-SHA1)用于块访问请求，由于 DataNodes 没有文件或权限的概念，因此必须在 HDFS 权限和对数据块的访问之间进行连接。

(6) 作业令牌执行任务授权。作业令牌由 JobTracker 创建并传递到 TaskTrackers，确保“任务”只能对其分配的作业进行工作。任务也可以配置为随着用户提交作业而运行，从而使访问控制检查更简单。

5.4 小　结

在开源软件项目实践中，开发者处理 Issue 跟踪系统中变更请求报告往往需要花费大量的时间和精力。因此，对海量的变更请求报告进行重要程度排序就变得十分重要。本章从变更请求报告本身特征以及变更请求报告之间具有关联关系两个不同刻画变更请求报告重要程度的维度出发，使用真实的开源项目数据进行实验验证，得到如下两个方面的结论。

(1) 利用变更请求报告关闭可能性的预测方法可以判断个体变更请求报告的重要性。变更请求报告是在不断演化的。量化和预测这些处于 Open 状态且不断在演化的报告在下一版本中得到关闭的可能性，给开发者提示这些报告的重要性，关注那些优先级比较高的报告，辅助开发者分派变更请求报告以及改善现有的 Issue 跟踪系统设计。这在 SourceForge、GitHub、Apache 等部署有 Issue 跟踪系统的开源软件项目开发实践中具有广泛的应用意义。预测变更请求报告关闭的可能性还可应用于预测软件开发和维护过程任务的需求工作量，为改善软件过程活动提供指导。

(2) 利用变更请求关联网络度量指标来判断相互关联变更请求报告的重要性。Issue 跟踪系统中存在大量相互依赖、相互影响的变更请求报告。本章利用网络节点重要性分析的方法识别变更请求网络中重要的变更请求，通过度量网络节点重要性的局部和全局指标的对比发现，局部指标更能反映变更关联网络中重要的节点。实际通过 Hadoop 项目群的数据分析实验表明，后向节点的变更请求报告会影响其前向节点得到关闭的可能性，即如果一个变更请求有多个关联，则其是否得到尽快关闭的可能性主要在于和其有关联的后向节点的重要程度，而不会考虑前向节点的重要程度。例如，A→B 的关联关系中，A 是 B 发生的原因，前向节点 A 的重要性并不会影响节点 B 的重要程度，但后向节点数目(即出度)会影响节点 A 的重要程度，后向节点数目越多，节点 A 影响的节点数目越多，得到关闭的可能性越大。

用两种不同方法对变更请求报告的内部特征和外部关联关系进行度量，通过 SourceForge 和 JIRA 项目实际数据实验发现：影响一个变更请求报告得到关闭可能性除了报告的内部特征外，还受外部相关联的变更请求报告的影响，主要受后向邻接节点具有的重要性的影响。因此，在预测变更请求报告重要性时需要综合考虑变更请求报告本身以及变更间的关联关系。

此外，近几年来，对技术债务的研究越来越多，技术债务这一隐喻很好地诠释了软件开发过程中长期效益与短期收益之间的权衡，然而，在需求工程领域，仍然缺乏有效的方法来量化和管理技术债务。本章研究需求变更技术债务的定义、分类及量化方法，再引进经济学中“边际贡献”的概念，将需求变更中的各种重要参数，与边际贡献的各类要素一一对应，以便使用技术债务方法分析需求变更，重点考虑了新引入变更请求的问题，并且应用到大型开源项目 Hadoop 和 Spring Framework 中，通过案例研究分析了需求变更技术债务概念的可用性和可行性，结果表明，需求变更技术债务方法可以为需求工程师研究需求变更影响关系、衡量变更工作量和风险提供有价值的参考数据。当然，技术债务的研究仍然是一个复杂的问题，本章仅采用时间指标来度量需求变更技术债务，而技术债务在需求变更中还应考虑到相应的人力、物力以及具体的代码变更，这些度量指标以及多种度量指标的关联研究将是未来非常有意义的一个研究方向。

练习题

1. 为什么说软件需求变更不可避免，并且还是需要的？需求变更给软件工程项目带来什么影响？

2. 什么是软件技术债务？技术债务有哪些分类？什么是软件需求技术债务？什么是软件需求变更技术债务？

3. 软件需求变更对软件工程项目有什么影响？对软件过程其他活动有什么影响？

4. 开源软件项目如何管理需求变更？你认为这样的管理是否有效？为什么？

5. 请扩展阅读，简述产品化的软件需求管理工具，并对比这些工具。

6. 请结合本章内容，提出改进的软件需求变更技术债务计算方法。

7. 本章的软件需求变更分析与第 4 章的可信软件需求建模与推理有关系吗？通过这两章知识，请总结软件需求科学与工程的概念、方法和技术。

参 考 文 献

任晓龙, 吕琳媛, 2014. 网络重要节点排序方法综述[J]. 科学通报, 59(13): 1175-1197.

Abdou T, Grogono P, Kamthan P, 2013. Managing corrective actions to closure in open source software test process[J]. Proceedings of the International Conference on Software Engineering and Knowledge Engineering, SEKE, 2013-January(January): 306-311.

Alenezi M, Banitaan S, 2013. Bug reports prioritization: Which features and classifier to use?[C]//2013 12th International Conference on Machine Learning and Applications. December 4-7, 2013. Miami, FL, USA.

Ali N, Gueneuc Y G, Antoniol G, 2013. Trustrace: Mining software repositories to improve the accuracy of requirement traceability links[J]. IEEE Transactions on Software Engineering, 39(5): 725-741.

Alves N S R, Mendes T S, de Mendonça M G, et al., 2016. Identification and management of technical debt: A systematic mapping study[J]. Information and Software Technology, 70: 100-121.

Anvik J, Hiew L, Murphy G C, 2006. Who should fix this bug?[C]//Proceedings of the 28th International Conference on Software Engineering (ICSE). May 20-28, 2006, Shanghai, China. ACM: 361–370.

Arora C, Sabetzadeh M, Goknil A, et al., 2015. NARCIA: An automated tool for change impact analysis in natural language requirements[C]//Proceedings of the 2015 10th Joint Meeting on Foundations of Software Engineering. 30 August 2015, Bergamo, Italy. ACM: 962-965.

Bagnall A J, Rayward-Smith V J, Whittley I M, 2001. The next release problem[J]. Information & Software Technology, 43(14): 883-890.

Behutiye W N, Rodríguez P, Oivo M, et al., 2017. Analyzing the concept of technical debt in the context of agile software development: A systematic literature review[J]. Information and Software Technology, 82: 139-158.

Bellomo S, Nord R L, Ozkaya I, et al., 2016. Got technical debt? Surfacing elusive technical debt in issue trackers[C]// Proceedings of the 13th International Conference on Mining Software Repositories, Austin Texas.

Bettenburg N, Just S, Schroter A, et al., 2007. Quality of bug reports in Eclipse[C]//Proceedings of the 2007 OOPSLA Workshop on Eclipse Technology eXchange. Montreal Quebec Canada.

Bettenburg N, Just S, Schroter A, et al., 2008. What makes a good bug report?[C]// Proceedings of the 16th ACM SIGSOFT International Symposium on Foundations of Software Engineering. Atlanta Georgia.

Boehm B, In H, 1996. Identifying quality-requirement conflicts[J]. IEEE Software, 13(2): 25-35.

Bonacich P, 1972. Factoring and weighting approaches to status scores and clique identification[J]. The Journal of Mathematical Sociology, 2(1): 113-120.

Carlshamre P, Sandahl K, Lindvall M, et al., 2001. An industrial survey of requirements interdependencies in software product release planning[C]// Proceedings of the Fifth IEEE International Symposium on Requirements Engineering.

Chambers J, Hastie T, 1991. Statistical models in S[J]. Boca Raton: CRC Press.

Chaturvedi K K, Singh V B, 2012. Determining bug severity using machine learning techniques[C]//2012 CSI 6th International Conference on Software Engineering (CONSEG). September 5-7, 2012. Indore, India.

Codabux Z, Williams B J, 2016. Technical debt prioritization using predictive analytics[C]// Proceedings of the 38th International Conference on Software Engineering Companion. May 14 - 22, 2016, Austin, Texas. ACM: 704-706.

Curtis B, Sappidi J, Szynkarski A, 2012. Estimating the principal of an application's technical debt[J]. IEEE Software, 29(6): 34-42.

da S Maldonado E, Shihab E, 2015. Detecting and quantifying different types of self-admitted technical debt[C]// 2015 IEEE 7th International Workshop on Managing Technical Debt (MTD). October 2, 2015. Bremen, Germany. IEEE: 9-15.

Ernst N A, 2012. On the role of requirements in understanding and managing technical debt[J]//2012 Third International Workshop on Managing Technical Debt(MTD). June 5, 2012. Zurich, Switzerland.

Ernst N A, Murphy G C, 2012. Case studies in just-in-time requirements analysis[C]// 2012 Second IEEE International Workshop on Empirical Requirements Engineering (EmpiRE). September 25, 2012. Chicago, IL, USA.

Garcia H V, Shihab E, 2014. Characterizing and predicting blocking bugs in open source projects[C]// Proceedings of the 11th Working Conference on Mining Software Repositories. 31 May 2014, Hyderabad, India. ACM: 72-81.

Garousi V, Leitch J, 2010. IssuePlayer: An extensible framework for visual assessment of issue management in software development projects[J]. Journal of Visual Languages and Computing, 21(3): 121-135.

Giger E, Pinzger M, Gall H, 2010. Predicting the fix time of bugs[C]// Proceedings of the 2nd International Workshop on Recommendation Systems for Software Engineering. 4 May 2010, Cape Town, South Africa. ACM: 52-56.

Goknil A, Kurtev I, van der Berg K, et al., 2014. Change impact analysis for requirements: A metamodeling approach[J]. Information and Software Technology, 56(8): 950-972.

Guo Y P, Seaman C, Gomes R, et al., 2011. Tracking technical debt: An exploratory case study[C]// Proceedings of the 2011 27th IEEE International Conference on Software Maintenance ACM: 528–531.

Heck P, Zaidman A, 2014. Horizontal traceability for just-in-time requirements: The case for open source feature requests[J]. Journal of Software: Evolution and Process, 26(12): 1280-1296.

Ho T T, Ruhe G, 2014. When-to-release decisions in consideration of technical debt[C]// Proceedings of the 2014 Sixth International Workshop on Managing Technical Debt. ACM: 31-34.

Hooimeijer P, Weimer W, 2007. Modeling bug report quality[C]//Proceedings of the 22nd IEEE/ACM international conference on Automated software engineering. November 5-9, 2007, Atlanta, Georgia, USA. ACM: 34–43.

Hornbæk K, Hertzum M, 2011. The notion of overview in information visualization[J]. International Journal of Human-Computer Studies, 69 (7/8): 509-525.

Hosmer Jr D W, Lemeshow S, 2000. Applied logistic regression[M]. New York: John Wiley & Sons.

Howison J, Conklin M, Crowston K, 2006. FLOSSmole[J]. International Journal of Information Technology and Web Engineering, 1(3): 17-26.

Ilyas M U, Radha H, 2011. Identifying influential nodes in online social networks using principal component centrality[C]//2011IEEE International Conference on Communications (ICC). June 5-9, 2011. Kyoto, Japan.

Jönsson P, Lindvall M, 2006. Impact analysis[M]//Aurum A, Wohlin C, eds. Engineering and Managing Software Requirements. Berlin: Springer: 117-142.

Kanwal J, Maqbool O, 2012. Bug prioritization to facilitate bug report triage[J]. Journal of Computer Science and Technology, 27(2): 397-412.

Kong W K, Hayes J H, Dekhtyar A, et al., 2011. How do we trace requirements: an initial study of analyst behavior in trace validation tasks[C]//Proceedings of the 4th International Workshop on Cooperative and Human Aspects of Software Engineering. 21 May 2011, Waikiki, Honolulu, HI, USA. ACM: 32-39.

Kruchten P, Nord R L, Ozkaya I, 2012. Technical debt: From metaphor to theory and practice[J]. IEEE Software, 29(6): 18-21.

Lee W T, Deng W Y, Lee J, et al., 2010. Change impact analysis with a goal-driven traceability-based approach[J]. International Journal of Intelligent Systems, 25(8): 878-908.

Letouzey J L, Ilkiewicz M, 2012. Managing technical debt with the SQALE method[J]. IEEE Software, 29(6): 44-51.

Li B X, Sun X B, Leung H, et al., 2013. A survey of code-based change impact analysis techniques[J]. Software Testing Verification and Reliability, 23(8): 613-646.

Li Z Y, Avgeriou P, Liang P, 2015. A systematic mapping study on technical debt and its management[J]. Journal of Systems and Software, 101(C): 193-220.

Loconsole A, Börstler J, 2005. An industrial case study on requirements volatility measures[C]// Proceedings of the 12th Asia-Pacific Software Engineering Conference (APSEC). ACM: 249-256.

Martakis A, Daneva M, 2013. Handling requirements dependencies in agile projects: A focus group with agile software development practitioners[C]//IEEE 7th International Conference on Research Challenges in Information Science (RCIS). May 29-31, 2013. Paris, France. Menzies T, Marcus A, 2008. Automated severity assessment of software defect reports[C]//IEEE International Conference on Software Maintenance. September 28-October 4, 2008. Beijing, China.

Merten T, Kramer D, Mager B, et al., 2016. Do information retrieval algorithms for automated traceability perform effectively on issue tracking system data?[C]// Proceedings of the 22nd International Working Conference on Requirements Engineering: Foundation for Software Quality- Volume 9619. ACM: 45-62.

Nugroho A, Visser J, Kuipers T, 2011. An empirical model of technical debt and interest[C]// Proceedings of the 2nd Workshop on Managing Technical Debt. 23 May 2011, Waikiki, Honolulu, HI, USA. ACM: 1-8.

Ortu M, Destefanis G, Adams B, et al., 2015. The JIRA repository dataset: Understanding social aspects of software development[C]// Proceedings of the 11th International Conference on Predictive Models and Data Analytics in Software Engineering. 21 October 2015, Beijing, China. ACM: 1-4.

Pfahl D, Lebsanft K, 2000. Using simulation to analyse the impact of software requirement volatility on project performance[J]. Information and Software Technology, 42(14): 1001-1008.

Raymond E, 1999. The cathedral and the bazaar[J]. Knowledge, Technology & Policy, 12(3): 23-49.

Schweik C M, English R C, Haire S, 2009. Factors leading to success or abandonment of open source commons: An empirical analysis of Sourceforge. net projects[J]. South African Computer Journal, 43: 58-65.

Seaman C, Guo Y, 2011. Measuring and monitoring technical debt[M]//Advances in Computers. Amsterdam: Elsevier: 25-46.

Shi L, Wang Q, Li M S, 2013. Learning from evolution history to predict future requirement changes[C]//2013 21st IEEE International Requirements Engineering Conference (RE). July 15-19, 2013. Rio de Janeiro-RJ, Brazil.

Stark G E, Oman P, Skillicorn A, et al., 1999. An examination of the effects of requirements changes on software maintenance releases[J]. Journal of Software Maintenance: Research and Practice, 11(5): 293-309.

Svensson H, Höst M, 2005. Introducing an agile process in a software maintenance and evolution organization[C]//Ninth European Conference on Software Maintenance and Reengineering. Manchester, UK.

Tom E, Aurum A, Vidgen R, 2013. An exploration of technical debt[J]. Journal of Systems and Software, 86(6): 1498-1516.

Uddin J, Ghazali R, Deris M M, et al., 2017. A survey on bug prioritization[J]. Artificial Intelligence Review, 47(2): 145-180.

Vathsavayi S H, Systa K, 2016. Technical debt management with genetic algorithms[C]//Euromicro Conference on Software Engineering and Advanced Applications (SEAA). August 31-September 2, 2016. Limassol, Cyprus.

Wehaibi S, Shihab E, Guerrouj L, 2016. Examining the impact of self-admitted technical debt on software quality[C]// 2016 IEEE 23rd International Conference on Software Analysis, Evolution, and Reengineering (SANER). March 14-18, 2016. Suita.

Zazworka N, Seaman C, Shull F, 2011. Prioritizing design debt investment opportunities[J]// Proceedings of the 2nd Workshop on Managing Technical Debt. 23 May 2011, Waikiki, Honolulu, HI, USA. ACM,: 39-42.

Zazworka N, Shaw M A, Shull F, et al., 2011. Investigating the impact of design debt on software quality[C]// Proceedings of the 2nd Workshop on Managing Technical Debt. 23 May 2011, Waikiki, Honolulu, HI, USA. ACM,: 17–23.

Zazworka N, Vetro A, Izurieta C, et al., 2014. Comparing four approaches for technical debt identification[J]. Software Quality Journal, 22(3): 403-426.

Zhang H Y, 2009. An investigation of the relationships between lines of code and defects[C]// IEEE International Conference on Software Maintenance. September 20-26, 2009. Edmonton, AB, Canada. IEEE: 274-283.

Zhang J, Wang X Y, Hao D, et al., 2015. A survey on bug-report analysis[J]. Science China Information Sciences, 58(2): 1-24.

Zhang Y Y, Harman M, Lim S L, 2013. Empirical evaluation of search based requirements interaction management[J]. Information and Software Technology, 55(1): 126-152.

Zowghi D, Nurmuliani N, 2002. A study of the impact of requirements volatility on software project performance[J]//Ninth Asia-Pacific Software Engineering Conference, 2002. Gold Coast, Qld., Australia.

第6章　数据驱动实证软件工程

指导软件开发活动的软件工程是一个跨学科的学科，它涵盖了软件技术、社会科学以及心理学等众多学科知识。综合起来看，软件工程中影响因素众多，且与参与其中的人息息相关，那么其中必然存在形式化方法揭示不了的规律或规则。学习社会科学和心理学中使用的实证研究方法，将其应用于软件工程当中得到可靠的经验性规律或规则，从而更好地认识和指导软件开发活动，为追求更高的软件开发质量和效率建立经验性基础，是实证软件工程诞生的初始动机。

实证软件工程将实证方法应用于软件工程领域，通过使用实证方法来科学地定性和定量分析软件工程数据，从而深入观察、理解和改进软件产品、软件开发和管理过程。实证软件工程研究方法的核心在于，首先提出假设(或模型)，然后通过实证研究来对其进行评价。软件开发是人力密集型和知识密集型活动，其中复杂的内涵和规律目前难以使用形式化方法进行全面研究。实证软件工程填补了这一空缺，为软件开发总结出可靠的经验性结论。所以，可以认为实证软件工程是通过基于复杂系统和人员活动的视角对软件过程探究和评价的一种重要的基本方法。认识和总结软件演化情况和规律，评估软件过程的效益，分析影响软件开发的相关因素等，是软件工程研究者重点关注的研究问题，同时也是适合开展实证软件工程实践的典型研究方向。

实证软件工程的经验性结论是直接建立在数据上的，丰富的数据是构建实证软件工程有效性的关键。如今开源软件协作开发成为软件开发主流范式，在 Github 等开源代码平台上留存了丰富的软件开发数据，这些数据涉及软件开发的方方面面，贯穿软件开发生命周期，契合了实证软件工程的数据需求。这意味着海量真实数据能够驱动实证软件工程发现和总结出关于软件制品或利益相关者的软件工程实践与规律。近年来越来越多的研究者开始开展数据驱动实证软件工程研究，并且得到了很多有趣且有深刻意义的软件工程结论。数据驱动实证软件工程对于软件工程学科体系的完善和拓展具有重要意义。

海量数据作为“数字宝藏”，为数据驱动实证软件工程发展带来机遇，但充分挖掘“宝藏”中的价值，是研究者面临的挑战。利用好海量数据，实现数据驱动，要求开展实证软件工程研究时要使用科学的研究方法和智能化的分析手段，充分发掘海量数据中的线索，得出具备有效性的可靠结论。

本章以如何开展数据驱动实证软件工程研究为重点，分别对实证软件工程中的经验策略、研究方法以及常用技术进行全面介绍。

6.1　实证研究策略

实证策略为开展数据驱动实证软件工程研究提供了基本思路。根据数据来源的不同，实证策略主要分为三类：实验、案例研究和调查。

6.1.1　实验

实验主要指在特定软件工程上下文环境中进行的控制变量实验，即在控制好自变量之外的所有变量的情况下，探究自变量对实验结果的影响。实验的重点在于根据实验目的，能够获取到度量准确的自变量，而且能够获取到度量准确的实验结果，这样才能最大限度地探究自变量与实验结果间的关系。因此，实验方法的控制程度是很高的，运用实验方法能够达成的实证研究目的也相应较多，包括但不限于检验理论、检验直观猜想、建立模型、评估模型、探索性研究等。

在针对软件工程人员的研究中，由于人员难以控制且影响因素众多，进行实验往往很难通过控制无关变量来调控上下文环境，并且成本高、周期长。但相比之下，在软件的研究中设计并运用实验的方法进行探究，上下文环境能够得到高度控制，自变量度量较为精准，普遍能够取得更好的效果。

6.1.2　案例研究

案例研究指对多个案例调查并总结具有泛化性的软件工程规律，以及针对单个案例调查具有个性化的软件工程现象。案例研究是使用非常广泛的一种实证策略，基于案例中全面且庞大的样本数据，案例研究需要在多角度下寻找在特定上下文环境尺度中具有代表性的度量来开展研究。与实验相比，案例研究根据研究切入点的不同可以多样性地直接使用现成的案例数据，而实验及实验中的变量是由人工事先设计和控制的。另外，案例研究中的数据更多来源于真实的软件活动，符合实际情况但较难分析和解释。而实验中有条件控制较为严格的实验环境，从而得到较为理想化的结论，与实际情况可能存在出入。

大到软件生态系统，小到一个开发者团队，都可以成为研究对象的案例。对多个案例的平行研究中都表现出来的共性加以总结归纳，能够得到软件工程的泛化性规律，规律能够推广到其他研究对象中，在其他研究对象中同样具有适用性。在对单个案例的研究中，其明显特征的表现以及与基线间的显著差异，都能帮助研究者了解特定案例的真实状况，以及观察个性化的软件工程现象。

6.1.3　调查

调查指通过访谈、问卷等方式对软件利益相关者的主观信息以及客观信息进行调查，是探究人员在软件工程中的影响的方法，具体的调查方法大致分为结构化调查和非结构化调查。结构化调查会由调查设计者给出关于调查内容的断言，由被调查者在给定的答案中进行选择作答。非结构化调查一般设置为开放性的问题，由被调查者自由作答。相比之下，结构化调查能够收集到较为全面且精准的数据，但其中涉及的信息面基本涵盖在调查设计者所建立的框架之内。因此，结构化调查适用于描述型和解释型的研究中，非结构化调查中收集到的数据没有结构化调查中的有序，但其中涵盖的信息面范围更广，这样的特点要求研究者对信息具有更高水平的处理能力，但同时也让非结构化调查更适用于探索性的研究中。

调查的途径分为线下调查和线上调查。线下调查包含会议、访谈、纸质问卷的形式，更方便对目标群体定向调查，并且通常能够收到更高的回复率，但缺点是成本较高。特殊地，在非结构化调查中偏向选择线下调查，因为交流往往能够让被调查者陈述更明确的观点和更多的信息。线上调查一般都是通过网络、邮件问卷的形式开展，问卷能够批量发送，成本较低，但缺点同样明显，即回复率显著偏低。在研究中选取哪种调查途径要综合调查成本和回复率进行考量。

6.2 研究方法

本节按照开展数据驱动实证软件工程的一般性流程来介绍具体的研究方法，这套方法属于经验性得出的方法，根据实际情况的不同，该方法在实际中应用的情况也会出现差异。本节介绍几种最广泛使用的研究方法。

6.2.1 明确研究动机

研究动机简而言之就是指开展研究的意义所在，在开展研究之初就确立好研究动机是十分有必要的。清晰、深刻的研究动机代表研究值得开展，是在实际研究中保证工作顺利推进的坚实基础。所有研究动机无一例外都是以理解和提高软件工程生产力以及优化软件活动管理为导向的。在数据驱动实证软件工程中，常见的研究动机包括但不限于：

(1) 发现并理解现象、规律，或者在前者的基础上进一步建立模型；

(2) 基于真实数据，检验已有的现象、规律或模型；

(3) 在实证结果中学习，总结出软件工程知识或知识体系；

(4) 发现并理解现象、规律的演化；

(5) 优化实证研究方法在软件工程中的应用。

具体地，我们获取到初步的研究动机构思之后，需要明确接下来着手的研究是什么类型的。研究可分为观察型、解释型、探索型和改进型四种。在观察型研究中，更偏向于客观数据以及情景的描述，反映实证研究对象的真实情况。在解释型研究中，更多地通过定性分析的方法对实际中存在的情况进行科学的分析和验证。在探索型研究中，注重对已有实证研究框架之外的扩展研究。在改进型研究中，注重对已有实证研究框架内的结果进行进一步研究。

在明确了研究动机之后，将研究动机这条准绳贯穿于数据驱动实证软件工程研究中，有利于更精准地把握住研究过程中的“主脉搏”，得到准确且深刻的研究结论。之后，确认所开展的研究确实具有研究价值，还需要评估根据该动机开展研究的可行性，包括技术可行性、经济可行性、操作可行性三方面。在最初阶段，研究者可以制订出较为粗略的可行性评估，一旦评估中出现研究难以开展的问题，则及时停止研究，然后根据现有的研究环境，重新从三个方面审视研究动机。例如，和某一大型软件项目中全球开源协同开发者进行线下访谈就是不符合经济可行性的，潜在的解决方案是改为随机抽样线下访谈或者统一线上问卷调查。在大规模数据中运行高精度的复杂算法，也是不符合操作可行性的，降低算法精度或者做近似优化是潜在的解决方案。

6.2.2　研究问题设计

在得到合理的研究动机后，就需要对动机中的内容设计研究问题。研究问题通常是疑问句，语句中描述了在研究中研究者需要弄清楚什么。通过回答研究问题得到研究结果，即为最终给出研究结论提供根本支撑。为了设计出便于开展研究且合理的研究问题，对需要考虑的要点进行介绍。

1. 明确研究范围

明确研究范围就是为开展研究限定条件，通过限定条件为研究搭建特定、准确的研究情景，有助于排除干扰因素对研究的影响，也有利于提升研究的可重现性。可明确的研究范围包括但不限于以下几个方面。

1) 研究对象

研究对象主要可以分为两方面，即软件和软件利益相关者，具体可以是软件产品、活动、模型、生态系统、开发者生产率、社交关系等，个体和集合都可以作为研究对象。在样本规模大的情况下，灵活运用随机抽样方法选择出研究对象集合。此外，论文是在行业中热门、被广泛关注的软件相关实体，也是易于读者理解的研究对象。

2) 视角

研究基于的视角是多样性的，如软件需求变更管理既能够从软件过程的角度研究，也能够基于需求变更间依赖关系，从复杂网络的角度研究。需要根据研究动机的侧重来决定合适的研究角度，为读者提供完善的解释。鼓励研究者从新颖且独特的视角开展数据驱动实证软件工程研究，不断构建和完善软件工程的研究体系。

3) 时间区间

足够长时间区间内的数据是获取可靠结论的前提，不过时间区间不是越长越好，太长的时间区间可能会包含过多的历史事件和额外因素，从而影响甚至破坏研究中的分析和解释的有效性。根据研究动机来划定合理的时间区间是需要考虑的方面，例如，研究对象是热门软件开发框架，那么时间区间设定在软件开发框架最热门的五年区间为宜；侧重于软件生命周期的研究，则获取完整时间区间内的所有数据为宜。

4)研究关注点

研究关注点是开展研究所想要理解或者优化的方面，如软件质量、可维护性以及开发生产力等，在开展实证软件工程研究中需时刻聚焦研究关注点，使得研究内容准确围绕主题，不偏离关注点本身。

2. 实验计划

1)提出研究问题

假设在研究问题设计中起到重要作用，对应提出假设，要求研究者首先对研究对象构建原假设(H_0)，然后通过统计方法对总体中的某一样本进行检验，最终接受原假设或者拒接原假设从而接受与原假设相异的备择假设(H_1)。很多时候，研究问题直接按照构建出来的假设进行命题。例如，做出假设 H_0：较高学历开发者的生产力显著高于较低学历开发者的生产力。对应存在备择假设 H_1：较高学历开发者的生产力没有显著高于较低学历开发者的生产力。对应就提出研究问题：开发者学历是否为生产力的积极影响因素？

2)准备分析方法

准备分析方法即为回答研究问题而制定特定的分析思路，研究问题不同，回答研究问题的思路也不同，要善于分析研究问题中的关键点，根据不同的情境选择合理的分析方法开展分析。分析方法分为两类：定量分析方法和定性分析方法。

定量分析方法是依据数据本身表现出来的数量特征进行分析的方法，定量分析方法偏于明确的、客观的。在数据驱动实证软件工程中常见的定量分析技术包括数理统计和假设检验等，在后续小节进行详细介绍。

定性分析方法则关注的是数据宏观表现出来的性质特征，是依托分析者自身的综合认知以及缜密的逻辑思维进行实证证据合理推断的方法。定性分析方法偏于抽象的、主观的。在数据驱动实证软件工程中常用的技术有假设生成技术和假设确认技术，同样在后续小节进行详细介绍。

不同的分析方法具有不同的最佳应用场景，在实际使用中一定要根据各个方法的特性来选择合适的方法。定量分析方法和定性分析方法并不是相互对立的，它们是相互补充、相辅相成的，两种方法往往结合使用，在实证研究中发挥重要的作用。在定量分析中融入定性分析，帮助研究突出重点，加强深度；在定性分析中借用定量分析来加强实证证据，增强研究说服力。在具体实践中，明确定量、定性分析方法的特点并熟练运用，才可以开展高质量的数据驱动实证软件工程研究。

3)定义度量指标

度量是按照清晰定义对实际中实体属性进行数值化或符号化的过程。在度量过程中合理使用度量指标这把“标尺”，研究者才能获取所关注的被研究对象的属性，进而开展实证软件工程研究。但度量指标本身并不是对被研究对象的直接度量，而是客观存在实体于特定规则下的投影，并且数据驱动实证软件工程研究中的结论都是建立在度量之上的，所以要保障研究结果的质量，在定义度量指标时就有必要保证度量指标的有效性，需要分析度量指标是否准确反映研究者所关注的内容。

首先，在确定度量指标时要确定度量的尺度。尺度是将被研究对象的客观属性映射为度量指标数值的不同方式。常用的度量尺度有以下几种。

定类尺度：制定特定规则，按照被研究对象属性进行分类，如不同严重程度的软件缺陷、不同国家文化背景的开发者。

定序尺度：制定特定规则，按照被研究对象属性进行排序，如软件需求变更优先级、算法复杂度。

定距尺度：在定距尺度下，任意两个相邻的测量单位之间的距离是相等的，但零点的位置并不绝对。使用定距尺度时，重点关注度量值之间的“距离”，也就是差值，定距尺度下的测量值可以进行加减计算，却不能乘除计算，如摄氏温度、海拔。

定比尺度：在定比尺度中存在绝对的零点，零点代表没有，以零点作为基准的度量值的比值存在意义。在定比尺度的度量值中进行乘除运算是有意义的，如热力学温度、开发者经验年限。

以软件开发者为例，给出一组简要的度量指标来刻画新入职开发者的信息，如表 6.1 所示。

表 6.1　入职开发者度量指标

度量目标	度量指标	尺度类型
文化背景	国籍	定类尺度
学历水平	学士、硕士、博士	定序尺度
最高学历期间成绩	最高学历阶段 GPA	定距尺度
工作生产力	年均编写代码行数	定比尺度

其次，研究者还应该对初步确定的度量指标进行分析，确定是直观的还是抽象的度量。直观的度量指所使用的度量指标能够直观地反映研究中所追求的度量目标，其间不需要研究者对度量过程进行加工辅助，如用代码行数度量软件规模、用软件工件在生态系统中被依赖的次数度量软件的流行度。在特定的上下文环境中，直观的度量结果不会随研究者的变动而发生改变。然而抽象的度量中度量指标对所追求的度量目标的反映是抽象的，往往需要研究者对度量过程或者度量结果进行合理且科学的加工说明，从而确定度量结果。抽象度量往往没有现成的度量指标让研究者选择和借鉴，研究者需要靠创新态度和科研思维分析出合理、自洽的度量指标来完成度量目标。另外，在直观度量的基础上加工，以及结合归纳多个直观度量，都是开展抽象度量的常用方法。

若是错误地将直观和抽象的度量混淆，那么就可能导致投入过多不必要的成本在直观度量中，但若想当然地认为抽象的度量在不经加工的前提下能够准确达到度量目标，会潜在损害研究的有效性。

6.2.3　开展实验

1. 数据收集

数据是数据驱动实证软件工程的基础，获取优秀的数据是开展科学研究的前提，是建立研究有效性的重要方面。根据采取的实证策略的不同，获取数据的渠道也不同。实验中数据由实验程序输出，案例研究中的数据则来源于研究对象的日志或是相关历史快照，调查中的数据则来源于被调查对象的沟通、文档反馈。目前，存在很多方式方法能够获取海量的实证软件工程数据，在此进行概述。

1）公开数据集

从网络上下载公开数据集直接进行使用是最便捷的方法，不过公开数据集的数据较少，并且领域覆盖面较为局限。在数据驱动实证软件工程研究中使用的公开数据集包含GHTorent（Github中公开项目的数据快照）、Maven Dependency Graph（存储于图数据库中的Maven依赖关系快照）等。

2）自动化获取数据集

该方法即通过制作网络爬虫的方式自动化爬取公开网站中的数据集合形成数据集。开源代码平台（如Github）、需求变更追踪系统（如JIRA）以及各软件项目的邮件列表都是可爬取的数据源。另外，利用各网站的API灵活导出数据并进行有用部分的抽取也是自动化获取数据集的方式。

3）人工获取数据集合

该方法指直接使用人工方法收集和统计数据综合形成数据集，该方法的优点是对数据收集人员的要求不高，且灵活易控制，但在数据驱动实证软件工程研究中，该方法不足以满足海量数据的需求。

在收集数据的过程中，部分数据难免需要向利益相关者获取，作为实证研究者要明确的是，利益冲突的存在可能会影响收集到的数据的真实性。为了避免影响的产生，在向利益相关者收集数据时常用的对策有：采用中性的、不具有偏向性的描述语句与利益相关者进行沟通；给予提供数据的利益相关者适当的奖励，奖励有助于数据提供者给出更符合实际的数据，而不是应付交差；为提供数据的利益相关者做好保密工作并告知，因为非保密的数据收集工作可能会引起数据提供者的戒备，从而影响收集到数据的准确性。

在数据收集过程中，统计口径是一个需要重点关注的方面。统计口径指统计数据所采用的标准，往往包括时间、范围、计算方法、识别方法等多种方式。在研究中，确定符合实际且合理的统计口径是得到准确实证结果的必要条件，例如，有一项关于美国开发者的生产效率的研究，在数据收集中，美国国籍开发者和在美国工作的外籍开发者都大体符合美国开发者这一概念的指向，具体美国开发者指哪一类开发者，就需要根据研究动机具体分析。

2. 执行实验操作

在该阶段中，按照研究问题设计中的思路和步骤一步步开展实验操作，获取实验数据和结果，保持实验操作的精准性是产出准确数据和结论的必然要求。除此之外，在执行实验操作的时候，需要遵守一些原则，来保证实验操作能够顺利开展，提高研究的质量，避免意外因素干扰。

1) 实验操作者充分理解实验操作及目的

在实验操作开始实施之前，对实验操作者进行必要的培训和告知，让实验操作者充分理解实验操作及目的。实验操作者建立相应认知后，能够更独立、流畅地开展实验操作，在意外情况发生时能够及时察觉和报告，避免实验过程中发生危害实验结果的系统性风险。

2) 实验操作者确保获得的是目标数据

实验操作者需要明确什么是目标数据，从而对实验过程中产出的数据进行全面、翔实的记录。避免发生目标数据记录不全造成实验返工的情况，否则将严重影响研究效率，甚至出现实验返工环境差异导致研究结果差异的情况。

3) 遇到异常及时记录，甚至修改实验计划

实验操作者应该及时察觉实验异常的出现，遵守小异常及时处理、大异常及时记录汇报的原则。在面对无法妥善解决的问题时，应该及时考虑修改实验计划的可能性，稳步推进研究进行。

4) 备份实验中的上下文环境

一方面，数据驱动实证软件工程研究涉及的方面众多，对应地有众多的限制条件约束研究上下文环境；另一方面，控制好研究中的上下文环境对实证结论的可重复性很重要。综上所述，详尽地备份好实验中的上下文环境是实验操作者重要的关注点。

6.2.4　实验结果展示

顺利从实验操作中获得实验数据之后，需要对实验数据进行分析与解释，展示实验结果，深入揭示隐含在数据背后的信息。这些信息是最终推导出实证结论的根本依据。

在数据分析阶段，研究者应严格按照制订的实验分析方案进行分析工作。有众多的工具能够帮助研究者开展数据分析工作。NumPy 是高性能的数据计算扩展库，并且在众多算法和库之间充当数据容器。Pandas 提供了功能丰富的高级数据结构，使用该工具能够灵

活地操作表格和关系数据库等。SciPy 是基于 NumPy 打造的科学计算工具库，众多领域的计算问题都可使用该库解决，数据驱动实证软件工程中常用的统计学方法就能够在该库中找到。Matplotlib 为功能强大的数据可视化工具，同时与其他库之间整合良好。Seaborne 基于 Matplotlib 提供了更多可以操作的数据可视化功能。除上述工具外，Scikit-learn、Statsmodels 等也是常用数据分析工具。R 语言也是具有众多数据分析基础设施的经典编程语言，其中，openxlsx、plyr、ggplot2、stats 是 R 语言中最常用的数据分析工具。除使用编程语言中的第三方库来开展数据分析外，还可以使用数据分析软件客户端。这类软件最大的优点是界面直观、操作简便和功能强大，例如 SPSS、SAS 和 Excel 等。

不管研究者进行的是定性分析还是定量分析，同样需要遵守一些原则来保证数据分析结果的准确性。

(1) 忠于研究者自身的猜想和假设，这样才能对研究问题刨根问底，深入挖掘出有用的信息，但却不能只有自身的猜想和假设，要提高认知并全面地看待研究问题，最终才有机会得到客观、具有说服力且不片面的结论。

(2) 在分析工作中，要选择使用合理的工具和分析方法以及严谨的推论来支撑分析结果。保证合理的工具、分析方法和推理的一致性，才能得到数据所真实反映的内涵。例如，使用工具时需要设置许多参数，这要求研究者正确理解参数并选择参数，而不是一律使用默认参数，这样才可以保证工具输出的结果在数据分析上是具有支撑性的。

(3) 客观、理性看待非预期的数据分析结果。在数据有效、方法正确的前提下，非预期的数据分析结果也是有意义的，作为严谨的研究者要客观、理性面对，积极并详尽地披露细节和分析原因。

在数据分析过程中，往往会发现之前研究问题设计阶段制定的研究思路存在缺点或者有优化的空间，在考虑更改成本以及控制研究进度的基础上，可能有必要对研究思路和计划进行重新修改与制定。不断修改的目的是尽可能完善研究，但在不断更改的过程中容易疏忽对研究有效性的把控。需要注意的是，新得到的研究思路和计划也应该是符合有效性评价的内容。

6.2.5 有效性评价

有效性评价是检验数据驱动实证软件工程研究结论是否具有有效性的重要方面。虽然一般在研究论文或者研究报告的结尾部分阐述威胁研究有效性的因素来对有效性进行评价，但在实际研究中，在研究初期的实验计划阶段就应该考虑到研究的有效性，从而在尽可能具备有效性的基础上进一步研究，以免在研究工作推进的过程中产生有效性威胁，损害研究的有效性。具体的有效性评估方向如下所述。

(1) 结论有效性。结论有效性指研究结果能够支撑得到可接受的结论的程度。研究结果通过逻辑严密的推论过程才能得到令人信服的结论，例如，研究过程中使用多个合适的指标和统计方法揭示出相同的结果，确保其统计关系的存在。结论有效性一定程度上也反映了研究的可靠性，主要关注数据和分析结果对研究人员的依赖程度，可靠性好的实证研究应该使其他研究者也能够复现得到。

(2) 内部有效性。建立实证研究中因果关系的时候需要保证内部有效性。研究人员应该全面发掘对结果产生影响的因素，遗漏则会对研究产生内部有效性威胁。同时研究还应该对这些因素的影响程度进行详尽研究，以增强内部有效性，获得更深入的结论。另外，在研究影响因素时，利用具有结构有效性的方法来获取并使用具有代表性且完备的数据源是保证内部有效性的基本要求，进而得到的结论可能具有更高的外部有效性，能够泛化到其他案例中。

(3) 结构有效性。结构有效性反映实证研究中所设计的方法(包括调查分析方法、度量指标等)能够反映研究者想法的程度，例如，研究者设计的问卷和访谈问题中，研究者和受访者对同一个概念的理解出现差异或受访者对利益相关对象的负面评价普遍偏轻，研究者所使用的度量指标不够精确地表征研究对象的目标特征，这些情景一定程度上会对研究结果造成结构有效性威胁。在实证研究中，保证结构有效性尤为重要。由于实证研究中时常出现经验性的数据和分析方法，其中存在着研究者潜在的主观倾向性，为克服结构有效性威胁，理想的做法是使用经过他人工作验证过具有结构有效性的数据及分析方法。若无已被验证的数据和分析方法，在进行研究时应尽量考虑可能出现的结构有效性威胁。

(4) 外部有效性。外部有效性指研究结果的泛化能力以及泛化范围。相同的实证研究方法不能在所有研究环境下都得到相同的具有代表性的结论，具有泛化能力的研究方法是具有外部有效性的，能够在其他具有共性的案例中得到具有相关性的结论。具有外部有效性的研究能够更容易地被复制，在更广泛的方面获取有价值的结果。

6.2.6 总结

总结主要是回顾数据驱动软件工程研究中产生的主体内容，然后对研究中的相关实验结果进行综合归纳，以及根据研究内容撰写研究报告。

1. 对实验结果进行综合归纳

在该阶段，应该以回答研究问题为依托，围绕着研究动机对研究中产生的内容进行总结。总结归纳应当语言精练，详略得当，将实证研究中最具意义的结果进行展示，帮助读者在短时间内回顾研究全文要点，并且做出深刻总结。在研究内容开放性高的情况下，还要从宏观角度以及交叉领域等角度对研究结果进行扩展性的讨论。另外，还应该陈述研究的有效性威胁、存在的缺点以及下一步的工作，以帮助读者尽可能全面、系统地了解该项研究。

2. 撰写研究报告

研究报告作为总结研究工作的正式文档，应当如实地、详尽地反映实证研究的内容，其中内容通常包括：

(1) 为什么要做实证研究(研究背景和研究动机)；

(2) 根据什么做实证研究(研究中使用的数据、研究方法以及上下文环境)；

(3) 怎么做实证研究(研究问题设计、实验结果分析)；

(4)得到了什么实证结论(实证证据以及总结)。

研究报告给出了这些方面的内容后，才能够建立一个较为系统性的报告框架以帮助读者全面地接受研究中的内容。另外，优秀的研究报告通常也具有简洁易懂、深入浅出的行文思路，以帮助读者更好地理解所开展的研究。研究报告一般以学术论文、书籍篇章的形式展示。按照读者群体的不同，研究报告的行文思路又大概可分为面向过程的和面向结论的。面向过程的行文思路即按照研究开展的顺序来记叙研究内容，多见于学术论文中。面向结论的行文思路则是围绕结论来逐一展示研究内容，研究内容的展示完全服务于对结论的描述，这种方式更适合在书籍篇章中进行展示，哪怕是非专业的读者也能更广泛地接受。

撰写研究报告的过程也可看作对研究过程二次复盘归纳的过程。在研究报告中形成具有泛化性的研究方法或是具有推广意义的研究结论，这也是撰写研究报告的目的之一。

6.3 常用技术

在获取到实验数据(此处提及的实验并非实证策略中的实验，而是研究中的实验阶段)后，就需要对数据中表现出来的线索进行深入挖掘。具体使用什么技术来展现数据中的价值，是值得探讨的，因为存在众多的技术可供选择。在本小节中，对数据分析的技术做分类介绍，这些技术在数据驱动实证软件工程中被高频使用，为开展数据驱动实证软件工程研究提供了有力帮助。

6.3.1 数理统计描述方法

对数据应用数理统计方法能够直接展示数据的特征，帮助研究者认识数据。数理统计方法是应用最广泛且最简单实用的数据分析技术。

1. 集中趋势的度量

具有中间趋势分布的数据样本，其数据更具有集中分布在数据样本“中段”的趋势，对这个趋势的程度的度量就有均值、中位数、众数。(算术)平均值 $\bar{x}$ 的计算公式为

$$\bar{x}=\frac{1}{n}\sum_{i=1}^{n}x_i$$

平均值的计算涉及数据样本中的每一个数字，是这一组样本中全体数据集中趋势的客观反映。平均值也是应用最广泛的集中趋势度量，但现实中的数据并不是理想分布的，由于误差和意外情况的存在，数据样本中可能会有极端数值的存在。极端数值参与平均值的计算，平均值就会受到极端数值的偏向性影响。

中位数指数据样本中分布在最中间的数值，也就是在有序的数据序列中排序位于最中间的数值。基于此定义，中位数数值本身不会受到极端大值和小值的影响，能够稳定、准确地表达样本居中的趋势。

众数指样本中出现频率最高的值，众数往往代表着样本中“最佳”“最流行”的意义倾向。和中位数一样，众数也不会受到极端值的影响。

2. 离散趋势的度量

样本中的数据可能并不倾向于集中分布，而是离散分布的，极差、四分位差、方差、标准差等指标都能够度量样本中数据的离散趋势程度。

极差指样本中极大值与极小值之间的差值，如果这个差值大，则说明样本中数据在很大范围内离散分布。极差的优点是计算简便，但缺点十分明显，由于只需要两个极值进行计算，非常容易受极端数值的影响，代表性差。

四分位差计算的是样本中数据的上四分位数和下四分位数的差值，属于极差的一种变形，上、下四分位数分别指有序数据序列中位于序列前四分之一处和后四分之一处的数值。这种方法一定程度上削弱了极端数值的影响，但该方法仍然只通过两个数字进行计算，代表性较差。

方差(s^2)在实际工作中通常使用样本方差的计算方法得到

$$s^2 = \frac{\sum (x - \bar{x})^2}{n-1}$$

其中，x为样本中的数据；$\bar{x}$为样本数据的平均值。方差刻画了样本中数据与平均值间的偏离情况，是一种常用的离散趋势度量指标。

标准差s为方差s^2的平方根：

$$s = \sqrt{s^2}$$

标准差是一种较方差更为常用的离散趋势统计度量指标，其与样本数据本身的量纲是一致的，在做描述用途时能更分布地表示波动范围。

基于标准差计算得到的变异系数v也是描述离散趋势的一种度量指标：

$$v = \frac{s}{\bar{x}} \times 100\%$$

其中，s为标准差；$\bar{x}$为样本数据的平均值。在两个样本对比的情景下，相等或过于近似的标准差无法判断哪个样本中的数据分布更具有离散趋势，于是使用变异系数来辅助判断。特别地，样本数据平均值为 0 时无法计算，但对于数据驱动实证软件工程中利用的海量数据，样本平均值为 0 的情况较为少见。

6.3.2　数据可视化

最常用的数据可视化方法有折线图、散点图、柱状图等，它们简单易懂，并且易于绘制，但它们的表现形式不同，这决定了它们都有不同的特点。

折线图通过折线的形式重点突出数据的变化趋势，如增长、下降和持平三种趋势，以及基于这三种趋势的周期变化现象。折线由不同的数据点连线而成，数据点则由横轴和纵轴刻度来表示，其中横轴常常为时间，以时间为横轴分析纵轴代表度量值的变化趋势被称为时间序列分析，是最常用的数据分析方法之一，折线图实例如图 6.1 所示。

散点图以若干散点分布的形式表达数据间的关系，散点分布所体现出来的趋势会在散点图中以密集、稀疏的散点点阵表现出来，散点图实例如图 6.2 所示。

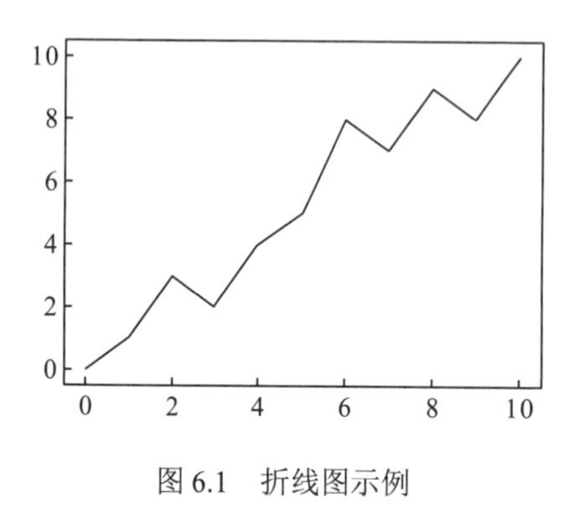

图 6.1 折线图示例

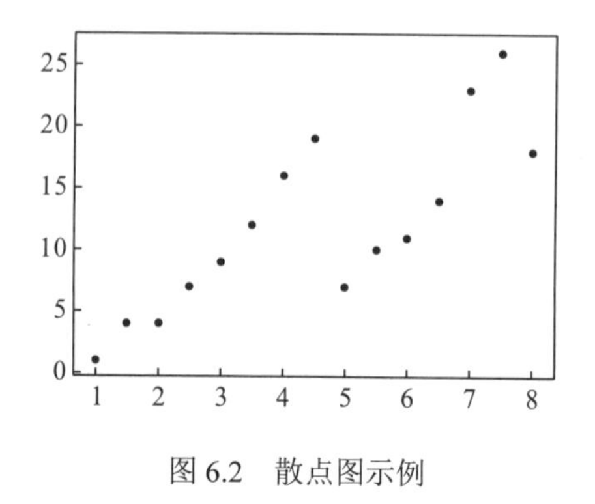

图 6.2 散点图示例

柱状图是以柱状矩形为形式重点表达不同数据间差别或数据分布密度的情况。柱状图同样由横轴和纵轴来确定图中的数据，不过在表达不同数据间差别的情况时，横轴刻度通常是离散的，用来表示需要对比的、不同类别的数据；在展现数据分布密度的情况时，横轴是连续的，每一根柱子的左侧和右侧共同代表了一段区间，多根柱子的高矮情况就能够展现数据的分布密度情况。以上两种不同的情况分别如图 6.3 和图 6.4 所示。

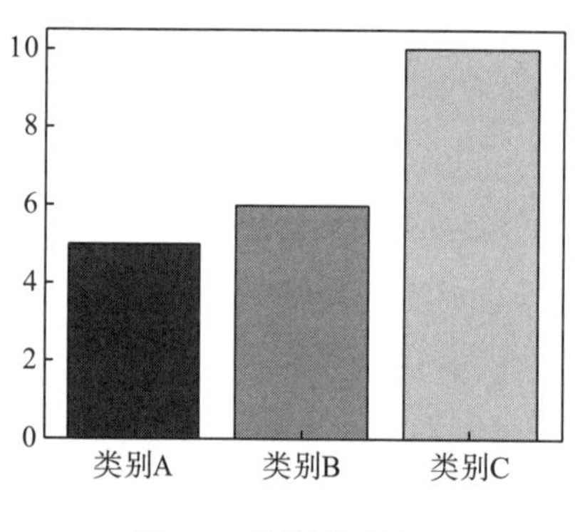

图 6.3 柱状图示例 1

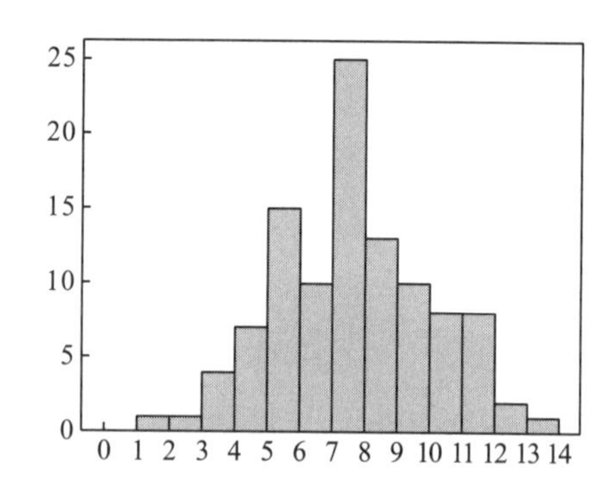

图 6.4 柱状图示例 2

箱图、小提琴图、热力图等为实证软件工程中进阶的数据可视化手段。这些图形的特点是简单易懂，同时含有更多、更深入的信息。

箱图着重于表现数据的分布以及偏态，箱体的每个部分都有特定的意义表达，如图 6.5 所示。中位数展示了数据的居中位置；上、下四分位值间的差距以及与中位数的差距展示了数据集中程度和偏态程度；上、下四分位间的差值称作四分位距，在上四分位数的基础上加 1.5 倍四分位距得到上边缘，在下四分位数的基础上减 1.5 倍四分位距得到下边缘，上、下边缘代表了数据分布的边界，位于上、下边缘外的样本数值称作离群值。

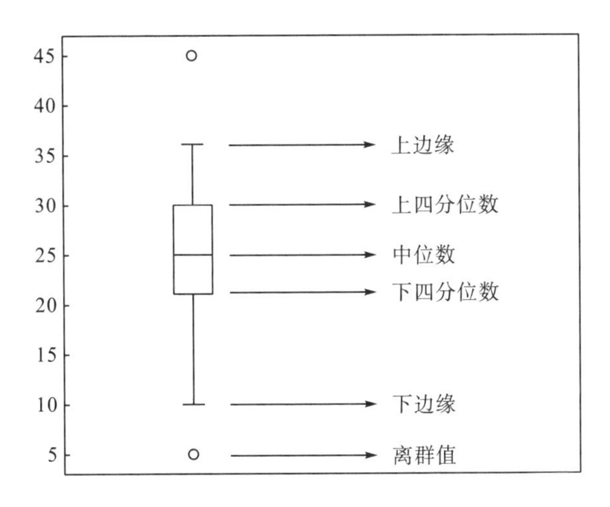

图 6.5　箱图示例

小提琴图在箱图的基础上，增加了对数据值域中的频率分布情况的展示，图形组成元素少，表达内容丰富，形状与小提琴相似，因而得名。如图 6.6 所示，箱图中的箱体作为构图基础存在于小提琴图中央，箱体周围的蓝色区域宽度代表了分布在该度量值的数据样本的频率。小提琴图能够非常直观地给出数据分布的信息。

热力图按照数值大小对图形中特定区域添加深浅程度不同的颜色，来表示数据的分布情况，该可视化方法通过简单的颜色深浅来为各种各样的图形多增加一维的信息量，是十分有用的可视化方法，如图 6.7 所示。以开发者研究为例，假设横坐标代表开发者的年龄，纵坐标代表开发者的从业年限，区域的颜色深度代表开发者的开发生产力，那么整个图就有助于揭露开发者年龄、从业年限与开发生产力之间存在潜在关联的线索。

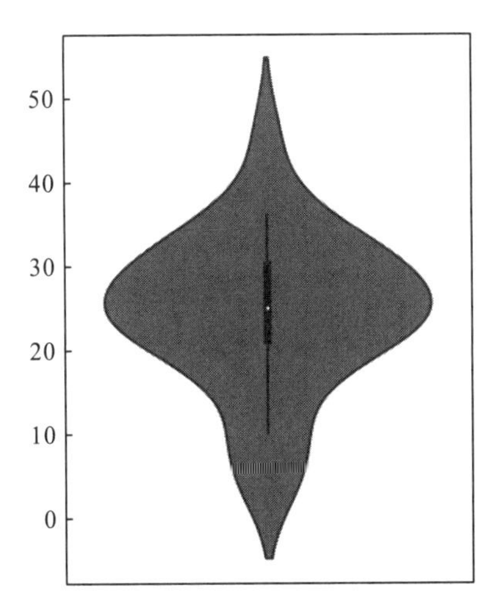

图 6.6　小提琴图示例（见彩版）

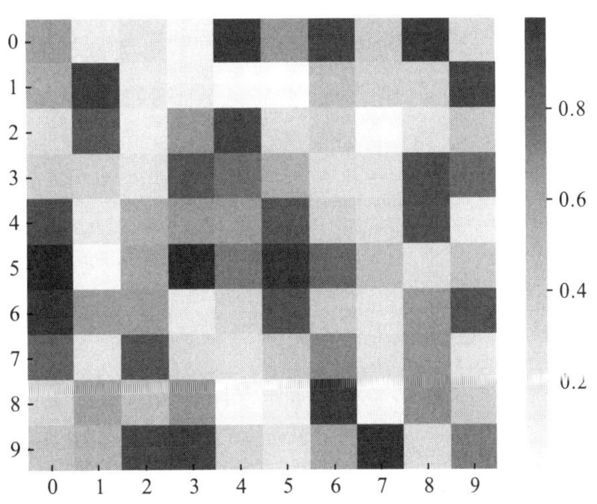

图 6.7　热力图示例

以上为在数据驱动实证软件工程中常用的数据可视化技术。数据可视化技术作为一门学科，从简单易懂的小型可视化技术到复杂全面的中大型可视化技术，都有众多的选择可供数据驱动实证软件工程研究者选择和应用，关键在于研究者选择出最契合实际数据分析与展示需求的数据可视化技术，才能最形象、最突出地展示出数据背后存在的内涵。

6.3.3 统计学方法

在数据驱动软件工程中，假设检验是最为常用的统计学方法。在假设检验中，研究者通过建立原假设(H_0)来给出关于样本所属总体的命题，并希望拒绝该假设从而开展研究。也就是，通过假设检验可以基于手中样本数据来对总体的分布形态进行推断，从而拒绝原假设(H_0)并接受与原假设相异的备择假设(H_1)，或是接受原假设(H_0)，最终得出关于被研究对象的结论。

统计学中检验方法可分为参数检验和非参数检验两类，参数检验是建立在特定的总体分布前提下的(一般是总体符合正态分布，或是具备反差齐性)；非参数检验则不依赖总体分布的特征，仅仅依靠样本本身对总体分布进行推断。简单来说，参数检验较非参数检验对样本的要求更为严格，但参数检验的效能是高于非参数检验的。

1. 比较检验

比较检验是事先对总体分布形式做出两样本平均值相同的假设，然后利用样本信息来判断这个假设是否可接受，即判断两样本之间均值之间是否存在显著性差异。例如，收集到两个数据样本，分别代表不同开发者对两个开发工具的易用性评分，若两个样本间均值存在显著性差异，那么我们就能够认为两个工具的易用性是存在显著差异的，其中一个工具的易用性显著高于另一个工具。

(1)Z 检验。该检验方法用于比较两个独立大样本的均值差异显著性，是适用于数据驱动实证软件工程中的一种参数检验，该方法要求样本所属总体符合正态分布。具体过程包括：建立原假设 H_0，两个样本的平均数之间不存在差异(μ_1=μ_2)，备择假设为两个样本的平均数存在差异($\mu_1 \neq \mu_2$)，按照以下公式计算统计量 Z：

$$Z = \frac{\bar{X}_1 - \bar{X}_2}{\sqrt{S_1 / n_1 - S_2 / n_2}}$$

其中，$\bar{X}_1$ 为样本 1 的平均数；$\bar{X}_2$ 是样本 2 的平均数；S_1 为样本 1 的标准差；S_2 为样本 2 的标准差；n_1 为样本 1 的容量；n_2 为样本 2 的容量。根据计算获得的 Z 值与 Z 值表对比，判断显著性水平，然后决定最终应该拒绝还是接受原假设 H_0。

(2)曼-惠特尼 U 检验。该检验方法为用于比较两个独立样本的均值差异显著性的非参数检验方法，在样本总体分布情况未知或非正态分布的情况下适用该方法。具体过程包括：建立原假设 H_0，两个样本的平均数之间不存在差异(μ_1=μ_2)，备择假设 H_1 为两个样本的平均数存在差异($\mu_1 \neq \mu_2$)，混合两个独立样本，按照样本中数值大小来编排等级。最小数据的等级编排为 1，次小数据的等级编排为 2。数值相同的数据的等级统一编排为它们原本所属等级的平均数。例如，两个样本合并后得到的样本为{1,2,3,3,3,4,5}，为它们编排的等级为{1,2,4,4,4,5,6}。分别求出分属两个样本中数据的等级 W_1 和 W_2 后计算统计量 U：

$$U_1 = n_1 n_2 + \frac{n_1(n_1+1)}{2} - W_1$$

$$U_2 = n_1 n_2 + \frac{n_2(n_2+1)}{2} - W_2$$

其中，n_1 和 n_2 为样本 1 和样本 2 的容量。

选择两个统计量 U_1 和 U_2 中的最小值 $U_{\min}$ 与临界值 U_α 进行比较，若 $U_{\min}<U_\alpha$，则拒绝原假设 H_0，接受备择假设 H_1，反之则接受原假设 H_0。

Z 检验容易受到样本中异常值的影响，特别是样本容量小的情况下，但在样本中存在大量数据的情况下，少量的异常值对检验的影响也是可以接受的。曼-惠特尼 U 检验中只关注样本中数据的秩(排序顺序)，而不关注数据大小，于是异常值对曼-惠特尼 U 检验的结果的影响是有限的。

上述两种方法为数据驱动实证软件工程中常用的比较检验方法，除此之外还有适用于各种情况的其他方法可供研究者选择，例如，针对从重复度量中获得的成对样本所适用的配对 t 检验或 Wilcoxon 检验，以及用于频率数据的卡方检验。

2. 相关性检验

相关性检验是事先对两个变量间相关关系做出一个假设，然后利用样本中数据所代表的变量信息来断言该假设是否可接受，以此来判断两个变量之间是否存在显著相关性的方法。相关系数能够对两个对象数据之间的相关关系进行定量度量，若两个对象数据间存在相关关系，则认为两个对象间存在一定程度的内在联系或共通的变化规律。例如，软件开发中，猜想开发者的工作时间和代码行数之间存在正相关关系，工作时间越长，开发者编写的代码行数越多，那么就能够使用相关性检验来检验两者之间是否存在显著的正相关关系。

(1) 皮尔逊相关性检验。该检验是度量两个独立样本所代表变量间的线性相关关系的方法。该方法为参数检验方法，同时要求样本所属总体符合正态分布。具体过程包括：建立原假设 H_0，两个样本中数据的皮尔逊相关系数为 0，即 $r=0$，代表两个样本中的数据间不存在显著相关性，备择假设 H_1 为两个样本中数据的皮尔逊相关系数不为 0，即 $r\neq0$，代表两个样本中数据间存在显著的线性关系。计算皮尔逊相关系数 r：

$$r = \frac{\sum_{i=1}^{n} x_i y_i - n\,\overline{x}\,\overline{y}}{(n-1)s_x s_y}$$

其中，$\{x_1,x_2,\ ,x_n\}$为样本 X，$\{y_1,y_2,\ ,y_n\}$为样本 Y，n 为样本容量，$\overline{x}$ 为样本 X 均值，$\overline{y}$ 为样本 Y 均值；s_x 为样本 X 的标准差；s_y 为样本 Y 的标准差。

计算统计量 t：

$$t = r\sqrt{(n-2)/(1-r^2)}$$

其中，n 为样本容量；r 为皮尔逊相关系数。

根据置信水平表查找临界值 p，若 $p<0.1$，说明 99%的置信水平上能够拒绝原假设；

若 $p<0.05$，说明 95%的置信水平上能够拒绝原假设。从而认为两个样本间存在显著的相关关系。相关性系数 r 的输出结果为−1～1，r 为 0 时代表不存在相关关系，正值代表正相关，负值代表负相关。绝对值越大，相关性越强。作为参数检验方法，该方法同样易受极端异常值的影响。

(2)斯皮尔曼检验。该检验为相关性检验的常用非参数检验方法。在样本不符合或不清楚是否符合正态分布时选用。具体过程包括：建立原假设 H_0，两个样本中数据的皮尔逊相关系数为 0，即 $r=0$，代表两个样本中的数据间不存在显著相关性，备择假设 H_1 为两个样本中数据的皮尔逊相关系数不为 0，即 $r\neq0$，代表两个样本中数据间存在显著的线性关系。为样本中的数据分配等级，等级即是数据升序排列的位次，例如，{1,5,3}的等级为{1,3,2}。计算斯皮尔曼相关系数 r：

$$r=1-\frac{6\sum_{i=1}^{n}d_i^2}{n(n^2-1)}$$

在大样本情况下，构建统计量并计算 t：

$$t=r\sqrt{n-1}\sim N(0,1)$$

计算拒绝域面积 p，若 $p<0.1$，说明 99%的置信水平上能够拒绝原假设；若 $p<0.05$，说明 95%的置信水平上能够拒绝原假设。从而认为两个样本间存在显著的相关关系。

相关性检验是实证研究中广泛使用的一种统计学方法，以上介绍的两种方法又是相关性检验中最常用的方法。需要注意的是，连续且正态分布的数据才能使用皮尔逊检验，不满足条件的数据则使用斯皮尔曼检验。另外，定序尺度的数据只能使用斯皮尔曼检验。

6.3.4 复杂网络方法

复杂网络指具有自组织、自相似、吸引子、小世界、无标度中部分或全部性质的网络系统，其本质是一个图 $G=(V, E)$，其中 V 是顶点，代表描述对象的组成单位集合；E 是边，代表 V 之间的关系的集合。例如，在社交网络中，V 代表人，E 代表人之间的认识关系；在食物链网络中，V 代表生物，E 代表捕食关系。通过建立复杂网络能够形式化地描述个体集合及其之间的关系。

复杂网络中的边分为无向边和有向边。无向边代表个体间的关系没有明确的指向关系，例如，朋友关系和交易关系，学生 A 和学生 B 之间存在朋友关系，那么 A 是 B 的朋友，同时 B 也是 A 的朋友，我们认为朋友关系是无向的。有向边代表个体间的关系具有明确的指向关系，例如，帮助关系和从属关系，学生 A 存在指向学生 B 的帮助关系，那么可以知道学生 A 帮助了学生 B，但学生 B 是否帮助学生 A 是不确定的。另外，边也存在有权重和无权重的区别，有权重的边会被赋予一个权重，例如，学生 A 存在指向学生 B 的帮助关系，且边的权重为 5，那么可以知道学生 A 帮助过学生 B 5 次。

在数据驱动实证软件工程中能够利用的海量数据中，蕴含依赖关系表现形式的数据，就能够应用复杂网络方法来对这类数据进行建模。数据中的个体为顶点，个体间的依赖关系为边，于是得到依赖关系网络。基于复杂网络的方法可以迁移到依赖关系网络之中，在数据驱动软件工程研究中得到扩展。例如，软件重用的存在使得开发者经常基于第三方软件库开发软件工件，那么新开发的软件工件就建立了一条指向第三方软件库的依赖关系。特别在开源软件生态系统中，存在海量的软件工件和依赖关系，利用复杂网络就能够对软件工件及其依赖关系进行精准的形式化建模，利用复杂网络技术对软件工件依赖关系网络进行分析拓宽了开源软件生态系统的研究。

1. 中心性度量

面向网络中的单个顶点，能够利用中心性度量来表示顶点在网络中的重要程度，例如，对于一个大型软件项目中的所有开发者，根据开发者间的协作关系构建出开发者协作网络，中心性度量的顶点(集)就代表了在开发协作中最具有影响力的开发者(集)。常用的中心性度量包括以下四个。

1) 度中心性

该指标通过计算与顶点相连的边的数量来度量顶点在网络中的重要性。基于度中心性，还分为入度中心性和出度中心性。入度中心性根据指向顶点的边的数量来度量顶点在网络中的重要性，对应地，出度中心性根据从顶点发出的边的数量来度量顶点在网络中的重要性。

2) 紧密中心性

该指标通过度量特定顶点到其他顶点之间的距离来判断该顶点与其他顶点连接的紧密程度，如果紧密中心性高，那么说明该顶点与网络中其他顶点之间的距离都很近，信息流动成本就偏低，计算公式如下：

$$C_{\mathrm{c}}(v)=\frac{n-1}{\sum_{i=1}^{i=n-1} d_i(v,v_i)}\times 100\%$$

该指标计算 v 到所有其他顶点 v_i 的平均最短路径的倒数，其中 d_i 为顶点 v 到顶点 v_i 的距离，n 为网络中顶点总数。

3) 中介中心性

该指标通过计算特定顶点出现在其他顶点的最短路径中的比例，来断定特定顶点的重要性。一个顶点的中介中心性越高，说明其他顶点间信息流转会经过该顶点的概率越大，也就是说，该顶点在网络中对信息传播的控制能力越强，对信息流转的影响很大，计算公式如下：

$$C_{\mathrm{b}}(v)=\sum_{s,t\in V}\frac{P(s,t\mid v)}{P(s,t)}$$

其中，v 为网络中的顶点集合；$P(s,t)$ 为顶点 s 到 t 的最短路径数量；$P(s,t|v)$ 为顶点 s 到 t 经过顶点 v 的最短路径数量。

4) 特征向量中心性

对于特定顶点，该指标计算基于该邻居顶点的中心性来度量该顶点在网络中的中心性。由以下公式进行计算：

$$Ax = \lambda x$$

其中，A 为网络中的邻接矩阵，对应的特征向量即为λ；$x = [x_1, x_2, \cdots, x_n]^{\mathrm{T}}$ 为特征向量中心性向量，x 向量的第 i 个元素即为第 i 个顶点的特征向量中心性。常用的 PageRank 为特征向量中心性的一个变种。

除以上几种在数据驱动实证软件工程中常用的中心性度量外，还有群体中心性（group centrality）、负荷中心性（load centrality）、子图中心性（subgraph centrality）等各类具有多样性含义的中心性度量。在研究中，由于实际情况和定义的不同，建立起来的网络也是不同的。网络可能是连通的也可能是非连通的，边可能是有向的也可能是无向的，可能是加权的也可能是不加权的，然而经典的中心性度量可能只适用于其中某一种情况，面对其他的情况无法进行直接应用，这个时候需要去查阅对应中心性度量的扩展研究，选择适用于自身情况的扩展中心性度量。在为研究对象进行网络建模之后，灵活运用中心性来量化特定个体在网络中的特征，能够从新的角度理解个体在网络中的表现、行为或特性，可从多维度上理解研究对象，利于开展更深入的数据驱动实证软件工程研究。

2. 网络特征

从整个网络的角度出发，能够反映网络特定状态的度量称为网络特征，常用于数据驱动实证软件工程的网络特征包括以下四个。

(1) 密度，指网络中边的密集程度，由以下公式计算：

$$D = \frac{n_e}{n_v \times (n_v - 1)}$$

其中，n_e 为网络中边的数量；n_v 为网络中顶点的数量；$n_v \times (n_v - 1)$ 为网络中最多可能存在的边的数量，整个分数表示现有边数量与网络中最多可能存在的边数量的比率。

(2) 平均聚集系数，指网络中各个顶点聚集成簇的程度，单个顶点的聚集系数由下列公式计算：

$$C(v) = \frac{1}{\deg(v) \times [\deg(v) - 1]} \sum_{a,b \in V} (\hat{w}_{v,a} \times \hat{w}_{v,b} \times \hat{w}_{a,b})^{1/3}$$

其中，V 为网络中的顶点集合，顶点 $v,a,b \in V$，a 和 b 是 v 的邻居顶点；$\deg(v)$ 为 v 的度中心性；$\hat{w}_{a,b} = w_{a,b} / \max(w)$ 为 a 和 b 间边的归一化权重，$w_{a,b}$ 是 a 和 b 之间的边的权重。由下列公式计算各个顶点的平均聚类系数：

$$\mathrm{ACC} = \frac{1}{n_v} \sum_{v \in V} C(v)$$

其中，V 为网络中的顶点集合；n_v 为网络中顶点的数量。

(3) 平均最短路径表示网络中所有顶点对之间最短路径的平均值，衡量信息从一个顶点流向另一个顶点的平均成本，该指标由下列公式计算：

$$A=\sum_{s,t\in V}\frac{d(s,t)}{n_v\times(n_v-1)}$$

其中，V 为网络中的顶点集合；n_v 为网络中的顶点数；$d(a,b)$ 为从顶点 a 到 b 的最短路径，该指标衡量信息从一个顶点流向另一个顶点的平均成本。

(4) 平均度表示网络中平均每个顶点的度中心性，由下列公式进行计算：

$$\text{AD}=\frac{\sum_{v\in V}\deg(v)}{n_v}$$

其中，V 为网络中的顶点集合；deg() 为顶点的度中心性；n_v 为网络中的顶点数量。平均加权度表示网络中每个顶点与之相连接的加权边的平均权重和，将公式中 deg() 改为 $\deg_w()$ 计算加权度中心性即可。

除以上介绍的常用网络特征外，还有很多从不同角度度量网络整体情况的网络特征，在开展数据驱动实证软件工程研究时可以根据实际情况进行选用。

3. 社区发现算法

在软件工程研究的场景中，社区是一个重要的概念，指彼此联系紧密的顶点集合。开发者社区、相关软件社区等都是软件工程中社区的概念实例。社区概念虽然易于理解，但是其社区的边缘却较为模糊，很难简单地对社区进行准确划分。社区发现算法就能够准确地在网络中识别出社区，基于准确社区划分的软件工程社区研究有助于取得更有说服力的结论。例如，在开发者社交网络中，开发者会倾向于找与自身开发任务相似的开发者建立社交关系，不同开发任务的开发者演化成为若干个社区，不同的社区涉及不同的开发任务主题，在网络中应用社区发现算法能够准确地发现各个社区。

1) 标签传播算法

标签传播算法是一种过程简单的无监督社区发现算法，该算法的过程包括：为网络中每个顶点分配唯一的标识符作为标签；标签按照规则进行若干轮的迭代传播：网络中顶点的标签更新为其邻居顶点中出现次数最多的标签(若不同标签出现的次数相同，则随机传播一个邻居顶点标签到该顶点)；两次迭代之间，不同标签代表的社区和社区内顶点数量不变则停止迭代，图 6.8 展示了标签传播的一个简单示例。

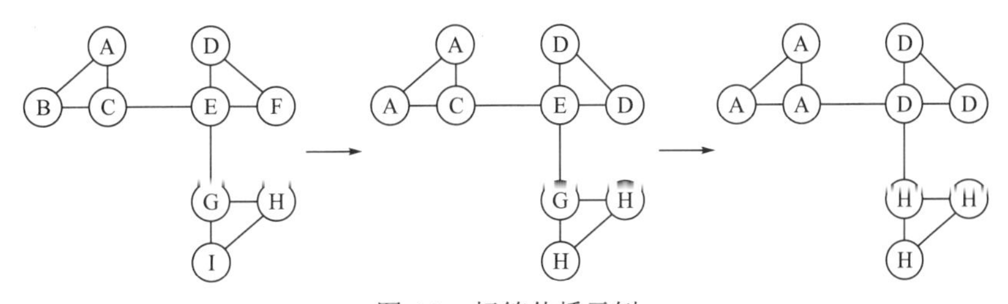

图 6.8　标签传播示例

该算法的思想为，社区内部连接紧密的特性能够将标签迅速在社区内传递，社区边缘连接稀疏的特性天然地阻碍了标签的传播，最终具有相同标签的顶点集合即能够视为归属于同一社区。在该算法中加入一定程度的人工监督是可行的做法，即根据实际中确定的信息，在网络中局部设置相同标签，少量的人工能够缩小算法产生结果的不确定性，精确社区范围。该算法简单好用，存在很多基于该算法的扩展方案，根据实际情况有的放矢地选择算法是准确发现社区的要求，利用这些算法就能够准确识别出网络中的社区。基于已识别的社区，还能够将社区视作整体，从而研究社区单位的表现以及演化趋势。

2) Louvain 社区发现算法

以无向网络为例，该算法大体分为两个步骤。

第一个步骤，为网络中每个顶点都分配唯一标识符代表其所属社区，对于每个顶点，它都在寻找归入其邻居顶点的社区中模块度提升最大的情况，然后将标识符变更为对应的邻居顶点标识符，模块度提升ΔQ由以下公式计算：

$$\Delta Q = \frac{k_{i,i_n}}{2m} - \gamma \frac{\sum_{\text{tot}} \cdot \mathrm{k}_i}{2m^2}$$

其中，m为网络的大小；k_{i,i_n}为从社区中顶点i到i_n的路径权重和；k_i为指向顶点i的边的权重和；$\sum_{\text{tot}}$为指向社区中所有顶点的边的权重和；γ为分辨率参数，直到无法再找到模块度能够提升的情况。

第二个步骤，将上一个步骤中得到的社区看作一个顶点，社区之间的边权重为顶点之间边的权重和，然后再次应用上一个步骤中的操作，直到没有模块度提升或提升小于某一阈值。

Louvain 社区发现算法是一种应用十分广泛的社区发现算法，基于该算法的扩展方法很多。扩展方法一般在模块度上进行改进，以应对更多变的网络环境，如有向/无向网络、加权/无权网络以及是否认为社区间存在重叠等情况。

标签传播算法和 Louvain 社区发现算法都是经典的社区发现算法，在本小节中对社区发现算法实例做简要介绍。这类基于模块度优化的社区识别算法都能很好地适用于网络之中。除此之外，还存在图分割、聚类、GN 算法等多种社区发现方法，读者可进行扩展阅读以挑选合适方法开展研究。

6.3.5 其他方法

数据驱动实证软件工程中可用的方法很多，只要是有利于数据分析与解释的方法都可以应用于其中。以开发包容、发散扩展的思维开展研究，理解和借鉴一些其他领域中理解和处理数据的技术，有利于在创新中扩宽数据驱动实证软件工程研究。

在其他学科的研究中同样面临从大规模数据中挖掘和发现知识的需求，于是在其他学科中被广泛使用的一些技术能够直接用来从崭新的角度开展软件工程研究。下面介绍经济学中的洛伦兹曲线和基尼系数，以及生命科学中的生存曲线。

1. 洛伦兹曲线

该曲线在经济学中的表达为：累计前X%的人的收入占社会总收入的Y%。如图 6.9

所示，实际数据绘制出来的曲线是弯曲的，意味着小部分的人拥有社会中大部分的财富。曲线越弯曲，说明越少的人拥有越多的财富，贫富差距越大。

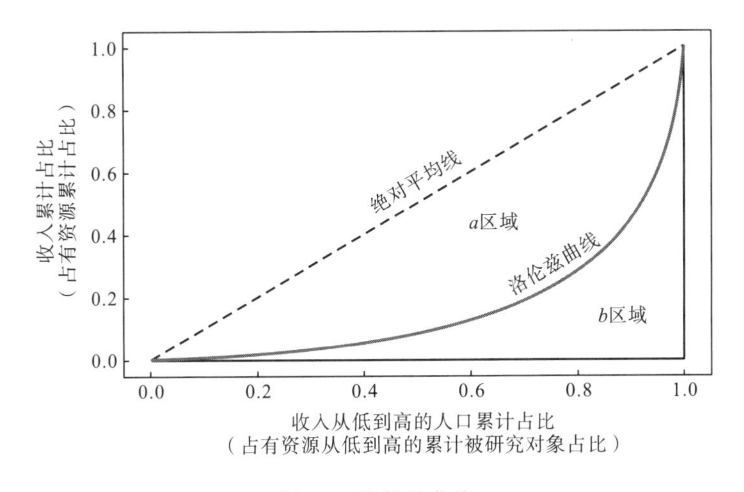

图 6.9　洛伦兹曲线

然而，其中的概念是能够被泛化的，人可以泛化为任意研究对象，财富可以泛化为研究对象所占有的任意资源。在这样的定义下，洛伦兹曲线表达的就是：按照资源占有量排序，累计前 $X\%$的研究对象占有总资源的 $Y\%$。于是洛伦兹曲线能够在多种多样的情境中使用，例如，按照编写代码行数排序，一个项目中累计前 $X\%$的开发者开发编写了总代码行数的 $Y\%$，对应的曲线越弯曲则说明开发者间的工作量分配越不均衡；按照软件项目的市场占有率排序，累计前 $X\%$的软件项目占有了 $Y\%$的市场，对应的曲线越弯曲则说明越少的软件项目占据了越多的市场，主流软件市场中的软件多样性越小。

2. 基尼系数

基尼系数是基于洛伦兹曲线得到的一个度量指标，在经济学中用于度量一个国家或地区居民收入差距水平，该指标由下列公式计算：

$$G = \frac{S(a)}{S(a)+S(b)}$$

其中，$S()$为洛伦兹曲线中对应区域的面积。

若该指标为 0，则说明被研究对象所占有的资源是绝对平均的，该指标的数值越大则说明收入差距越大，其中收入差距也是能够被泛化的，泛化为被研究对象占有资源的差距水平。结合洛伦兹曲线中的举例进行说明，更改指标可表达软件项目中开发者的工作量差距水平、软件项目占据市场份额的差距水平。

3. 生存曲线

生存率是生物种群中生物体存活的比率。在时间推移的过程中，生物种群的存活率是会发生变化的。根据时间给出生物种群存活率的变化曲线，即为生存曲线(图 6.10)，生存曲线是生命科学中用于分析生物种群死亡规律的方法。

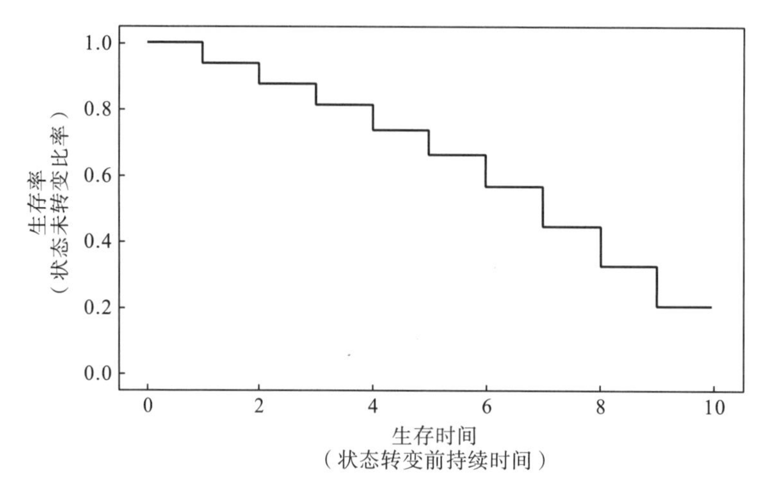

图 6.10 生存曲线

生存曲线同样可泛化，经过泛化就可以应用在实证软件工程中。生物种群的生存率代表生物种群中的生物体从“生存”状态转变为“死亡”状态之间的比率关系，那么就能够抽象为被研究对象从 A 状态转变为非 A 状态之间的比率关系，从而通过使用相同的方法绘制生存曲线来探究被研究对象状态变化规律。例如，软件工件中的漏洞从“未解决”状态转变为“已解决”状态的变化规律，以及软件项目中开发者从“在职”状态转变为“离职”状态的变化规律，都可以通过绘制生存曲线的方法进行研究。

以上三种技术为其他领域中常用的数据分析与解释方法在数据驱动实证软件工程中应用的介绍，目的是简要说明如何将其他领域的相关技术通过泛化为实证软件工程研究者所用。实际上任何有利于数据分析与解释的技术都可以借鉴使用，这就要求研究者打开思路，勤于实践，以开放的态度去吸纳其他领域中的知识并应用于软件工程研究中，不断完善数据驱动实证软件工程的研究方法和技术体系。

6.4 案例研究

本节从开展研究的角度介绍一个数据驱动实证软件工程研究的案例，帮助读者更好地理解数据驱动实证软件工程。

6.4.1 Maven 生态系统案例

随着软件科学的发展和软件规模的不断扩大，软件生态系统的概念开始形成，并且研究人员对软件生态系统的内涵和外延在不断深化。Manikas(2016)重新定义软件生态系统为“软件与软件涉众在共同的技术基础设施上进行交互，从而带来对生态系统的一系列直接或间接的贡献和影响”。即软件生态系统是软件涉众基于软件基础设施，围绕软件活动形成的相互依赖和相互作用的软件系统，其中各类软件和软件活动所涉及的社会角色彼此交互，形成发展驱动力，催生出软件生态系统这一复杂系统。面对庞大、复杂且快速扩张的软件生态系统，可以利用其中的数据来分析挖掘出软件生态系统内含的经验软件工程知识和社交软件活动知识。

软件和软件涉众是软件生态系统中的两个重要组成部分，它们都在软件生态系统中留下了大量数据。如何合理利用两者的数据进行分析挖掘，是目前实证软件工程的挑战，也是机遇。一方面，各大软件仓库作为软件生态系统中软件的载体而存在，如 Maven、PyPI、NPM 和 Rubygems 等。软件仓库托管了大量的软件工件，包括软件工件以及描述工件基本属性的工件元数据。这些软件工件并不是独立存在的，软件重用实践使得软件工件之间存在密集的依赖关系。依赖关系将软件工件串联起来，形成一个庞大的整体，这个整体就是软件生态系统中的软件部分。另一方面，版本控制系统、需求变更追踪系统、邮件列表以及开发者社交平台在开源软件项目开发中得到广泛应用。这些工具的使用，极大地促进了软件过程中的各类活动，同时留下了完整的开发、维护以及测试等软件活动的数字化记录。这些大规模的多源异构数据能够刻画软件生态系统中的软件涉众及其社交关系。

需要注意的是，软件和软件涉众并不是相互独立的，而是相互联系和影响的。开发者(软件涉众的主要代表)最初在软件活动中生产出软件工件并定义了依赖关系。随着需求变更出现，开发者依托社交行为来确定和更新软件工件的依赖关系。长此以往，形成了相互影响的结构，如图 6.11 所示。在这样的循环中，软件工件依赖关系和开发者社交关系的不断迭代优化催生了工件的一次次更新。在经受住市场的考验后，大量优秀的工件脱颖而出，驱动软件生态系统不断发展。本节面向软件和软件涉众对软件生态系统进行实证研究，期望读者更深入地理解软件生态系统的运转和发展。

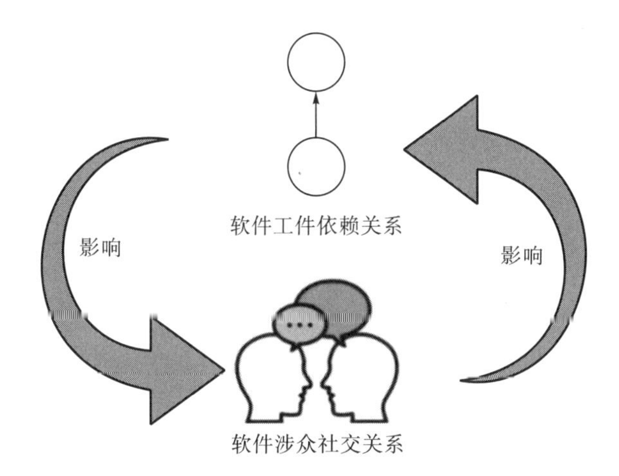

图 6.11　软件工件依赖关系和软件涉众社交关系之间的密切联系

Maven生态系统是目前最流行的第三方软件仓库之一，存储了大量可重用的基于JVM的工件。根据2019年9月10日更新的Maven依赖关系图(MDG)，有超过420万个工件和2900万条依赖关系存储于其中，同时，Maven生态系统中大量工件都使用了需求变更跟踪系统进行规范的需求变更管理，如在JIRA中，记录了详尽的需求变更信息以及开发者社交信息。从软件和软件涉众出发，综合利用软件仓库和需求变更跟踪系统中的海量数据能够为系统性地观察和理解Maven生态系统提供基础。

本节案例使用Maven生态系统作为软件生态系统研究的对象。一方面，面向软件工件，数量庞大且依赖关系复杂的软件工件从根本上导致了Maven生态系统的庞大规模。庞大规模背后的复杂性使客观观察和理解Maven生态系统具有难度，对研究工作的开展提出了巨大的挑战。同时，Maven生态系统的研究进展并没有Maven生态系统的扩张速度快。在此背景下，本案例利用Maven依赖网络刻画Maven生态系统中的软件工件及其依赖关系，对观察和理解Maven生态系统的演化进行实证研究。Maven作为如此庞大的一个系统，应该采取多样化的方法度量其发展的状态，并且观察该系统是如何演化的。此外，在Maven如此庞大且复杂的系统中，是否存在小部分的核心工件在软件生态系统中发挥着强大的影响力，是否存在相关因素有助于常规工件成为核心工件？另一方面，软件涉众同样是软件生态系统的重要组成部分。软件涉众与软件已被证实存在密切的关系。但具体而言，软件涉众间的社交关系与软件开发维护之间的关系是不明确的。本书构建交互式开发者社交网络表征开发者间的社交关系，研究开发者社交关系对于软件生态系统中软件开发维护的影响，以及这个影响的强弱程度。

软件生态系统属于客观存在且难以复制，同时不受人为主观影响的复杂系统，下面采用案例研究作为本数据驱动实证软件工程研究案例的实证策略。在接下来的研究中，将收集案例数据并在特定的上下文环境中使用其中特定部分的数据来开展研究。在本书研究之前，既鲜有基于类似动机的相同领域研究，也没有系统性研究方法和技术的框架与指南可供借鉴。本案例定位为探索性研究，在进行探索性研究时，要时时把控住研究整体的有效性，避免或尽量减少有效性威胁的产生。

在技术可行性方面，本案例研究的Maven生态系统是开源的，能够轻易在互联网中获取到软件生态系统中工件及其依赖关系的完备数据。另外，需求变更跟踪系统中记录了大量Maven中软件项目生命周期中的开发者评论信息，评论能够作为反映开发者社交关系的数据用于研究，同时这类信息也是能够通过自动化方法获取的。社交关系重点关注开发者评论的发送与接收，内容不是本案例研究关注的重点，于是以上两种数据都以结构化数据为主，对应的数据分析与解释技术能够适用于本案例研究，因此，具备技术可行性。

在经济可行性方面，Maven生态系统和需求变更跟踪系统中的信息都是能够公开获取的，研究过程中使用的软件及工具也都为开源的。另外，开展研究的计算机设备对性能要求较低，无需额外硬件成本，具备可行性。

在操作可行性方面，需要进行的操作包括自动化数据收集、数据库查询、数据可视化和统计分析等常规化实证软件工程操作，并未涉及难度大、复杂度高的操作，在操作方面具备可行性。

6.4.2　Maven 生态系统问题分析

设计研究问题时，首先需要明确研究的范围，包括以下几个方面。

(1) 研究角度。本案例中的 Maven 软件生态系统研究从两个角度开展，分别为软件工件依赖关系的角度和开发者社交关系的角度，并且，无论软件工件还是开发者，依赖关系以及社交关系都能够将两者联系起来，利用网络可以将它们进行形式化建模。在本案例研究中，数据以网络为载体存在。

(2) 研究对象。根据研究角度来确定具体的研究对象。首先，Maven 生态系统中的绝大部分的软件工件以及依赖关系都存储于 Maven 中央仓库中，Maven 中央仓库是 Maven 生态系统的最主体部分，于是将 Maven 中央仓库直接作为 Maven 生态系统研究的对象。其次是基于开发者社交关系的 Maven 生态系统研究，在软件项目中集成需求变更跟踪系统能够便捷地管理软件开发和维护活动，开发者通过在需求变更跟踪系统中发表评论来与其他开发者建立社交关系。下面将基于开发者社交关系部分的研究对象明确为需求变更跟踪系统中的开发者评论信息及相关信息。

(3) 时间区间。研究对时间区间没有特殊需求，在保证研究有效性的前提下，尽可能获取跨度长的时间区间即可。

(4) 研究关注点。在基于软件工件依赖关系研究的部分中，面对的是 Maven 生态系统中规模庞大的工件及其依赖关系，该部分的研究关注点在于采用合理且科学的方法以及指标针对大规模的数据以及数据背后所体现的现象进行表征，从而以工件及其依赖关系为媒介，对 Maven 生态系统的整体发展情况进行客观观察和理解。在基于社交关系研究的部分中，研究的关注点在于获取到准确的开发者社交关系信息，利用社交关系信息来探究其与软件开发维护之间的关系，进而揭露开发者社交关系在 Maven 生态系统中起到的积极作用。

根据上面确定的研究动机，再结合确定了的研究范围，接下来就能够提出研究问题，并且制定回答研究问题的思路。

研究问题 1：Maven 依赖网络如何演化？

定义多种指标从多个角度对 Maven 依赖网络的演化进行表征。首先，通过工件和依赖关系的数量来分析 Maven 的规模；其次，按工件在依赖链中的位置分类工件，根据不同类别工件的特点，定义能够刻画依赖关系密集程度的密度指标来度量 Maven 中的依赖关系复杂性；最后，使用洛伦兹曲线和基尼系数从多个角度评估 Maven 中的不平衡性。

研究问题 2：哪些工件是 Maven 依赖网络中的核心工件？

在软件生态系统中工件被依赖次数越多，代表其代码被越多工件调用，其影响力也相应越大，本案例中，把软件生态系统中影响大的工件定义为核心工件。基于此，提出识别核心工件的算法并在 Maven 依赖网络中应用，然后通过数理统计来验证核心工件的强大影响力，进而确认核心工件识别算法的有效性，并且基于 Maven 依赖网络中的数据，尝试找到常规工件成为核心工件的相关影响因素。

研究问题 3：Maven 生态系统中开发者间交互社交关系是否会影响生态系统中软件工件的开发维护？

利用需求变更管理系统中的评论数据构建交互式开发者社交网络，其网络特征能够刻画开发者间的交互社交关系。同时，利用描述需求变更的数据，归纳出反映软件开发维护情况的指标。对交互式开发者社交网络特征和软件开发维护指标进行相关性检验，根据相关性是否存在，判断开发者间交互社交关系是否对软件开发维护指标产生影响，根据相关性系数大小度量影响的强烈程度。

由于不同软件项目的开发者会使用多种多样的平台或者渠道建立交互社交关系，无论从技术还是数据规模上都难以获取到整个 Maven 中全面且客观的开发者间交互社交关系数据。于是在研究问题 3 中，使用 HADOOP 项目作为研究案例来开展研究工作。因为 HADOOP 项目是 Maven 生态系统中经典且具有代表性的软件项目，对其进行研究能够尽可能地窥探 Maven 生态系统中的整体情况，提高结果的可靠性和说服力。

接下来对案例研究问题中的相关概念、方法以及度量指标进行细化和定义。

1. Maven 依赖网络

定义 6.1 Maven 依赖网络本质上是一个软件工件依赖网络，即有向无环图 $G=(V, E)$。$V=\{\sum v_i|i=1,2,\cdots,n\}$是图中顶点集合，表示 Maven 中的所有工件；$v=(a)\in V$ 表示工件实例，a 为每个工件都有的唯一标识符，格式为“groupId: artifactId: version”；$E=\{\sum e_i|i=1,2,\cdots,m\}$ 是图中边的集合，表示工件之间的有向依赖关系；$e=\{(v,v')|v, v'\in V\wedge v$ 依赖于 $v'\}$表示工件 v 指向工件 v'的依赖关系实例，v 称作 v'的依赖工件，而 v'称作 v 的被依赖工件。

由于工件间的依赖关系是有明确指向的，根据依赖关系将依赖网络中的工件分为四类。

(1)孤立工件：不连接其他任何工件的工件，不依赖其他工件，也不被其他工件依赖。

(2)头工件：作为依赖链头部的工件，不依赖其他任何工件，但有工件依赖它。

(3)尾工件：作为依赖链尾部的工件，只依赖其他工件，却没有其他任何工件依赖它。

(4)连接工件：位于依赖链中段的工件，既依赖其他工件，同时也有其他工件依赖它。

具有依赖工件最多的一部分工件，也就是被依赖次数最多的一部分工件，被定义为核心工件，它们往往因为其自身具有优秀的质量而吸引大量其他工件依赖它们。本案例提出了一个方法来定量获取这些工件：被至少 n 个其他工件所依赖的 n 个工件，被识别为核心工件。核心工件识别算法如算法 6.1 所示。

算法 6.1 识别核心工件

Input:
  V: set of artifact in the Maven dependency network
Output:
  C: set of core artifacts
1: Begin
2: $C=\varphi$
3: **For** each node v in V **do**
4: $v.indegree \leftarrow$ CountDependentArtifacts(v)； // CountDependentArtifacts()为工件 v 计算其入度，即计算 v 的依赖工件数量或 v 的被依赖次数
5: Sort V in V's indegree from the largest to the smallest
6: $n=0$;
7: **For** each node v in V **do**
8:   $n=n+1$
9:   **If** $v.indegree \geqslant n$ **then**
10:     $C=C\cup v$
11: **Return** C
12: End

在算法 6.1 中，首先计算工件集合 V 中每个工件 v 的依赖工件数量并存储在 indegree 中，并对 V 中的所有工件按 indegree 降序排序，然后将具有至少 n 个依赖工件的 n 个工件添加到集合 C，获得的 n 个工件即为核心工件。核心工件只占整个生态系统的很小部分，但是生态系统中的大量工件都依赖于它们。从这个意义上说，它们是最受欢迎的工件，并且在生态系统中具有很强的影响力，很大程度上支持了软件生态系统的发展。

图 6.12 给出了一个小规模的软件工件依赖网络，用于说明核心工件识别的示例。共有 6 个工件 A、B、C、D、E 和 F，它们分别具有 2 个、1 个、2 个、0 个、0 个和 0 个依赖工件，其中工件 A 和 C 至少被依赖了 2 次，则 A 和 C 是示例网络中的核心工件。

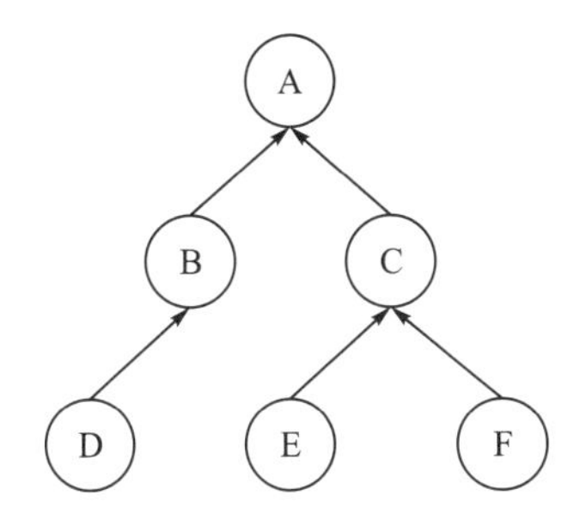

图 6.12　Maven 依赖网络中的核心工件示例

需要注意的是，核心工件所依赖的工件不一定是核心工件，例如，工件“org.apache.logging.log4j:log4j-api:2.11.0”是 Maven 依赖网络中的核心工件，但是，并非它所依赖的所有工件都是核心工件，它依赖的工件之一“org.apache.logging.log4j:log4j-api-java9:2.11.0”为多版本“org.apache.logging.log4j:log4j-api:2.11.0”提供了 Java 9 的特定类，这个工件只有 1 个工件依赖它，根据算法 6.1 获得的结果，该工件并不属于核心工件。但另一个被依赖工件“org.osgi:org.osgi.core:4.3.1”有 10751 个工件依赖它，它被识别为核心工件。核心工件总是能够吸引很多其他工件依赖它。

根据上述定义，不同类型的工件之间的关系如图 6.13 所示。

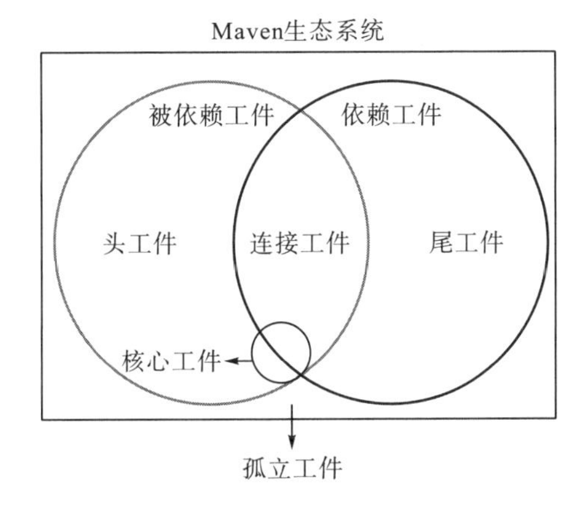

图 6.13　不同类型工件间的关系

接下来，为 Maven 依赖网络定义密度指标，用来度量 Maven 生态系统中依赖关系的复杂性。

指标 1：依赖关系密度 S。代表依赖网络 G 中每个工件涉及依赖关系的平均数量。

$$S(G)=\frac{\mathrm{num}(E)}{\mathrm{num}(V)}$$

其中，$\mathrm{num}(E)$为依赖网络 G 中所有依赖关系的数量；$\mathrm{num}(V)$为 G 中所有工件的数量。

依赖关系密度用于量化依赖网络中依赖关系的复杂性，高依赖关系密度表示依赖关系的分布很复杂。如图 6.14 所示，图 6.14(a)、(b)、(c)的依赖关系密度分别为 3/5=0.6、5/5=1、6/10=0.6。尽管图 6.14(c)中的工件和依赖关系比图 6.14(a)多，但它们的依赖关系密度相同，因此认为图 6.14(a)和图 6.14(c)的依赖关系复杂性是相似的。此外，图 6.14(a)和图 6.14(c)中的依赖关系密度小于图 6.14(b)，则图 6.14(a)和图 6.14(c)中依赖关系的复杂性弱于图 6.14(b)。图 6.14(a)和图 6.14(b)中的明显更稀疏的依赖关系分布也验证了这点。

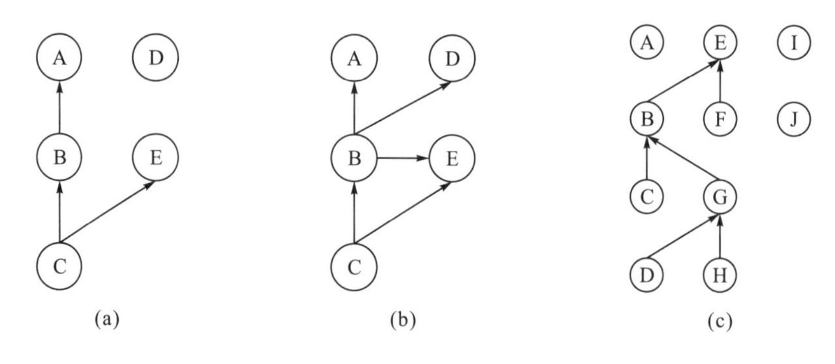

图 6.14 计算密度的示例

依赖关系密度的定义只考虑了依赖关系的数量，并没有涉及依赖关系的方向。接下来，参考依赖工件和被依赖工件之于依赖关系的不同方向，定义依赖密度和被依赖密度。

指标 2：依赖密度 S_{d}。对于依赖网络 G 中的所有依赖工件，该指标表示每个工件依赖其他工件数量的平均值。

$$S_{\mathrm{d}}(G)=\frac{\mathrm{num}(E)}{\mathrm{num}(V_{\mathrm{t}})+\mathrm{num}(V_{\mathrm{c}})}$$

其中，$\mathrm{num}(V_{\mathrm{t}})$和 $\mathrm{num}(V_{\mathrm{c}})$分别是依赖网络 G 中的尾工件和连接工件的数量，两者之和代表所有依赖工件的数量。依赖密度越大，说明生态系统中依赖工件普遍依赖其他工件的数量越多，软件生态系统中软件重用的程度也就普遍越高。图 6.14 中三个示例的依赖密度分别为 1.5、2.5 和 1，这意味着三个示例中依赖工件分别需要重用 1.5 个、2.5 个和 1 个工件来满足其开发需求。

指标 3：被依赖密度 S_{r}。对于依赖网络 G 中的所有被依赖工件，该指标指每个工件被依赖次数的平均值。

$$S_{\mathrm{r}}(G)=\frac{\mathrm{num}(E)}{\mathrm{num}(V_{\mathrm{h}})+\mathrm{num}(V_{\mathrm{c}})}$$

其中，$\mathrm{num}(V_h)$为依赖网络 G 中头工件的数量，$\mathrm{num}(V_c)$为连接工件的数量，两者之和代表所有被依赖工件的数量，被依赖密度越大，软件生态系统中被依赖工件的被依赖平均次数就越高，对软件生态系统中其他工件的吸引力就越大。图 6.14 中三个示例的被依赖密度分别为 1、1.25 和 2，这表明被依赖工件分别吸引了 1 个、1.25 个和 2 个工件来依赖于它们自身。

表 6.1 总结了上述三个指标。

表 6.1　Maven 依赖网络指标

指标	描述
依赖关系密度 S	每个工件涉及依赖关系的平均数量
依赖密度 S_d	对于所有依赖工件，每个工件依赖其他工件数量的平均值
被依赖密度 S_r	对于所有被依赖工件，每个工件被依赖次数的平均值

2. 交互式开发者社交网络

如果发送者发送了一条评论给接收者，并且接收者进行了反馈，那么就认为他们之间进行了一次交互式沟通，一次交互式沟通中包括输出信息和信息反馈两方面，可以认为交互式沟通的建立带来了信息交流，意味着开发者间产生了协作行为。基于此概念，提出交互式开发者社交网络及其构建方法。

定义 6.2　交互式开发者社交网络是一个无向加权图 $G_s=(V_s, E_s, W_s)$。其中，$V_s=\{\sum v_{si}|i=1,2,\cdots,n\}$是顶点集合，代表在软件项目中进行过交互式沟通的所有开发者，$v_s\in V_s$表示开发者实例；$E_s=\{\sum e_{si}|i=1,2,\cdots,m\}$是边的集合，代表开发者间的交互式沟通，$e_s=\{((v_s,v_s')|v_s, v_s'\in V_s\wedge(v_s,v_s')\in E_s\wedge(v_s,v_s')\in E_s\}$是开发者 v_s 与 v_s'的交互式沟通实例；$W_s=\{\sum w_{si}|i=1,2,\cdots,m\}$是边的权重集合，$w_s\in W_s$表示开发者间交互式沟通的次数。

交互式开发者社交网络的构建步骤分为两步。

1) 开发者社交网络构建

构建开发者社交网络 $G_d=(V_d, E_d, W_d)$是构建交互式开发者社交网络的过渡阶段。根据 JIRA 中获得的数据，使用 networkx 工具来构建开发者社交网络。评论中的发送者和接收者是构建网络的基础，网络构建具体规则如下。

(1) 发送评论的开发者 v_d为发送者，评论中提到的开发者 v_d'为接收者，如果评论中没有提到任何人，那么需求变更的受指派者就作为该条评论的接收者。

(2) 如果 v_d发送了一条评论给 v_d'并且目前并没有边 $e_d=(v_d, v_d')\in E_d$存在于 G_d中，那么在 G_d中创建两个顶点 v_d、v_d'和一条边 $e_d=(v_d, v_d')$，对应边的权重设置为 1，如果已经存在了顶点 v_d、v_d'和边 $e_d=(v_d, v_d')$，那么这条边的权重加 1。

(3) 特别地，如果 v_d发送了一条评论，恰巧该需求变更并没有安排受指派者，那么就创建一条边 $e_d=(v_d$，无受指派者)，权重设置与前述方法相同，这种边在本案例中是允许存在的，因为这种边虽然没有相应的实际意义，但是顶点的出度度量了顶点代表的开发者发出的评论数量，属于本研究中需要获取的数据，用于定义后续的指标。

2) 交互式开发者社交网络构建

按照定义 $E_s=\{\sum e_s=(v_s,v_s')\,|\,(v_s,v_s')\in E_d\wedge(v_s',v_s)\in E_d\}$和 $V_s=\{\sum v_s|v_s$ 为 $e_d\in E_d$ 中涉及的顶点$\}$，从开发者社交网络中具有双向社交关系的顶点之间抽取出交互式开发者社交网络中的顶点和边的集合，构建交互式开发者社交网络 $G_s=(V_s，E_s，W_s)$，其中权重的数值为对应开发者间进行过交互式沟通的次数。在构建出交互式开发者社交网络之后，通过抽取出一些网络特征来定量地表征交互式开发者社交网络中开发者的社交关系，如表 6.2 所示。

表 6.2 交互式开发者社交网络特征

网络特征	描述
密度(D)	密度指网络中边分布的密集程度，在交互式开发者社交网络中，该特征度量了进行交互式沟通行为在开发者中的普遍程度，由下列公式计算： $$D=\frac{\text{num}(E)}{\text{num}(V)\times(\text{num}(V)-1)}$$ 其中，num(E)表示网络中边的数量；num(V)表示网络中顶点的数量；num$(V)\times$(num$(V)-1)$表示网络中最多可能存在的边数量。整个分数表示现有边数量与网络中最多可能存在的边数量的比率。
平均集聚系数(ACC)	平均集聚系数指网络中各个顶点聚集成簇的程度，在交互式开发者社交网络中，该特征度量了开发者进行的交互式沟通能够让开发者聚拢成簇的程度，单个顶点的聚集系数由下列公式计算： $$C(v)=\frac{1}{\deg(v)\times(\deg(v)-1)}\sum_{a,b\in V}(\hat{w}_{v,a}\times\hat{w}_{v,b}\times\hat{w}_{a,b})^{1/3}$$ 其中，顶点 v，a，$b\in V$，a 和 b 是 v 的邻居顶点；deg(v)代表 v 的度；$\hat{w}_{a,b}=w_{a,b}/\max(w)$ 是 a 和 b 间边的归一化权重，$w_{a,b}$是 a 和 b 之间的边的权重，然后由公式计算各个顶点的平均聚类系数： $$\text{ACC}=\frac{1}{\text{num}(V)}\sum_{v\in V}C(v)$$ 其中，num(V)代表网络中顶点的数量。
平均最短路径(ASP)	平均最短路径表示网络中所有顶点对之间最短路径的平均值，交互式开发者社交网络中顶点之间的路径长短代表了信息从一个顶点流动到另外一个顶点所需要的成本大小，平均最短路径描述了该交互式开发者社交网络中所有顶点中信息流动所需要的成本平均值，由下列公式计算： $$\text{ASP}=\sum_{v\in V}\frac{d(a,b)}{\text{num}(V)\times(\text{num}(V)-1)}$$ 其中，num(V)是网络中的顶点数；$d(a,b)$是从顶点 a 到 b 的最短路径长度。
主导集中顶点数(NoNDS)	主导集为一个顶点集合 DS=$\{V_d\subseteq V\|\forall v'，\exists(v',v_d)\in E\wedge v'\in V\wedge v'\notin V_d\wedge v_d\in V_d\}$，DS 是 V 的子集。不在主导集中的顶点至少与一个主导集里面的顶点相连,主导集中顶点数记录了交互式开发者社交网络的主导集中的所有顶点数。该特征能够度量网络中主导力量的强弱。
最大团中顶点数(NoNMC)	团是图中的完全子图 $C=\{V_c\subseteq V\|\forall v_c，v_c'\in V_c，(v_c，v_c')\in E\wedge v'\in V\wedge v_c\neq v'\}$。最大团是指图中顶点数最多的一个团，最大团中顶点数记录了交互式开发者社交网络中规模最大的团中所包含的顶点数量。该特征表征了开发者中交互式交流最频繁的开发者团体的大小。
平均度(AD)	平均度代表交互式开发者社交网络中顶点所涉及边的平均数量，该特征度量了交互式开发者社交网络中的开发者与平均多少人建立过联系，表征交互式沟通的广度。
平均加权度(AWD)	平均加权度指开发者社交网络中顶点所涉及边的权重和平均值，该特征度量了交互式开发者社交网络中的开发者进行过平均多少次交互式沟通，表征交互式沟通的频率。
开发者社交网络中评论接收者与发送者数量之比(RoRS)	评论发送者数量代表了开发者进行交互沟通的主动力量，接收者代表了开发者进行交互沟通的被动力量，两者间的平衡是交互式沟通建立的前提。如果该特征的数值过低或者过高，都代表其中一方的势力相比另一方过于强大，出现太多人寻求交流而太少人回应或者发出交流请求的人往往是固定少数人的情况。该指标过低或者过高的数值是交互式沟通过于中心化的体现。
开发者变动人数(T)	开发者变动人数指一个时间窗口内的开发者与上一个时间窗口内开发者相异的人数。变动人数大反映了离开的熟练开发者多，这部分开发者被新加入的开发者取代，表征了开发者团体的不稳定情况。

为了探究开发者间交互社交关系对软件开发维护的影响，在获取到描述交互社交关系的网络特征之后，还要获取度量软件开发维护情况的指标。根据 JIRA 上能够获取到的数据，把软件开发维护指标归纳为四个方面：生产力、项目延迟、返工和沟通协作。下面对具体指标进行设计，如表 6.3 所示。

表 6.3　软件开发维护指标

指标分类	软件开发维护指标	描述
生产力	被解决的需求变更数量(NoRI)	状态从其他变为“已解决”的需求变更数量
	需求变更解决率(RRoI)	已解决的需求变更占所有需求变更数量的比例
项目延迟	解决需求变更所需时间(TTRI)	需求变更从创建到被解决所经历的平均时间长短(单位：天)
返工	重新开放的需求变更数量(NoROI)	状态从“已解决”变为“重新开放”的需求变更数量
沟通协作	解决需求变更需要的平均操作次数(ANoOI)	解决需求变更需要的操作次数，反映了开发者为了在协作中解决需求变更的效率和难度。操作次数越低，解决需求变更的效率越高，难度越小
	在解决需求变更中每个开发者贡献的操作次数(ANoOD)	解决需求变更需要的平均操作次数除以开发者数量，度量了在沟通合作中开发者负责的平均工作量
	沟通主动性(CI)	开发者发出评论的平均数量，发出的评论平均数量越多，说明该开发者越倾向于与别人建立沟通，沟通主动性越强

6.4.3　Maven 生态系统实验过程

1. 收集数据

MDG 作为本案例研究中的 Maven 依赖网络数据集，用于基于软件工件依赖关系部分的研究，该数据集包含 2002 年 5 月 15 日至 2019 年 9 月 10 日间发布的 4201392 个工件和 29429103 条依赖关系，其中，工件能够在 Maven 上获取。工件间的依赖关系是通过解析工件中的 pom.xml 配置文件来确定的，如图 6.15 所示。工件“net.sourceforge.htmlunit:htmlunit:2.30”建立了指向工件“org.apache.logging.log4j:log4j-api:2.11.0”的依赖关系，当 Maven 中若干工件相互依赖时，就形成了 Maven 依赖网络，图 6.16 展示了 Maven 依赖网络局部示例。

基于 MDG 中的数据可以完成研究问题 1 和研究问题 2 的回答。完成研究问题 3 的回答，则需要获取需求变更管理平台 JIRA 上的数据，其中包括开发者交互社交关系数据和软件开发维护的数据。Maven 中 HADOOP 项目为获取该部分数据的目标项目。HADOOP 项目包含四个组件，即 Hadoop Common、Hadoop Map/Reduce、Hadoop HDFS 和 Hadoop YARN(四个组件在下文中称为 HADOOP、MAPREDUCE、HDFS 和 YARN，而总体称为 HADOOP 项目，与 HADOOP 组件做出区别)。在本案例研究中，编写脚本进行了自动化的数据集获取。对于这四个组件，最终在 JIRA 上获取到了 47621 个需求变更记录。这些需求变更的创建时间介于 2005 年 3 月 3 日至 2020 年 12 月 31 日。表 6.4 分别对四个组件中的数据量进行展示。

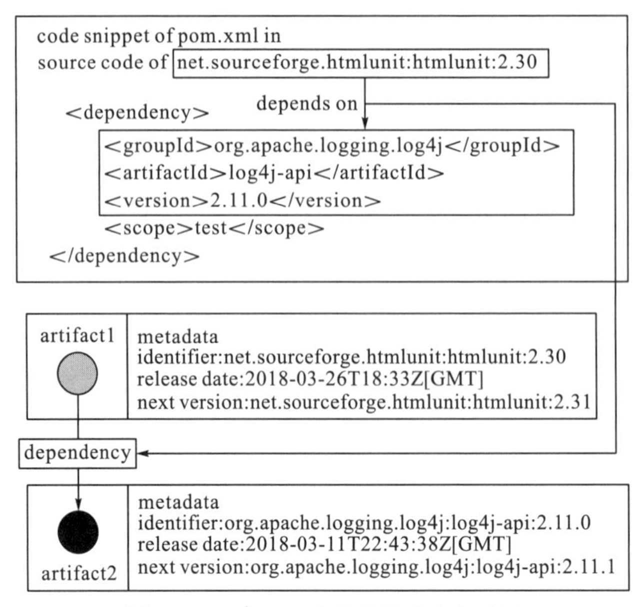

图 6.15 pom.xml 中依赖关系建立示例

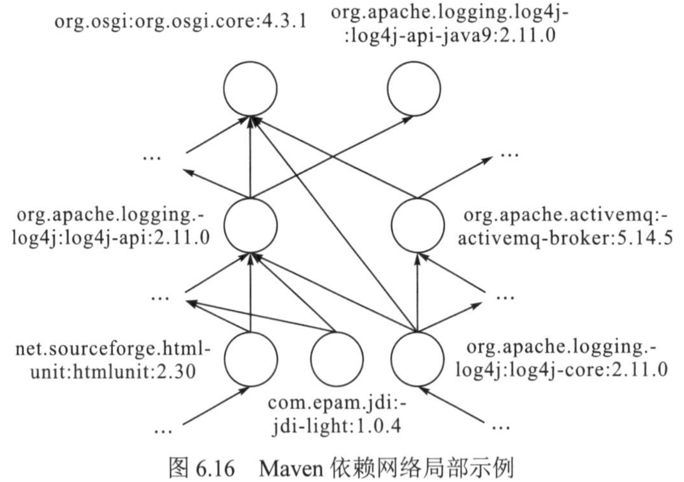

图 6.16 Maven 依赖网络局部示例

表 6.4 HADOOP 项目数据集总览

软件项目组件	需求变更数量	评论数量	时间范围
HADOOP	15253	128880	2005/7/24～2020/12/31
MAPREDUCE	6998	57223	2006/3/3～2020/12/31
HDFS	14972	134231	2006/4/6～2020/12/31
YARN	10298	84423	2008/12/10～2020/12/31

对于 JIRA 中的需求变更记录，可收集的数据包括四个要素：基本信息、历史、状态变迁和评论。基本信息包括需求变更编号、受指派者、创建日期和解决日期，如图 6.17 所示。历史记录了为需求变更做出过贡献的开发者和对应的操作，如图 6.18 所示。状态变迁记录

了需求变更状态的变迁过程，如图 6.19 所示。其中需求变更状态何时变为“reopen”以及何时变为“resolved”是关注的重点。最后，开发者留下的评论如图 6.20 所示。

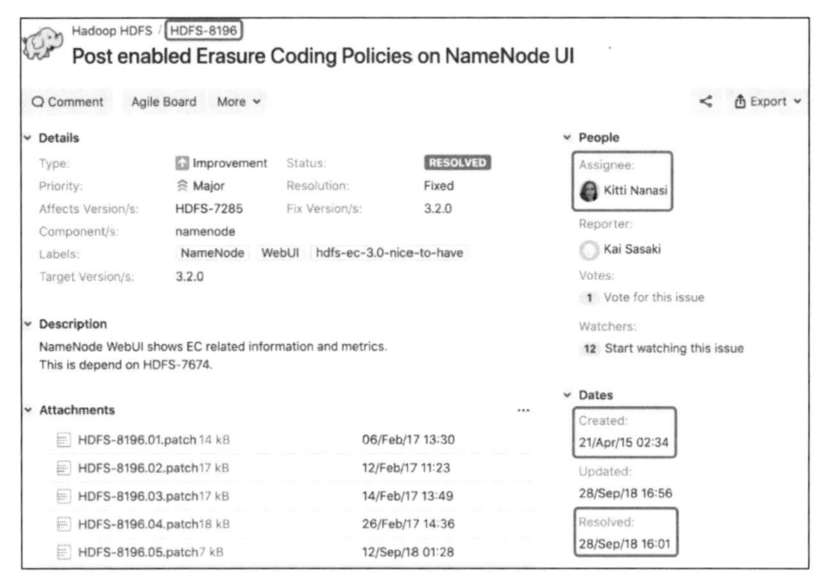

图 6.17　需求变更基本信息

图 6.18　需求变更历史

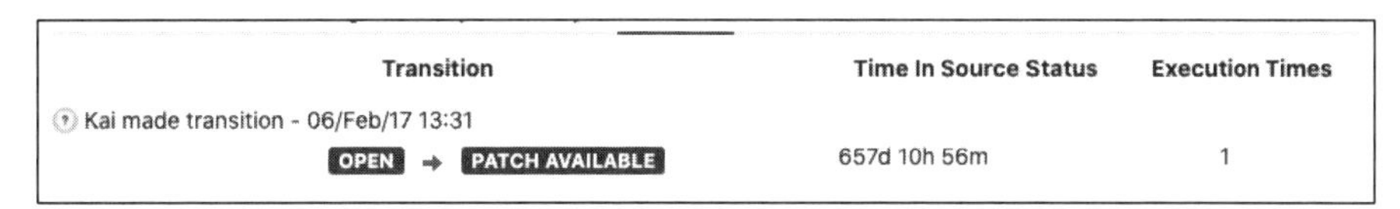

图 6.19　需求变更状态变迁

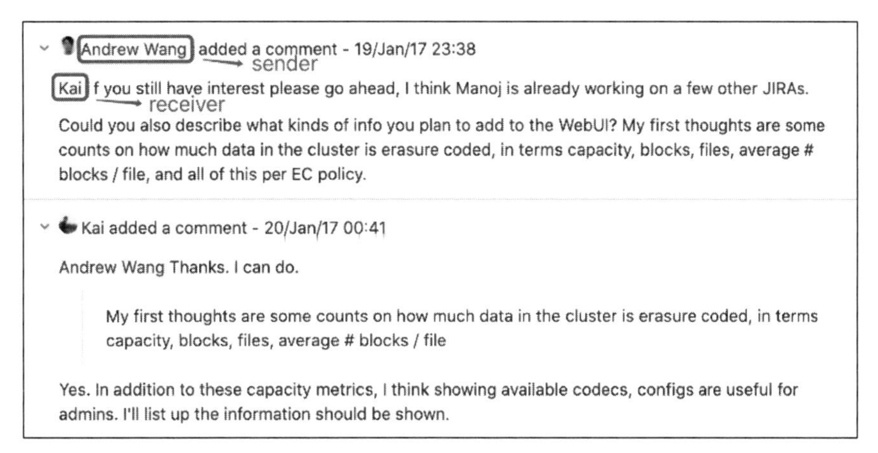

图 6.20　需求变更中的评论

基本信息、历史和状态变迁三项数据描述了需求变更过程中的丰富信息，能够用来设计出反映软件开发维护情况的指标。评论中涉及的开发者以及评论本身则构成了网络中的顶点和边，用于构建交互式开发者社交网络。

2. 执行实验操作

实验操作中涉及的内容较多，在开展实验前向研究人员明确了实验操作和目的，同时对操作技术进行简要培训，保证实验中的操作正确性和一致性，获取到研究所需的目标数据。另外，要求对研究人员定时备份数据和及时检查获取到的数据中是否出现了异常数据。

Maven 依赖网络存储于 Neo4j 数据库中，使用 Cypher 语言查询数据，以 csv 格式存储。需求变更跟踪系统 JIRA 中获取的数据以 csv 格式存储，利用 networkx 工具构建网络。使用 numpy、pandas 等工具处理与分析数据。数据可视化使用了 Python 语言中的 matplotlib、seaborne 以及 Excel 工具。

实验中，构建网络以及相关特征和指标的计算都以一年为时间窗口，数据以年份为区间分别进行展示，便于理解。然而，在基于开发者社交关系的 Maven 生态系统研究中，构建出的个别年份的交互式开发者社交网络顶点数量较少，相应计算得到的指标以及特征中数据较为极端，属于偶然异常情况并且不利于分析与解释。于是统一网络中顶点数量大于 10 的年份的数据作为本案例研究的数据，以排除数据量不足对分析结果产生的不利偏向影响。

在实验中发现，Maven 依赖网络中有大量工件的发布日期都为“2016-08-10T15:08:35Z[GMT]”。经过与该发布日期前后数日的工件发布量对比，发现这并不符合 Maven 中工件发布的一般情况。还发现 Aether 生态系统并入 Maven 生态系统的日期为 2016 年 8 月 10 日，于是确定该事件由人为因素导致，在后续分析与解释中的对应部分进行特殊说明。

另外，在 JIRA 平台上获取到的评论数据中，存在大量由机器人发出的评论数据，在实验中统一进行删除。机器人的名称为“HADOOP QA”，发布相关的代码测试信息。本案例研究中并未涉及以人员为实验对象的实验操作，无需考虑人员主观性对实验的影响。

6.4.4 Maven 生态系统实验结果分析

本小节以回答三个研究问题为导向，分别展示实验结果。

1. 研究问题 1：Maven 依赖网络如何演化？

1）依赖关系复杂性

在 2006 年 1 月 Maven 发展初期，只存在 8523 个工件和 18551 条依赖关系，但截至 Maven 依赖网络数据集快照日期 2019 年 9 月 10 日，共存在 4201392 个工件和 29429103 条依赖关系，提升了三个数量级，说明 Maven 中工件和依赖关系的规模都很庞大，并且是呈稳定的指数级增长。另外，需要补充的是，Aether 生态系统中 949266 个工件和 2870892 条依赖关系于 2016 年 8 月被并入 Maven 生态系统中。

既然 Maven 依赖网络的规模不断扩大，那么其中依赖关系的复杂性是否也会增长呢？为了回答这个问题，图 6.21 中蓝色曲线展示了依赖关系密度指标以表征依赖关系的复杂性演化情况，其中依赖关系密度呈上升趋势，说明依赖关系分布变得越来越密集，依赖关系的复杂性上升。截至 2019 年 9 月 10 日，依赖关系密度上升到 7，达到了平均每个工件涉及 7 条依赖关系的密集程度。

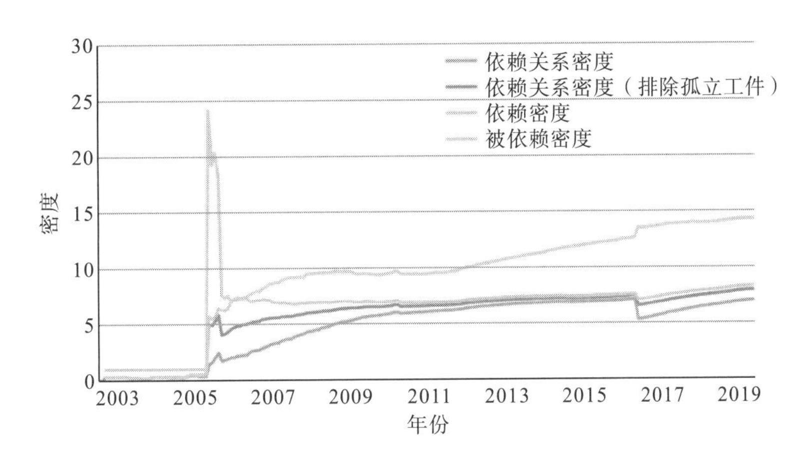

图 6.21 Maven 依赖网络中的密度演化(见彩版)

孤立工件没有依赖关系，不与 Maven 依赖网络的主体相连接，然而它在 Maven 依赖网络中是不可忽视的组成部分，它的存在一定程度上影响了依赖关系实际密集程度的表达。去除孤立工件后的依赖关系密度在图 6.21 中以橙色曲线给出。橙色曲线的增长趋势略高于蓝色曲线，最终增长到接近 8 的水平。通过对比两条曲线，有助于从不同角度充分理解依赖关系的复杂性。

图 6.21 中的曲线在 2005 年迅速上升，与当时涌入 Maven 的开发者及其项目有关。这个时间段附近蓝色曲线明显低于橙色曲线，因为早期 Maven 并没有很多依赖关系存在，于是孤立工件的占比较高，降低了依赖关系密度。随着 Maven 的扩张，孤立工件开始吸引到其他工件依赖它们，其比例开始降低，使得两条曲线开始接近。另外，2016 年曲线的下降是由于 Aether 生态系统的并入，其中存在的大量孤立工件降低了依赖关系密度。

在依赖关系密度的基础上加入依赖关系方向进行考虑，得到依赖密度和被依赖密度。这两个指标的演化如图 6.21 中灰色和黄色曲线所示。依赖密度由灰色曲线表示。该指标在 2005 年迅速上升到大约 6，然后缓慢增长。在 Maven 工件数量增加，开发者重用工件的选择范围也随之扩大的背景下，依赖密度的增长说明开发者倾向于为他们的开发任务重用更多的工件，于是，从工件发出的依赖关系复杂性随之上升。截至 2019 年 9 月 10 日，依赖密度为 8.31，这意味着在 Maven 生态系统中的依赖工件平均依赖了 8.31 个工件，换句话说，平均依赖 8.31 个工件可以满足工件的开发需求。

图 6.21 中黄色曲线表示的被依赖密度比依赖密度增长得更快，早期其数值达到峰值 24.11 后下降，然后最终为 14.27，这表明指向工件的依赖关系复杂性趋势也是上升的，并且上升速度更快。被依赖工件在长期演化中不断改进，可以吸引到越来越多的工件依赖它们。2005 年的峰值是由于当时大部分的依赖关系指向少量的头工件和连接工件，随后头工件和连接工件不断增多，被依赖密度则立即回落。此外，2016 年被依赖密度突然增加，是由 Aether 中小部分被依赖次数高的工件拉升的；依赖密度突然下降，是由 Aether 中大量被依赖次数很少的工件拉低的。被依赖密度一直大于依赖密度，说明在 Maven 中依赖关系相对集中在越来越少部分的工件上。这些工件被越来越多的其他工件调用，为 Maven 的发展做出了可观的贡献。

对于所有的依赖工件 V，每个工件 v 依赖其他工件的个数分布由图 6.22 中左侧小提琴图展示。对于 V 中所有被依赖工件，每个 v 被其他工件依赖的次数分布由右侧小提琴图展示。每个 v 依赖其他工件的个数中位数为 6，每个 v 被其他工件依赖的次数的中位数为 2，V 中依赖 3 个工件的工件集合和被依赖过 1 次的工件集合分别是它们分布中频率最高的集合。此外，越在小提琴图上部的工件其分布频率越低。

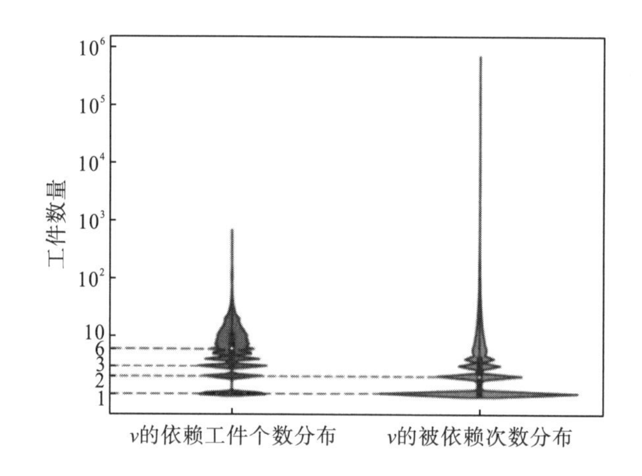

图 6.22 每个工件 v 依赖其他工件的个数分布和每个工件 v 被其他工件依赖的次数分布(见彩版)

(红色虚线表示中位数，黑色虚线表示分布中频率最高的组)

图 6.22 中，左侧的小提琴图分布相对集中，说明软件开发中依赖的工件数量普遍集中，没有太大的差别。在右侧小提琴图中，大多数工件只被少量工件重用过，这意味着对于大多数工件来说，很难吸引更多工件来依赖它们，只有少数工件能够吸引到一定数量的其他工件依赖于它们，这表明工件被重用的次数分布是不平衡的，Maven 生态系统中可能具有潜在的不平衡性，即 Maven 依赖网络的不平衡性。

2)依赖网络的不平衡性

本小节使用洛伦兹曲线进行研究，总共绘制了 4 组洛伦兹曲线对不平衡性进行全面的观察，除了包括前面提到的工件依赖其他工件的数量分布和工件具有依赖工件的数量分布，还包括不同库中的工件数量分布和隶属不同组织的工件数量分布，如图 6.23 所示。

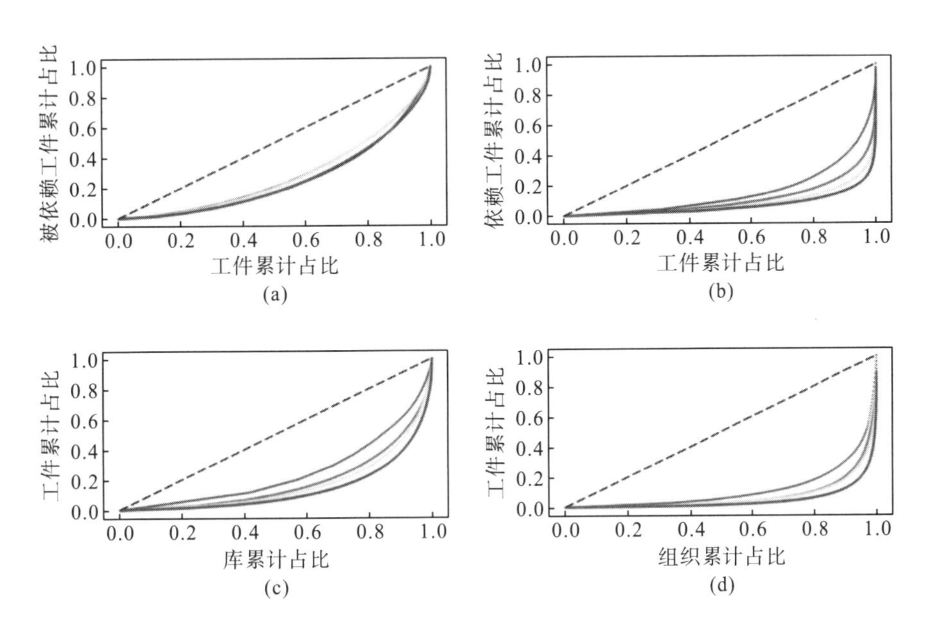

图 6.23　Maven 依赖网络中工件具有的被依赖工件数量、工件具有的依赖工件数量、不同库工件数量以及不同组织工件数量的洛伦兹曲线(见彩版)

深绿色、绿色、黄色和红色曲线分别代表 2005 年、2010 年、2015 年和 2019 年的 Maven 生态系统

图 6.23(a)描述了工件依赖其他工件数量分布的洛伦兹曲线，其中分布是不平衡的，但不同时期的曲线间并没有太大的差距。洛伦兹曲线反映的不平衡性并没有随着时间的推移而加剧，但仍然存在一些工件依赖了大量其他工件，并且可以明确的是其中部分是冗余的，在实际工作中对工件依赖关系进行优化，能够对缓解该类不平衡性起到一定作用。

图 6.23(b)展示了工件具有依赖工件数量分布的洛伦兹曲线。随着时间的推移，分布逐渐变得不平衡，越来越小占比的工件在 Maven 中吸引了越来越大占比的依赖工件来依赖于它们。例如，在 2005 年，依赖工件发出的依赖关系中有 80%都指向大约 25%的工件。然而，截至 2019 年 9 月 10 日，80%的依赖关系仅指向 5%的工件。相反，越来越大比例的工件在 Maven 中越来越难吸引到依赖工件对其建立依赖关系。这种情况可能会在软件生态系统中引发“工件霸权”，即小部分工件吸引很大比例的依赖工件依赖它们。这将会使得这小部分的工件绝对性地控制生态系统中的资源，进而导致严重的后果。例如，新发布的高质量工件无法突破那些已经被很多次依赖的工件所搭建的依赖关系壁垒。这样的壁垒存在使得开发者注意不到新发布的高质量工件，从而不重用这些新发布的高质量工件，不利于生态系统的健康和持续发展。

不同库中的工件数量分布的洛伦兹曲线如图 6.23(c)所示，其分布也是不平衡的，而且不平衡性也朝着越来越严重的方向发展，越来越小比例的库中包含了整个 Maven 中越来越大比例的工件，原因是越来越少部分的库仍然保持不断更新，当开发者起初把他们的项目带入 Maven 时，开发者的开发热情是非常强烈的。但是越来越多工件建立的依赖关系越来越集中地指向一小部分工件，导致除了这小部分的工件外的其他工件越来越难吸引到其他工件来依赖它们，这就对开发者产生了负反馈。负反馈降低了这些工件开发者进行后续维护的热情，因此，维护行为的积极性下降，库中只有越来越少的工件得到持续的更新。这反映在图中就是，越来越多的库被带入 Maven，但是这些库中发布的工件数量在整个 Maven 中的占比却越来越小。

隶属不同组织的工件数量分布的洛伦兹曲线如图 6.23(d)所示。在进行数据统计时，组织由工件元数据标识符中的“groupId”确定。曲线说明了隶属不同组织的工件数量分布同样变得越来越不平衡。整个 Maven 中越来越大比例的工件是由越来越小比例的组织开发的，这些越来越小比例的组织正在扩大自身对 Maven 的主导权，这是因为少数组织在 Maven 中取得了成功并继续扩大其业务，然后它们的优势通过滚雪球的方式持续扩大，不断生产出比其他组织更多的工件，最终导致不断恶化的不平衡性。

用基尼系数量化洛伦兹曲线中的不平衡性，结果如表 6.5 所示。工件依赖其他工件的数量分布是中度不平衡的(0.4≤基尼系数<0.5)，其他三项分布则是高度不平衡的(基尼系数≥0.5)，并且不平衡性还在持续加剧。适当的不平衡是二八法则的体现，但是，过度失衡是软件生态系统中出现显著中心化的体现，过度的中心化违背了开源软件开发的愿景，不利于软件生态系统的健康发展。

表 6.5 基尼系数计算结果

分析对象	2005 年基尼系数	2010 年基尼系数	2015 年基尼系数	2019 年基尼系数
工件依赖其他工件数量分布	0.50	0.43	0.44	0.50
工件的依赖工件数量分布	0.70	0.79	0.84	0.87
不同库中的工件数量分布	0.51	0.64	0.67	0.73
隶属不同组织的工件数量分布	0.77	0.86	0.87	0.91

观察 1：Maven 依赖网络的规模很庞大，并且保持高速扩张，其中依赖关系复杂性也在上升。但按照目前的趋势观察，依赖关系的复杂性上升并没有影响目前 Maven 的规模继续扩大。此外，Maven 生态系统中还体现出不平衡性，并且不平衡性正在逐渐加剧。

2. 研究问题 2：哪些工件是 Maven 依赖网络中的核心工件？

1)核心工件识别

在图 6.24 中可以观察到，只有一小部分工件吸引了大量的依赖工件来依赖它们，如红色框所示，它们在软件开发中很流行并被广泛使用，在 Maven 中具有很强的影响力，本案例中称它们为 Maven 生态系统中的核心工件。仅依靠概念很难准确捕获它们，于是通过在 Maven 依赖网络识别算法来准确识别核心工件这个群体。应用算法得到目前 Maven 依赖网络中总共存在 1736 个核心工件，这与图 6.24 右侧小提琴图上部的低频率区域一致。虽然核心工件的数量很少，但它们的影响力很强，在 Maven 生态系统中存在大量依赖于它们的工件，这些核心依赖工件被依赖次数的范围为 1736～680799。

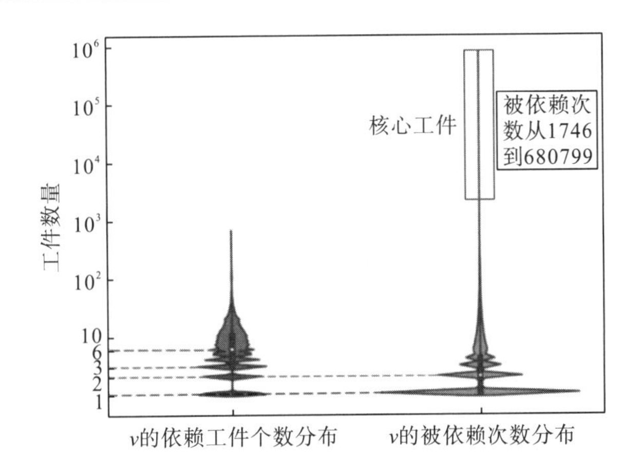

图 6.24　在图 12 中标识的核心工件(见彩版)

获取到核心工件后，下一步需要度量核心工件整个群体在 Maven 生态系统中的影响力。一方面，可以验证核心工件表示的“核心”概念；另一方面，能够定量度量核心工件的实际影响力。一个工件中的出色代码工作是吸引其他工件依赖它的本质原因，被其他工件依赖的次数直接反映了它在 Maven 生态系统中的影响力。图 6.25 分别以蓝色和橙色线展示了所有工件和核心工件数量的演化，核心工件和非核心工件吸引到的依赖工件的比例由绿色和黄色虚线表示。

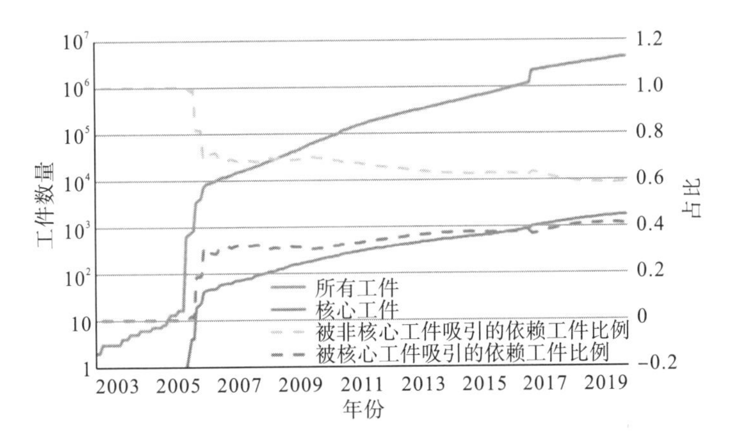

图 6.25　所有工件和核心工件数量的演化(对应左侧主轴)，以及核心工件和非核心工件吸引到的依赖工件的比例(对应右侧次轴)(见彩版)

核心工件数量的增长速度比所有工件都缓慢，核心工件在整个 Maven 中所占比例逐年变小，但越来越大比例的依赖工件的依赖关系是指向这些核心工件的。截至 2019 年 9 月 10 日，Maven 中有 1736 个核心工件，约占工件总数的 0.04%，但它们总共吸引了 12103757 个依赖工件来依赖它们，占依赖工件总数的 41.14%。尽管核心工件在所有工件中的占比越来越小，但核心工件在 Maven 生态系统中仍做出了巨大贡献并主导了生态系统的发展。

上述结果表明，核心工件识别方法能够有效识别出在 Maven 生态系统中具有强大影响力的核心工件，并且发现核心工件的影响力在逐年扩大，在支撑 Maven 生态系统发展中起到重要作用。

2) 成为核心工件的相关因素

核心工件有大量依赖它们的工件，这是核心工件最基本的特征。对于一个工件，尽可能吸引更多的工件来依赖它，是它成为核心工件的必要条件。基于 Maven 依赖网络中的数据，接下来探索与工件被依赖的次数相关的因素，如果相关因素存在，则控制这些因素有助于常规工件成为核心工件。

(1) 工件迭代。工件迭代指同一个软件库中的工件持续进行需求变更管理，发布新版本。图 6.26 展示了随着工件的迭代，工件被依赖次数的平均数演化情况。时间跨度从第一个版本工件发布日期到最新版本工件发布日期。如果一个软件库内有 20 个版本的工件，那么第 4 个版本工件的归一化发布时间为 4/20=0.2，纳入区间[0.2，0.3) 内。然后在这个区间内统计第 4 个版本工件被依赖的次数，以计算平均值。特别地，第 1 个版本的归一化发布时间为 0，最新版本为 1。

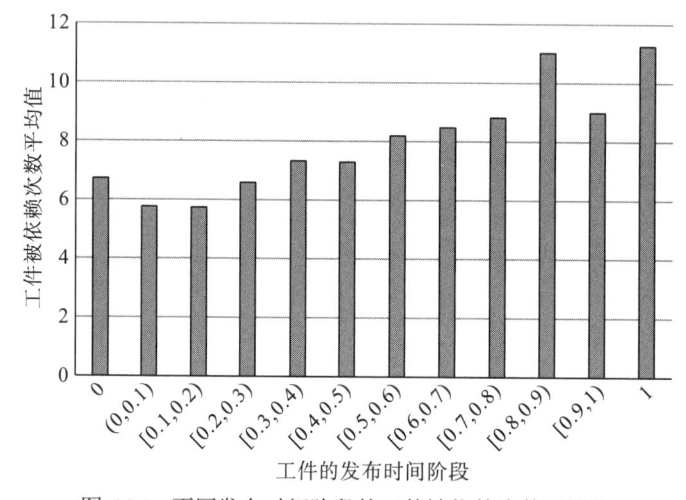

图 6.26　不同发布时间阶段的工件被依赖次数平均值

随着工件的迭代，工件被依赖次数的平均值大约从 6 增长到 10，并显示出上升趋势。工件迭代完善了工件的功能，这使工件有更多的用户调用它并建立对它的依赖关系。所以保持工件迭代是提高被依赖次数的一个积极因素，有助于扩大工件影响力，进而成为核心工件。

(2) 工件更新间隔。工件更新间隔是工件两次发布时间之间的间隔天数。更有价值的需求变更，以及学习应用新版本工件的工作量，都是依赖关系迁移的重要因素，进而最终影响工件被依赖次数。然而实际软件开发中，在工件更新中是否加入更有价值的需求变更以及是否加入优化以减少学习应用新版本工件的工作量，都会影响该次工件更新的时间间隔。在本案例中，尝试验证更新间隔是否会影响工件被依赖次数。在图 6.27 中，箱图用于展示相对于不同工件被依赖次数范围的工件更新间隔分布。

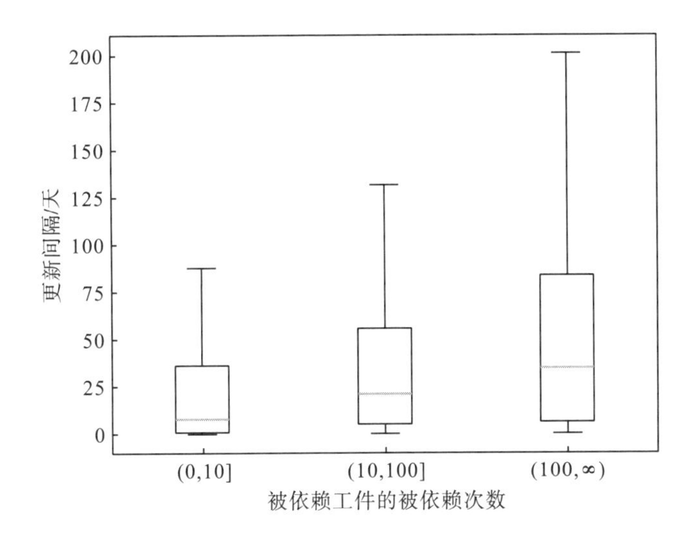

图 6.27　相对于不同工件被依赖次数范围的工件更新间隔分布

在图 6.27 中，箱图从左到右代表了被依赖次数介于(0，10]、(10，100]和(100，∞)三组区间内的三组工件。更新间隔的三组中位数分别为 8 天、21 天和 35 天。曼-惠特尼 U 检验证明三组之间存在显著差异($p<0.01$)，于是可以认为被依赖的次数越大工件就体现出更新间隔越长的特征。

经分析，开发者更有可能将依赖关系迁移到更具价值的更改和更少迁移工作量的工件上。更新间隔相对较长的工件更有可能准备更有价值的变更和优化，可以减少学习应用新版本工件的工作量。这样的工件让开发者更愿意将依赖项迁移到它们之上，所以较长的更新间隔有助于增加工件被依赖的次数。紧急漏洞修复和商业上的赶工策略等特殊情况不可避免地会缩短更新间隔，但这种情况在开源软件社区中数量很少，只会轻微影响分析结果，影响程度有限。

(3) 工件的持续吸引力——工件被依赖次数的数值本身。若工件具有持续吸引新发布的工件对其建立依赖的能力，即工件具有持续吸引力。假设被依赖次数越多的工件更有可能具有更强的持续吸引力。接下来验证该假设。

在这部分的实验中，工件发布足够长的时间才有利于研究工件在发布后展现出的持续吸引力。因此，将 2012 年 1 月 1 日之前发布的所有 142876 个工件作为本小节分析的对象。如果工件在发布后的后续年份中吸引到任何新的依赖工件依赖它，则认为该工件具有持续吸引力。图 6.28 中实线部分展示了在不同被依赖次数区间内的工件，具有持续吸引力的工件数量相对值演化情况(由于工件被依赖次数差异很大，只需要关注其增减趋势而不是绝对值，因此将第 1 年的被依赖次数统一设置为相对值 1，并将后续年份的相对值设置为后续年份绝对值与第 1 年绝对值之比)。

根据图 6.28 的实线可知，被依赖次数越多的工件(如蓝色实线所示)会有更多的工件在发布后的后续年份中持续吸引到工件依赖于它们。也就是说，被依赖次数越多的工件更有可能具有持续吸引力，并且它们的持续吸引力下降速度更慢。值得注意的是，对于被依赖次数少的工件，它们基本没有持续吸引力，例如，图中被依赖次数小于 10 的工件(如绿色线条所示)，只有不到 3%的工件在发布后的第 2 年及之后仍能吸引到新发布的工件来依赖它们。

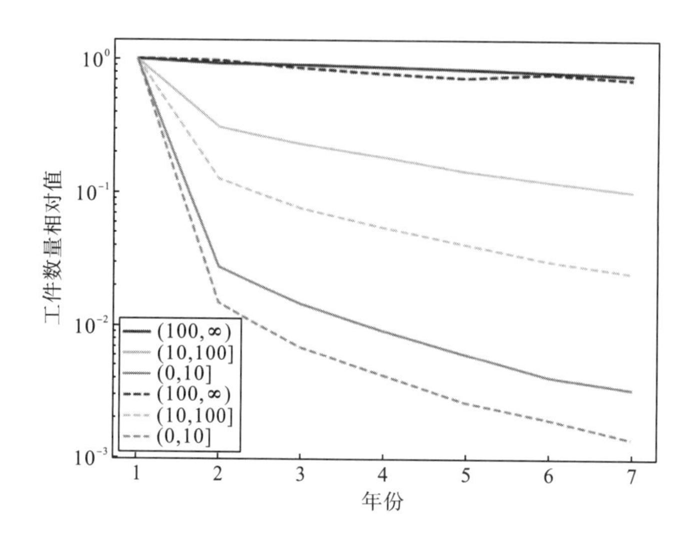

图 6.28　对于处于不同被依赖次数区间内的工件，在发布后仍然具有持续吸引力的工件数量相对值(实线)，以及具有持续吸引力工件的被依赖次数相对值(虚线)(见彩版)

通过分析具有持续吸引力的工件能够吸引到多少工件来依赖它们，进而确定持续吸引力的强弱，如图 6.28 中虚线所示，其中纵轴计算相对值的方法和实线一致。由图可知，被依赖次数越多的工件(蓝色虚线表示)具有更强的持续吸引力。在发布后的每一年中，它们吸引到的工件数量要明显多于被依赖次数较少的工件(如黄色和绿色虚线所示)吸引到的工件数量。

综合本部分分析可知，工件被依赖次数的数值本身体现了具有持续吸引力的工件比例和持续吸引力的强弱。这是有助于增加工件被依赖次数的积极因素。这就要求工件中具备能够经受时间考验的代码工作，才能具有持续吸引力。不过，这也正是在软件生态系统中流行的工件会导致其本身越来越流行的原因，即第三方库推荐研究中面临的“长尾问题”的实证证据。

观察 2：通过核心工件识别算法能够识别出 Maven 生态系统中最具影响力的工件，命名为核心工件。同时它们的影响力随着时间增长在不断被放大。持续的工件迭代、较长的更新间隔，以及工件被依赖次数本身的较高数值，都是推动生态系统中工件成为核心工件的积极因素。

3. 研究问题 3：Maven 生态系统中开发者间交互社交关系是否会影响生态系统中软件工件的开发维护？

为了回答该研究问题，本节对交互式开发者社交网络特征和软件开发维护指标进行了斯皮尔曼相关性检验，判断影响是否存在。由于是对 HADOOP 项目中的 4 个组件进行平行实验，如果在至少 3 个 HADOOP 组件中存在显著相关(p<0.05)的关系对，那么认为影响存在。相关性检验结果如表 6.6 所示，表中展示的相关性系数为 4 个 HADOOP 组件中相关性系数的平均值。

表 6.6　交互式开发者社交网络特征与软件开发维护指标之间的相关性

	D	ACC	ASP	NoNDS	NoNMC	AD	AWD	RoRS	*T*
NoRI	−0.43	−0.09	−0.24	0.65	0.79	0.79	0.73	0.14	0.57
RRoI	0.45	0.45	−0.53	−0.13	0.58	0.58	0.61	−0.54	−0.02
TTRI	0.56	0.18	−0.47	−0.51	−0.08	0.03	0.13	−0.8	−0.15
NoROI	−0.42	−0.02	−0.3	0.55	0.67	0.76	0.71	0.23	0.39
ANoOI	−0.52	−0.27	0.12	0.4	0.06	−0.08	−0.12	0.36	0.4
ANoOD	−0.53	−0.15	0.57	0.44	−0.06	−0.2	−0.24	0.76	0.01
CI	−0.08	0.15	−0.52	0.48	0.84	0.85	0.86	−0.15	0.6

注：由深至浅分别代表有 4 个、3 个、2 个、1 个组件的数据中检验出了显著相关性。相关性系数取平均值。

表 6.6 的列为交互式开发者社交网络特征，行为软件开发维护指标，从中能够观察到多个关系对具有显著相关性。总共 18 个显著相关的关系对，说明交互式开发者社交网络中体现的开发者间交互和协作关系确实会对软件开发维护产生影响，其中有 16 个相关性系数大于 0.5。相关性检验结果说明交互式开发者社交网络特征中体现的开发者间交互社交关系对软件开发维护产生中等及以上程度的影响。按照影响面大小排序，在表 6.7 中统计了交互式开发者网络特征及其影响的软件开发维护指标个数。

表 6.7　交互式开发者社交网络及其影响的软件开发维护指标个数

交互式开发者网络特征	影响软件开发维护指标的个数
最大团顶点数(NoNMC)，平均加权度(AWD)	4
平均度(AD)，评论接收者和发送者比例(RoRS)	3
平均最短路径(ASP)	2
主导集顶点数(NoNDS)	1
开发者变动人数(*T*)，密度(*D*)，平均集聚系数(ACC)	0

接下来从网络特征出发，分析开发者交互社交关系对开发维护产生的多样性影响。

影响面最大的网络特征是最大团顶点数(NoNMC)和平均加权度(AWD)，两者的影响面相同，它们都与被解决需求变更的数量、需求变更解决率、重新开放的需求变更数量以及开发者沟通主动性呈显著正相关关系。最大团表示需求变更工作中交流最频繁团体，是开发者团队中信息聚集的“中心”，这个“中心”越大，则信息高频率流动的范围越广。平均加权度则代表开发者间的总体交互式沟通频率，交互式沟通频率越高，相关需求变更的信息输出就越多。得到丰富的信息能够让开发者更细致、更全面地理解需求变更。因此，提升最大团顶点数和平均加权度，一方面有利于开发者掌握全面的需求变更信息，对需求变更的认识更为深刻，帮助他们发现和解决更多的需求变更，同时增加解决需求变更的比率，还能够回顾发现更多解决不完善的需求变更从而将其重新开放；另一方面，更高频率的交互式沟通起到示范作用，能够带动整个社区中的开发者拥有更高的发言热情、更高的沟通主动性。

影响面次之的是平均度(AD)以及评论接收者和发送者比例(RoRS)。首先分析平均度，平均度与解决需求变更的数量、重新开放的需求变更数量、整个开发者社区沟通主动性呈显著正相关关系。平均度代表开发者的交互式沟通范围，该特征数值越高，开发者间信息交流的范围越大，就能够更加集思广益地解决需求变更，更多方的观点也能够参与关于需求变更的讨论之中，而不是开发者局限于和少量固定的其他开发者进行交流。在交流中，开发者得到更多方的思路启发，从广度上拓宽对需求变更的理解，于是发现和解决更多的需求变更，同时也有助于发现更多以往解决不完善的需求变更从而将其重新开放，还能带动提高整个开发者社区的沟通主动性。其次分析评论接收者和发送者比例，该网络特征与解决需求变更需要的时间呈显著负相关关系，与平均解决每个需求变更需要的总操作次数、每个需求变更中每个开发者进行操作的次数呈显著正相关关系。评论接收者和发送者比例的提高，说明越来越多的开发者从“求助者”角色转变为“被求助对象”角色，进而越来越大比例的开发者对软件开发维护工作发表观点，输出信息。这有利于普遍提高开发者工作效率，在更短的时间内将需求变更解决，避免项目延迟；同时也意味着更大比例的开发者开始输出信息，越开放的沟通环境促进开发者更倾向于开展实践，勇于对需求变更进行操作。

影响面较小的网络特征有平均最短路径(ASP)和主导集顶点数(NoNDS)。平均最短路径与需求变更解决率呈显著负相关关系，与需求变更中每个开发者进行操作的次数呈显著正相关关系。平均最短路径的缩短，降低了开发者间交互式沟通的成本，使之更通畅地获取到解决需求变更的信息，有助于提高需求变更解决率，同时减少开发者解决需求变更时进行的操作次数。主导集顶点数与被解决的需求变更数量呈显著正相关。主导集中顶点数表示负责发现和解决需求变更的主体力量的大小，提高该指标有助于提高整个软件项目中发现和解决需求变更的数量。

以上分析与我们在软件开发维护工作中的常规认识是大体相符的，本书的相关性检验结果从客观上对这些内容进行了验证。同时，在相关性检验结果中也获得了与软件开发维护中的直观认识不相符的结果，接下来进行分析。

开发者变动人数(T)代表着熟悉软件项目的开发者离开和对软件项目生疏的开发者加入，这个特征往往与软件项目开发的成败和生产力相关。老开发者离开，带走了软件项目相关的专家知识并且改变了既存的工作模式。新开发者的加入，需要付出额外的成本去积累软件项目的相关开发经验，并且融入与其他开发者合作的工作模式。为了维持软件项目的开发，新老开发者交替引起的开发者变动一般需要以牺牲软件项目开发维护绩效为代价。在直观认识上，开发者变动人数多少会影响软件开发维护的绩效。

表 6.6 中开发者变动人数只与一个软件开发维护指标具有显著相关性，但相关性系数为 0.01，相关性系数过低可认为相关性能够被忽略。于是本案例中开发者变动人数并没有与软件开发维护指标建立显著的联系。不过需要明确的是，本案例中定义的是交互式开发者社交网络中的开发者变动人数，这在一定程度上说明，交互式开发者社交网络中开发者

变动并不会对软件开发维护产生显著影响。交互式开发者社交网络中的开发者都是勇于和其他人建立交互式沟通的，他们进行交互式沟通带来的益处弥补了开发经验生疏的不足，并且通畅的沟通能够让他们快速融入软件项目的工作模式中。在交互式沟通的环境中，开发者的离开和加入都不会给开源协作开发带来过多负担，这也间接印证了开发者间建立交互式沟通的重要性。

密度 (D) 和平均集聚系数 (ACC) 与本书中各项软件开发维护指标间不具备显著相关性，两者可以一起进行分析。密度和平均集聚系数的提升，表示全体开发者中交互式沟通更为普遍，交集更加密切，如图 6.29 (a) 所示。在直观理解上，开发者间普遍存在联系可能对软件开发维护更有好处。但在实际情况中，由于个体差异，开发者的兴趣领域和擅长领域注定是不尽相同的，这使得兴趣领域和擅长领域相似的开发者更可能以局部小团体的形式建立交互式沟通，从而协作完成工作，如图 6.29 (b) 所示。密度和平均集聚系数作为对整个网络结构的宏观度量，并不能反映图 6.29 (b) 结构的产生，所以这两个网络特征所反映的社交关系并不对软件开发维护特征产生影响。

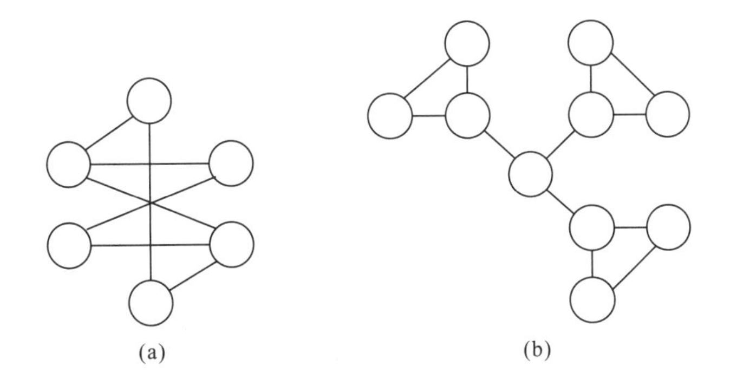

图 6.29 交互式开发者社交网络示例

解决需求变更所需时间 (TTRI) 作为衡量软件开发维护绩效的重要指标，在本案例中并不与众多的网络特征相关，而是只与评论接收者和发送者比例高度负相关 (相关性系数 =−0.8)。然而，在软件开发的直观认识中，解决需求变更所需时间可能受众多的因素影响，包括开发者间紧密的社交关系和通畅的沟通。但现实情况是，紧密的社交关系和通畅的沟通中虽然产生了丰富的信息以供开发者参阅，但开发者在工作中必然需要花费更多的时间来理解信息中的含义和重点，甄别信息的真假与好坏，以及根据有用信息安排自身的工作。所以紧密的社交关系和通畅的沟通在统计意义上并不能影响需求变更的处理时间，而评论接收者和发送者比例却对其有影响。该比例越高，则越多的人担任评论的接收者，贡献出多样化的知识和信息，这才是缩短需求变更处理时间的重要因素。

观察 3：交互式开发者社交网络特征与软件开发维护指标之间存在相关性，说明交互式开发者社交网络特征所反映的开发者交互社交关系是会对软件开发维护产生影响的，并且影响的程度为中等及以上。共六个网络特征产生了显著影响，包括最大团顶点数、平均加权度、平均度、评论接收者和发送者比例、平均最短路径以及主导集顶点数。这些特征对软件开发维护产生全面的影响，但影响范围各不相同。根据存在的影响，在软件生态系统中实际的软件项目管理中，能够有针对性地调整开发者社交关系来达成更好的软件开发维护绩效。

6.4.5 案例有效性威胁分析

下面从结构有效性、内部有效性、外部有效性和结论有效性四个方面来阐述本案例研究的有效性威胁。

1. 结构有效性

本案例中的分析工作是探索性的，其中提出的一些概念和指标并没有经过广泛的使用和验证，存在一定的结构有效性威胁。但其中的概念和指标，是基于现有文献启发和文中设定的研究目标而制定的，它们定义明确，并且具有实际意义，尽可能在这项探索性工作中减轻有效性威胁以构建完备的结构有效性。

2. 内部有效性

本案例是数据驱动的实证分析，数据质量决定了内部有效性。本案例中使用的数据集MDG 采取了简单定义的优先关系来确定软件库中的工件顺序，很难准确地在数据中表示多版本并行维护的软件实践行为。为了评估该问题的影响程度，进行了抽样调查，结果发现多版本并行维护的库在 Maven 中较为少见，虽然该问题存在内部有效性威胁，但威胁程度不高。

私有软件项目中的依赖关系以及通过直接代码复制建立的依赖关系，在 Maven 中是没有存储的。但本研究是从整个 Maven 生态系统的角度出发观察的，上述没有存储的依赖关系并不会对 Maven 生态系统中的工件产生影响。该研究得出观察结果的适用范围在 Maven 生态系统中并不会受到明显影响。

本案例中，开发者交互社交关系的形式是基于项目开发者发送的评论来确定的，然而，现实中还存在其他形式的交互社交关系，如熟络的开发者间会进行私人方式的联络等。本案例使用的数据集并没有涵盖类似方式的沟通行为信息，这可能给研究带来潜在的内部有效性威胁，但由于开发者分布在世界各地，对于开发者而言，在软件项目指定的变更跟踪系统中进行评论仍然是他们进行沟通的首选方式，由此产生的内部有效性威胁的影响是有限的。

3. 外部有效性

本案例中所使用的需求变更数据来源于需求变更跟踪系统 JIRA。使用本书提出的交互式开发者社交网络构建方法，任何人都能够构建出任意开源软件项目的交互式开发者社交网络并且进行类似的分析实践。本案例中的研究方法是具有泛化性的，但由于不同的软件项目中开发者间的内部组织和社交结构是不同的，且软件项目开发随着既定发展路线的推进，开发难度是动态变化的，开发者总体开发背景也存在差异。因此，本案例中的实验结果是否能在其他软件项目上重现是不明确的，未来需要更多的平行实验来加以验证，因此面临着潜在的外部有效性威胁，不过这些方面也是很多研究共同面临的外部有效性威胁。

4. 结论有效性

工件在 Maven 依赖网络中以顶点的形式存在，它们仅通过依赖关系相互连接。在将软件生态系统视为一个整体的基础上，本案例中获得的指标是同质且可靠的。尽管确实存在上述各类有效性威胁，但数据集的巨大规模足以对有效性威胁进行削弱，得到相对符合实际且有效的实验结果。

6.5 小　　结

实证软件工程将实证方法应用于软件工程领域，通过使用实证方法来科学地定性和定量分析软件工程数据，从而深入观察、理解和改进软件产品、软件开发和管理过程。本章面向数据驱动实证软件工程领域，介绍实证研究策略、方法和常用技术，并在此基础上综合给出一个完整的实证案例研究。在案例研究部分，鉴于如今开源软件开发的蓬勃发展，大量软件和软件涉众有机地构成了庞杂的软件生态系统，并且软件和软件间密切的相互关系加剧了软件生态系统的复杂性。案例从软件和软件涉众出发，通过实证研究深入观察和理解 Maven 生态系统。其一，从软件的角度，通过 Maven 依赖网络研究发现 Maven 生态系统规模巨大且在持续高速扩张，依赖关系的复杂性在加剧，在生态系统中的各项分布均存在不平衡性，并且不平衡性也在加剧。另外，本章还提出了一种识别核心工件的方法，并对核心工件在 Maven 生态系统中的强大影响力进行了验证。同时还发现了常规工件成为核心工件的相关积极因素，包括持续的工件迭代、更长的更新间隔和工件更多的被依赖次数。其二，从软件涉众(以开发者为代表)角度，基于交互式开发者社交网络开展研究，定量地明确了开发者间的交互社交关系对软件生态系统中软件开发维护的显著影响，例如，开发者进行交互式沟通的频率和评论接收者与发送者的比例等社交关系，全面影响着生产力、项目延迟、返工和沟通协作等多方面的软件开发维护绩效。

练习题

1. 数据驱动实证软件工程有什么特点？

2. 假如需要从多个方面量化一个软件项目的规模，请尝试设计一系列度量指标，并指出度量类型，然后阐述可能可以获取到数据的方式。

3. 如何区别并按照实际情况选择不同的实证策略？

4. 在执行实验的阶段，应当注意哪些要点？

5. 寻找真实的数据(可不限于软件工程领域)，选择恰当的数据可视化方法(可使用

Excel 或 Python 编程语言中的 matplotlib 库）对数据进行可视化和简单解读。

6. 除本章介绍的常用技术以外，你还知道哪些技术可应用于数据驱动实证软件工程中？

7. 针对本章的案例，给出你认为可能存在的有效性威胁，对案例中研究的有效性进行评价。

8. 搭建一个包含 10 个顶点和 20 条边的网络，计算整个网络的密度和平均最短路径，并选择其中部分顶点计算度中心性和中介中心性。若该网络是某软件项目的开发者社交网络，分别阐述以上计算结果的实证意义。

参考文献

Abdalkareem R, Oda V, Mujahid S, et al., 2020. On the impact of using trivial packages: An empirical case study on npm and PyPI[J]. Empirical Software Engineering, 25(2): 1168-1204.

Aljemabi M A, Wang Z J, 2018. Empirical study on the evolution of developer social networks[J]. IEEE Access, 6: 51049-51060.

Benelallam A, Harrand N, Soto-Valero C, et al., 2019. The maven dependency graph: A temporal graph-based representation of maven central[C] //2019 IEEE/ACM 16th International Conference on Mining Software Repositories（MSR）. May 25-31, 2019.

Bonacich P, 1987. Power and centrality: A family of measures[J]. American Journal of Sociology, 92(5): 1170-1182.

Bron C, Kerbosch J, 1973. Algorithm 457: Finding all cliques of an undirected graph[J]. Communications of the ACM, 16(9): 575-577.

Decan A, Mens T, Grosjean P, 2019. An empirical comparison of dependency network evolution in seven software packaging ecosystems[J]. Empirical Software Engineering, 24(1): 381-416.

Gharehyazie M, Posnett D, Vasilescu B, et al., 2015. Developer initiation and social interactions in OSS: A case study of the apache software foundation[J]. Empirical Software Engineering, 20(5): 1318-1353.

Gousios G, Spinellis D, 2012. GHTorrent: GitHub's data from a firehose[C]//2012 9th IEEE Working Conference on Mining Software Repositories（MSR）. June 2-3, 2012. Zurich. IEEE: 12-21.

Kula R G, German D M, Ouni A, et al., 2018. Do developers update their library dependencies? [J]. Empirical Software Engineering, 23(1): 384-417.

Lin B, Robles G, Serebrenik A, 2017. Developer turnover in global, industrial open source projects: Insights from applying survival analysis[C]// 2017 IEEE 12th International Conference on Global Software Engineering（ICGSE）. May 22-23, 2017. Buenos Aires, Argentina. IEEE: 66-75.

Lorenz M O, 1905. Methods of measuring the concentration of wealth[J]. Publications of the American Statistical Association, 9(70): 209-219.

Manikas K, 2016. Revisiting software ecosystems research: A longitudinal literature study[J]. Journal of Systems and Software, 117: 84-103.

Montreal, QC, Canada. Bonacich P, 1987. Power and centrality: A family of measures[J]. American Journal of Sociology, 92(5): 1170-1182.

Page L, Brin S, Motwani R, et al., 1999. The PageRank citation ranking: Bringing order to the web[R]. Stanford Info Lab.

Pashchenko I, Plate H, Ponta S E, et al., 2022. Vuln4Real: A methodology for counting actually vulnerable dependencies[J]. IEEE Transactions on Software Engineering, 48(5): 1592-1609.

Ralph P, Chiasson M, Kelley H, 2016. Social theory for software engineering research[C]//Proceedings of the 20th International Conference on Evaluation and Assessment in Software Engineering. June 1 - 3, 2016, Limerick, Ireland. ACM: 1-11.

Saramäki J, Kivelä M, Onnela J P, et al., 2007. Generalizations of the clustering coefficient to weighted complex networks[J]. Physical Review E, Statistical, Nonlinear, and Soft Matter Physics, 75(2Pt2): 027105.

Soto-Valero C, Benelallam A, Harrand N, et al., 2019. The emergence of software diversity in Maven central[C]//2019 IEEE/ACM 16th International Conference on Mining Software Repositories (MSR). May 25-31, 2019. Montreal, QC, Canada. IEEE: 333-343.

Thung F, Lo D, Lawall J, 2013. Automated library recommendation[C]//2013 20th Working Conference on Reverse Engineering (WCRE). October 14-17, 2013. Koblenz, Germany. IEEE: 182-191.

Traag V A, Waltman L, van Eck N J, 2019. From Louvain to Leiden: Guaranteeing well-connected communities[J]. Scientific Reports, 9(1): 5233.

Zhang Y X, Zhou M H, Mockus A, et al., 2021. Companies' participation in OSS development: An empirical study of OpenStack[J]. IEEE Transactions on Software Engineering, 47(10): 2242-2259.

Zhang Y X, Zhou M H, Stol K J, et al., 2020. How do companies collaborate in open source ecosystems? an empirical study of OpenStack[C]// Proceedings of the ACM/IEEE 42nd International Conference on Software Engineering. 27 June 2020, Seoul, South Korea. ACM: 1196-1208.

第7章　软件工程中的推荐

根据软件工程的思想，软件开发可分为需求分析阶段、系统分析阶段、系统实现阶段、测试维护阶段和演化阶段。在不同的阶段需要投入的技术力量都至关重要，每个阶段的文档编写也都需要技术人员细致严谨才可以促进软件工程的进步以及实现其可复用性。对于软件开发来说，诸多的软件都是项目化的，需求多变且各有特点，只有软件开发人员运用其丰富的经验和软件知识才能够适应多变且个性化的需求。然而，软件工程发展至今，积累了海量多源异构的软件知识；同时软件系统在规模化、复杂度和异构性方面的不断提升，也给软件开发人员的工作带来了巨大挑战。当开发人员新开始一个项目的时候，面对诸多的软件知识以及复杂的软件系统，如何高效开展面向软件工程的任务成了一个难题。因此，面向软件工程的推荐应运而生。

推荐既可以看作一个独立的领域，与软件工程领域结合；也可以看作软件工程的一部分。就前者来说，根据软件开发的不同阶段的需求，利用高效的推荐算法可以提高软件知识、代码、工具等的复用以及开发人员的效率，基于此理解，可将推荐领域的推荐类型归为面向软件工程领域的推荐。就后者来说，软件工程的目标是：在给定成本、进度的前提下，开发出具有适用性、有效性、可修改性、可理解性、可维护性、可重用性等满足用户需求的软件产品，推荐是实现软件工程目标的方法之一，其自身也属于软件工程的一部分，推荐算法的性能不断地提高以及改进也会推动软件工程的发展。因此，本章从以上两个角度来阐述面向软件工程的推荐。

7.1　面向软件工程的推荐系统

1. 面向软件过程不同阶段

面向软件开发的推荐可以延伸为面向软件工程的不同阶段。通过在不同阶段推荐合适的软件资源，可以提高开发人员的开发效率，缩短开发周期，提高软件质量以及复用率，使开发人员关注代码的关键部分。

随着互联网和 Web 服务技术的快速发展，基于互联网进行软件开发越来越受到软件从业者的青睐。基于互联网的软件开发开始于需求收集阶段，在此阶段中各行业分析师与项目利益相关者合作以获取软件系统的需求，软件需求获取的质量是软件成功与否的关键。软件开发后期阶段纠正错误的代价将呈指数增长，如果在软件需求获取过程中发现丢失或错误的需求，修改这些错误的代价将急剧降低。然而，在需求收集和获取阶段要检查和确定丢失或错误软件需求所要付出的努力是巨大、耗时且容易出错的。因此，如何选取有效的软件需求获取技术以及软件过程模型成为软件开发实践者和研究者关心的问题。

系统实现阶段，开发人员借助不同的开发工具、开发平台以及语言来实现系统分析阶段的每个需求。目前在实际工作中的开发方法有 Scrum 敏捷开发方法、面向数据结构的软件开发方法、面向对象的软件开发方法、可视化开发方法等，对于开发语言有 Web 前端、Java、Python、C、C++、Rust 等，对于第三方库有 Echarts、Pandas、Scrapy、sk-learn、Matplotlib 等，对于软件开发常用 API 有 Object 类、String 类、StringBuffer 类、SimpleDateFormat 类等，对于常用软件对接的接口类型有 webservice 接口、http api 接口等。因此，对于系统实现阶段，常见的有开发人员的推荐、软件开发方法、代码行推荐、软件项目、第三方库以及 API 和软件开发者等推荐。

测试阶段作为需要分析和理解的验证阶段，可以验证结构设计的合理性，其目标主要包括三个方面：避免开发风险、降低常见风险、了解软件性能。其测试对象包括程序、数据和文档。因此，在软件测试阶段，常见的有代码评审人推荐、测试计划的推荐、评价方法的推荐、参数选取的推荐、配置管理的推荐、测试工具的推荐等。

在维护阶段，维护人员可以积累软件运行过程中存在的诸多问题，如错误纠正、操作系统的更新换代、软件处理效率、功能扩充以及性能改善等，将这些问题总结为系统性需求，作为同类软件产品维护的借鉴。同时，维护阶段的内容根据起因可以分为四类：正确性维护、适应性维护、完善性维护和预防性维护。而在大型软件系统的开发和维护的过程中，合并源代码的并行版本和变体是一种常见且基本的软件工程活动。当检测到大量冲突时，需要维护人员调查和解决这些冲突。因此，基于软件冲突解决的推荐也必不可少。

在软件演化阶段，开发人员要耗费大量的时间寻找需要修改的文件，通过向开发人员推荐待修改文件，可以减少开发人员在软件演化阶段找寻的时间。同时，对复杂的应用程序软件命令进行推荐也是软件演化阶段的一个研究方向。

2. 面向不同软件工程对象

1) 推荐的软件工程方法

正确的选择对于成功的软件项目至关重要，如瀑布过程，只适用于无风险项目，而不适用于高风险项目。推荐方法应用于不同类型的开发活动，如算法解决方案的领域推荐和工作量估算方法的推荐，这些方法都是基于知识推荐的示例，因为这些推荐不依赖于用户偏好，而是依赖于定义方法选择的规则。

2) 代码推荐

由于开发团队的频繁变化，有必要不断地重新理解代码。应用程序代码推荐方法推荐相关示例代码，将软件组件裁剪到当前开发程序中，并进行分类错误预测等。

3) 需求推荐

需求工程是软件开发过程中最关键的阶段之一，需求工程实施不力是项目失败的主要原因之一。核心需求工程活动包括启发式、质量保证、协商和发布计划，所有这些活动都可以得到推荐技术的支持，如针对需求优先级的组推荐等。

7.2 面向软件工程的推荐研究现状

软件需求获取是从软件用户、消费者和各利益相关者收集软件需求的过程。已有许多研究根据待开发软件系统的领域知识和(或)情景特点提出不同的软件需求获取方法或框架，这些方法在软件开发需求过程中能有效指导软件需求获取，减少需求过程中的工作负担和错误风险，同时领域知识构造常常需要大量人工操作。基于互联网的软件需要满足大量地理位置各异、类型不同的客户需求，这增加了需求获取的困难；同时，互联网上相似软件众多，这些具有大量相似功能的软件为软件需求获取提供了新的途径。为此，已有研究将推荐系统引入需求工程领域。Laurent 等(2009)探索利用网络论坛的方式进行供应商主导的开源项目需求工程任务。Castro-Herrera 等(2008，2009)使用组织者和发起者协同思想(organizer and promoter of collaborative ideas，OPCI)推荐系统来支持推荐领域专家(expert stakeholder)和需求主题，从而借助专家的领域知识辅助进行需求获取。这些方法能够指导面向网络的软件开发过程中需求组织者和分析师解决软件需求获取问题，但未充分利用已有相似软件的公共领域知识。Hariri 等(2013)设计了一个推荐系统来降低执行领域分析时的人工操作负担，使用数据挖掘算法抽取在线产品描述的公共特征以及这些特征之间的关联关系，然后使用关联规则(association rule)挖掘和 KNN 方法为具有部分特征的新软件产品推荐其缺失的特征。该方法利用了特征之间的关联关系，然而该方法只是挖掘特征之间的共现关系，并未考虑特征之间存在的如多选一、多选多、互斥等关联关系，因此待开发软件难以拥有必需的初始特征作为特征推荐的基础，从而影响预测的准确率。彭珍连等(2016)利用已有的相似软件领域知识即软件特征模型辅助引导用户进行需求描述，使用推荐系统为具有部分特征的待开发软件推荐特征，从而进行需求辅助获取，以降低需求获取过程中复杂而烦琐的人工负担。

在软件开发过程中，开发者经常会以复用代码的方式提高软件开发效率。当前，存在很多传统的基于信息检索的代码推荐方法。OHhioh、Kouge 和 Sando 都是代码推荐引擎，可以根据自然语言查询中出现的关键字或者正则表达式来推荐代码片段，它们通过把代码的文本信息和结构信息相结合来实现代码推荐。传统的信息检索方法存在的一个基本问题是自然语言查询的高层级的意图与代码的低层级的实现细节不匹配。近年来，研究者也提出了一些基于深度神经网络技术的代码推荐方法。Gu 等(2018)提出了 DepCS，通过神经网络模型将代码和自然语言描述映射到高维度向量中，使得代码片段和其对应的自然语言具有相似的向量呈现，通过计算两者之间的余弦相似度来实现代码推荐。

推荐系统是一个为用户提供物品选择建议的软件工具，作为实现软件工程目标的方法之一，其在软件工程领域的应用也更加广泛，对于软件开发相关资源推荐的性能也在不断提高。Kim 等(2013)通过源文件和测试文件的更改历史来识别其更改模式，从而向软件开发人员推荐一组变更建议，提高软件项目的开发速度和质量。杨志斌等(2021)基于人工智能技术，提出了一种安全关键软件术语和需求的分类方法，为安全关键软件需求规约提供了基础，改变了以往手工提取相关知识费力费时的情况。Xiong 等(2018)对基于 Web 服务的推荐进行研究，弥合用户需求和应用程序功能之间的语义鸿沟，通过提高 Web 应用程序编程接口的推荐来提高软件开发阶段的软件复用率。

在软件开发过程中，识别可靠的软件缺陷预测技术能够建立有效的缺陷预测模型，缺陷预测技术的性能很大程度上取决于缺陷数据集的特征，软件缺陷数据的不平衡性阻碍了软件缺陷预测的性能，研究人员和从业者通常要为手头的缺陷数据选择最佳的采样方法。在实践中，没有发现任何抽样方法在理论和实践中均表现很好。因此，研究如何根据当前数据的特点选择合适的抽样方法是非常必要和有价值的。Sun 等(2016，2020)提出了用于自动推荐并适用于新缺陷数据的抽样方法，首先利用历史缺陷数据对现有的抽样方法进行排序，然后利用元特征挖掘新的和历史缺陷数据之间的数据相似性，最后将排序抽样方法和数据相似性的所有信息结合起来，构建一个推荐网络，利用基于用户的协同过滤算法为新的缺陷数据推荐合适的抽样方法。以往研究人员通过改变领域信息、输入数据特征、复杂性等方面的上下文，对大量缺陷预测技术进行了评估和比较。然而，由于缺乏统一且公认的对比标准，开发人员在选择合适的缺陷预测技术上存在困难。Rathore 等(2017)提出了一个软件缺陷预测技术的推荐模型，提供可靠的软件缺陷预测技术选择方案。

随着软件系统复杂性的不断增加以及开发协作流程越来越复杂，Github、SourceForge、SegmentFault 等开源平台应运而生。开源平台作为软件开发人员交流、获取软件知识、复刻软件项目等的平台，积累了大量的软件开发知识、项目、代码、第三方库等。然而由于现存的软件知识标签不足，通过标签找到开发人员所需知识仍具有一定挑战性。Wang 等(2021)提出了语义图建模标签和单词的语义关联，进而提高了在开源平台推荐软件知识的精确度，减少开发人员由于搜索所耗费的时间。Zhou 等(2019)通过对传统的 Entagerc、TagMulRec 和 FastTagRec 推荐方法以及四种不同的深度学习方法——TagCNN、TagRNN、TagHAN 和 TagRCNN 在软件信息网站的标签推荐任务中所展示的性能进行对比，验证深度学习技术是否可以应用于软件工程数据分析问题。试验结果表明，适当的深度学习方法有助于软件工程相关任务，如工作量估计、漏洞分析、代码克隆检测、测试用例选择、需求分析等的解决，为以后的研究学者提供了一定研究依据。

软件测试一直是软件开发中的重要问题，其中最重要的问题是错误的重现，即通过不断地重现错误来反复观察系统在出错过程中的运行状态，不断丰富关于错误的知识，最终找到其根本原因。主要的测试从单元测试、组件测试、集成测试到系统测试。然而，在测试过程中，软件代码经常被更改，多开发人员协作等因素会带来测试的错误和困难。Lee 等(2015，2020，2021)提出了一种基于深度神经网络漏洞修复推荐系统的高质量测试数据自动生成方法，并应用变异软件对自动生成的数据质量进行了评估和分析，通过比较生成数据的实际错误情况和 bug fixer 推荐系统中原始数据的实际错误情况来分析质量。随着多核平台的普及，多线程并发程序越来越丰富，以云计算为代表的大规模并发系统的快速发展，在这种系统上运行的大规模并发程序也越来越普遍。郑炜等(2017)提出一种基于本体设计的并发错误测试工具推荐方法，该方法分别根据并发错误类型、程序本身特征和用户具体需求推荐适合的并发错误测试工具，从而提高测试的效率。众包测试任务的目标是在有限的预算内检测尽可能多的漏洞，因此为测试任务推荐一组合适的群组工作人员是非常有价值的，这样可以用更少的工作人员检测到更多的软件错误。Wang 等(2014)首先提出了群体工作者的一种新的表征方法，并通过测试环境、能力和领域知识对其进行表征。在此基础上，提出了多目标众工推荐方法(MOCOM)，该方法旨在为众包测试任务推荐能够检测到最多漏洞、最少数量的众包工作人员。

代码评审是软件维护和演化的关键任务之一，严格的代码审查会减少错误，降低总体维护成本。Rebai 等(2020)将代码审阅者的推荐描述为一个多目标搜索问题，以平衡专业知识、可用性和合作历史等相互冲突的目标。这不仅缓解了项目资源及评审员信息有限的问题，同时也降低了开发人员和评审人员之间的合作历史可能会以消极的方式影响评审质量的问题。对于异常复杂的应用程序的命令推荐，Damevski 等(2018)根据软件开发交互数据，对未来任务上下文建模来改进现有的软件命令推荐的缺陷。Zheng 等(2018)认为，软件演化技术与软件开发技术同等重要，软件演化技术的推荐应该从软件开发以及软件演化中进行学习，因此利用深度学习技术和主题模型来学习软件开发过程技术、软件演化技术以及软件项目特征，从而进行软件演化技术推荐。

7.3 软件工程中的推荐技术

推荐系统能够为用户提供个性化的推荐服务，缓解人们面对海量的数据信息无法快速找到自己感兴趣的内容的问题。自推荐系统产生以来，同各领域不断结合并获得了不错的效果。例如，电子商务领域的商品图推荐、音乐推荐、电影推荐、旅游景点推荐等。在软件工程领域的推荐中，常见的成果包括第三方库的推荐、API 的推荐、软件项目的推荐、软件开发方法的推荐、测试工具推荐、测试自动化技术推荐等。推荐领域的相关技术也应用于软件工程不同方面的推荐。

7.3.1 软件需求阶段推荐技术

为了帮助需求分析师、各利益相关者和客户有效获取待开发软件需求，已有许多学者提出了各种软件需求获取技术。金芝等(2019)提出了一种基于本体的需求获取方法，利用企业本体和领域本体构造软件需求模型，指导软件需求获取。舒风笛等(2007)提出一种用户主导的需求获取方法，为用户提供领域需求资产推荐和对多用户协同需求获取的建议。王波等(2013)针对问题驱动的需求获取方法提出了协同的问题分析与解决方法，并进行了实例研究。这些方法在软件开发需求过程中能有效指导软件需求获取，减少需求过程中的工作负担和错误风险。基于互联网的软件需要满足大量地理位置各异、类型不同的客户需求，这增加了需求获取的困难；同时，互联网上相似软件众多，这些具有大量相似功能的软件为软件需求获取提供了新的途径。为此，已有研究将推荐系统引入需求工程领域。Hariri 等(2013)使用数据挖掘(关联规则挖掘)算法抽取在线产品描述的公共特征以及这些特征之间的关联关系，然后使用 KNN 协同过滤算法为具有部分特征的新软件产品推荐其缺失的特征。

7.3.2　软件开发阶段推荐技术

基于协同过滤。张璇等(2014)为了实现对可信 Web 服务的推荐，在分析了 Web 服务推荐技术与电子商务推荐技术的不同基础上，提出了一种基于协同过滤的可信 Web 服务推荐方法，在产生推荐的过程中还考虑了不诚实用户和用户数不足的问题。

基于知识图谱。知识图谱是一种重要的知识表示形式，能够打破不同应用场景下的数据隔离。现有的知识图谱研究主要面向通用领域或金融医疗等，涵盖知识图谱的建模与表示、知识图谱的管理与应用两个方面的研究。王飞等(2020)提出了软件代码知识图构建的方法与具体应用，拓展了代码服务的场景，充分利用了现有诸多的代码及相关文档等诸多软件知识，构建代码知识图谱，为智能化软件开发以及深度智能应用提供了有效支撑。Chen 等(2020)利用知识图谱技术来整合移动应用第三方库和应用程序的结构化信息以及用于推荐的应用程序和库的交互信息，作为软件开发阶段第三方库的推荐依据。余笙等(2021)利用信息检索和 Word Embedding 技术构建缺陷知识图谱；然后利用 TF-IDF 和 Word Embedding 技术计算缺陷报告之间的文本相似度，同时综合考虑缺陷的各项属性，从而得到缺陷报告之间的主次要属性相似度；最后将上述相似度融合成综合相似度，利用综合相似度推荐相似缺陷报告。Wang 等(2021)利用 Mashup-API 共同调用模式和服务类别属性构造了一个细化的知识图谱，然后通过随机游走学习实体的隐式低维嵌入表示，并基于知识图谱设计了一个实体偏差过程来反映不同的实体偏好。

基于深度学习。随着软件知识数量以及多源异构数据的不断增长，传统的协同过滤方法不能够满足软件资源推荐的需要。因此，基于深度学习的推荐技术应运而生。在开发人员推荐领域，Wang 等(2014)认为，由于难以了解开发人员的专业知识和意愿，仅从历史信息中学习软件开发人员的专业知识和交互信息，可能会忽略隐式信息而降低推荐的准确性。因此，基于联合矩阵分解对开发者和任务之间的多元隐式关系进行集成，并根据深度神经网络的结构生成预测结果。在软件信息网站的标签推荐方面，Li 等(2020)提出了一种结合深度学习和协同过滤的混合标签推荐系统，旨在解决开发人员之间在背景、表达习惯和对软件对象理解方面的差异可能会导致标签不一致或不合适的问题。在软件项目推荐领域，Zhang 等(2021)提出了一种基于深度学习模型的个性化项目推荐方法，用以缓解以往推荐方法中忽略开发人员的操作行为、社会关系和实践技能等特征造成的推荐精确率不高的问题，进而向开发人员提供个性化的软件项目推荐。在代码推荐领域，陶传奇等(2021)提出了基于深度学习的编程现场上下文深度感知的代码行推荐方法，在已有的大规模代码数据集中学习上下文之间潜在的关联关系，利用编程现场已有的源码数据和任务数据得到当前可能的代码行，并推荐 Top-N 给编程人员。贡献者需要花费大量时间从社区中的数千个开源项目中找到合适的项目或任务来进行工作。在软件库推荐领域，Yang 等(2019)基于线性组合和学习排序为开发人员推荐软件存储库。它使用项目受欢迎程度、项目之间的技术依赖性以及开发人员之间的社会关系来衡量开发人员与给定项目之间的相关性，进而将合适的软件库推荐给开发人员。

7.3.3 软件测试阶段推荐技术

软件测试一直是软件开发中的重要问题，其中最重要的问题是错误的重现，即通过不断地重现错误来反复观察系统在出错过程中的运行状态，不断丰富关于错误的知识，最终找到其根本原因。软件测试阶段的推荐技术主要包括测试工具推荐、测试用例推荐、软件测试知识图谱推荐等。

在测试工具推荐方面，郑炜等(2017)提出了基于本体的推荐模型，根据所获取信息的不同来进行推荐，主要分为三个方面：最佳的情况是，用户对待测程序中可能存在的并发错误类型有一定的认知，然后通过构建的本体和规则进行相应测试工具的推荐，即针对特定并发错误类型进行工具推荐；当用户只了解被测程序的一些明显的特点但并不了解它会导致哪种特定的错误时，系统在获取用户给出的特点后先推理可能存在的并发错误类型，再根据该错误类型给出推荐的测试工具；用户对待测程序并不了解，只能给出期望的测试结果(如可视化的测试结果等)，系统根据用户提出的需求进行推荐。

面向测试用例推荐、软件开发的改进和加速有助于在所有领域和行业提供高质量的服务，从而导致对高质量软件开发的需求不断增加。在软件开发生命周期中，最大的挑战之一是源代码版本之间的变更管理。变更管理不仅影响软件服务发布的正确性，还影响测试用例的数量。由于缺乏适当的版本控制，以及由于改进版本控制和重复的测试迭代，开发生命周期被延迟。因此，对更好的版本控制驱动的测试用例缩减方法的需求不容忽视。Sun等(2018)提出了一种新的概率重构检测和基于规则的测试用例约简方法，以简化软件开发的测试和版本控制机制。软件开发人员可以采用重构过程来进行有效的更改，如代码结构、功能或应用需求更改等。

基于软件测试知识图谱，陈佳斌等(2022)从知识图谱的基本概念和构建方法出发，结合雷达等预警探测装备软件测试工作中积累的相关领域项目软件测试需求、用例、缺陷等结构化数据，构建了领域结构化知识图谱，解决了软件测试数据分散、难以利用和分析的问题。此外，借助自然语言分词、标签提取等技术，针对典型软件缺陷具体描述等非结构化数据进行处理，初步探索和实现了非结构化数据的分析与实体链接，进一步增强了预警探测装备软件测试知识图谱的可用性和价值密度。通过建立的知识图谱，方便对历史软件缺陷、测试用例等数据进行检索和查看，并且能够更有效地展示需求、用例、缺陷、典型案例等实体之间的链接关系，有利于在新的软件测试项目测试设计复用，以及对典型缺陷开展针对性测试，提升了软件测试的有效性、测试效率以及问题挖掘能力，对于安全关键软件测试等领域知识图谱的建设和应用场景具有一定的参考意义。

7.3.4 软件维护和演化阶段推荐技术

漏洞修复是软件开发和维护过程中最重要的活动之一。由于初始修复不完整，大量错误通常会被多次修复，需要后续进行补充修复。自动推荐相关变更位置以进行补充缺陷修复，可以帮助开发人员提高工作效率。它还通过突出显示开发人员可能需要更改的位置来完全删除错误，从而帮助提高系统的可靠性。Xia 等(2017)根据源代码中方法、类和包之间的各种关系(如包含、继承、历史更改等)，提取六个更改关系图，并对每个图执行随机游走，为每个图输出候选变更位置的排序列表。同时，利用遗传算法将这六个排名列表组合起来。Kim 等(2013)使用错误报告的内容来推荐可能被修复的文件，模型检查给定的漏洞报告是否包含足够的预测信息，根据错误报告的内容预测要修复的文件。

程序理解是软件维护和演化过程中最早也是最频繁执行的活动之一。在程序中，不仅有源代码，还有注释，程序中的注释是理解程序的主要信息来源之一。如果一个程序有好的评论，开发人员就会更容易理解它。然而，对于许多软件系统来说，由于开发人员个性化的编码风格，许多方法和类的编写往往没有给出好的注释，这会使开发人员在执行未来的软件维护任务时难以理解。为了解决这个问题，Sun 等(2016)提出了一种评估代码注释质量的方法，并生成改进注释质量的推荐。

软件开发与维护过程中常会出现一些安全性缺陷，这些安全性缺陷会给软件和用户带来很大的风险。安全性缺陷在修复过程中，其修复级别和质量要求往往高于一般性的缺陷。因此，推荐富有安全性经验的开发者及时、有效地修复这些安全性缺陷非常重要。针对安全性缺陷的修复，孙小兵等(2018)提出了一种有效的软件开发者推荐方法 SecDR，在推荐开发者时不仅考虑了开发者的历史开发内容(与安全性相关)，还分析了开发者的修复质量和历史修复缺陷的复杂度等因素。此外，还考虑了开发者的多经验级别推荐：推荐初级开发者修复简单的安全性缺陷、高级开发者修复复杂的安全性缺陷。

面对多种快速挑战时，不确定和动态的环境迫使专业人员在不同的环境中采用敏捷实践，从而使用混合项目管理模型。然而，考虑到项目类型和环境因素的多样性，确定要采用的正确实践比较困难。Bianchi 等(2022)提出了一种推荐方法，使用敏捷性指标识别不同环境下的项目管理实践模式，该方法在 856 个项目的数据集上进行了测试。聚类分析被应用于根据环境特征将项目分为三组，称为场景，即瀑布、敏捷和混合；然后，分别为每个组应用关联规则技术，确定每个组的具体实践模式。

7.4　案例研究

在软件工程的不同阶段，也涌现了许多软件工程中的不同软件资源的推荐案例。在软件需求阶段，Hariri 等(2013)设计了一个推荐系统来降低执行领域分析时的人工操作负担，使用数据挖掘算法抽取在线产品描述的公共特征以及这些特征之间的关联关系，然后使用关联规则挖掘和 KNN 方法为具有部分特征的新软件产品推荐其缺失的特征，该方法利用了特征之间的关联关系。在软件开发阶段，Gu 等(2018)提出了 DepCS，通过神经网络模型将代码和自然语言描述映射到高维度向量中，使得代码片段和其对应的自然语言具有相似的向量呈现，通过计算两者之间的余弦相似度来实现代码推荐。在软件缺陷预测方面，Sun 等(2020)提出了用于自动推荐并适用于新缺陷数据的抽样方法 CFSR，首先利用历史缺陷数据对现有的抽样方法进行排序，然后利用元特征挖掘新的和历史缺陷数据之间的数据相似性，最后将排序抽样方法和数据相似性的所有信息结合起来，构建一个推荐网络，利用基于用户的协同过滤算法为新的缺陷数据推荐合适的抽样方法。同时，在开源平台上，Zhou 等(2019)通过对传统的 Entagerc、TagMulRec 和 FastTagRec 推荐方法以及四种不同的深度学习方法——TagCNN、TagRNN、TagHAN 和 TagRCNN 在软件信息网站的标签推荐任务中所展示的性能进行对比，验证深度学习技术是否可以应用于软件工程数据分析问题。试验结果表明，适当的深度学习方法有助于完成软件工程相关任务，如工作量估计、漏洞分析、代码克隆检测、测试用例选择、需求分析等。在软件测试阶段，郑炜等(2017)提出一种基于本体设计的并发错误测试工具推荐方法，该方法分别根据并发错误类型、程序本身特征和用户具体需求推荐适合的并发错误测试工具，从而提高测试的效率。众包测试任务的目标是在有限的预算内检测尽可能多的漏洞，因此为测试任务推荐一组合适的群组工作人员是非常有价值的，这样可以用更少的工作人员检测到更多的软件错误。在软件维护和演化阶段，Zheng 等(2018)认为，软件演化技术与软件开发技术同等重要，软件演化技术的推荐应该从软件开发以及软件演化中进行学习，因此利用深度学习技术和主题模型来学习软件开发过程技术、软件演化技术以及软件项目特征，从而进行软件演化技术推荐。

本节以软件开发阶段的第三方库推荐为案例进行重点阐述。软件开发第三方库作为软件开发领域重要的可复用资源，能够提高开发人员的效率。现存的第三方库数量巨大、种类繁多，搜寻合适的第三方库需要耗费开发人员很多精力。同时，现存的诸多第三方库中，存在推荐系统常见的“长尾问题”，比较受欢迎的第三方库被推荐的频次更高，那些没那么受欢迎但是和开发人员项目高度关联的第三方库却不能够被推荐或者很少被推荐。本案例基于第三方库领域的推荐任务，主要研究如何向开发人员推荐适合开发项目的第三方库，同时研究如何向开发人员推荐属于长尾集合但又和开发项目关联度高的第三方库。

现有的第三方库领域推荐方法往往单独从项目层面或者从第三方库(使用模式)层面进行推荐。单独从项目层面进行推荐的方法只计算项目的相似度，无法判断当前的第三方库对开发人员的项目是否合适。而基于第三方库使用模式的推荐方法通常会忽略对项目特征的考虑。本案例提出了一种基于知识图谱的图卷积网络模型 KG2Lib，综合考虑项目和第三方库的特征进行推荐；其次，纳入更多关于第三方库的信息来进行更细粒度的推荐。实验结果表明，在公开数据集上本案例所提出的模型效果优于其他方法，可以更有效地提高第三方库推荐的准确性，也进一步缓解了第三方库推荐领域的长尾问题，如图 7.1 所示。

在上述工作的基础上，进一步探索更有效的方法缓解第三方库推荐领域的长尾问题。本案例提出了长尾推荐模型 LTLIB，如图 7.2 所示。

LTLIB 主要包含四个模块：矩阵分解模块、项目聚类模块、第三方库分类模块以及模型学习模块。项目和第三方库的权重矩阵首先经过一类协同过滤算法生成项目特征向量矩阵和第三方库特征向量矩阵。其次利用层次聚类方法对项目进行聚类，并利用 PageRank 算法得到每个聚类中项目所包含的较受欢迎项目和长尾项目。最后，将长尾项目和受欢迎项目输入模型，判断当前第三方库是否可以被推荐。实验结果表明，本案例所提出的模型 LTLIB 能够有效地缓解第三方库推荐领域的长尾问题。

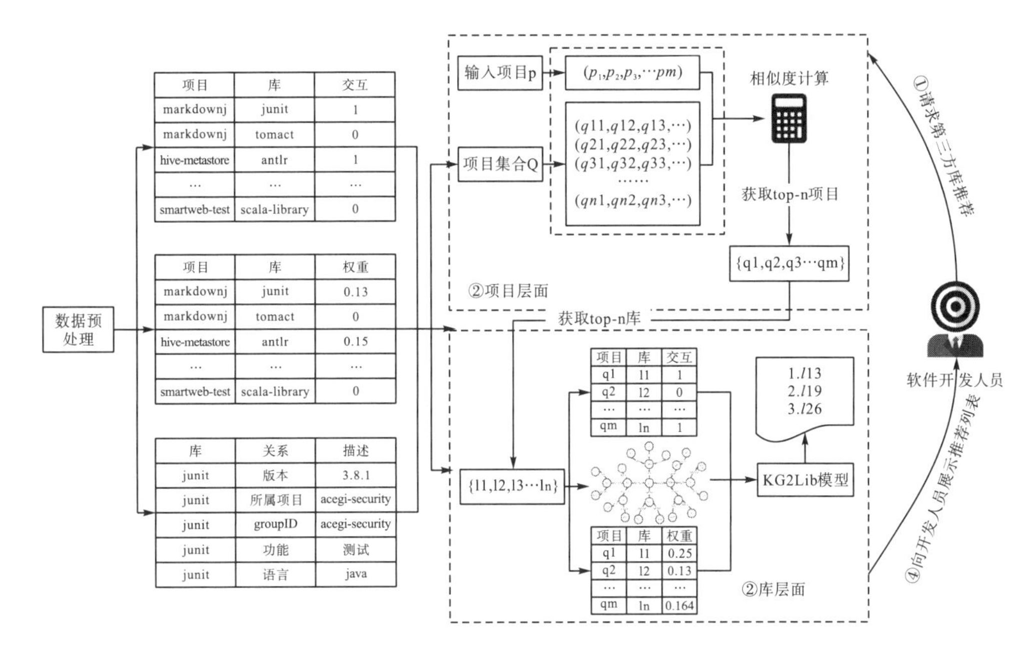

图 7.1　第三方库推荐模型 KG2Lib 流程示意图

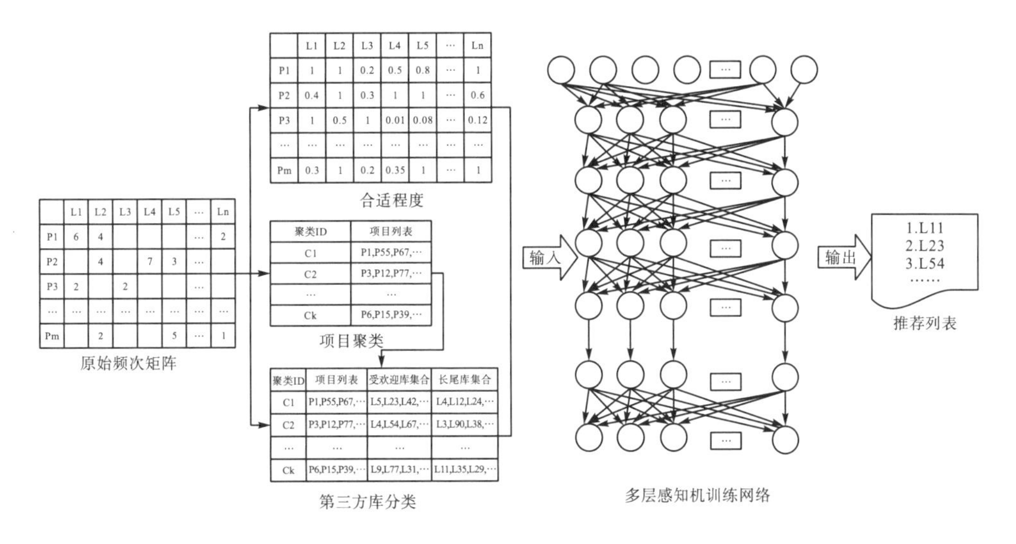

图 7.2　长尾模型 LTLIB 概览

7.4.1　数据预处理

推荐系统具有三个元素即用户、物品和评分，一般使用用户物品交互矩阵来表示用户和物品的潜在联系。交互矩阵中的每列表示一个物品，每行代表一个用户，行和列交叉的位置表示该用户对当前物品的评分。如果将用户-物品交互矩阵的思想应用于第三方库推荐的领域，可以将用户和物品的潜在关系转化为项目和库的交互关系表示。每一个软件项目中可能包含了多个第三方库，若项目调用了当前第三方库，则交叉位置用 1 表示，没有调用，则用 0 表示。本案例将交互矩阵处理为“项目-库-标签”的形式，如图 7.3 的交互矩阵模块所示。

定义项目集合 $P=\{P_1,P_2,\cdots,P_i\}$，其中 i 表示项目的个数；第三方库集合 $L=\{L_1,L_2,\cdots,L_j\}$，其中 j 表示第三方库的个数；项目和第三方库的交互矩阵 $Y\in R^{i*j}$，该交互矩阵根据项目和库的调用关系定义而成；$y_{P,L}$ 表示项目和库是否有调用，其中 $y_{P,L}=1$ 表示项目 P 调用过第三方库 L，$y_{P,L}=0$ 则表示当前项目 P 对当前第三方库没有调用。

基于以上定义，给定项目集合 $P=\{P_1,P_2,P_3\}$，第三方库集合 $L=\{L_1,L_2,L_3,L_4,L_5\}$。如果项目 P_1 调用了 L_1、L_2、L_5，项目 P_2 调用了 L_1、L_3，项目 P_3 调用了 L_2、L_4，则它们对应的交互矩阵可表示为如表 7.1 所示的形式。

表 7.1 交互矩阵表示形式

项目	库	交互
P_1	L_1	1
P_1	L_2	1
P_1	L_3	0
…	…	…
P_3	L_3	0
P_3	L_4	1
P_3	L_5	0

根据以上项目和第三方库的交互数据，本案例构建了其对应的关系网络，根据表 7.1 所示的交互矩阵，其关系网络如图 7.3 所示。同时，本案例根据项目调用库的次数来构建权重矩阵，其计算公式如下：

$$\mathcal{W}_{L_i}=\frac{\text{当前项目中}L_i\text{的个数}}{\text{总的第三方库的个数}}$$

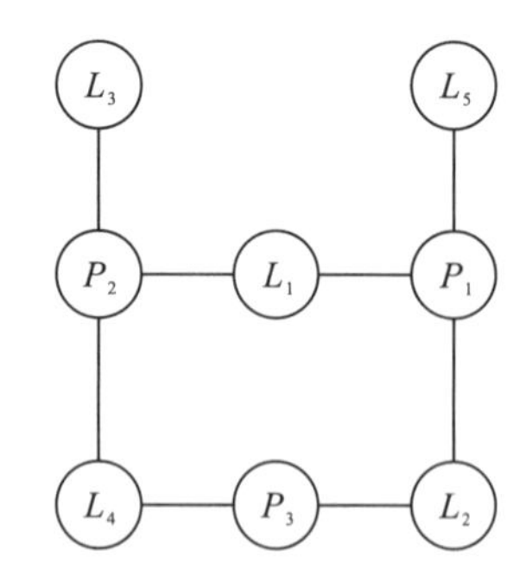

图 7.3 项目-第三方库关系网络示例

基于以上定义，给定项目集合 $P=\{P_1,P_2,P_3\}$，第三方库集合 $L=\{L_1,L_2,L_3,L_4\}$。如果项目 P_1 调用了 L_1、L_2、L_3，其中 L_1 被调用两次、L_2 被调用三次、L_3 被调用三次；项目 P_2 调用了 L_1、L_3、L_4，其中 L_1 被调用一次、L_3 被调用三次、L_4 被调用四次；项目 P_3 调用了

L_1、L_3，其中 L_1 被调用两次、L_3 被调用一次。则它们对应的权重矩阵如表 7.2 所示。

表 7.2　权重矩阵表示形式

项目	库	权重
P_1	L_1	0.25
P_1	L_2	0.375
P_1	L_3	0.375
…	…	…
P_3	L_3	0.33
P_3	L_4	0

知识图谱三元组为 G =(头实体，关系，尾实体)，对于第三方库 junit，构建的三元组(junit，junit.version，3.8.1)表示 junit 的版本号是 3.8.1。然后，本案例通过确定库的三元组关系来构建知识图谱。本案例确定的关系类型有库版本、功能描述、groupId、语言四种。根据所确定的关系进行关于第三方库的知识图谱的构建，对于给定的项目集合 $P=\{P_1,P_2,P_3\}$，第三方库集合 $L=\{L_1,L_2,L_3,L_4\}$，其中：

L_1：{版本：1.1.0；功能描述：测试；groupID：PAM；语言：Java}；

L_2：{版本：3.1.5；功能描述：数组计算；groupID：PAM；语言：Python}；

L_3：{版本：2.2.7；功能描述：数据分析；groupID：PBM；语言：python}；

L_4：{版本：5.2.6；功能描述：测试；groupID：PCM；语言：R}。

根据以上三元组形式，其对应的图谱关系如图 7.4 所示。数据预处理部分的算法如算法 7.1 所示，本算法仅展示权重矩阵和交互矩阵的处理流程。第 2～10 行计算了项目与三方库的调用关系，首先根据项目名称和第三方库名称分别对项目列表和第三方库列表进行

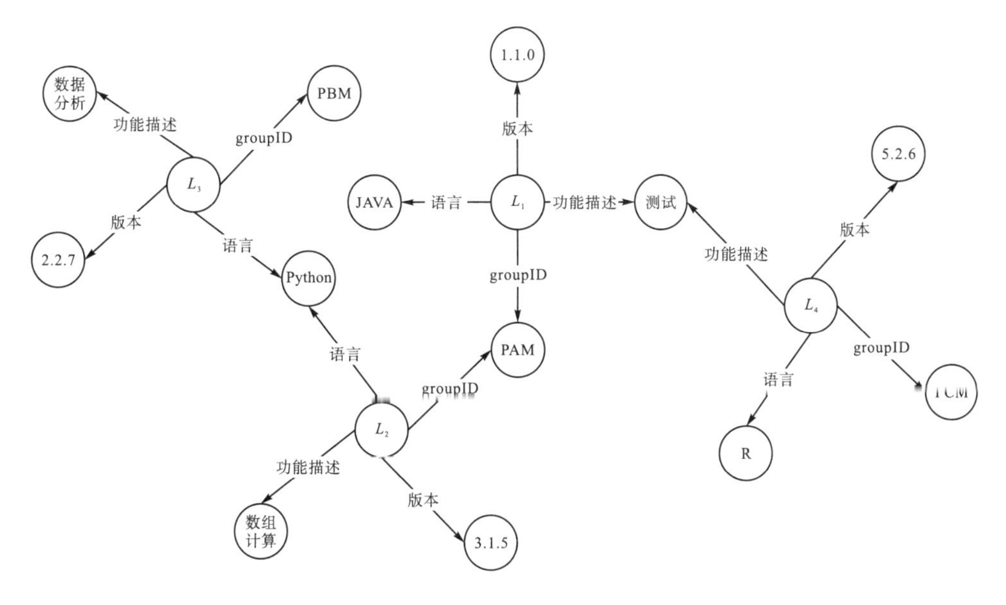

图 7.4　第三方库图谱示例

去重，分别存储于 Data_P 和 Data_lib 中。其次根据 Data_P 中的任意项目 P_i，获取其所包含的第三方库的数量以及每个第三方库被调用的次数，分别存入列表 List_Lib 和 AllCount_l 中。第 11～29 行计算了交互矩阵 Y 和权重矩阵 W，对于 Data_P 中的任意项目 P_i，求其与 Data_lib 中的第三方库的交互关系以及当前第三方库对于 P_i 的重要程度，如果 P_i 对于 Data_lib 中的任一第三方库 L_j 没有调用关系，则其输出的交互关系为(P_i，L_j，1)，权重关系为(P_i，L_j，权重值)；如果没有调用关系，则其输出的交互关系和权重关系均为(P_i，L_j，0)。

算法 7.1 数据处理算法

输入：第三方库数据 D
输出：交互矩阵 Y，权重矩阵 W

```
1   function MatrixGeneration(D)
2   项目名称列表抽取并去重，得 Data_P
3   第三方库名称列表抽取并去重，得 Data_Lib
4   Dict_p_Lib  //新加的项目名称和第三方库列表映射字典
5   for p in Data_P：
6     获取当前项目名称为 p 的数据 Data_p
7     获取当前 Data_p 中的第三方库列表 List_Lib
8     获取 p 中调用的第三方库的数量 AllCount_l
9     Dict_p_Lib.append({p：List_Lib})
10   end for
11   Y_temp//新建的临时交互列表
12   W_temp//新建的临时权重列表
13   for p in Data_P：
14     for l in Data_Lib：
15       获取 Dict_p_Lib 中 p 所映射的第三方库列表 p_lib
16       if l in p_lib：
17         Y_temp = [p, l, 1]
18         count(p,l)   //计算 l 在 p 中的被调用的次数
19         weight (p,l) = count(p,l) /AllCount_l
20         W_temp = [p, l,weight (p,l)]
21       end if
22       else：
23         Y_temp = [p, l, 0]
24         W_temp= [p, l, 0]
25       end else
26         Y_Temp //得到交互矩阵 Y
27         W_Temp//权重矩阵 W
28     end for
29   end for
```

7.4.2 第三方库推荐 KG2Lib 模型

KG2Lib 模型将第三方库的知识图谱 G、交互矩阵 Y 和权重矩阵 W 的数据信息融合在一个知识图谱上，其表示形式如图 7.5 所示。其核心思想为：根据项目的相似性求出待推荐的 Top-N 项目集合，获取 Top-N 项目中包含的待推荐库集合；对于这些待推荐的第三方库，获取其与项目的交互信息、在项目中所占的权重信息以及这些第三方库自身所包含的特征信息，对于每一个待推荐的第三方库，以当前第三方库为中心，对其邻域内的节点求其特征。

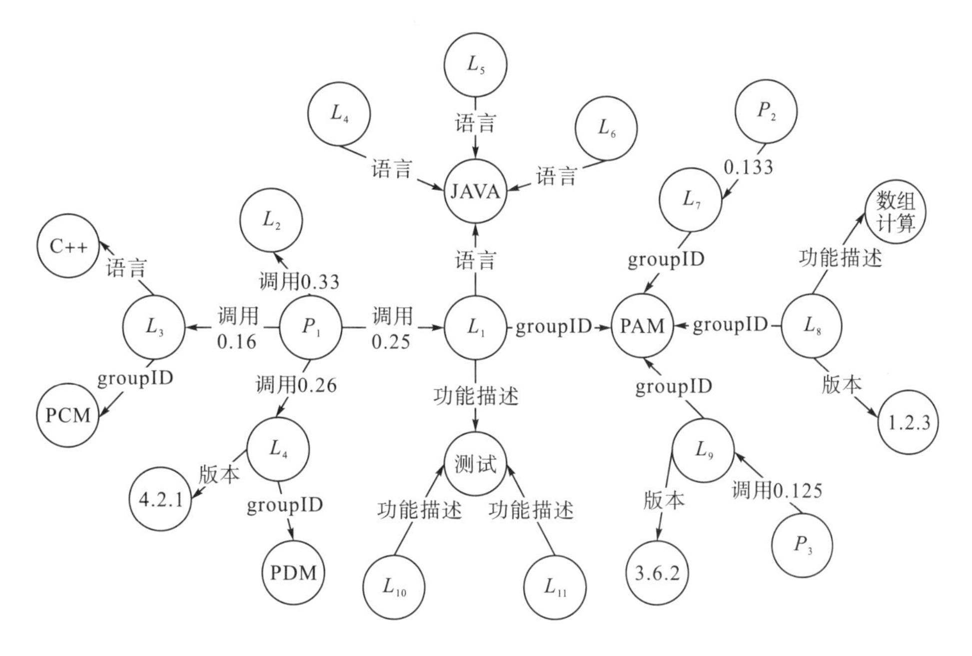

图 7.5　第三方库辅助信息图谱形式

首先分别求出知识图谱中项目和第三方库的向量表示。对于第三方库图谱中的项目向量表示，其实现方式为：对于给定的项目 p_i，有邻居节点（$l_1,l_2,\cdots,l_n$），则 p_i 的特征可以表示为 $\vec{\delta}_p=(\delta_1,\delta_2,\cdots,\delta_n)$，$\delta_j$ 表示第 j 个库的权重，计算公式为

$$\delta_j=\frac{\mathcal{F}_j}{\mathcal{A}_l}$$

其中，$\mathcal{F}_j$ 为第 j 个库在项目 p_i 中出现的次数；$\mathcal{A}_l$ 为项目 p_i 中的 n 个库出现的总次数。根据项目的特征计算相似度可以得到最相似的前 N 个项目。对于待测项目 p_i 以及待推荐项目 q，其对应的特征向量分别为 $\vec{\delta}_p=(\delta_1,\delta_2,\cdots\delta_n)$，$\vec{\tau}_q=(\tau_1,\tau_2,\cdots,\tau_m)$，则项目 p 和项目 q 的相似度计算公式如下：

$$\text{sim}(p,q)=\frac{\sum_{a=1}^{k}\delta_a\times\tau_a}{\sqrt{\sum_{a=1}^{k}(\delta_a)^2}\times\sqrt{\sum_{a=1}^{k}(\tau_a)^2}}$$

其中，k 为 p 和 q 共有的第三方库的数量。根据以上相似度计算方式，可获得和 p_i 最相似的 top-n 个项目集合。然而，这只是在项目级向用户推荐第三方库，需要更细粒度的延伸到第三方库级来推荐更精准的第三方库。因此，本案例需要计算第三方库的特征向量，其实现如下。

在第三方库层面，一个软件项目可以调用多个第三方库，在其调用的第三方库中，调用每个第三方库的频次也不一样，即每个第三方库对于当前项目的重要程度也不一样，同时每个第三方库又包含了不同的关系属性，这些属性和第三方库的特征又决定了项目的特点。对于某一待推荐项目 l_i，本案例将其特征表示为

$$F_{l_i}=\sum_{\text{ent}\in N(l_i)}N(l_i)\mathcal{H}_{\text{proj},\text{rela}_{l_i,\text{ent}}}\text{ent}$$

其中，F_{l_i} 为待推荐项目 l_i 的特征；$N(l_i)$ 为与待推荐项目 l_i 有连接的邻居集合；ent 为与 l_i 相连的实体集合；ent 为实体集合 ent 的向量表示；$\mathcal{H}_{\text{proj,rela}_{l_i,\text{ent}}}$ 为项目和 l_i 之间的关联程度，其公式为

$$\mathcal{H}_{\text{proj,rela}} = \boldsymbol{h}(\text{proj,rela})$$

在实际的特征计算过程中，有些项目调用的第三方库数量较少，则其能够利用的信息以及其调用的第三方库所包含的特征有限；有些项目调用的第三方库数量较多，则可以获取到更多关于该项目特征的信息以及其中所包含的第三方库的辅助信息。因此，需要对其特征按照统一标准进行标准化，本案例将其标准化后的项目特征表示为

$$\tilde{\mathcal{H}}_{\text{proj,rela}_{l_i,\text{ent}}} = \frac{\exp(\mathcal{H}_{\text{proj,rela}_{l_i,\text{ent}}})}{\sum_{\text{ent}\in N(l_i)} \exp(\mathcal{H}_{\text{proj,rela}_{l_i,\text{ent}}})}$$

同时，本案例将待测项目和当前待推荐第三方库的邻域中的关系根据其重要程度进行聚合，则对于第三方库 l_i，对其聚合的公式如下所示

$$\text{aggr} = \sigma(w.(l_i + \tilde{\mathcal{H}}_{\text{proj,rela}_{l_i,\text{ent}}}) + b)$$

其中，w 为可学习的权重；b 为可学习的偏置项；σ 为 ReLU 激活函数。则项目 project 是否会调用第三方库 l_i 的概率为

$$\hat{y}_{\text{a}}(\text{project}, l_i) = l(\text{proj,aggr})$$

其中，l 为 sigmoid 激活函数；proj 为待测项目；aggr 为当前第三方库的特征聚合后的结果。根据预测结果在原来的待推荐第三方库集合上进一步筛选，推荐给开发人员。

7.4.3 长尾第三方库推荐探索

在电影推荐领域，推荐系统根据用户对当前影片的评分预测用户对当前影片的喜欢程度，评分越高则表示用户越喜欢该影片，通过提取该影片的特征信息，推荐和该影片特征相同的影片给用户。像这种根据用户明确反馈来进行推荐的方法，严重依赖交互数据，不能够带给用户更多的惊喜和满意度。对于那些没有明确反馈的数据，如用户是否浏览过当前物品、网页是否被当前用户点击等，这一类丰富的数据资源可用来作为推荐模型的补充。解决这类问题的思想被称为一类协同过滤技术。

在本案例的工作中，将所有的第三方库分为软件开发人员当前已经调用的和尚未调用的(图 7.6)，本案例的重点是考虑那些尚未调用的第三方库中，与项目比较合适的第三方库，在这些尚未调用的第三方库中，又可以分为调用频次较高的第三方库和长尾第三方库。最终要推荐的第三方库包含两个条件：①适合当前项目需求；②长尾第三方库集合中的库可以被推荐。

在实际的推荐系统中，被调用频次较高的第三方库总是占有较小比例，而长尾第三方库则占据较大比重。在本案例的第三方库调用频次分布中，可以得到在 1200 个项目和 5087 个被调用的第三方库中，有 146 个调用次数超过 200 的第三方库，约占第三方库总数的 2.87%；而 3275 个第三方库被调用的次数少于 10 次，约占第三方库总数的 64.37%。这就导致了所构建的调用频次矩阵数据稀疏性严重。基于此问题，本案例对缺失数据进行

填补，缓解数据稀疏问题，其具体步骤如图 7.7 所示。

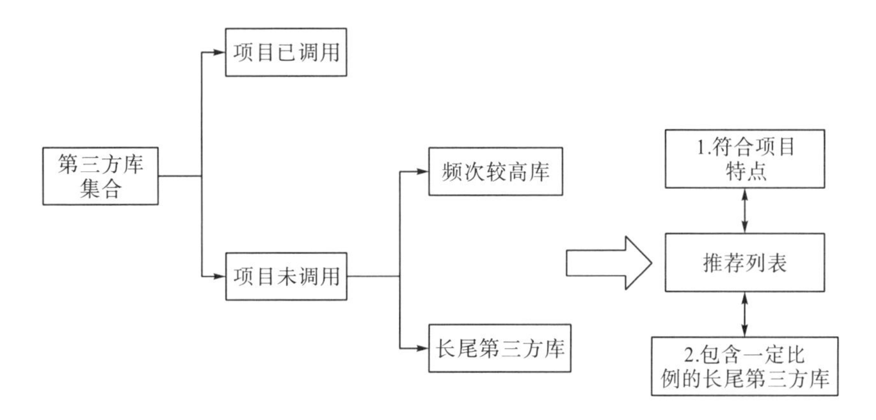

图 7.6　LILIB 推荐目标说明

	L_1	L_2	L_3	L_4	L_5	…	L_n
P_1	6	4				…	2
P_2		4		7	3	…	
P_3	2		2			…	
…	…	…	…	…	…	…	…
P_m		2			5	…	1

①调用频次矩阵

	L_1	L_2	L_3	L_4	L_5	…	L_n
P_1	1	1				…	1
P_2		1		1	1	…	
P_3	1		1			…	
…	…	…	…	…	…	…	…
P_m		1			1	…	1

②标记已调用第三方库

	L_1	L_2	L_3	L_4	L_5	…	L_n
P_1	1	1	0.2	0.5	0.8	…	1
P_2	0.4	1	0.3	1	1	…	0.6
P_3	1	0.5	1	0.01	0.08	…	0.12
…	…	…	…	…	…	…	…
P_m	0.3	1	0.2	0.35	1	…	1

③计算合适程度评分

图 7.7　OCCF 计算过程图示

一类协同过滤的输入数据应为二进制数据，数据中只包含 1 或者 0。因此，在数据处理过程中，如果当前项目和第三方库有调用关系，则用 1 代替调用次数；未有调用关系的则用“未知/空”来表示，生成的矩阵如图 7.7 步骤②所示。然后根据该二进制矩阵计算项目和第三方库的合适程度分数，结果如图 7.7 步骤③所示。

计算函数如下：

$$\mathcal{L}(P,L)=\sum_{ui}w_{ui}(p_{ui}-P_uL_i^{\mathrm{T}})^2+\lambda(\|P_u\|_{\mathrm{F}}^2+\|L_i\|_{\mathrm{F}}^2)$$

其中，p_{ui} 为项目和第三方库的合适程度。项目的向量表示计算公式如下：

$$P_u=R_u\dot{W}_u L\left[L^{\mathrm{T}}\dot{W}_u L+\lambda\left(\sum_i w_{ui}\right)I\right]^{-1}$$

第三方库的向量表示计算公式如下：

$$L_i=R_i^{\mathrm{T}}\dot{W}_i P\left[P\dot{W}_i P+\lambda\left(\sum_u w_{ui}\right)I\right]^{-1}$$

根据以上计算过程，可得到当前项目对第三方库的合适程度分数，填补了数据中缺少交互的一部分数据，可作为项目聚类和第三方库分类的依据。

对于数据规模较大的数据集，对数据依据某些特征进行分类，在每一个类别中进行目标数据的检索，可减少时间消耗并提升推荐精度。同时，也可以缓解数据稀疏性所带来的性能差的问题。本案例采用层次聚类技术，根据合适程度评分矩阵对相似项目进行聚类，相似性的计算方法采取皮尔逊相关系数。皮尔逊相关系数通过计算两个用户所共同喜欢的物品集合来得到用户的相似度系数。本案例通过两个项目目前所共同使用的第三方库来计算两个项目的相似度值，首先对于任一项目 P，根据 OCCF 计算的合适程度评分，其特征可以表示为

$$\overrightarrow{\vartheta_P} = (\vartheta_1, \vartheta_2, \cdots, \vartheta_n)$$

其中，ϑ_i 为第 i 个第三方库对于当前项目的合成程度预测评分，则对于项目 P_1 和 P_2（P_1，$P_2 \in P$），$\vec{\vartheta}_{P_1} = (\delta_1, \delta_2, \cdots, \delta_n)$，$\vec{\vartheta}_{P_2} = (\vartheta_1, \vartheta_2, \cdots, \vartheta_n)$，其相似度计算公式定义如下：

$$\mathrm{sim}(P_1, P_2) = \frac{N\sum P_1 P_2 - \sum P_1 \sum P_2}{\sqrt{N\sum P_1^2 - \left(\sum P_1\right)^2} \times \sqrt{N\sum P_2^2 - \left(\sum P_2\right)^2}}$$

根据相似度值进行聚类，聚类算法伪码如下。

算法 7.2 项目聚类算法

```
初始化：聚类类簇 C_i，i∈[1,k]
        Cluster_new = {}
        轮廓系数 SC
输入：项目集合 P = {P1,P2,···,Pm}
      聚类相似度度量函数 sim()
      输出：聚类簇集合 Cluster_P = {C1,C2,···,Ck}

1 function HierarichicalClustering(P)
2   for i = 1 to m:          //初始时，集合中每一个项目作为一个单独簇类
3     do Ci = { Pi}
4   end for         //此时 Cluster_P = {C1,C2,···,Cm}，其中 k<m，
5   While |Cluster_P| >1 do   //计算类簇集合中两两类簇的距离
6     for i =1 to m:
7       for j = 1 to m:
8         while i ≠ j do:
9             sim(Ci, Cj)←sim(i,j)    //计算簇 Ci 和簇 Cj 的相似度
10              sim(Ci, Cj)↔sim(Cj, Ci) //簇 Ci 和簇 Cj 的相似度与簇 Cj 和簇 Ci 的相似度相等
11          j++
12        i++
13       end for
14     end for
15     Cluster_new ←complete linkage   //使用全链接作为簇类合并计算依据
16     Cluster_new ←{C1,C2,···,Cn},     // k 为最终的簇类个数，n 为每一次聚类确定的聚类个数，m 为原始的类簇个数，
   其关系为 k<n<m
17     Cluster_P ← Cluster_new
18   end while
```

首先将算法中的每个项目作为一个独立类簇，如第 2～4 行所示，此时聚类簇集合 Cluster_P 中的初始化类簇个数等于项目集合中的原始项目个数，即 Cluster_P = $\{C_1, C_2, \cdots, C_m\}$。其次根据皮尔逊相关系数计算项目集合中两两项目之间的相似性，利用全链接技术（complete linkage）作为聚合依据，完成一次聚合，重复以上步骤，直到达到预设的 k 个聚类簇值，如第 5～18 行所示。同时采取轮廓系数来确定聚类过程中合适的 k 值。轮廓系数作为评价聚类质量高低的方法之一，其评价指标主要有内聚度和分离度两种，轮

廓系数最高的簇的数量则表示当前簇类个数的最佳值，其取值范围为[−1,1]。其计算方法如下：设一样本为 m，将其与所在簇内其他样本的平均距离表示为 $\mathrm{a\_in}_m$，与其他簇样本的平均距离表示为 $\mathrm{a\_out}_m$，则样本 m 的轮廓系数 SC_m 为

$$\mathrm{SC}_m=\frac{\mathrm{a\_out}_m-\mathrm{a\_in}_m}{\max(\mathrm{a\_out}_m,\ \mathrm{a\_in}_m)}$$

SC_m 的值越接近 1，则说明样本 m 的聚类结果越恰当；SC_m 的值越接近−1，则说明样本 m 的聚类结果越不恰当。整个簇类的轮廓系数 $\mathrm{SC}_{\mathrm{all}}$ 可表示为

$$\mathrm{SC}_{\mathrm{all}}=\frac{\sum_{m=1}^{N}\mathrm{SC}_m}{N}$$

其中，N 为总的样本数量；m 为样本点。样本的距离计算公式为皮尔逊相关系数，前面已经给出公式，此处不再赘述。根据所得到的聚类结果，对于当前 k 个簇中每个簇所包含的第三方库，按照频次较高库和长尾第三方库进行分类。

项目聚类完毕，对每一个簇类中的项目集合，提取其中所包含的第三方库，并根据其相关信息分为长尾第三方库和频次较高库。然而，第三方库的数量巨大，每一个第三方库对于当前项目的重要程度也不同，因此对于第三方库类别的划分，不能一概而论。此外，每一个类簇所包含的项目和第三方库数量不同，调用情况也不相同，不能设置某一个固定的阈值来区分“受欢迎第三方库”和“长尾第三方库”。基于此情况，本案例将每个类簇中的第三方库和项目，按照所构建的权重矩阵，利用 PageRank 技术进行区分。

PageRank 技术是谷歌公司用来评估网页质量高低的其中一个评价指标，其思想为：①对于某一网页，链接跳转后指向该网页的网页数量越多，则该页面越重要；②指向该网页的其他网页重要性越高，该网页的重要性也越高。该思想也被广泛应用于生活中的各类场景，主要是对某些过程对象进行重要程度排名，如社会影响力排名等。

其计算过程为：对于某一簇内的项目集合$\{P_1,P_2,P_3,P_4\}$以及第三方库集合$\{L_1,L_2,L_3,L_4,\}$，若 P_1 调用 L_1 两次、L_2 一次、L_4 两次；P_2 调用 L_1 一次、L_2 两次、L_3 一次、L_4 三次；P_3 调用 L_3 三次、L_4 一次；P_4 调用 L_1 两次、L_2 两次、L_3 一次，则其对应的有向图和对应的权重矩阵如图 7.8 所示，在第一次迭代之前，每一个第三方库的初始 PR 值(PageRank)为 1/第三方库的总的数量，在此，$L_1/L_2/L_3/L_4$ 的初始 PR 值均为 0.25。

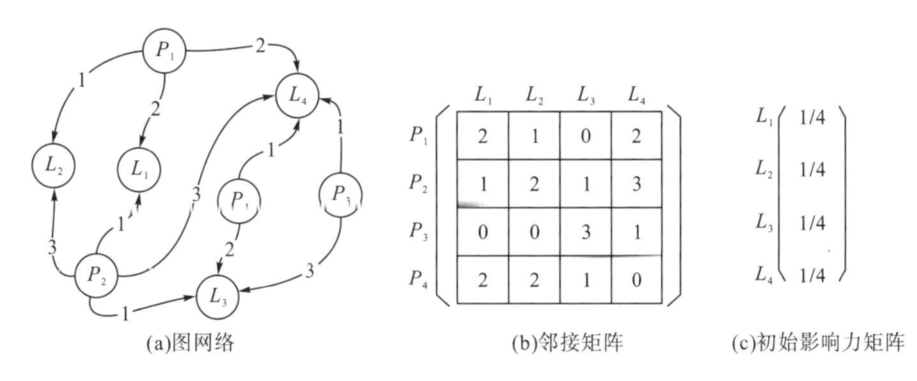

	L_1	L_2	L_3	L_4
P_1	2	1	0	2
P_2	1	2	1	3
P_3	0	0	3	1
P_4	2	2	1	0

(a)图网络　(b)邻接矩阵　(c)初始影响力矩阵

图 7.8　有向图和邻接矩阵以及影响力(PR)矩阵示例

从图 7.8(a)可以发现，P_1 有三个出链，分别为 L_1、L_2、L_4，则 L_1、L_2、L_4 分别获得来自 P_1 的 1/3；P_1 调用 L_1、L_2、L_4 的次数分别为 2、1、2，所以 L_1、L_2、L_4 的第一次迭代 PR 值为 2/3、1/3、2/3。P_2、P_3 的计算方式同 P_1，此处不再给出详细计算过程。因此可得 L_1、L_2、L_3、L_4 的概率矩阵如下：

$$M=\begin{bmatrix}\frac{2}{3} & \frac{1}{3} & 0 & \frac{2}{3}\\ \frac{1}{4} & \frac{1}{2} & \frac{1}{4} & \frac{3}{4}\\ 0 & 0 & \frac{3}{2} & \frac{1}{2}\\ \frac{2}{3} & \frac{2}{3} & \frac{1}{3} & 0\end{bmatrix}$$

则初次迭代各个第三方库的重要性如下：

$$A_1=MA_0=\begin{bmatrix}\frac{2}{3} & \frac{1}{3} & 0 & \frac{2}{3}\\ \frac{1}{4} & \frac{1}{2} & \frac{1}{4} & \frac{3}{4}\\ 0 & 0 & \frac{3}{2} & \frac{1}{2}\\ \frac{2}{3} & \frac{2}{3} & \frac{1}{3} & 0\end{bmatrix}\begin{bmatrix}\frac{1}{4}\\ \frac{1}{4}\\ \frac{1}{4}\\ \frac{1}{4}\end{bmatrix}=\begin{bmatrix}\frac{5}{12}\\ \frac{7}{16}\\ \frac{1}{2}\\ \frac{5}{12}\end{bmatrix}$$

重复执行以上过程，直到第 n 次的重要程度 $A_n \approx MA_n$ 时，A_n 即为 L_1、L_2、L_3、L_4 的重要程度。根据重要程度取中位数作为分类依据。其分类伪代码描述如下。

算法 7.3 第三方库分类算法

```
初始化：Libraryall_Ci ={} //Ci 中所包含的第三方库集合
        Middle_ Influence = 0    //第三方库重要程度中位数
输入：簇类集合 Cluster_P = {C1,C2,···,Ck}；
输出：频次较高库集合 HighFrequent_L_Ci
      长尾第三方库集合 LongTail_L_Ci,(i∈[1,k])

1   Function LibraryClassification(L)
2   for i ←1 to k do
3     Temp ←Ci
4     for j in Ci_L;
5        Libraryall_Ci←Ci_Lj   //获取 Temp 中所包含的所有第三方库集合
6     end for
7     for Library1 in Libraryall_Ci
8       Libraryall_Ci_Influence← Calculate Influence_Libraryl    //计算第三方库重要程度
9       sort Libraryall_Ci_Influence in ascending order   //对第三方库重要程度进行排序
10        Middle_Influence←Libraryall_Ci_Influence_mid
11          if Libraryall_Ci_Influence_Libraryl > Middle_Influence//
    如果当前第三方库的重要程序大于中位数，则放入“频次较高库”集合
12                HighFrequent_L_Ci_Libraryl
13            else：  //如果当前第三方库的重要程度小于中位数，则放入“长尾第三方库”集合
14                LongTail_L_Ci_Libraryl
15        end for
16    end for
```

传统的神经网络需要显式的特征来学习实例的类标签，然而在实际的推荐系统中，用户提供的只有单一的对于物品的评分值来表明他们喜欢或者不喜欢。随着对推荐领域特定问题的关注，人们发现了对于长尾问题探索其具体环节的方法。最开始人们利用矩阵分解的方法，通过填充预测评分，对没有评分的物品进行预测，这样的预测数据作为模型的输入依据。但随着数据集规模的不断扩大，传统的基于矩阵分解的推荐方法的效率也在不断下降。需要探索新的方法来和基于矩阵分解的方法相结合，从而提升推荐的准确度。随着深度学习技术的出现，深度学习技术能够根据用户的评分信息更好地学习用户和物品的特征。尽管深度学习技术非常成功，但这些技术需要大量的实例信息(如评分等)对用户偏好进行学习。长尾物品之所以长尾，是因为其评分信息很少，因此传统的深度学习技术无法用于长尾物品的推荐。本案例根据所处理的数据集特征，采取孪生神经网络来进行长尾物品特征的学习。孪生神经网络可应用于两个场景：一是分类的数量较少，但是每一类所包含的数据量较多；二是分类的数量较多，但是每一类所包含的数据量比较少。本案例所处理的数据集特征属于前者。孪生神经网络框架通过两个子网络，以及距离层来计算两个输入实例的相似性，其结构如图 7.9 所示，其中两个子网络(网络 1 和网络 2)的网络结构相同。

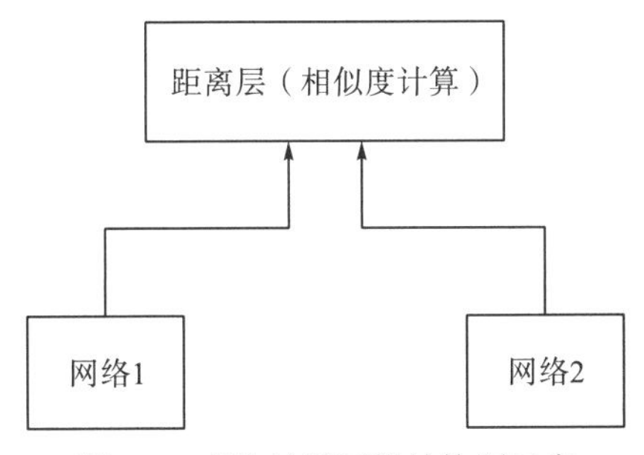

图 7.9　孪生神经网络结构图示意

在本案例中，利用改进的多层感知机(multi-layer perception)作为训练网络，对于所输入的项目，根据当前其所包含的第三方库，判断其所属类簇 C_i。对于当前类簇 C_i 中项目所包含的第三方库分类，分为长尾第三方库集合 $\text{lib}_{c_i}^{\text{lt}}=\{\text{lib}_{c_i}^{\text{lt1}},\text{lib}_{c_i}^{\text{lt2}},\cdots,\text{lib}_{c_i}^{\text{lt}m}\}$ 和较受欢迎的第三方库集合 $\text{lib}_{c_i}^{\text{pop}}=\{\text{lib}_{c_i}^{\text{pop1}},\text{lib}_{c_i}^{\text{pop2}},\cdots,\text{lib}_{c_i}^{\text{pop}n}\}$。同时，对于所输入验证项目，其所包含的第三方库集合为 $\text{lib}_{\text{test}}^{\text{pro}}=\{\text{lib}_{\text{test}}^{1},\text{lib}_{\text{test}}^{2},\cdots,\text{lib}_{\text{test}}^{q}\}$，对于任意 $\text{lib}_{\text{test}}^{i}$，$i\in(1,q)$，将其与较受欢迎的第三方库集合中的 $\text{lib}_{c_i}^{\text{pop}i}$，$i\in(1,n)$ 作为一个输入对，分别输入模型的两个子网络；同时，将其与长尾结合的第三方库 $\text{lib}_{c_i}^{\text{lt}i}$，$i\in(1,m)$ 作为输入对，输入模型进行训练。

7.4.4　实验设置

本次实验中，选择了 LibRec、LibFinder、LibCUP 和 CrossRec 四种库推荐算法作为对比方法。

LibRec 的主要思想是基于关联规则挖掘和协同过滤算法。关联规则挖掘基于库的使用模式来进行第三方库的推荐，协同过滤是基于项目和第三方库的交互关系来进行推荐，将两个模块的计算结果进行融合，生成 TOP-N 推荐列表。

LibFinder 基于多目标搜索算法 NSGA-Ⅱ从三个目标中获取权衡值：①最大化候选库和给定项目使用的实际库之间的 co-usage；②最大化候选库和项目源代码之间的语义相似性；③最小化推荐库的数量。

LibCUP 利用分层聚类算法自动识别第三方库的使用模式并进行分组。先根据每个库识别不同的软件项目，然后使用向量对依赖信息进行编码，数据集中的每个库都有一个使用向量，该向量对它们所属的软件项目和数据集中没有使用它的其他软件项目的信息进行编码。最后，利用层次聚类技术对项目最常用的库进行聚类。

CrossRec 主要是基于协同过滤的思想，构建项目和物品的交互矩阵，将项目表示为由第三方库生成的特征向量，计算向量相似度，进而求出 top-*n* 项目，将 top-*n* 项目中的第三方库推荐给当前项目。

7.4.5 评价指标

为了评估本案例提出的方法，使用成功率、AUC 等多个指标进行评估，这些指标经常被应用于软件工程领域推荐系统的评估工作。

1. 成功率

成功率(success rate)是指给定一个待测试项目集合 $P=\{P_1,P_2,\cdots,P_n\}$，对于任意 $p_i\in P,i=1,2,\cdots,n$；推荐系统能返回至少一个第三方库的概率。其计算公式为

$$成功率@N=\frac{推荐结果非空的次数}{推荐的总次数}$$

2. 推荐多样性

推荐多样性是指系统向开发人员提供尽可能多的第三方库的能力，推荐的第三方库覆盖面更广而不是仅仅推荐比较受欢迎的小部分第三方库，其评价指标为覆盖度(COV)和关注度(FOC)。

$$\text{COV}@N=\frac{\sum_{i=1}^{n}\text{Result}(p_i)}{L}$$

$$\text{FOC}=-\sum_{l\in L}\left(\frac{\text{numc}(l)}{\text{total}}\right)\ln\left(\frac{\text{numc}(l)}{\text{total}}\right)$$

其中，COV 为推荐给项目的库占库的总量的百分比；FOC 用来评估推荐的结果是否仅仅只关注一小部分第三方库。对于给定的可作为推荐的候选第三方库集合 L，Result(p_i)表示第 i 个项目的 top-*n* 推荐结果，numc(l)表示调用库 $l(l\in L)$的项目数量，total 表示所有的项目中推荐的第三方库的数量。

3. 新颖性

在本案例所采用的三个数据集中，大部分的第三方库被项目调用的次数较少，一些比

较受欢迎的库在项目中被调用的次数较多。被调用次数较少的第三方库成为长尾第三方库。新颖性(NOV)是指当系统向用户推荐第三方库时，其是否具备向用户推荐来自长尾第三方库集合的第三方库的能力。其计算公式为

$$\mathrm{NOV}=\frac{\sum_{p\in P}\sum_{m=1}^{N}\frac{\deg(p,m)*[1-\mathrm{Fre}_m(p)]}{\log_2(m+1)}}{\sum_{p\in P}\sum_{m=1}^{N}\frac{\deg(m,r)}{\log_2(m+1)}}$$

其中，deg(*p*,*r*)为第三方库在 top-*n* 列表的第 *m* 个位置与项目 *p* 的相关性；$\mathrm{Fre}_r(p)$为第三方库在推荐列表的第 *m* 个位置的受欢迎程度。

4. CTR 预测

CTR 评价指标为 AUC 和 F1，AUC 表示正样本大于负样本的概率。F1 值主要由召回率和精确度决定，其计算公式如下：

$$\mathrm{F1}=\frac{2\times 精确度\times 召回率}{精确度+召回率}$$

其中，精确度表示在推荐结果中，和项目相关的第三方库的占比，其计算公式如下：

$$精确度=\frac{\mathrm{Lib}_{\mathrm{Revelant}}}{\mathrm{Lib}_{\mathrm{AllRec}}}$$

其中，$\mathrm{Lib}_{\mathrm{Revelant}}$为和项目合适的第三方库的数量；$\mathrm{Lib}_{\mathrm{AllRec}}$为推荐的第三方库的总的数量。

召回率表示推荐结果所呈现的合适的第三方库数量和实际的第三方库数量的比值，其计算公式如下：

$$召回率=\frac{\mathrm{Lib}_{\mathrm{AllRec}}}{\mathrm{Lib}_{\mathrm{Actual}}}$$

7.4.6　第三方库推荐实验结果

本节通过实验分析 KG2Lib 推荐的合理性。首先从 CTR 预测和 top-*n* 推荐两个方面模型进行实验分析，评估 KG2Lib 的性能。然后，将四个对比方法(LibRec、LibFinder、LibCUP 和 CrossRec)的推荐性能与本案例方法 KG2Lib 的推荐性能进行比较，评估本案例方法在成功率、多样性、召回率和精确度等方面的有效性。最后，讨论部分指出了 KG2Lib 的几点局限性。

实验的评估过程主要分为三个阶段：数据处理、模型训练和结果评估。在数据处理阶段，每一个数据集被划分为三部分：训练集、验证集和测试集。在评估阶段，本案例通过对比推荐结果和验证集中的数据来计算评价指标，评估的过程如图 7.10 所示。同时，为了证明本案例方法的有效性，对三个数据集中项目调用第三方库的频次进行统计(表 7.3)，共分为五个区间，分别为“<10”“11～20”“21～50”“51～200”“>200”。其中，在数据集 dataset1 中所包含的 13497 个第三方库中，有 12962 个第三方库(约占第三方库总数的 96.03%)被调用的总次数小于 10 次，有 91 个第三方库(约占总数的 0.6%)被调用

的次数大于 50 次；在数据集 dataset2 所包含的 5129 个第三方库中，有 3275 个第三方库(占第三方库总数的 63%)被调用的次数小于 10 次，有 590 个第三方库(约占总数的 12%)被调用的次数大于 50 次；在数据集 dataset3 所包含的 54565 个第三方库中，有 49799 个第三方库(约占第三方库总数的 88%)被调用的次数小于 10 次，有 1356 个第三方库(约占第三方库总数的 2%)被调用的次数大于 50 次。综上分析，三个数据集大体上存在一个问题：绝大多数的第三方库被调用的次数较少，较少部分第三方库被调用的次数相对较多，这也是推荐领域所存在的一个共同现象，即长尾问题。

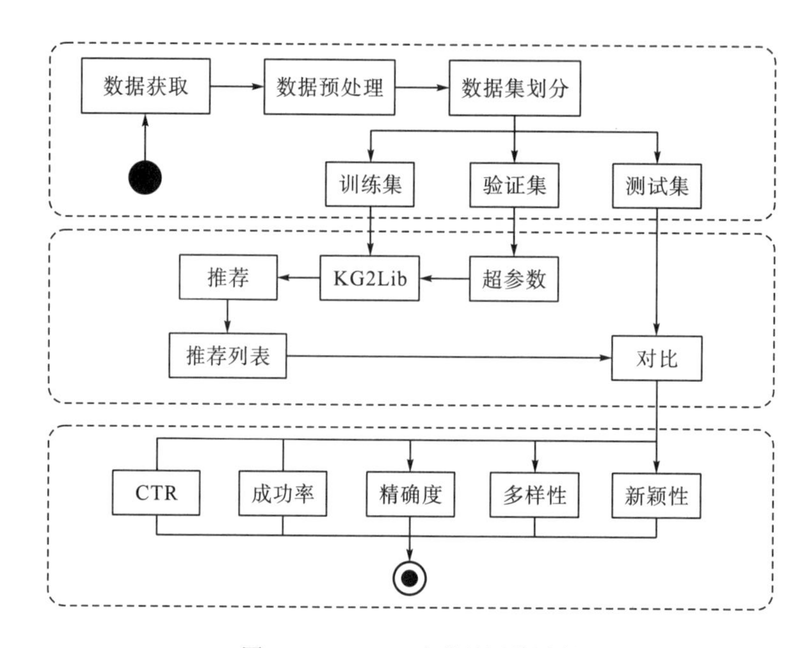

图 7.10 KG2Lib 实验的评估过程

表 7.3 第三方库数据信息统计

项目数量	<10	11～20	21～50	51～200	>200
库数量(dataset1)	12962	280	164	81	10
库数量(dataset2)	3275	600	664	432	158
库数量(dataset3)	47999	3236	1974	1110	246

1. 在 dataset1 上的实验对比

本研究中，dataset1 主要用于比较 LibRec、CrossRec 和 KG2Lib 的性能，在 dataset1 上进行了四组实验。本案例首先设置推荐列表(*N*)的值为 5 或 10，改变纳入推荐范围的邻居项目数量 *k*，当设置推荐列表的值为 5 时，改变 *k* 的值，取 *k* 为 5、10、15、20、25，LibRec、CrossRec 和 KG2Lib 的成功率的实验结果如表 7.4 所示。

表 7.4　LibRec、CrossRec 和 KG2Lib 在 dataset1 上的成功率(N=5)

模型	k=5	k=10	k=15	k=20	k=25
LibRec	0.876	0.862	0.868	0.863	0.868
CrossRec	0.903	0.931	0.929	0.926	0.929
KG2Lib	0.924	0.932	0.931	0.928	0.933

可以看出，当需要推荐的第三方库的数量为 5 时，KG2Lib 的成功率总是高于 CrossRec 和 LibRec。在纳入推荐范围的项目的数量为 5 时，LibRec 的成功率为 0.876，CrossRec 的成功率为 0.903，而 KG2Lib 的成功率为 0.924，说明在交互数据有限的情况下，KG2Lib 在成功率上能够获得更好的结果。同时，本案例改变 N 的值，LibRec、CrossRec 和 KG2Lib 的成功率的实验结果如表 7.5 所示。

表 7.5　LibRec、CrossRec 和 KG2Lib 在 dataset1 上的成功率(N=10)

模型	k=5	k=10	k=15	k=20	k=25
LibRec	0.864	0.864	0.867	0.865	0.863
CrossRec	0.945	0.950	0.950	0.954	0.955
KG2Lib	0.95	0.955	0.956	0.958	0.961

当推荐的第三方库的数量为 10 时，改变 k 的值，LibRec、CrossRec 以及 KG2Lib 的成功率值变化不大。但是，KG2Lib 的值仍然高于 LibRec、CrossRec。随着 k 的取值的不断增大，当 k=25 时，LibRec、CrossRec 和 KG2Lib 的成功率值达到最高，说明通过不断地加入交互信息和基础数据，三个模型推荐的成功率都能获得一定程度的提升。综合表 7.4 和表 7.5 来看，当推荐的第三方库的数量不变时，改变纳入推荐的项目的数量，成功率的值变化不大，但是 KG2Lib 的成功率值高于另外两个，说明本案例所提出的 KG2Lib 模型是有效的。同时，本案例保持纳入推荐范围的项目的数量(k)不变，改变推荐的第三方库的数量(N)，观察 LibRec、CrossRec 以及 KG2Lib 的性能，首先取 k=10，改变 N 的值，取 N 为 1、3、5、7、10，LibRec、CrossRec 以及 KG2Lib 的成功率如表 7.6 所示。

表 7.6　LibRec、CrossRec 和 KG2Lib 在 dataset1 上的成功率(k=10)

模型	N=1	N=3	N=5	N=7	N=10
LibRec	0.647	0.813	0.865	0.901	0.925
CrossRec	0.697	0.879	0.919	0.939	0.956
KG2Lib	0.713	0.890	0.910	0.942	0.964

可以看到，KG2Lib 的成功率整体高于 LibRec，但在 N=5 的时候，其成功率低于 CrossRec，这也是本案例未来工作需要进一步改进的方向。但是，在 N=1 时，即当推荐第三方库的数量为 1 时，KG2Lib 的成功率高于 LibRec 和 CrossRec，从这个角度来说，KG2Lib

模型的性能优于 LibRec 和 CrossRec。此外，本案例改变纳入推荐的项目的数量，即 k=20 时，LibRec、CrossRec 以及 KG2Lib 的成功率如表 7.7 所示。

表 7.7 LibRec、CrossRec 和 KG2Lib 在 dataset1 上的成功率(k=20)

模型	N=1	N=3	N=5	N=7	N=10
LibRec	0.673	0.819	0.868	0.896	0.925
CrossRec	0.736	0.881	0.924	0.937	0.953
KG2Lib	0.754	0.892	0.926	0.941	0.954

当 k=20 时，可以看到相对于 k=10 来说，三个模型在 N=1 时的成功率均有了明显提升，说明扩大纳入推荐的项目数量可以提升模型的成功率。此外，本案例在数据集 dataset1 上对 KG2Lib 的 AuC 和 F1 值进行分析，结果如表 7.8 所示。

表 7.8 KG2Lib 在 dataset1 上的 AUC 和 F1 值

数据集	第三方库数量	AUC	F1
dataset1	13497	0.852	0.813
dataset2	5129	0.975	0.927
dataset3	54565	0.699	0.674

KG2Lib 在三个数据集上的 AUC 和 F1 值如表 7.8 所示。从中可以看出，在 dataset1 上的 AUC 和 F1 值分别为 0.852 和 0.813，在 dataset2 上的 AUC 和 F1 值分别为 0.975 和 0.927，在 dataset3 上的 AUC 和 F1 值分别为 0.699 和 0.674，随着第三方库数量的增加，AUC 和 F1 值呈下降趋势，究其原因，这和数据集本身的特征相关，数据集的数量越大，其稀疏性越高，导致模型在其上的 AUC 和 F1 值下降，因此，在实际的推荐过程中，要考虑到数据稀疏性带来的推荐领域的长尾问题。

2. 在 dataset2 上的实验对比

在本案例中，dataset2 主要是用来评估 LibFinder、CrossRec 以及 KG2Lib 的成功率，本案例改变 N 的值，取 N 为 1、2、4、6、8、10，观察三个模型在 dataset2 上的性能变化，如表 7.9 所示。

表 7.9 CrossRec、LibFinder 和 KG2Lib 在 dataset2 数据集上的成功率

模型	N=1	N=2	N=4	N=6	N=8	N=10
LibFinder	0.633	0.698	0.813	0.876	0.904	0.918
CrossRec	0.771	0.816	0.851	0.860	0.863	0.864
KG2Lib	0.779	0.821	0.857	0.872	0.876	0.881

当 N={1,2,4}时，KG2Lib 的成功率高于 CrossRec 和 LibFinder，但是当 N={6,8,10}时，KG2Lib 的成功率高于 CrossRec，低于 LibFinder。在开发人员希望得到更多推荐的第三方库结果时，LibFinder 更占优势，究其原因，LibFinder 考虑第三方库之间的使用模式，将经常一起被调用的第三方库定义为一个使用模式，这在一定程度上也可以作为第三方库的特征被使用。因此，这也是本案例在未来的研究工作中需要提高的一个方向。

在对 dataset2 数据集进行预处理的时候，发现在数据集所包含的项目中，有些项目要调用的库只有一两个，这导致数据质量较低且容易削弱模型的性能，不具备参考性。由于这样的元数据对会导致模型的推荐性能降低，因此待测试的项目应该包含更多的库。然而，如果推荐的模型严重依赖项目和第三方库的历史交互数据作为推荐参考数据，则没有应对冷启动问题的能力。基于以上分析，本案例将项目之间的相似性和第三方库的辅助信息综合考虑来提高模型的推荐性能。在项目层级分别筛选出含有 4 个、6 个、8 个、10 个第三方库的项目集合，通过实验在这些集合上对比 KG2Lib 和 CrossRec 的性能，如图 7.11 所示。

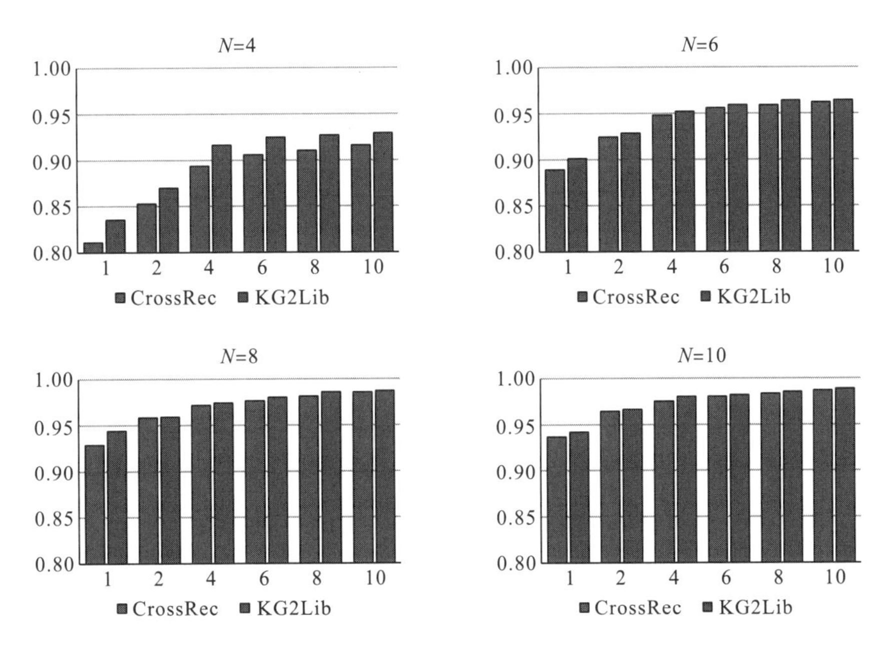

图 7.11　CrossRec、KG2Lib 在 dataset2 上的成功率对比

通过对比可以发现，当项目中包含的第三方库的数量不断变大时，两种方法对应的成功率都在不断提高，而 KG2Lib 在 N 的任意取值上都高于 CrossRec，说明利用知识图谱来作为辅助手段，能够更进一步改善数据稀疏性问题并提高推荐的成功率。

3. 在 dataset3 上的实验对比

在本案例中，dataset3 主要用来评估 LibCUP、CrossRec 和 KG2Lib 的成功率，通过改变 N 的取值，即分别取 N 为 1、3、5、7、10 来对比三者的成功率(图 7.12)。

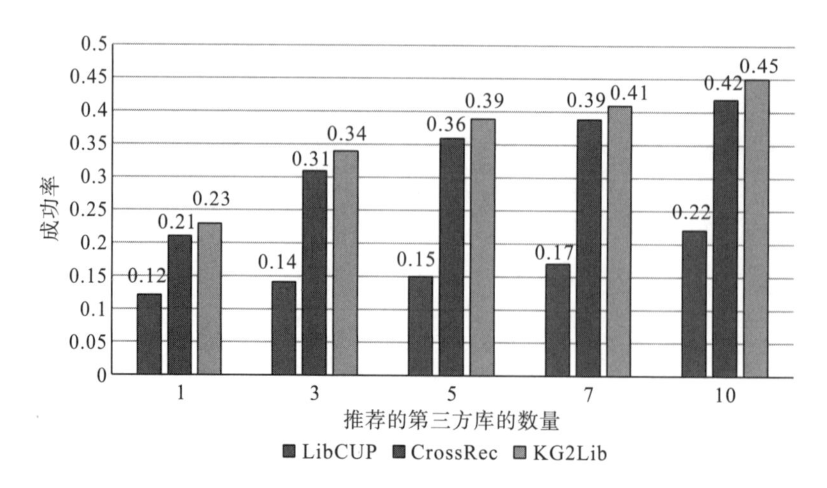

图 7.12 LibCUP、CrossRec 和 KG2Lib 在 dataset3 上的实验结果对比

从图 7.12 可以看出，KG2Lib 的成功率总是高于 LibCUP 和 CrossRec。当 N=1 的时候，LibCUP 的成功率为 0.12，CrossRec 的成功率为 0.21，而 KG2Lib 的成功率为 0.23。随着 N 的取值的不断增大，三者的成功率均有一定的提升，但相对来说，本案例所提出的方法 KG2Lib 的成功率总是高于 LibCUP 和 CrossRec。

此外，本案例从覆盖率、关注度和新颖性三个方面评价了 LibRec、CrossRec 和 KG2Lib 的性能，在三组实验中，分别取推荐结果数量 N 为 5、15、25；纳入邻居的项目数量分别取 k 为 10、20。根据推荐多样公式，推荐多样性由覆盖率和熵的值决定。覆盖度的值越高，熵值越低，则说明模型推荐的第三方库不是仅局限于特定的受欢迎的一小组库。从表 7.10 和表 7.11 中各类指标的实验结果来看，KG2Lib 的多样性值显著高于 LibRec 和 CrossRec，说明本案例所提出的方法的推荐结果能够涵盖更多类型的第三方库。

表 7.10 覆盖率实验结果对比

N	k=10			k=20		
	LibRec	CrossRec	KG2Lib	LibRec	CrossRec	KG2Lib
5	0.857	1.099	1.326	0.691	0.814	0.873
15	2.675	3.278	3.632	1.937	2.312	2.255
25	4.594	5.897	5.969	3.139	4.005	4.132

表 7.11 关注度实验结果对比

N	k=10			k=20		
	LibRec	CrossRec	KG2Lib	LibRec	CrossRec	KG2Lib
5	0.869	0.239	0.21	0.552	0.127	0.119
15	2.653	0.723	0.665	1.639	0.381	0.342
25	4.500	1.271	1.118	2.751	0.635	0.593

NOV 是用来评估模型新颖性的评价指标。NOV 的值越大，则说明模型能够推荐越多(不受欢迎但是关联性高)的第三方库。将本案例的 KG2Lib 和其他两个方法进行对比可以发现(表 7.12)，KG2Lib 的 NOV 值高于 LibRec 和 CrossRec，但是观察表中数据可以发现，KG2Lib 的 NOV 值虽然高于另外两种方法，但是提高得不多，这也是本案例未来的研究工作要努力的一个方向。

表 7.12　NOV 实验结果对比

N	k=10			k=20		
	LibRec	CrossRec	KG2Lib	LibRec	CrossRec	KG2Lib
5	0.187	0.291	0.311	0.114	0.292	0.302
15	0.296	0.376	0.388	0.204	0.377	0.381
25	0.349	0.401	0.416	0.261	0.416	0.421

7.4.7　长尾第三方库推荐实验结果

在本次实验中，选取了 LibRec 和 CrossRec 作为对比模型，在诸多的第三方库推荐模型中，LibRec 和 CrossRec 的方法涉及了长尾问题的解决。LibRec 的主要思想是基于关联规则挖掘和协同过滤算法。关联规则挖掘基于库的使用模式来进行第三方库的推荐，协同过滤是基于项目和第三方库的交互关系来进行推荐，将两个模块的计算结果进行融合，生成 top-n 推荐列表。CrossRec 主要是基于协同过滤的思想，构建项目和物品的交互矩阵，将项目表示为由第三方库生成的特征向量，计算向量相似度，进而求出 top-n 项目，将 top-n 项目中的第三方库推荐给当前项目。通过对比 LibRec 和 CrossRec 以及 LTLIB，观察其在推荐长尾物品上的性能。以项目 myvueblog-master 为例，其调用的第三方库一共 18 个，如图 7.13 所示。

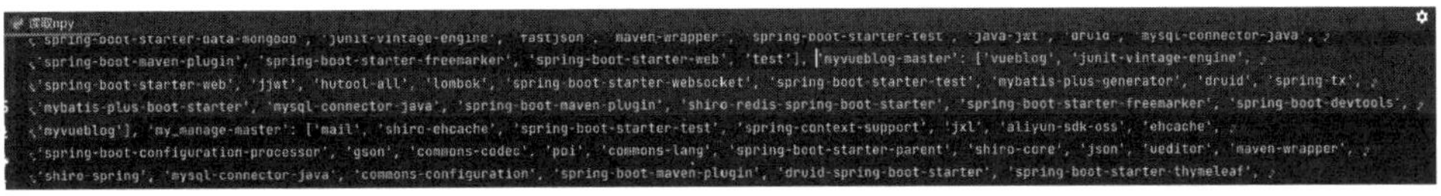

'spring-boot-starter-data-mongodb', 'junit-vintage-engine', 'fastjson', 'maven-wrapper', 'spring-boot-starter-test', 'java-jwt', 'druid', 'mysql-connector-java',
'spring-boot-maven-plugin', 'spring-boot-starter-freemarker', 'spring-boot-starter-web', 'test'], 'myvueblog-master': ['vueblog', 'junit-vintage-engine',
'spring-boot-starter-web', 'jjwt', 'hutool-all', 'lombok', 'spring-boot-starter-websocket', 'spring-boot-starter-test', 'mybatis-plus-generator', 'druid', 'spring-tx',
'mybatis-plus-boot-starter', 'mysql-connector-java', 'spring-boot-maven-plugin', 'shiro-redis-spring-boot-starter', 'spring-boot-starter-freemarker', 'spring-boot-devtools',
'myvueblog'], 'my_manage-master': ['mail', 'shiro-ehcache', 'spring-boot-starter-test', 'spring-context-support', 'jxl', 'aliyun-sdk-oss', 'ehcache',
'spring-boot-configuration-processor', 'gson', 'commons-codec', 'poi', 'commons-lang', 'spring-boot-starter-parent', 'shiro-core', 'json', 'ueditor', 'maven-wrapper',
'shiro-spring', 'mysql-connector-java', 'commons-configuration', 'spring-boot-maven-plugin', 'druid-spring-boot-starter', 'spring-boot-starter-thymeleaf',

图 7.13　项目包含第三方库示例

根据其所包含的第三方库，任意选取其中 9 个第三方库作为模型输入，另外 9 个第三方库作为真值验证。则根据输入的第三方库和项目集合中的第三方库进行相似度计算，推荐出 N 个第三方库，在此本案例取 N=10，根据预测的分数降序排列所推荐的第三方库。当限定第三方库的推荐个数为 10 时，可以得到如表 7.13 所示结果，其中频次表示在整个第三方库集合中，当前第三方库被所有项目调用的总的次数。

表 7.13 LibRec、CrossRec 和 LTLIB 模型推荐结果对比

LibRec	频次	CrossRec	频次	LTLIB	频次
spring-boot-starter-test	36	jjwt	212	druid	421
junit-vintage-engine	214	mybatis-plus-generator	68	spring-tx	247
maven-surefire	209	mysql-connector-java	422	vueblog	3
gson	189	xwork-core	19	spring-boot-starter-freemarker	135
mybatis-generator	113	mymall-db	1	qrcode-utils	2
commons-lang3	455	commons-io	419	panda_blog	1
opsli-base-support	1	cache-api	8	mybatis-plus-generator	68
fastjson	590	myvueblog	1	cache-api	8
commons-io	419	fastjson	590	gson	189
ehcache-core	42	hutool-all	124	myvueblog	1
...	...	...	...	...	...

当推荐列表的第三方库数量为 10 时，LibRec 能够推荐 1 个和真值匹配的第三方库 spring-boot-starter-test，同时在其推荐的 10 个第三方库中，9 个为调用频次相对较高的第三方库，只有 1 个第三方库 opsli-base-support 为调用频次较低的第三方库；CrossRec 能够推荐 4 个和真值相匹配的第三方库，同时在其推荐的 10 个第三方库中，推荐频次相对较低的第三方库(即长尾第三方库)有 3 个，分别是 mymall-db、cache-api 和 myvueblog，而 myveublog 既属于调用频次相对较低的第三方库，又属于和真值相匹配的第三方库；LTLIB 能够推荐 6 个和真值相匹配的第三方库，分别是 druid、spring-tx、vueblog、spring-boot-starter-freemarker、mybatis-plus-generator、myvueblog，同时在其推荐的 10 个第三方库中，有 5 个第三方库属于长尾第三方库集合，而在这 5 个第三方库中，有 2 个第三方库 vueblog 和 myvueblog 为和真值相匹配的第三方库。

通过以上分析可以发现，当要求的推荐列表个数为 10 时，三个列表都能够满足要求。不同的是，LTL2B 在推荐时，推荐的是调用频次相对较高(即较受欢迎)的第三方库，关注长尾第三方库的概率较低。CrossRec 在 LTL2B 的基础上，更加关注长尾第三方库集合，然而从其推荐结果上看，长尾第三方库所占的比重仍然很小。与 LTL2B 和 CrossRec 相比，LTLIB 更关注长尾第三方库的推荐。然而，推荐的第三方库需要和项目更合适，一味地关注那些长尾第三方库而忽略了推荐频次高和项目高度合适的第三方库，会使得推荐结果的正确度下降，因此，模型推荐的结果既要考虑长尾第三方库，也要考虑到推荐的精确性。如表 7.13 所示，LTLIB 的推荐结果不仅兼顾了和真值的匹配度，同时也提高了长尾第三方库在推荐结果中所占的比重。

在实验中，为了更好地说明本案例的方法推荐长尾物品的有效性，将数据集中的第三方库分为“较受欢迎的第三方库”集合和“长尾第三方库”集合，并根据实验结果，观察精确度(P)和召回率(R)以及 F1 值在两个集合中的性能。二者的分类依据为 4.2.3 节根据 PageRank 算法所得到的重要程度结果。表 7.14 为本案例的方法和 LibRec、CrossRec 在数据集 LTD1 上的性能对比。

表 7.14　LibRec、CrossRec 和 LTLIB 性能对比

指标	长尾第三方库			较受欢迎第三方库			第三方库集合		
	LibRec	CrossRec	LTLIB	LibRec	CrossRec	LTLIB	LibRec	CrossRec	LTLIB
P	0.681	0.706	0.825	0.793	0.827	0.889	0.784	0.813	0.844
R	0.374	0.469	0.623	0.457	0.563	0.651	0.410	0.521	0.597
F1	0.483	0.564	0.710	0.580	0.670	0.752	0.538	0.635	0.699

在长尾第三方库的实验对比中，可以看到 LibRec 在推荐长尾第三方库上的性能最差，而 LTLIB 的精确度为 0.825，召回率以及 F1 值分别为 0.623 和 0.710，是三种方法里效果最好的。究其原因，LibRec 模型的方法将传统的协同过滤和库使用模式相结合，考虑更多的是那些被调用频次高的第三方库，因此在长尾第三方库推荐上的性能不高。此外，CrossRec 在 LibRec 的基础上，利用协同过滤的思想，进一步考虑了项目和第三方库之间的相关性，因此其推荐长尾第三方库的性能高于 LibRec，然而，协同过滤的思想不能够缓解数据稀疏性所带来的数据稀疏问题，缺少交互历史仍会对推荐造成困难。基于这样的问题，本案例的模型先根据调用频次、项目和第三方库之间的相关性预测其合适程度。本案例的模型在较受欢迎第三方库集合以及第三方库整体的性能如表 7.14 所示，其大致趋势和长尾第三方库集合的性能相同，此处不再赘述。

以上的实验结果基于的假设为人为分割的长尾第三方库集合和较受欢迎第三方库集合。在实际的数据集中，数据集规模的大小、项目的数量和第三方库的数量等其他因素会使得分割的阈值要重新确定。阈值的改变也会得到不同的性能值。基于此考虑，本案例进行了另外一组实验，通过改变阈值范围来观察模型性能。根据调用次数将第三方库进行降序排列，将尾部的(调用频次较少)第三方库分别按照 5%、10%、15%、20%、25%、30%的比例视为长尾第三方库。在不同比例下的长尾第三方库的数量如表 7.15 所示。

表 7.15　不同比例的长尾第三方库数量(LTD1)

比例	5%	10%	15%	20%	25%	30%
库数量	254	509	763	1017	1271	1526

图 7.14 展示了 LibRec、CrossRec 以及 LTLIB 在 LTD1 不同比例的长尾第三方库集合上的精确度和召回率。

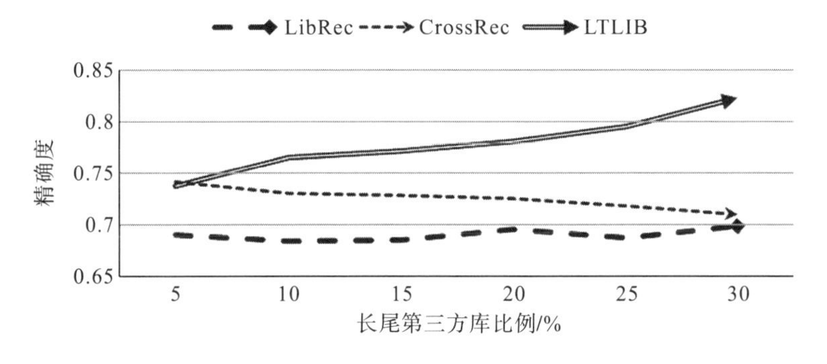

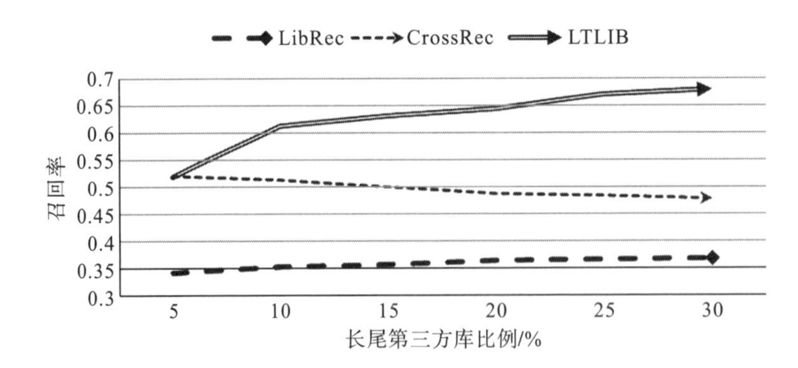

图 7.14 三个模型在长尾第三方库的推荐上精确度和召回率对比

通过图 7.14 可以看到在长尾第三方库的比例设置为总的第三方库比例的 5%时，CrossRec 模型的长尾第三方库推荐的精确度为 0.742，而 LTLIB 的精确度值为 0.738，CrossRec 的值略高于 LTLIB，这是由于在长尾比例设置为 5%时，尾部的第三方库被调用的频次过少，导致 LTLIB 的性能略低，随着长尾比例不断增大到 30%，可以看到 LTLIB 的性能总是高于 CrossRec，体现了本案例所提出方法的有效性。同时，本案例在变化长尾比例的基础上，对 LibRec、CrossRec 和 LTLIB 的成功率进行了对比，如图 7.15 所示。

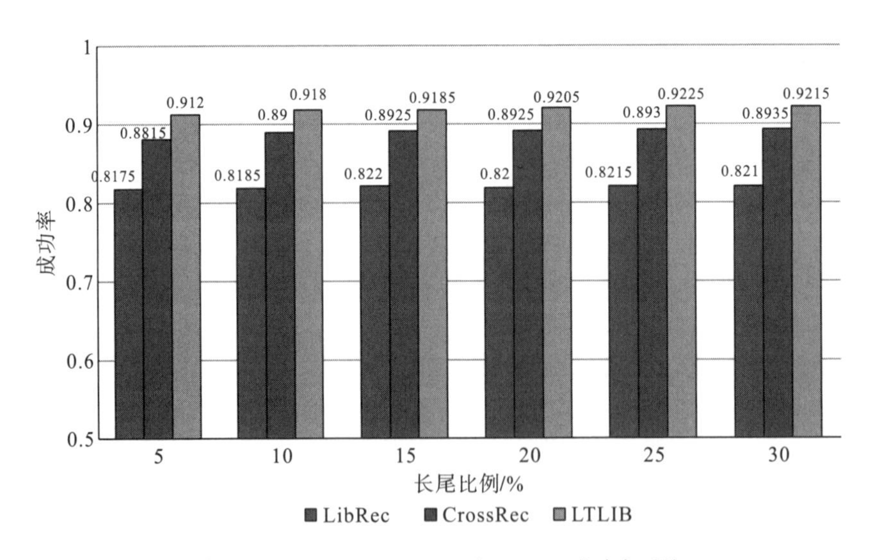

图 7.15 LibRec、CrossRec 和 LTLIB 成功率对比

从图 7.15 可以看到，无论长尾比例是多少，LTLIB 的成功率总是高于 LibRec 和 CrossRec。同时，随着长尾比例的增加，模型的成功率趋向于稳定。表 7.16 为在本案例所提出方法的基础上，其新颖性与 LibRec、CrossRec 在三个数据集上的对比，N 为推荐列表的第三方库的数量。从表 7.16 可以看出，在三个数据集中的新颖性对比中，LTLIB 的性能均高于 LibRec 和 CrossRec。同时，三种方法在 N=20 的情况下，性能均优于其在 N=10

的情况，这是由于在限定的第三方库数量下，可展示的第三方库数量不多，这包括长尾第三方库和比较受欢迎的第三方库，不能够体现其新颖性。在 N=20 的情况下，可推荐的第三方库列表数量增加，对应的第三方库数量增多，则可用于衡量新颖性指标的数据更多，因此推荐的第三方库数量越多，则越能够展示其方法的新颖性。此外，观察数据可以得到，在实验结果上，三种方法的性能在 LTD1、LTD2、LTD3 上均呈递减的趋势，这是由数据集的规模不同所造成的，LTD1 包含 1200 个项目和 5087 个第三方库，LTD2 包含 5129 个项目和 29693 个第三方库，LTD3 包含 90475 个项目和 56435 个第三方库。随着数据集的增大，项目和第三方库之间的数据稀疏性问题更加突出，而当前的方法能做到的是通过采取不同的技术方法来预测交互缺失的数据，进而缓解数据稀疏性所带来的性能低下的问题。然而，本案例通过采取一类协同过滤的方法进行合适程度预测，并通过聚类技术对项目进行分类，输入模型进行训练，得到可推荐的第三方库，其新颖性优于 LibRec 和 CrossRec。

表 7.16　LibRec、CrossRec 和 LTLIB 新颖性对比

数据集	模型		
	LibRec	CrossRec	LTLIB
LTD1 (N=10)	0.215	0.346	0.394
LTD1 (N=20)	0.278	0.395	0.428
LTD2 (N=10)	0.151	0.291	0.313
LTD2 (N=20)	0.187	0.324	0.368
LTD3 (N=10)	0.136	0.251	0.284
LTD3 (N=20)	0.148	0.279	0.306

此外，本案例在数据集 LTD1 上，通过改变数据集中长尾比例的数值，如在 5087 个第三方库中，按照调用频次降序排列，分别将从后往前数的 254(5%)、509(10%)、1017(15%)、1271(20%)和 1526(30%)个第三方库设置为长尾第三方库集合，则 LibRec、CrossRec 和 LTLIB 三个模型的推荐结果中属于推荐频次较低(长尾第三方库)的第三方库的覆盖度如表 7.17 所示。

通过表 7.17 发现，在长尾比例为整个数据集数量的 5%时，三个模型在其上的覆盖度均较低，原因如下：①在按照调用频次降序排列的第三方库列表中，尾部 5%的数据的调用频次过低，在 1200 个项目中，这 254 个第三方库被调用的项目数量仅仅为 1，由于缺少交互数据，交互矩阵数据过于稀疏，没有可参考的基础数据作为支撑。虽然 LTLIB 的覆盖度高于 LibRec 和 CrossRec，但仍需要继续探索来提高其长尾集合中的第三方库的覆盖度。②本案例前面讨论过，推荐的结果要适合模型当前的特点，不能一味地追求长尾覆盖度的提高而忽略较受欢迎第三方库集合中和项目合适程度较高的第三方库。因此，在推荐的过程中，也要考虑推荐结果的精度。

表 7.17 LibRec、CrossRec 和 LTLIB 的长尾覆盖度

比例	模型		
	LibRec	CrossRec	LTLIB
5%	0.486	0.626	0.655
10%	0.556	0.649	0.762
15%	0.571	0.653	0.803
20%	0.592	0.659	0.815
25%	0.609	0.664	0.824
30%	0.617	0.673	0.841

7.5 小　　结

面向软件工程的推荐可以通过对不同软件资源的推荐，提高软件开发项目的质量，从而提高软件的适用性、有效性、可修改性、可理解性、可维护性、可重用性等以满足用户需求。在系统实现阶段，开发人员借助不同的开发工具和开发平台以及语言来实现系统分析阶段的每个需求。测试阶段作为需要分析和理解的验证阶段，可以验证结构设计的合理性，其目标主要包括三个方面：避免开发风险、降低常见风险、了解软件性能。在维护阶段，维护人员可以积累软件运行过程中存在的诸多问题，如错误纠正、操作系统的更新换代、软件处理效率、功能扩充和性能改善等。

练习题

1. 什么是面向软件工程的推荐？其目的是什么？
2. 请简述面向软件工程的推荐主要分为哪几个阶段。
3. 请总结面向软件工程的推荐的现状。
4. 请简要描述一个你所了解的软件开发工程领域软件资源的推荐方法。
5. 软件开发阶段的推荐技术主要有哪几种？
6. 请简述基于知识图谱的推荐技术在面向软件工程的推荐中的具体应用。
7. 软件开发过程中 developer 和 reviewer 的推荐结果对于软件项目的影响是什么？
8. 请总结本书提出的软件开发第三方库推荐的背景、目的和方法。
9. 你认为本书所提出的方法如何，有何改进之处，请谈谈你的看法。
10. 对于面向软件工程的推荐，本案例的数据集处理方法对你有什么启示？

参 考 文 献

陈佳斌, 赵国利, 孙俊若, 等, 2022. 预警探测装备软件测试知识图谱构建研究[J]. 信息技术与信息化(3): 66-69.

胡渊喆, 王俊杰, 李守斌, 等, 2021. 响应时间约束的代码评审人推荐[J]. 软件学报, 32(11): 3372-3387.

金芝, 刘芳, 李戈, 2019. 程序理解: 现状与未来[J]. 软件学报, 30(1): 110-126.

吕晨, 姜伟, 虎嵩林, 2015. 一种基于新型图模型的 API 推荐系统[J]. 计算机学报, 38(11): 2172-2187.

彭珍连, 王健, 何克清, 等, 2016. 一种基于特征模型和协同过滤的需求获取方法[J]. 计算机研究与发展, 53(9): 2055-2066.

舒风笛, 赵玉柱, 王继喆, 等, 2007. 个性化领域知识支持的用户主导需求获取方法[J]. 计算机研究与发展, 44(6): 1044-1052.

孙小兵, 周澄, 杨辉, 等, 2018. 面向软件安全性缺陷的开发者推荐方法[J]. 软件学报, 29(8): 2294-2305.

陶传奇, 包盼盼, 黄志球, 等, 2021. 编程现场上下文深度感知的代码行推荐[J]. 软件学报, 32(11): 3351-3371.

王波, 赵海燕, 张伟, 等, 2013. 问题驱动的需求捕获中问题分析与解决技术研究[J]. 计算机研究与发展, 50(7): 1513-1523.

王飞, 刘井平, 刘斌, 等, 2020. 代码知识图谱构建及智能化软件开发方法研究[J]. 软件学报, 31(1): 47-66.

谢新强, 杨晓春, 王斌, 等, 2018. 一种多特征融合的软件开发者推荐[J]. 软件学报, 29(8): 2306-2321.

闫鑫, 周宇, 黄志球, 2020. 基于序列到序列模型的代码片段推荐[J]. 计算机科学与探索, 14(5): 731-739.

杨芙清, 2005. 软件工程技术发展思索[J]. 软件学报, 16(1): 1-7.

杨志斌, 杨永强, 袁胜浩, 等, 2021. 安全关键软件术语推荐和需求分类方法[J]. 计算机科学, 48(5): 32-44.

余笙, 李斌, 孙小兵, 等, 2021. 知识驱动的相似缺陷报告推荐方法[J]. 计算机科学, 48(5): 91-98.

张海藩, 牟永敏, 2003. 软件工程导论[M]. 北京: 清华大学出版社.

张璇, 刘聪, 王黎霞, 等, 2014. 基于协同过滤的可信 Web 服务推荐方法[J]. 计算机应用, 34(1): 213-217.

郑炜, 黄月明, 吴潇雪, 等, 2017. 基于本体的并发错误测试工具推荐方法研究[J]. 计算机科学, 44(11): 202-206.

Bianchi M J, Conforto E C, Rebentisch E, et al., 2022. Recommendation of project management practices: A contribution to hybrid models[J]. IEEE Transactions on Engineering Management, 69(6): 3558-3571.

Brian Blake M, Saleh I, Wei Y, et al., 2015. Shared service recommendations from requirement specifications: A hybrid syntactic and semantic toolkit[J]. Information and Software Technology, 57: 392-404.

Castro-Herrera C, Cleland-Huang J, Mobasher B, 2009. Enhancing stakeholder profiles to improve recommendationsin online requirements elicitation[C]// 2009 17th IEEE International Requirements Engineering Conference. August 31-September 4, 2009. Atlanta, Georgia, USA. IEEE: 37-46.

Castro-Herrera C, Duan C, Cleland-Huang J, et al., 2008. Using data mining and recommender systems to facilitate large-scale, open, and inclusive requirements elicitation processes[C]// Proceedings of the 2008 16th IEEE International Requirements Engineering Conference. ACM: 165-168.

Chen J, Li B, Wang J, et al., 2020. Knowledge graph enhanced third-party library recommendation for mobile application development[J]. IEEE Access, 8: 42436-42446.

Damevski K, Chen H, Shepherd D C, et al., 2018. Predicting future developer behavior in the IDE using topic models[C]//Proceedings of the 40th International Conference on Software Engineering. 27 May 2018, Gothenburg, Sweden. ACM: 932.

Gasparic M, Janes A, 2016. What recommendation systems for software engineering recommend: A systematic literature review[J]. Journal of Systems and Software, 113: 101-113.

Gu X D, Zhang H Y, Kim S, 2018. Deep code search[C]//Proceedings of the 40th International Conference on Software Engineering. 27 May 2018, Gothenburg, Sweden. ACM: 933-944.

Happel H J, Maalej W, 2008. Potentials and challenges of recommendation systems for software development[C]//Proceedings of the 2008 International Workshop on Recommendation Systems for Software Engineering. Atlanta Georgia. ACM: 11-15.

Hariri N, Castro-Herrera C, Mirakhorli M, et al., 2013. Supporting domain analysis through mining and recommending features from online product listings[J]. IEEE Transactions on Software Engineering, 39（12）: 1736-1752.

Kim D, Tao Y D, Kim S, et al., 2013. Where should we fix this bug? A two-phase recommendation model[J]. IEEE Transactions on Software Engineering, 39(11): 1597-1610.

Kim J, Lee E, 2018. A change recommendation approach using change patterns of a corresponding test file[J]. Symmetry, 10(11): 534.

Laurent P, Cleland-Huang J, 2009. Lessons learned from open source projects for facilitating online requirements processes[C]// Glinz M, Heymans P, International Working Conference on Requirements Engineering: Foundation for Software Quality. Berlin: Springer: 240-255.

Lee M S, Lee C G, 2020. Evaluating test data for deep learning using mutation software testing[J]. KIISE Transactions on Computing Practices, 26(3): 173-177.

Lee S, Kang S, Kim S, et al., 2015. The impact of view histories on edit recommendations[J]. IEEE Transactions on Software Engineering, 41(3): 314-330.

Lee S, Lee J, Kang S, et al., 2021. Code edit recommendation using a recurrent neural network[J]. Applied Sciences, 11(19): 9286.

Li C, Xu L, Yan M, et al., 2020. TagDC: A tag recommendation method for software information sites with a combination of deep learning and collaborative filtering[J]. Journal of Systems and Software, 170: 110783.

Niu N, Yang F B, Cheng J R C, et al., 2013. Conflict resolution support for parallel software development[J]. IET Software, 7(1): 1-11.

Rathore S S, Kumar S, 2017. A decision tree logic based recommendation system to select software fault prediction techniques[J]. Computing, 99(3): 255-285.

Rebai S, Amich A, Molaei S, et al., 2020. Multi-objective code reviewer recommendations: balancing expertise, availability and collaborations[J]. Automated Software Engineering, 27(3): 301-328.

Robillard M, Walker R, Zimmermann T, 2010. Recommendation systems for software engineering[J]. IEEE Software, 27(4), 80-86。

Saif M A, Ibrahim I A, Lyubarsky S N, et al., 2018. On the construction of recommendation systems for consumers using the behavior study analytical tools[C]//AIP Conference Proceedings. Thessaloniki, Greece.

Shambour Q Y, Abu-Alhaj M M, Al-Tahrawi M M, 2020. A hybrid collaborative filtering recommendation algorithm for requirements elicitation[J]. International Journal of Computer Applications in Technology, 63(1/2): 135-146.

Shepherd D, Damevski K, Ropski B, et al., 2012. Sando: An extensible local code search framework[C]//Proceedings of the ACM SIGSOFT 20th International Symposium on the Foundations of Software Engineering, Cary North Carolina. ACM: 15.

Song Q B, Zhu X Y, Wang G T, et al., 2016. A machine learning based software process model recommendation method[J]. Journal of Systems and Software, 118: 85-100.

Sun X B, Geng Q, Lo D, et al., 2016. Code comment quality analysis and improvement recommendation: An automated approach[J]. International Journal of Software Engineering and Knowledge Engineering, 26(6): 981-1000.

Sun X B, Xu W Y, Xia X, et al., 2018. Personalized project recommendation on GitHub[J]. Science China Information Sciences, 61(5): 050106.

Sun Z B, Zhang J Q, Sun H L, et al., 2020. Collaborative filtering-based recommendation of sampling methods for software defect prediction[J]. Applied Soft Computing, 90: 106163.

van der Putten B C L, Mendes C I, Talbot B M, et al., 2022. Software testing in microbial bioinformatics: A call to action[J]. Microbial Genomics, 8(3): 000790.

Wang J J, Wang S, Chen J F, et al., 2021. Characterizing crowds to better optimize worker recommendation in crowd sourced testing[J]. IEEE Transactions on Software Engineering, 47(6): 1259-1276.

Wang T, Wang H M, Yin G, et al., 2014. Tag recommendation for open source software[J]. Frontiers of Computer Science, 8(1): 69-82.

Wang X, Liu X, Liu J, et al., 2021. A novel knowledge graph embedding based API recommendation method for Mashup development[J]. World Wide Web, 24(3): 869-894.

Xia X, Lo D, 2017. An effective change recommendation approach for supplementary bug fixes[J]. Automated Software Engineering, 24(2): 455-498.

Xiong W, Lu Z H, Li B, et al., 2018. Automating smart recommendation from natural language API descriptions via representation learning[J]. Future Generation Computer Systems, 87(C): 382-391.

Yang C, Fan Q, Wang T, et al., 2019. RepoLike: A multi-feature-based personalized recommendation approach for open-source repositories[J]. Frontiers of Information Technology & Electronic Engineering, 20(2): 222-237.

Zhang P C, Xiong F, Leung H, et al., 2021. FunkR-pDAE: Personalized project recommendation using deep learning[J]. IEEE Transactions on Emerging Topics in Computing, 9(2): 886-900.

Zhang X H, Wang T, Yin G, et al., 2017. Devrec: A developer recommendation system for open source repositories[M]// Lecture Notes in Computer Science. Cham: Springer International Publishing: 3-11.

Zheng S, Yang H J, 2018. A deep learning approach to software evolution[J]. International Journal of Computer Applications in Technology, 58(3): 175.

Zhou P Y, Liu J, Liu X, et al., 2019. Is deep learning better than traditional approaches in tag recommendation for software information sites?[J]. Information and Software Technology, 109: 1-13.

第 8 章　面向区块链的软件工程

区块链技术起源于 2008 年中本聪（Satoshi nakamoto）在密码学邮件组发表的奠基性论文《比特币：一种点对点电子现金系统》，但目前尚未形成行业公认的区块链定义。狭义来讲，区块链是一种按照时间顺序将数据区块以链条的方式组合成特定数据结构，并以密码学方式保证的不可篡改和不可伪造的去中心化共享总账。

区块链的设计、开发和部署所需的技术创新和根本性变化引起了软件开发界的极大兴趣。例如，2018 年 3 月的一项研究报告称，在 Github 上托管了 3000 个区块链软件（blockchain software，BCS）项目。2018 年 10 月，这个项目达到了 6800 个。与传统开发不同，区块链开发人员需要对恶意行为者保持谨慎，保护不可变的分布式数据库，并设计高效可靠的协议，以应对新技术不可避免的工具和资源稀缺性。如果在部署后检测到漏洞，区块链不可更改的特性使得恢复错误非常困难或几乎不可能，然而金融应用等其他一些大型软件正好需要类似的稳健性。由区块链独特的技术设计可见，区块链系统具有分布式高冗余存储、时序数据且不可篡改和伪造、去中心化信用、自动执行的智能合约、安全和隐私保护等显著的特点，这使得区块链技术不仅可以成功应用于数字加密货币领域，同时在经济、金融和社会系统中也存在广泛的应用场景。

8.1　区块链软件

区块链技术架构由六层架构组成，如图 8.1 所示，自下而上分别为数据层、网络层、共识层、激励层、合约层和应用层。数据层封装了区块链的链式结构以及公私钥加密等技术，正是数据层的设计保证了区块链的可靠性。第二层为网络层，区块链是典型的 P2P 网络，P2P 网络中不存在客户端和服务器的严格区分，即每个节点既是客户端也是服务器，各个节点地位平等，因此 P2P 网络保证了区块链的去中心化。第三层为共识层，该层封装了区块链中各类共识机制算法，由于区块链是去中心化的网络节点，因此网络中需要有节点从事记账的工作，通过共识算法来决定哪个节点来从事记账的工作，在共识算法中比较典型的算法有工作量证明机制（proof of work，PoW）、权益证明机制（proof of stake，PoS）等。第四层为激励层，该层主要用于激励网络中的节点踊跃参与网络中的事务，该层涉及经济激励，通过经济奖励参与记账的节点，并惩罚进行恶意行为的节点，促进网络的良性发展。第五层为合约层，主要涉及区块链的智能合约，智能合约是区块链可编程性的基础。第六层为应用层，该层封装了区块链的各种应用场景，如各种以太坊开发的 Dapp。

图 8.1 区块链技术架构

8.1.1 区块链软件发展历程

区块链软件开发的发展历程共经历了三个阶段，根据其发展演化阶段，分别是以比特币为代表实现可编程货币的区块链软件 1.0 模式，以以太坊为代表实现可编程金融的区块链软件 2.0 模式，以 EOS 为代表实现可编程社会的区块链软件 3.0 模式。

区块链软件 1.0 是区块链技术的基础版本，能实现可编程货币，是与货币支付、汇款、兑换、交易和转移等功能相关的数字货币应用。常见的数字货币有比特币、莱特币和瑞波币等。在 1.0 阶段，比特币是区块链软件中的主角，戴尔、微软等电子商务网站相继接受比特币作为支付方式。比特币作为最早实现去中心化的数字货币，运用分布式记账技术，使整个交易过程实现了去中心化的效果。交易无需通过任何第三方机构或者组织进行监督或验证，而是由区块链系统中的各个节点来验证交易的合理性。比特币平台不仅可用于创建比特币，还可用于创建其他货币。代币原本指的是具有与货币相似的尺寸及形状、具有支付功能和固定流通范围的货币替代品。早期的代币主要以购物券、电子消费卡等形式存在。随着消费方式的多样化，传统代币逐渐消失，取而代之的是以点币为主的虚拟货币。随着互联网技术的快速发展，网络虚拟货币逐渐成为一种在网络空间中流通的、具有货币职能的代币。

区块链软件 2.0 是区块链技术的进阶版本，能实现可编程金融，是与股票、债券、期货和智能合约等相关的金融领域应用。在区块链软件 2.0 中，以以太坊为代表实现了更复杂的分布式合约记录——智能合约。受比特币的启发，Buterin 于 2013 年提出了以太坊的概念，以太坊的最大特点就是增加了对智能合约的支持。理想状态下，智能合约可看成一台图灵机，是能按预先设定的规则自动执行的一段程序代码，但由于缺乏可信的运行环境，智能合约并未广泛地投入应用。区块链的运行环境高度可信，使得智能合约的概念得以运行实施。将该合约记录在区块链中，一旦满足合约的触发条件，就可独立执行预定义的代码逻辑，并且执行后的结果无法在链中更改。目前，以太坊平台是一个较为成熟、具有高度去中心化的智能合约平台，通过时间戳、分布式共识等区块链技术，实现信息的交易共享。以太坊为智能合约平台提供了一定的图灵完备性，为区块链技术提供了广泛的使用场景。然而，在以太坊平台中所存在的安全威胁以及交易需较长检验时间的问题，使该平台无法满足商业化应用的需求，在此情况下，Linux 基金会于 2015 年主导研发了 Hyperledger 平台，旨在创建跨行业的基于区块链技术的开源规范和标准，为联盟链中相互合作的企业构建一个去中心化、公开透明的开发平台，其中最为典型的平台是 Hyperledger Fabric 联盟链。

区块链软件 3.0 是区块链技术的高级版本，能够实现可编程社会，可应用到任何有需求的领域，包括金融、物流、医疗健康、电子政务以及社交媒体等领域，进而涵盖整个人类社会。目前，区块链软件行业进入了由 2.0 向 3.0 过渡的阶段，若区块链软件 1.0 版本和区块链软件 2.0 版本的典型特点分别是数字货币和智能合约，区块链软件 3.0 版本的特点则是基于规则的可信智能社会治理体系。区块链软件 3.0 的核心是区块链应用落地。迅雷链克是区块链 3.0 背景下的典型应用，也是区块链技术与云计算的成功结合。共享计算是迅雷自主研发的技术，已成为迅雷的主营业务，其基本原理是运用智能硬件“玩客云”对网络中用户的空闲带宽、流量等计算资源进行集中搜集后，借助迅雷公司独特的技术手段，将物理位置相对分散的计算资源打包转换为云计算服务后，销售给其他用户，最后可通过“链克”对分享空闲计算资源的用户给予相应的奖励。去中心化是区块链技术的核心思想，采用了 P2P 的网络结构。参与到区块链网络中的各节点既是客户端又是服务器，当链上的某个节点发起交易时，网络中的其他节点会对其准确性和有效性进行一致性验证，达成共识后的交易会被加入到区块链中。为达成共识，交易的发起者需对其所做的工作进行证明。最常使用的共识机制可分为工作量证明、股权证明、权益证明、拜占庭容错机制和实用拜占庭容错机制等。在区块链软件 3.0 中，常见的共识机制不再被封装在区块链的底层结构中不可更改，用户可根据实际需要将不同的共识机制进行相应的组合。除此之外，区块链软件 3.0 能够实现智能合约的定制开发，编写好的智能合约能够方便地部署在区块链中，后续案例部分涉及的智能合约都是根据应用场景来定制的。近年来，随着比特币等虚拟数字货币的日益普及与发展，区块链技术在不同领域的应用与发展也呈现出爆炸式的增长趋势。区块链技术并不局限于其链式数据结构，而是将环签名、零知识证明、数字签名和同态加密等技术进行组合，使链上节点不依赖于单个中心，是一种新颖的分布式交易验证和数据共享技术。后面提及的案例及实现均为区块链软件 3.0 的应用。

8.1.2　区块链软件开发应用领域

根据区块链技术应用的现状，本章将区块链软件开发的应用场景笼统地归纳为数字货币、数据存储、数据鉴证、金融交易、资产管理和选举投票共六个场景，由于数字货币已经在比特币、以太币等加密货币中得以应用，下面将介绍其余五个应用场景。

(1) 数据存储。区块链的高冗余存储、去中心化、高安全性和隐私保护等特点使其特别适合存储和保护重要隐私数据，以避免因中心化机构遭受攻击或权限管理不当而造成的大规模数据丢失或泄露。与比特币交易数据类似，任意数据均可通过哈希运算生成相应的 Merkle 树并打包记入区块链，通过系统内共识节点的算力和非对称加密技术来保证安全性。目前，利用区块链来存储个人健康数据(如电子病历、基因数据等)是极具前景的应用领域，此外存储各类重要电子文件也有一定应用空间。

(2) 数据鉴证。区块链数据带有时间戳，由共识节点共同验证和记录，不可篡改和伪造，这些特点使得区块链可广泛应用于各类数据公证和审计场景。例如，区块链可以永久地安全存储由政府机构核发的各类许可证、登记表、执照、证明、认证和记录等，并可在任意时间点方便地证明某项数据的存在性和一定程度的真实性。

(3) 金融交易。区块链技术与金融市场应用有非常高的契合度。区块链可以在去中心化系统中自发地产生信用，能够建立无中心机构信用背书的金融市场，这对第三方支付、资金托管等存在中介机构的商业模式来说是颠覆性的变革；在互联网金融领域，区块链特别适合或者已经应用于股权众筹、P2P 网络借贷和互联网保险等商业模式；证券和银行业务也是区块链的重要应用领域，传统证券交易需要经过中央结算机构、银行、证券公司和交易所等中心机构的多重协调，而利用区块链自动化智能合约和可编程的特点，能够极大地降低成本和提高效率，避免烦琐的中心化清算交割过程，实现方便快捷的金融产品交易。

(4) 资产管理。区块链在资产管理领域的应用具有广泛前景，能够实现有形和无形资产的确权、授权和实时监控。对于无形资产来说，基于时间戳技术和不可篡改等特点，可以将区块链技术应用于知识产权保护、域名管理、积分管理等领域；而对有形资产来说，通过结合物联网技术为资产设计唯一标识并部署到区块链上，能够形成“数字智能资产”，实现基于区块链的分布式资产授权和控制，通过结合物联网的资产标记和识别技术，还可以利用区块链实现灵活的供应链管理和产品溯源等功能。

(5) 选举投票。投票是区块链技术在政治事务中的代表性应用。基于区块链的分布式共识验证、不可篡改等特点，可以低成本高效地实现政治选举、企业股东投票等应用；同时，区块链也支持用户个体对特定议题的投票。

8.2 智能合约设计与开发

8.2.1 智能合约开发工具介绍

智能合约是运行在区块链上的代码程序，使用特定的程序语言编写，智能合约可以减少人工干预，因为合约只有在满足条件时强制自动执行，通常情况下智能合约经各方签署后，以程序代码的形式附着在区块链数据(如一笔交易)上，任何外部条件都无法干预合约的执行，保证了公平性。

本节介绍的智能合约开发是基于以太坊平台，因此开发工具为以太坊智能合约开发工具 Remix-IDE(图 8.2)。Remix-IDE 可以为开发人员提供一个以太坊测试链，支持编译智能合约，并将智能合约部署到测试链上，通过在测试链上运行智能合约可以帮助开发人员提前调试合约，修改合约中的代码错误。Remix-IDE 中智能合约的编程语言为 Solidity 语言，Solidity 是一种面向智能合约的高级语言，其语法与 JavaScript 类似。Solidity 是用于生成在以太坊虚拟机上执行的机器级代码的工具，Solidity 编译器获取高级代码并将其分解为更简单的指令。

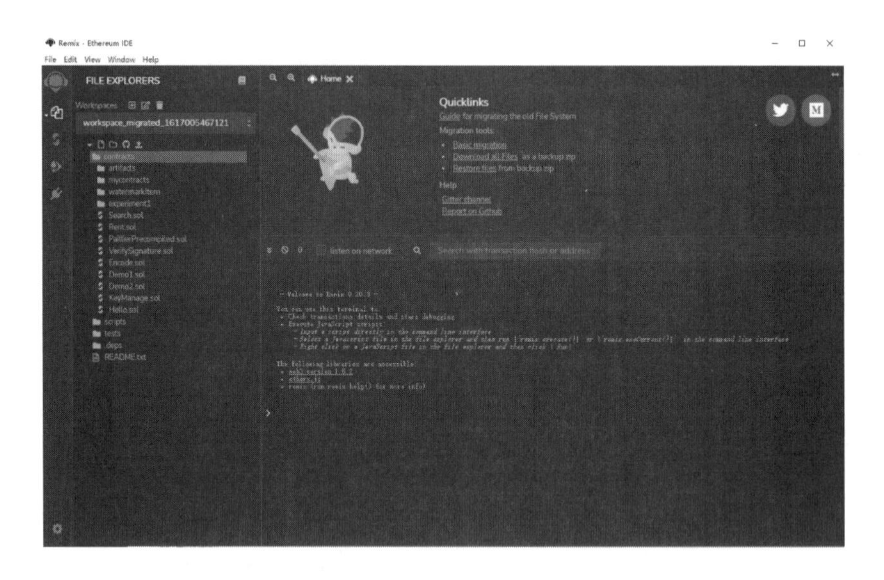

图 8.2 Remix-IDE 界面

8.2.2 智能合约编写示例

1. 创建合约以及编写合约

下面通过编写一个简单的智能合约示例介绍区块链软件中智能合约的开发，这个智能合约用于记录房屋出租信息，调用该合约可以记录租房信息。首先，在 Remix-IDE 新建一个合约名称为“Rent.sol”的合约项目，如图 8.3 所示。此时，合约中的代码如图 8.4 所示，由于 Solidity 语言本身是一种面向对象的语言，因此，其代码结构类似于 Java 语言的类(Class)。合约名称与文件名称相同。

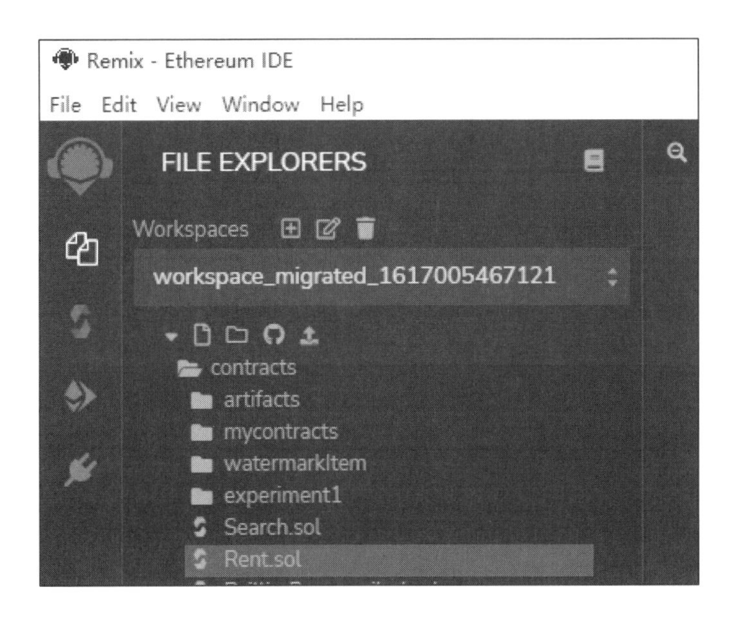

图 8.3　创建合约

```
1    pragma solidity ^0.4.0;
2    contract Rent {
3        
4    }
```

图 8.4　合约创建初始代码

其次，需要定义合约的成员变量，这些成员变量记录的值最终会被记录到区块链中。成员变量的数据类型需要根据其存储的数据来决定，在 Solidity 语言中，有布尔型、整型、地址类型、枚举类型、字符串类型、数组类型、结构体类型、映射类型。在本合约中，需要记录如下信息：房屋编号、房屋名称、合租或单人、图片访问链接、房屋描述、租金价格、租房者的地址，以及其他辅助查找的成员变量。在该合约中，定义的成员变量如图 8.5 所示，mapping 为映射类型，IdToRoom 表示使用房屋 id 映射房屋便于后续查找，其中房屋 id、房屋名称等变量都可以视为房屋本身的一部分，因此使用结构体(struct)类型来表示。

```
5       mapping(uint => Room) IdToRoom;
6       struct Room{//fangwu房屋duixiang房屋对象
7           uint  id;   //fanmgwu房屋 ID
8           string name;//房屋名称
9           string ty; //合租或单人
10          string imageLink;//tupian图片 HASH
11          string descr;   //房屋描述
12          uint price; //租金
13          address ad;//租房者的地址
14      }
15
```

图 8.5 成员变量定义

然后，编写合约的函数，函数用于完成一些特定操作，实际上在调用智能合约时就是调用合约中的某个函数来完成一些操作。在该合约中，需要一个函数来完成将房屋信息存储到区块链上的功能，将该函数命名为 addRoomInfo，如图 8.6 所示。在 Solidity 语言中，函数的编写格式为“function 函数名(函数参数)返回值”，由于该函数是一个数据添加函数，因此没有返回值。该函数的参数为房屋信息的相关参数，在获取到这些参数后，房屋的 id 值会自增 1，然后将这些参数赋值给结构体 Room，并给其他辅助成员变量赋值。

```
20
21      function addRoomInfo(string name,string ty,string imageLink,string descr,uint price,address addr) public {
22          roomIndex+=1;
23          Room memory room= Room(roomIndex,name,ty,imageLink,descr,price,addr);
24          //stores[msg.sender][roomIndex]=room;
25          IdToRoom[roomIndex]=room;
26      }
27
```

图 8.6 房屋信息添加函数

最后，在编写完房屋信息添加函数后，还需要编写一个函数用于查询保存到链上的数据，该函数通过房屋的编号来实现查询，因此该函数接受一个参数 id，这个函数会返回对应 id 的房屋出租信息，需要在返回值的部分将所有返回信息的数值类型标识出来。为了防止调用者输入的 id 值大于已有的房屋 id，需要使用条件判断，返回值的第一个数据类型为布尔类型，表示输入的参数 id 是否合法，如图 8.7 所示。

```
28      function getRoom(uint id) view public returns(bool,uint,string,string,string,string,uint,address){
29          if(id>roomIndex){
30              return (false,0,"","","","",0,0x0);//0x0为空地址
31          }else{
32              Room memory room=IdToRoom[id];
33              return(true,room.id,room.name,room.ty,room.imageLink,room.descr,room.price,room.ad);
34          }
35      }
36  }
```

图 8.7 房屋信息查询函数

2. 编译及部署运行合约

在编写完智能合约后，单击 Remix-IDE 软件上的 Compile 按钮编译合约，如果合约中存在语法错误，则会以红色字样提示，没有语法错误则编译通过，如图 8.8 所示。在编译通过后，点击左侧的 Deploy 按钮则会将合约部署到以太坊测试链上，部署完成后，在左下方会显示合约中的函数，以及函数需要输入的参数，见图 8.9。之后，在房屋信息添加函数中输入房屋出租的相关参数，然后单击 transact 按钮，房屋出租信息就会以交易的形式保存到区块链上，在 Remix-IDE 的下方会展示交易的相关信息，如图 8.10 所示。最后，在数据成功上传后，运行房屋信息查询函数来查看刚刚上传到链上的数据。如图 8.11 所示，输入房屋编号“1”，单击 call 按钮，保存到链上的对应信息就显示出来，由于该函数只是一个查看信息的函数，因此不会产生交易，但会消耗 gas 费用。

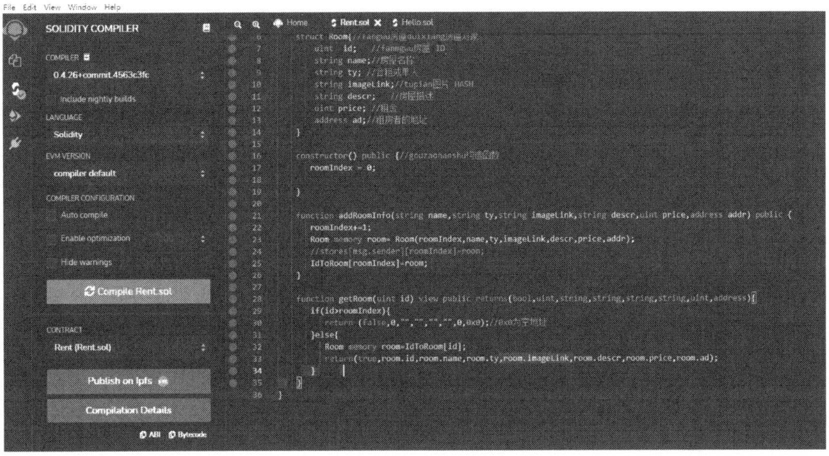

图 8.8　编译合约

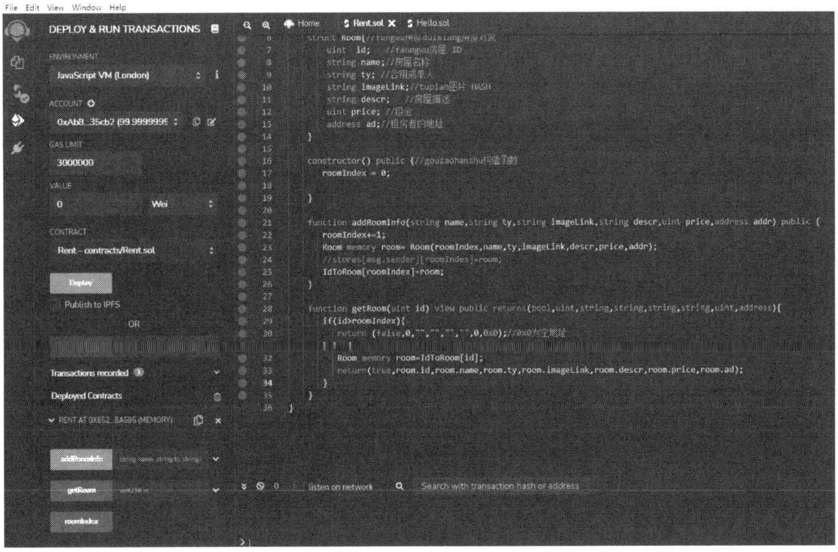

图 8.9　部署合约

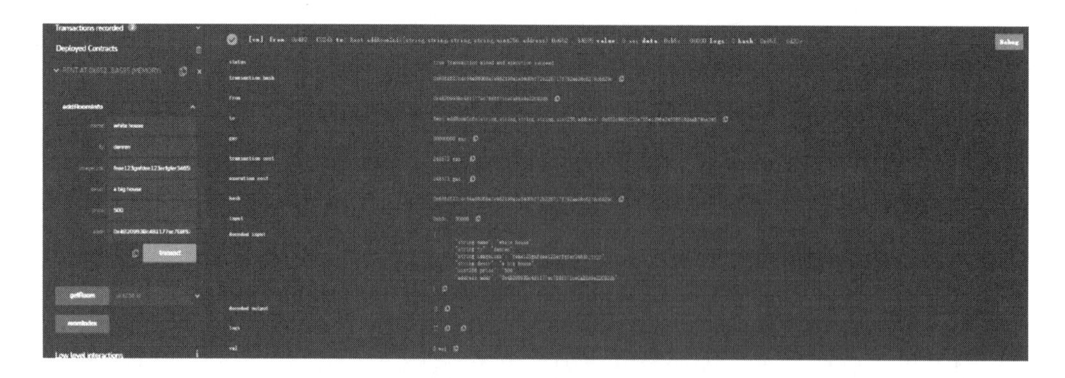

图 8.10 运行数据上传函数

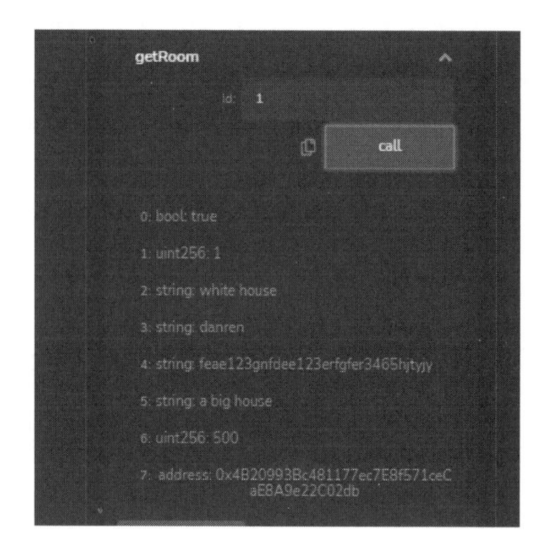

图 8.11 运行数据查询函数

8.3 区块链上的隐私保护

8.3.1 隐私保护介绍

在这个信息时代，云计算、物联网等技术悄然改变着我们的生活，在我们的日常生活中，每天都会产生大量的数据，其中包含个人敏感数据，随着大量个人敏感数据的产生，每个人都面临着个人隐私泄露的威胁。2018 年 9 月，社交网站 Facebook 由于安全系统漏洞导致 3000 万用户信息泄露，导致 Facebook 的股价较 2018 年年初跌了 29.70%。2018 年 12 月，问答网站 Quora 称该公司的系统遭到恶意第三方的未授权访问，约有 1 亿用户的账户及私人信息可能已经泄露。在巨大的商业利益下，不法分子通过数据盗取、信息盗用等一系列非法手段侵犯他人信息及隐私，造成巨大的经济损失和负面社会影响，由此可见，隐私保护迫在眉睫。下面通过一个学历学位隐私保护案例介绍基于区块链的隐私保护技术。

目前，教育信息系统用于管理个人教育信息，个人教育信息应用于招聘、升学、留学、干部任免、职称考核、信用评价等诸多领域。个人教育信息的披露可能会让一些不法分子进行欺诈和其他非法活动。当我们找工作的时候，会将自己的教育信息发送给多家公司，有些不法公司会将收集到的应聘者信息未经应聘者许可出售给第三方，存在信息泄露的风险。本书以学历信息隐私保护为例来描述使用区块链来完成隐私保护的方式。

8.3.2　案例涉及的隐私技术

同态加密保护数据私密性的主要思想是通过具有同态性质的加密函数对数据进行加密，从而可以在不对数据进行解密的情况下直接进行密文运算。本案例主要使用的同态加密算法是 Paillier 算法，其具体过程如下。

在密钥的生成阶段，首先选取两个大素数 p、q 并且保证 $\gcd(pq,(p-1)(q-1))=1$，随后计算 $n=pq,\ \lambda=\operatorname{lcm}\left(p-1,\ q-1\right)$，选取任意整数 $g\epsilon Z_{n^2}^{*}$，令 $\mu=(L(g^{\lambda}\bmod n^2))^{-1}$，其中 $L(x)=\dfrac{x-1}{n}$，然后生成公钥 $(n,\ g)$、私钥 $(\lambda,\ \mu)$，到此 Paillier 密钥生成完毕。

加密要求加密明文 m 是大于等于 0 小于 n 的正整数，选取随机整数 $r\epsilon Z_{n^2}^{*},0<r<n$，满足 $\gcd(r,\ n)=1$，则密文计算为 $c=g^m\cdot r^n \bmod n^2$。解密即是计算密文 $c=L(c^{\lambda}\bmod n^2)\cdot\mu \bmod n$。

同态加密由于具备密文运算的机制，因此用于保护明文信息。

相比于以前公钥加密一对一的属性，基于属性的加密(attribute-based encryption，ABE)实现了一对多的加密，在传统的公钥加密中，一个公钥与一个私钥配对，每次加密时都需要知道接收者的身份信息，而在基于属性的加密中，将身份标识看作一系列的属性。目前基于属性的加密主要分为两大类，一类是密文策略的属性加密(ciphertext-policy attribute-based encryption，CP-ABE)，另一类是密钥策略的属性加密(key-policy attribute-based encryption，KP-ABE)。在 CP-ABE 中，密文和访问策略相关，密钥和属性相关；在 KP-ABE 中，密文和属性相关，密钥与访问策略相关。本节案例涉及的属性加密为密文策略的属性加密，用于实现访问控制。

8.3.3　案例介绍

本节案例主要解决数据隐私保护问题，以学历信息隐私保护为例介绍使用区块链技术解决隐私问题。在求职者寻找工作时，往往会将自己的学历信息发送给多个机构，部分不法机构会将这些信息泄露或出售给其他服务商机构或个人，对他人日常生活造成了潜在的危害，实际上，当求职者与某些机构没有后续联系时，是不希望这类机构继续持有数据的。本案例提出了一种解决方案，增强了学历信息持有者对自身信息的控制能力，系统总体架构图如图 8.12 所示。

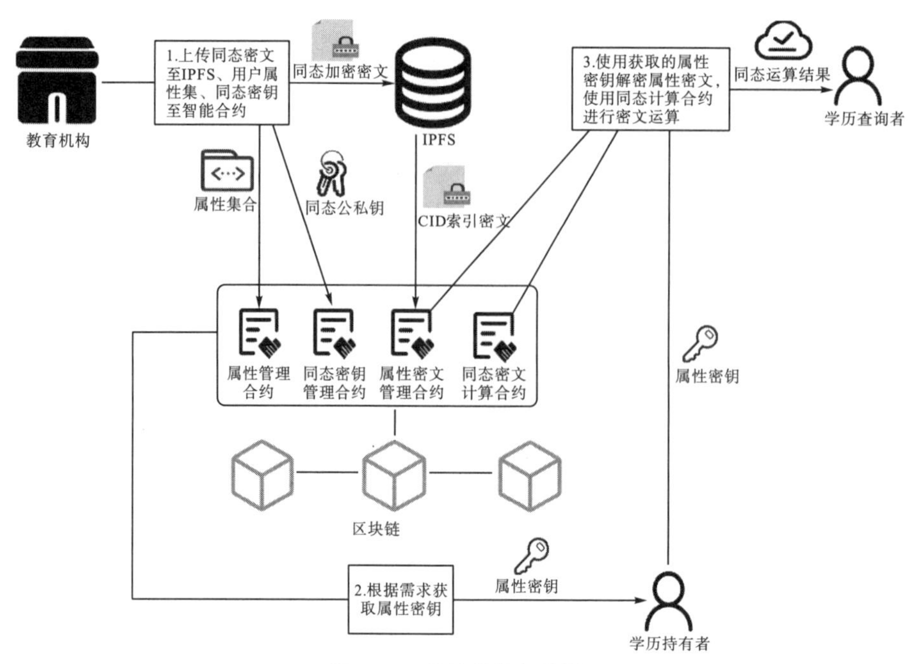

图 8.12 系统总体架构图

1. 系统总体结构图中各个部分介绍

IPFS(interplanetary file system)：一个点对点的分布式超媒体分发协议系统，由于区块链中单个区块的存储容量是有限的，所以 IPFS 与区块链有着非常好的匹配性，当把一个文件存储到 IPFS 中时，IPFS 会根据文件内容计算出唯一的 CID(content ID)值，因此将加密后的同态密文存储在 IPFS 上，区块链用于存储 IPFS 返回的 CID 值，可以减少区块链的存储消耗。

(1)学历持有者。所有受过教育且在学历管理系统中有登记的人，如已经毕业的本科生、研究生等，他们持有自己的学历信息，拥有同态加密的公私钥以及属性加密的属性集。学历持有者仅仅拥有对自己学历信息的管理权，没有学历数据上传权。学历持有者可以决定哪些用户可以看到自己的数据，以及哪些数据可以被看到。

(2)学历查询者。一般是社会上的一些机构，如各种企业用人单位等，由于对学历持有者的学历信息进行了隐私保护，学历查询者无法获取到学历持有者学历信息的完整明文，学历查询者需要向学历持有者请求属性密钥才能获得学历持有者学历信息的同态密文。

(3)教育机构。一般为高校机构，专门负责上传用户的加密学历信息，教育机构必须保证上传的学历信息的真实性。学历信息被同态加密后上传至 IPFS，然后将 IPFS 返回的 CID 索引使用属性加密保存在区块链中。

2. 智能合约功能

同态密钥管理合约：用于管理用户的同态密钥参数，将用户的区块链地址与用户的同态密钥参数进行映射。

属性管理合约：用于管理用户的属性集合，将用户的区块链地址与属性集进行映射，这个属性集仅仅只有学历持有者本人和教育机构可以获取。

属性密文管理合约：用于管理属性加密的密文，此合约的上传密文功能只有教育机构才能成功调用，通过该合约可以获取某个学历持有者的属性密文。

同态密文计算合约：用于密文计算，对于学历信息的验证，一般为验证信息中的某些部分是否高于或等于或低于某个指标，如验证某人的学历层次是否在本科以上。因此在调用时，需输入要比较的指标参数，以及是高于或等于或低于该指标的参数，随后合约对输入的指标进行密文计算，最终将结果返回给查询者。

3. 学历数据上传过程

如图 8.13 所示，教育机构为每个学历持有者生成属性集以及同态密钥。将用户的学历信息分成几个部分，使用同态公钥加密这几个部分的学历信息明文得到学历信息密文，将所有学历信息密文上传至 IPFS。IPFS 返回用户上传的密文的 CID 值，随后教育机构使用用户属性集加密返回的 CID 值得到属性密文，调用属性密文管理合约中的上传方法上传属性密文，该合约中的上传方法仅仅只有教育机构可以调用。教育机构调用属性管理合约上传用户属性集以及调用同态密钥管理合约上传用户同态密钥。

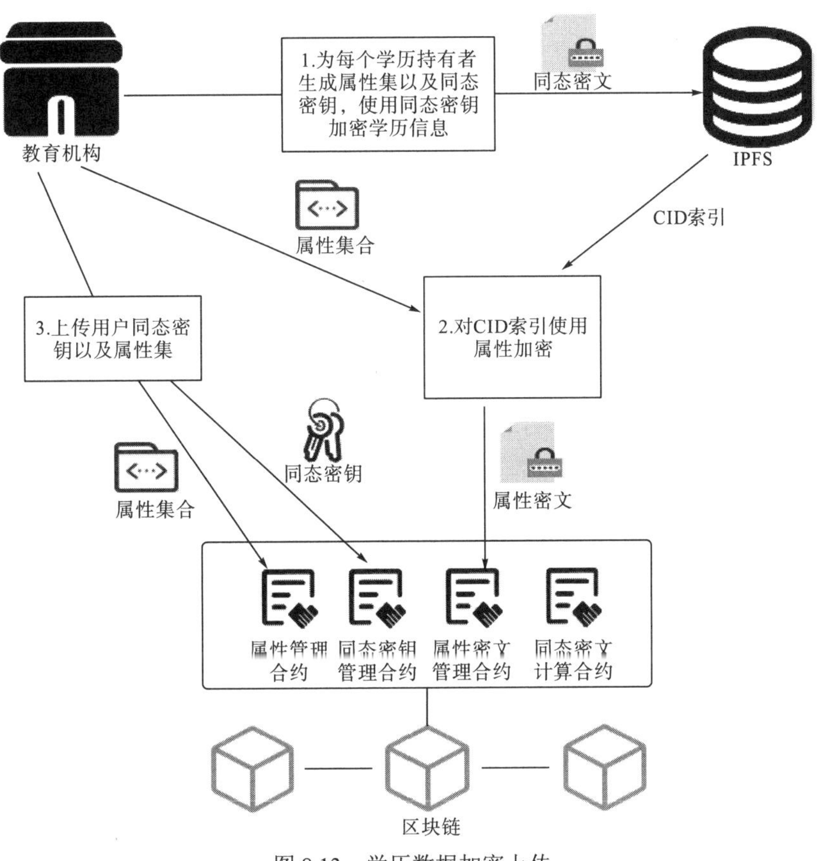

图 8.13　学历数据加密上传

学历数据上传的算法如算法 8.1 所示，算法以学历持有者的区块链地址 Address、教育机构的区块链地址 InstitutionAddress 以及明文 M 作为输入，使用同态密钥生成器 HomomorphicKeyGenerator 的 generate 方法为用户生成同态密钥，使用属性集生成器 AttrGenerator 的 generate 方法为用户生成属性集，第 4 行表示将明文 M 分成 n 份，第 5～6 行表示对每个部分的明文使用同态公钥加密，第 7～8 行表示将各个同态密文上传至 IPFS，第 11～12 行表示先从以太坊获取属性密文管理合约，然后调用该合约的方法添加新的密文，调用该方法需输入属性密文、学历持有者的区块链地址、信息添加人的区块链地址作为参数，第 13～16 行表示教育机构将用户同态密钥以及属性集上传至对应的智能合约。

算法 8.1 上传学历信息数据

```
输入：Address，InstitutionAddress，M
BEGIN

1 HomomorphicKey←HomomorphicKeyGenerator, generate()
2 Attrset←AttrGenerator, generate()
3 PubKey←HomomorphicKey, getPublicKey()
4 M divided into→m1,m2,···,mn
5 for each mi in M do
6 hi=PubKey, HE(mi)
7 for each hi in H do
8 cidi=IPFS, upload(hi)
9 for each cidi in CID do
10 CIDCipheri=ABE(Attrset，cidi)
11 AttrCipherMangeContract←Ethereum
12 AttrCipherManageContract, add(CIDCipher，Address，InstitutionAddress)
13 HomomorphicKeyContract←Ethereum
14 HomomorphicKeyContract, uploadKey(HomomorphicKey，Address，InstitutionAddress)
15 AttrMangeContract←Ethereum//get smart contract from Ethereum
16 AttrMangeContract, uploadAttrSet(AttrSet，Address，InstitutionAddress)

END
```

4. 数据访问者查询数据

如图 8.14 所示，学历查询者向学历持有者请求属性密钥，学历持有者会根据学历查询者的身份以及自身的隐私决定哪些用于解密的属性可以授予。学历查询者通过调用属性密文管理合约获取学历持有者的属性密文，使用获取到的属性密钥解密属性密文。解密出属性密文后，根据解密出的 CID 值从 IPFS 上获取对应同态密文，调用同态计算合约输入对应参数进行密文计算。最后，同态计算结果返回给学历查询者。

数据访问算法如算法 8.2 所示，该算法以属性密钥 AttrKey、要验证的信息 validateMsg、验证参数 UpperOrLowerOrEqual 以及学历持有者的区块链地址 Address 作为输入，第 1～2 行表示从以太坊获取属性密文管理合约，输入学历持有者的区块链地址，获取该地址对应的属性密文；第 3～4 行表示如果使用属性密钥解密出的结果为空，则返回 0；第 5～12 行则表示解密出了 CID 值的情况，其中标号为 8 的行表示根据对应的 CID 值从 IPFS 上获取数据；第 9～10 行表示从以太坊获取同态计算合约，调用该合约的方法进行同态计算，最后将结果返回给学历查询者。

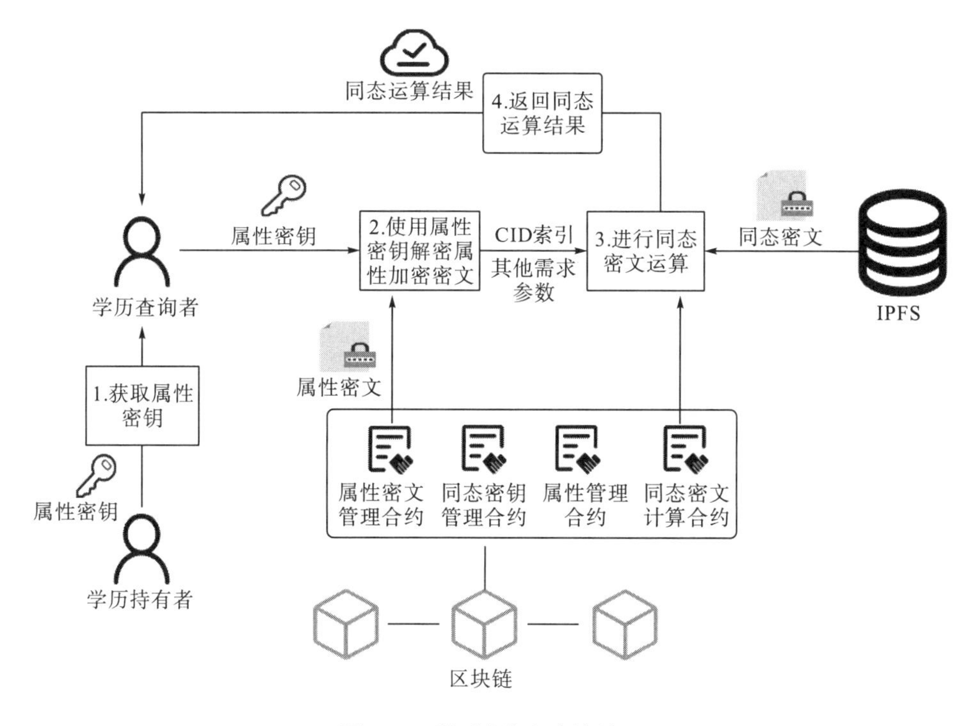

图 8.14　学历查询者查询结果

算法 8.2　查询和验证学历信息

```
Input：AttrKey，validateMsg，UperOrLowerOrEqual，Address
output：Result
BEGIN
1：AttrCipherManageContract←Ethereum
2：CIDCipher←AttrCipherManageContract, getAttrCipher(Address)
3：if AttrCipher, decrypt(AttrKey)= =null
4：return 0
5：else
6：CID=AttrCipher。decrypt(AttrKey)
7：for each cid_i in CID do
8：h_i=IPFS, cat(cid_i)
9：HomomorphicCalContract←Ethereum
10：Result←HomomorphicCalContract, cal(Address，H，validateMsg，UpperOrLowerOrEqual)
11：return Result
END
```

在本案例中，原有密文策略属性加密根据实际需要做了改进。

5. 属性加密改进

本案例属性加密包含四个部分：密钥初始化、加密、属性密钥生成、解密。访问控制结构使用的是访问控制树。访问控制树的结构如图 8.15 所示，一个访问控制树由多个节点构成，分为叶子节点和非叶子节点，叶子节点称为属性节点，属性节点包含拉格朗日多项式、属性值等属性。非叶子节点称为门限节点，门限节点包含门限值、拉格朗日多项式、加密的密文等属性，只有当满足要求的属性节点个数大于或等于门限节点的值时才能成功解开门限节点，如图 8.15 中，如果要解开 threshold3 中加密的属性密文，则需要同时持有属性 1 和属性 2。本案例中，访问控制树的非叶子节点都用来加密明文。

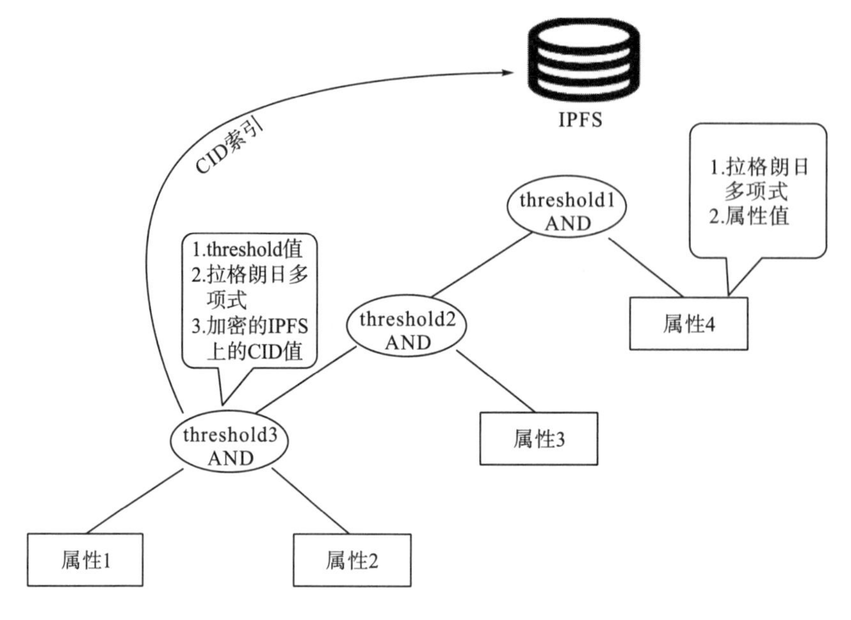

图 8.15 访问控制树

初始化阶段首先选择一个素数阶的双线性群 G，从群中获取一个生成元 g，然后生成两个随机指数 α、$\beta \in Z_p$，Z_p 表示素数 p 阶循环群，e 表示双线性对运算。系统公钥定义如下：

$$\mathrm{PK} = g,\ h,\ f,\ ea$$

$$h = g^{\beta},\ f = g^{\frac{1}{\beta}},\ ea = e(g,\ g)^{\alpha}$$

系统主密钥定义如下：

$$\mathrm{MK} = (g^{\alpha},\ \beta)$$

加密时，对于明文信息 M，使用访问控制树 T 以及系统公钥加密。将明文 M 根据访问控制树的非叶子节点个数分成 n 份，即 m_1，$m_2, \cdots$，m_n，然后开始构建访问控制树。先在访问控制树的根部随机生成一个秘密值 s_1，然后根据根节点的 threshold 值随机生成一个拉格朗日多项式(不包含常数项)，将秘密值 s_1 作为拉格朗日多项式的常数项。此时使用 s_1 加密与根部关联的明文 m_1，根节点加密后的密文使用 $\tilde{C}_1$ 表示，则根节点的加密运算如下：

$$\tilde{C}_1 = m_1 \cdot e(g,\ g)^{\alpha \cdot s_1}$$

以 x 作为自变量，random(i) 作为多项式系数，则根部的拉格朗日多项式 q 为

$$q_1(x) = \sum_{i=1}^{\text{threshold}-1} \text{random}(i) \cdot x^{\text{threshold}-i} + s_1$$

随后根节点根据线性秘密共享使用多项式计算出所有子节点的秘密值，子节点根据线

性秘密共享以递归的形式不断生成多项式以及其子节点的秘密值，其中非叶子节点还需继续加密剩下的明文：

$$\tilde{C}_i = m_i \cdot e(g,\ g)^{\alpha \cdot s_i}$$

直到所有的节点都生成自己的多项式。设 Y 为叶子节点编号的集合，N 为密文编号集合，attr 为叶子节点内部的属性值，则加密的结果 CT 如下：

$$\mathrm{CT} = (T,\ \tilde{C}_i,\ C_i,\ C_y,\ C'_y)$$

$$\forall i \in N : \tilde{C}_i = m_i \cdot e(g,\ g)^{\alpha \cdot s_i},\quad C_i = h^{s_i}$$

$$\forall y \in Y : C_y = g^{q_y(0)},\quad C'_y = \mathrm{hash}(\mathrm{attr})^{q_y(0)}$$

属性密钥生成阶段根据用户持有的属性生成对应的属性密钥，Y 为用户持有的属性集合，首先为所有属性随机生成一个指数 $r \in Z_p$，然后为每一个属性单独生成随机的指数 $r_j \in Z_p$，则生成的属性密钥如下：

$$\mathrm{SK} = (D,\ D_j,\ D'_j)$$

$$r \in Z_p,\quad D = g^{\frac{\alpha+\gamma}{\beta}}$$

$$\forall j \in Y : D_j = g^r \cdot \mathrm{hash}(j)^{r_j},\quad D'_j = g^{r_j}$$

解密阶段根据用户的属性密钥使用拉格朗日插值法从访问控制树的叶子节点使用递归方式往上解密，每解密出一个非叶子节点 i 则得到该非叶子节点的 $a_i = e(g,\ g)^{r \cdot s_i}$，并将该非叶子节点的 a_i 加入到一个集合 A 中，直到无法解密出新的非叶子节点的 a_i。最终使用集合 A 中所有的 a_i 以及系统主密钥来解密 CT 中的密文。事先在加密时密文的顺序是从访问控制树的根节点到叶子节点，而解密时是从访问控制树的叶子节点到根节点。因此，密文集合 $\tilde{C}$ 中的最后一个元素对应着集合 A 中的第一个元素，密文一共有 n 条，因此解密第 i 条密文的计算如下：

$$m_i = \frac{\tilde{C}_i}{\dfrac{e\left(C_i,\ D\right)}{a_{n-i+1}}} = (e(g,\ g)^{\alpha \cdot s_i} \cdot m_i) / \left(\frac{e\left(g^{\beta \cdot s_i},\ g^{\frac{\alpha+r}{\beta}}\right)}{e\left(g,\ g\right)^{r \cdot s_{n-i+1}}} \right)$$

6. 安全性分析

本案例的安全性分析选择属性集明文攻击游戏在挑战者和攻击者之间进行，步骤如下。

(1) 开始前挑战者选择生成双线性群(e，p，G，G_1)，随机选择生成元 $g \in G$，a、b、c、$v \in Z_p$，Z_p 表示素数 p 阶循环群，根据判定双线性假设，令 $\theta \in \{0,1\}$，如果 $\theta = 0$，将 $(A,\ B,\ C,\ V) = (g^a,\ g^b,\ g^c,\ e(g,\ g)^{abc})$ 发送给攻击者，否则将 $(A, B, C, V) = (g^a,\ g^b,\ g^c,\ e(g,\ g)^v)$ 发送给攻击者。

(2) 初始化：攻击者选择访问控制树 T 发送给挑战者。

(3) 建立：挑战者随机选择 x'、α、$\beta \in Z_p$，令 $e(g,\ g)^{\alpha} = e(g,\ g)^{ab} \cdot e\left(g,\ g\right)^{x'}$，则 $\alpha = ab + x'$。挑战者初始化公钥参数 $h = g^{\beta}$、$f = g^{1/\beta}$ 以及 $e(g,\ g)^{\alpha}$，随后将这些公钥参数发送给攻击者。

(4)阶段一：S_j 为攻击者持有的属性集合，攻击者对属性 $\omega=\{i|i\in S_j,\ i\notin T\}$ 发起密钥请求，挑战者执行密钥生成算法，首先挑战者随机生成一个 $r^{(j)}\in Z_p$，计算 $D=g^{(\alpha+r^{(j)})/\beta}$，然后为 S_j 中的每一个属性 i 随机生成一个 $r_i^{(j)}$，设 g^{t_i} 表示对于属性 i 求得的 hash 值，其中 $t_i\in Z_p$，计算 $D_i=g^{r^{(j)}+t_i r_i^{(j)}}$ 和 $D_i'=g^{r_i^{(j)}}$，最后将 D、D_i、D_i' 发送给敌手。

(5)挑战：攻击者随机选择2个等长的消息 M_0、M_1 给挑战者，挑战者随机选取 $d\in\{0,1\}$，将 M_d 分成 n 份，分别表示为 $m_d^{(1)},\ m_d^{(2)},\ldots,\ m_d^{(n)}$，从访问控制树 T 中选取 n 个非叶子节点对 M_d 进行加密。令根节点的秘密值为 g^r，采用线性秘密共享对 g^r 进行分割，使用 λ_k 表示与第 k 个孩子节点相关的线性秘密共享参数，设从第 f 个非叶子节点开始加密，则第 f 个非叶子节点加密的密文计算如下：

$$\begin{aligned}\text{cipher}_f&=m_d^{(1)}\cdot e(g,\ g)^{a\lambda_f}\\&=m_d^{(1)}\cdot e(g,\ g)^{(ab+x')\lambda_f}\\&=m_d^{(1)}\cdot e(g,\ g)^{abc}e(g^{\lambda_f},\ g^{x'})\\&=m_d^{(1)}\cdot V\cdot e(g^{\lambda_f},\ g^{x'})\end{aligned}$$

最后挑战者将密文 $\text{CIPHER}=(\text{cipher}_f,\text{cipher}_{f+1},\ldots,\text{cipher}_{f+n-1})$ 发送给攻击者。

(6)阶段二：在多项式时间以内，攻击者可以不断向挑战者请求属性密钥试图破解密文的来源。

(7)猜测：攻击者输出对密文的猜想 $d'\in\{0,1\}$。如果 $d'\neq d$，则输出 $\theta=1,\ V=e(g,\ g)^v$，即攻击者输出 $d'\neq d$ 的概率为 $\Pr[d'\neq d|\theta=1]=1/2$，所以攻击者猜出明文的概率为 $\Pr[d'=d|\theta=1]=1-\Pr[d'\neq d|\theta=1]=1/2$，如果 $d'=d$，则输出 $\theta=0,\ V=e(g,\ g)^{abc}$，挑战者挑战成功，此时攻击者优势为 $\Pr[d'=d|\theta=0]=1/2+\varepsilon$，综上攻击者解决判定双线性的优势为

$$\left|\frac{1}{2}\Pr[d'=d|\theta=0]+\frac{1}{2}\Pr[d'=d|\theta=1]-\frac{1}{2}\right|=\frac{1}{2}\varepsilon$$

因此攻击者在任何多项式时间内赢得选择明文攻击游戏的优势是可以忽略的，因此本方案是选择明文攻击安全的。

8.3.4 案例实验分析

本实验是在以太坊的测试链上完成的仿真实验，测试链使用 ganache-cli 生成，双线性配对库使用 JPBC，采用 Remix-IDE 编写智能合约，实验环境为 Windows，内存 8GB。

在本案例中，在学历查询者查询结果时，需要向学历数据持有者申请属性密钥，学历信息持有者会根据需求以及自己的隐私决定将哪些属性授予学历查询者，这个过程涉及对信息根据其内容进行非常细粒度的访问控制，因此对原本的密文策略的属性加密(CP-ABE)进行了改进，改进后的属性加密算法可以对加密信息实现更加细粒度的访问控制。改进后的属性加密基于内容细粒度的访问控制效果通过下面的实验来验证。

一份学历信息中包括姓名、性别、出生日期、入学日期、学校名称、专业、教育类型、学习形式、层次和是否毕业，如图 8.16 所示，性别使用数字 1 和 0 表示，1 表示男性，0 表示女性。教育类型使用 1 和 0 表示，1 表示成人高等教育，0 表示普通高等教育。学习形式使用 1 和 0 表示，1 表示全日制，0 表示非全日制。学历层次中 4 代表硕士。是否毕业使用 1 和 0 表示，1 表示已经毕业。专业使用代号表示，080902 表示软件工程专业。学校名称使用代号表示。将一份学历信息分成四个部分，最后将这四个部分使用 Paillier 算法加密，部分加密结果如图 8.17 所示。

```
School name:10673, Admission date:20150902
Birthday:19970305, graduation:1, major:080902
Type:1, Academic degree:4
Name:Zhangxiaofeng, Gender:1, Category:0
```

图 8.16　学历信息明文

```
***********************part1**************************
School name:
1709781984536123373765317789318820618094453903986288724785249674745395574862068333917256195208090219
7834669783176965224585809969618778987081629369017127225675969470366241656570982348204071514384873982
7106385602131429908365417471095509836187312314415396276363252231478870471362431924913189598018610776
2374364943979688452557390827260405034747083007862739720112027581227852544455929825767877248493396177
7910319396212737955086010556073469654629284439207782197105693573393618975827229135901009551919327138
3163933285667589883808377159234528608586049640545655207788528103750468889401364295280609153057276994
6818025028156493
Admission data:
1032851985494163139635527904527134883691605389808567003105356097233690804800418169230979225592776767
4046265964567819757374491282823409277844548015676342190219497428424324615232491624531680370040096776
0201982552967641330966171150664233725385861809708775304810451913379522525911155423693838984390194825
3277391076028338028981764321597768539645083676966152071664515907094567939389010292872818027138876889
2156641595457920265802509427036967833577360542730044281596939966414245362364387855758672877361570285
2015967940096286635723708673545604306307233413090886827164623767886366742146299223095334491723333836
0660008773555992
```

图 8.17　学历信息部分同态密文展示

将同态加密后四个部分的密文上传至 IPFS，IPFS 返回各个部分的 CID 值，CID 值是在 IPFS 上查找文件时需要的索引，四个部分密文上传至 IPFS 后从上到下对应至图 8.18 中的 cid1、cid2、cid3、cid4，由 base58 编码，四个部分的 CID 值如图 8.18 所示。

```
IPFS cid1:QmQKsC9MrBRPR3fakEB3k4gywuba94G3JNo8WT9XSEsakN
IPFS cid2:QmYRDbUtCGUYPzunQf2ZHWTmPc8P6Ri4VD9XyQdHgkjHbD
IPFS cid3:QmcsNJBbMC8ebFyLchFSiE4HER2morhTd27YDzuLRkCcPN
IPFS cid4:QmdQwTy9u1zU6qAFjj6ys7WA7ZPTcPt1KiDQRs8sKKrPnj
```

图 8.18　IPFS 返回的 CID 值

本学历信息采用的访问控制树结构如图 8.19 所示：四个非叶子节点加密着上述四个 CID 值，四个非叶子节点门限值均为 AND，访问控制树中包含的所有属性值分别为 a、b、c、d、e。

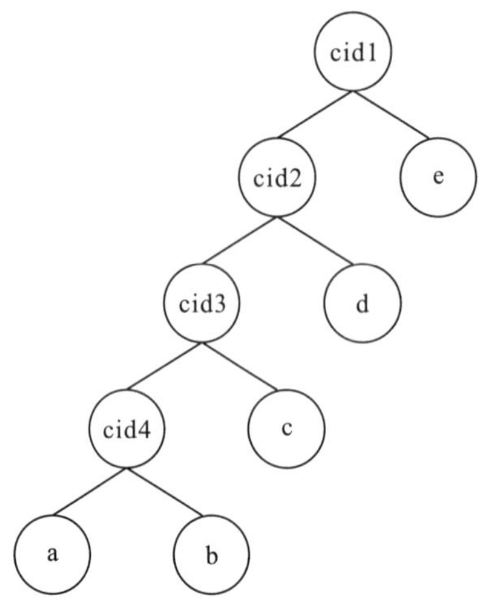

图 8.19 访问控制树

接下来进行内容访问控制，当用户仅仅拥有属性 a 时，该用户无法获取任何信息，如图 8.20 所示。

```
setup time: 1210
IPFS cid to encrypt:QmQKsC9MrBRPR3fakEB3k4gywuba94G3JNo8WT9XSEsakN
IPFS cid to encrypt:QmYRDbUtCGUYPzunQf2ZHWTmPc8P6Ri4VD9XyQdHgkjHbD
IPFS cid to encrypt:QmcsNJBbMC8ebFyLchFSiE4HER2morhTd27YDzuLRkCcPN
IPFS cid to encrypt:QmdQwTy9u1zU6qAFjj6ys7WA7ZPTcPt1KiDQRs8sKKrPnj
input attributes:a
rPolishType:[a, b, *, c, *, d, *, e, *]
Policy tree parsing results: ab*c*d*e*
encrytion time: 291
keyGen time: 115
decryption time: 27
decryption result:
[
you do not have any permission!!!
]
```

图 8.20 当持有属性 a 时的访问结果

当用户拥有属性 a、b、c 时，拥有权限访问 cid3、cid4，如图 8.21 所示。

```
setup time: 1195
IPFS cid to encrypt:QmQKsC9MrBRPR3fakEB3k4gywuba94G3JNo8WT9XSEsakN
IPFS cid to encrypt:QmYRDbUtCGUYPzunQf2ZHWTmPc8P6Ri4VD9XyQdHgkjHbD
IPFS cid to encrypt:QmcsNJBbMC8ebFyLchFSiE4HER2morhTd27YDzuLRkCcPN
IPFS cid to encrypt:QmdQwTy9u1zU6qAFjj6ys7WA7ZPTcPt1KiDQRs8sKKrPnj
input attributes:a,b,c
rPolishType:[a, b, *, c, *, d, *, e, *]
Policy tree parsing results: ab*c*d*e*
encrytion time: 282
keyGen time: 274
decryption time: 100
decryption result:
[
QmdQwTy9u1zU6qAFjj6ys7WA7ZPTcPt1KiDQRs8sKKrPnj
QmcsNJBbMC8ebFyLchFSiE4HER2morhTd27YDzuLRkCcPN
]
```

图 8.21 当持有属性 a、b、c 时的访问结果

当用户拥有属性 a、b、c、d、e 时，可以访问所有的 cid，如图 8.22 所示。

```
setup time: 1196
IPFS cid to encrypt:QmQKsC9MrBRPR3fakEB3k4gywuba94G3JNo8WT9XSEsakN
IPFS cid to encrypt:QmYRDbUtCGUYPzunQf2ZHWTmPc8P6Ri4VD9XyQdHgkjHbD
IPFS cid to encrypt:QmcsNJBbMC8ebFyLchFSiE4HER2morhTd27YDzuLRkCcPN
IPFS cid to encrypt:QmdQwTy9u1zU6qAFjj6ys7WA7ZPTcPt1KiDQRs8sKKrPnj
input attributes:a,b,c,d,e
rPolishType:[a, b, *, c, *, d, *, e, *]
Policy tree parsing results: ab*c*d*e*
encrytion time: 294
keyGen time: 426
decryption time: 181
decryption result:
[
QmdQwTy9u1zU6qAFjj6ys7WA7ZPTcPt1KiDQRs8sKKrPnj
QmcsNJBbMC8ebFyLchFSiE4HER2morhTd27YDzuLRkCcPN
QmYRDbUtCGUYPzunQf2ZHWTmPc8P6Ri4VD9XyQdHgkjHbD
QmQKsC9MrBRPR3fakEB3k4gywuba94G3JNo8WT9XSEsakN
]
```

图 8.22　当持有所有属性时的访问结果

通过上述部分的实验，验证了改进后的属性加密可以实现对加密内容进行更加细粒度的访问控制，随后，将改进后的属性加密应用到学历信息隐私保护方案中。

在方案中部署了四个智能合约，因此，对各个合约的 gas 消耗做了统计，图 8.23 和图 8.24 为系统的界面图和智能合约 gas 消耗图。在系统界面图中，数据访问者输入学历信息持有者的公钥地址和获取的属性集，点击提交后，一些常用信息如姓名会直接以明文显示，对于一些隐私信息，访问者需要输入期望值，通过同态计算来验证学历信息持有者的信息是否符合要求，因为输入的属性集不完整，所以有些隐私信息是无权访问的。在智能合约的 gas 消耗图 8.24 中，每个智能合约的 gas 消耗都在合理范围内。

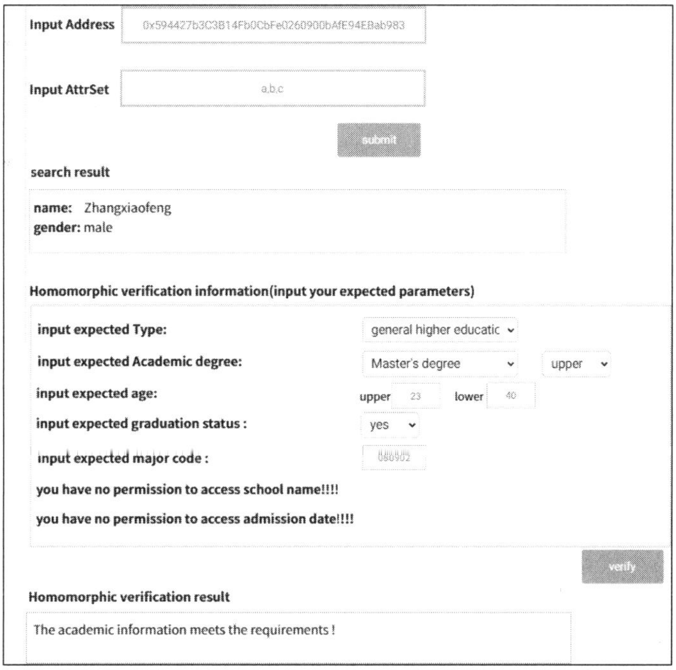

图 8.23　系统界面

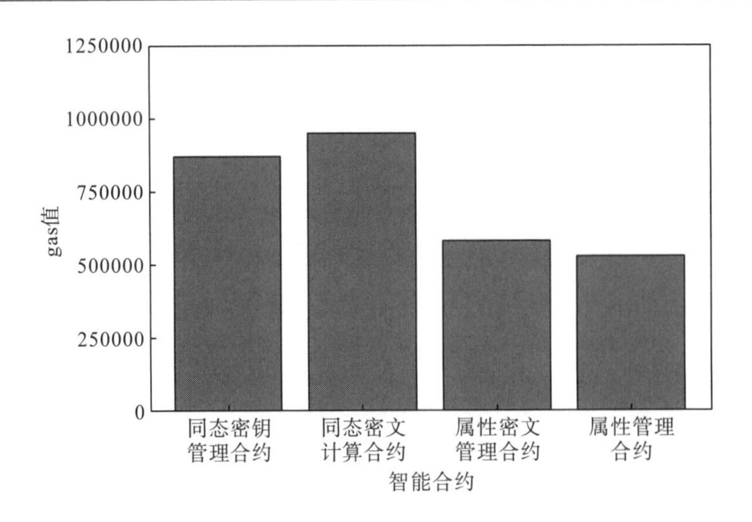

图 8.24 智能合约消耗

8.4 区块链上的数据追溯

8.4.1 数据追溯介绍

目前大数据技术盛行，数据分析技术几乎是每个领域都需要关注的，通过数据分析，可以从原本普通的数据中获取到一些潜在的有用信息。实际应用场景主要分为两种，一种是机构自行收集数据然后使用收集的数据做分析，如各种电商平台通过收集用户的浏览记录并进行分析后更加精准地为用户推荐商品；另一种是数据分析机构向数据持有机构申请数据做数据分析，如药品公司向医院申请一些患者服用某种药物的数据，然而这种将数据集授予第三方的行为存在数据泄露的风险，数据持有机构将一份数据授予多个机构做数据分析，当出现数据泄露时，数据持有机构无法精准确定是哪一个机构泄露了数据，并且在追究责任时，数据持有机构还需要确切的证据。区块链作为一个分布式的系统，使用其数据不可篡改的特性可以用于保存一些重要信息，如可以用来作为证据的信息。水印技术主要用于保护作者版权，同时可用于识别一些数据是否被篡改。本节案例提出了一种结合区块链以及数字水印来实现对泄露的数据集进行追溯的方案。

8.4.2 案例涉及的其他技术

椭圆曲线加密算法是一种非对称加密算法，ECIES（elliptic curve integrated encryption scheme，椭圆曲线集成加密方案）是椭圆曲线加密中最突出的方案。ECIES 中包括密钥派生机制、消息身份验证代码和对称加密算法。从宏观效果上来看，加密方使用自己的公钥对信息进行加密，解密时，解密方使用自己的私钥对密文进行解密。其加密过程和解密过程如图 8.25 所示。在加密过程中，加密者使用自己的私钥和解密者的公钥使用密钥派生算法(key derivation function，KDF)生成 Ek 密钥和 Mac 密钥，这里的 Ek 密钥为对称加密算法的密钥，即 Ek 密钥既可以用来加密信息也可以用于解密信息，使用 Ek 密钥对信息进行加密得到密文，使用 Mac 密钥加密信息密文得到加密信息标签，Mac 密钥同样为对称加密算法的密钥，加密信息标签主要用于验证密文信息的来源。在解密时，解密者使用自己的私钥和加密者的公钥派生出 Ek 密钥和 Mac 密钥，这里生成的 Ek 密钥和 Mac 密钥与前面加密者生成的 Ek 密钥和 Mac 密钥相同，解密者首先需使用 Mac 密钥解密加密信息标签从而得出该密文是否来自正确的发送方，如果不是来自正确的发送方，则拒绝解密密文，如果是来自正确的发送方，则会解密出消息明文，本节案例通过 ECIES 加密实现只有加密方认定的解密者可以解开密文。

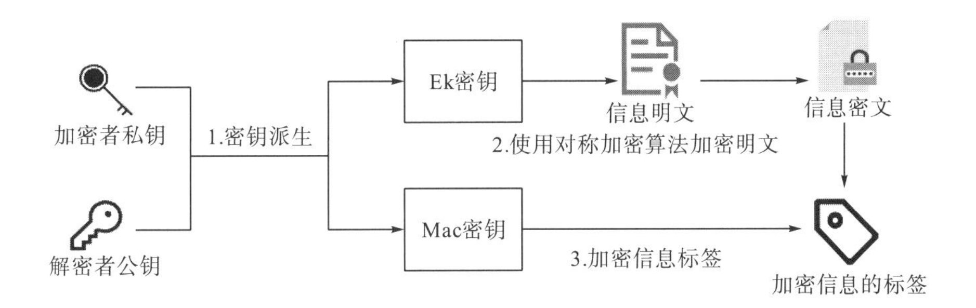

图 8.25　ECIES 加密过程

数字水印技术是一种信息隐藏技术，是指将一些标识信息嵌入数字载体中。水印能够记录一些授权信息，数字水印还需要保证不影响载体原本的使用价值，且保证不容易被人的知觉系统直接察觉或注意到，因此，数字水印技术对于解决知识产权保护问题是一个良好的对策。对于数据追溯问题，可将水印嵌入数据中以便后续追溯。一般在实际应用中会使用可逆水印，可逆水印可以在添加后使用特定的方式提取出来，且保证提取水印之后得到的图像与原图像基本一致，如当我们在图像 I 中嵌入水印后得到图像 I′，在将这个图像发送至内容验证器之前，图像有可能会遭到不法分子的恶意攻击篡改，如果鉴别者发现 I′没有发生篡改，即 I′为真实的图像，那么鉴别者可以去除 I′中的水印信息得到原图像 I。可逆水印在应用到图像中时，为了保证添加水印后图像与原图像不会产生明显差异，只会在原图像中选择部分区域作为嵌入区域，随后将需要嵌入的信息嵌入该区域，嵌入后图像本身无明显变化，在移除水印时，从该嵌入区域通过特定算法移除信息即可获得原图像，数字水印技术主要用于嵌入数据中作标记便于后续追溯。

8.4.3　案例介绍

8.3 节以学历信息隐私保护为例详细介绍了提出的方案，其参与对象为网络服务机构和数据主体(产生数据的用户)，实际上网络服务机构在收集用户数据后会将用户数据投入多个用途，本案例的应用场景的参与对象均为网络服务机构，网络服务机构会将收集到的用户数据分享给其他网络服务机构，当数据持有机构(收集数据的网络服务机构)向多个数据使用机构(使用数据的网络服务机构)分享某个数据集时，如果出现数据集泄露的问题，数据持有机构无法第一时间精准找出泄露数据的源头机构。本节案例针对上述问题提出了解决方案，通过使用联盟链平台减少恶意节点加入网络，将数字水印嵌入数据集中作为标记，结合智能合约技术对数据集使用情况进行追溯。本节案例场景的总体架构图如图 8.26 所示。

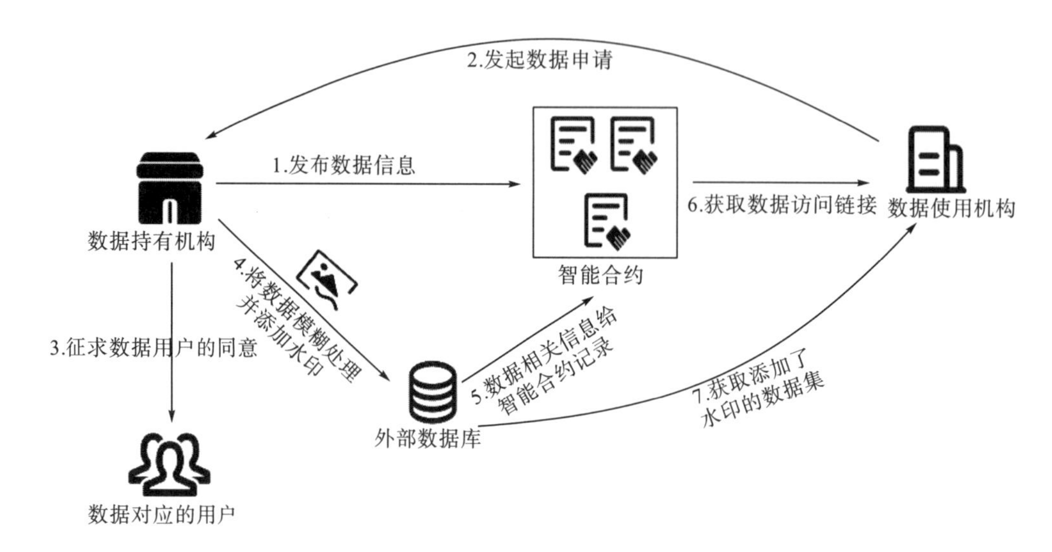

图 8.26　本节案例场景总体架构

系统的参与用户分为三方，即数据持有机构、数据使用机构、数据对应的用户。数据持有机构向用户提供服务，从用户那里收集数据，允许将数据集授予数据使用机构，在使用数据时需要征求用户的同意。数据对应的用户使用数据持有机构的服务，并将自己的数据授予数据持有机构。数据对应的用户有权决定是否将自己的数据用于第三方机构使用，如数据分析。数据使用机构通过链上的数据持有机构发布的数据集摘要获取数据集信息，通过向数据持有机构申请数据集，从而使用数据。

系统总体流程如下：

(1) 数据使用机构在区块链网络中注册，获得由 CA 颁发的合法身份的证书和对应的公私钥。

(2) 数据持有机构通过智能合约在区块链上发布数据集摘要信息，数据使用机构获取数据信息后向数据持有机构发起使用数据的申请。

(3) 数据持有机构向数据对应的用户征求数据用于分析的请求，将获得同意的数据进行泛化处理去除用户个人敏感信息，然后向数据集中添加水印，最后将添加水印后的数据集访问链接保存至智能合约中。

(4) 数据使用机构通过智能合约获取数据访问链接进而获取数据。

(5) 当发生数据集泄露时，数据持有机构通过提取泄露的数据集中的水印，与水印记录合约中记录的水印信息进行比对从而得出数据集泄露的源头机构。

1. 智能合约功能

水印信息记录合约：该合约仅数据持有机构有权限调用，用于记录分享出去的数据集信息以及该数据集被嵌入的水印信息。合约中主要包含添加数据集水印函数、查看数据集水印函数等，该合约主要用于在出现数据集信息泄露问题时提供证据。

数据集信息发布合约：用于发布数据集的摘要信息供数据分析机构查看。合约中主要包含添加数据集摘要函数、查看数据集摘要函数等，其中添加数据集摘要函数仅数据持有机构有权限调用。

数据集访问记录合约：数据使用机构从中获取自己申请到的数据集访问链接。合约中主要包括获取数据访问链接函数、上传数据访问链接函数等。上传数据访问链接函数仅数据持有机构有权限调用，获取数据访问链接函数所有人可以调用，调用时需输入自己的公钥，获取的访问链接是使用公钥加密后的密文，只有拥有公钥对应的私钥的机构才可以解密得出数据访问链接明文。

2. 数据持有机构对数据预处理

如图 8.27 所示，在收到数据使用机构的数据请求后，数据持有机构同意该申请，数据持有机构首先需要对数据进行脱敏处理，因为原本的用户数据中可能存在大量涉及用户隐私的信息，如用户的姓名、电话等信息。对这些敏感信息进行泛化处理，保证在数据分享出去后，用户的敏感信息无法被破解出来，由于泛化的敏感信息无法还原，从而保证了用户的隐私安全。在对数据进行脱敏处理后得到脱敏数据，然后对脱敏数据添加可逆水印，选取数据中部分数据进行水印嵌入处理，该水印不会破坏数据的可用性，且不会被数据分析机构察觉，最后数据持有机构将水印信息、数据集信息、数据分析机构公钥信息等记录在水印信息记录合约中。当这个数据集发生泄露时，通过提取出水印信息以及对比合约中的记录信息即可检测出是哪个机构泄露了数据。

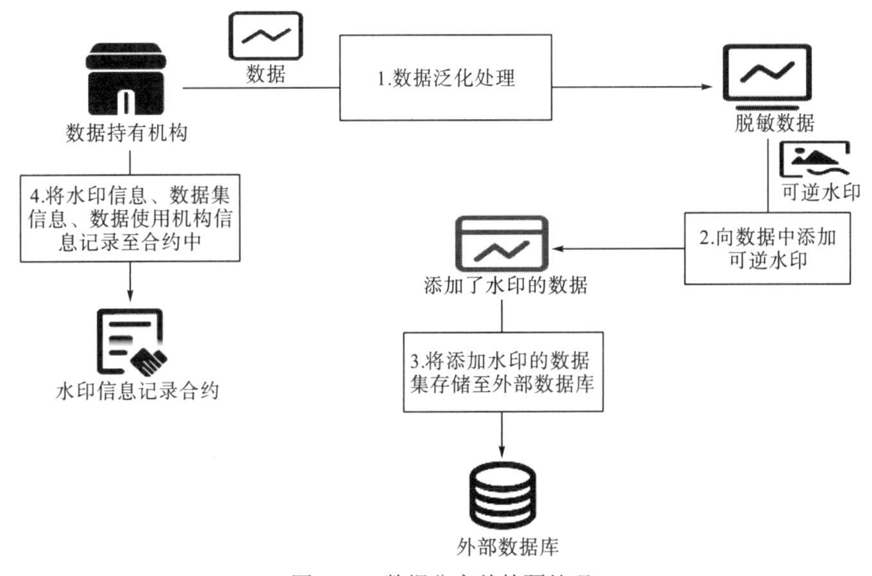

图 8.27　数据分享前的预处理

3. 数据持有机构授予数据

在数据集的授予过程中，并非直接将数据集授予数据使用机构，而是通过将脱敏且添加了水印的数据存储至外部数据库，通过外部数据库的访问链接来下载数据，在传统的方式中需要采用安全通道的形式来传输信息，在本案例中通过智能合约以及加密技术来实现信息的安全传输。数据持有机构首先使用数据分析机构的公钥来加密数据集访问链接，得到链接的密文，然后将密文存储至数据访问记录合约中，该合约专门用于数据使用机构收集自己申请的数据集，由于其中的访问链接使用过公钥加密，即便某机构冒用别的机构的公钥获取到链接密文，也无法解开其中的明文信息。数据使用机构只需要调用数据访问记录合约中的获取数据访问链接函数并输入公钥即可获得加密过的访问链接，最后使用自己的私钥解开密文即可获得访问链接明文。数据授予过程如图 8.28 所示。

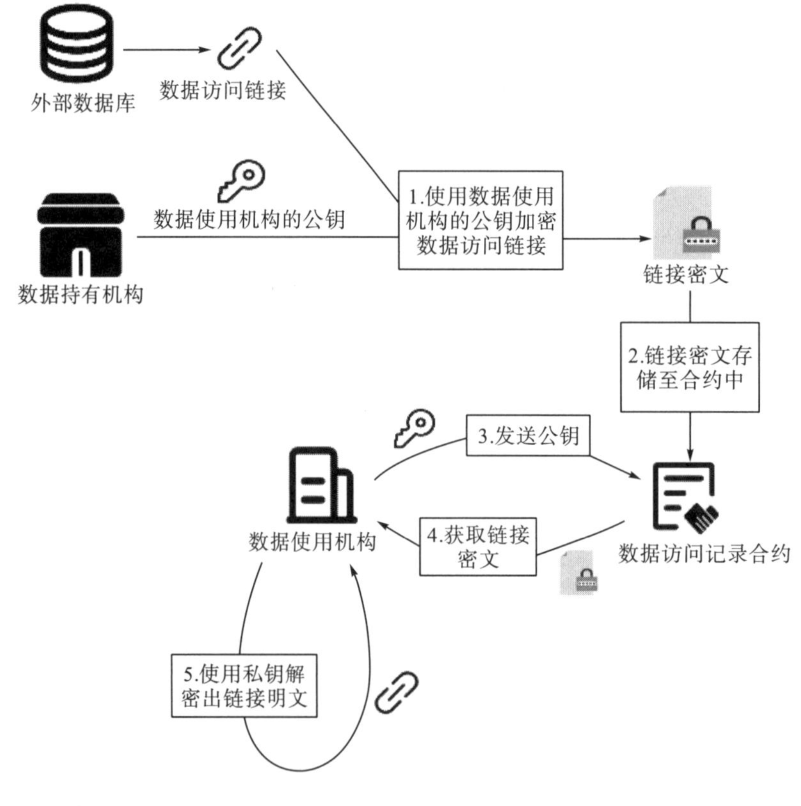

图 8.28 数据授予过程

数据集的授予算法如算法 8.3 所示，Pk_o 表示数据持有机构的公钥，Pk_u 表示数据使用机构的公钥，Sk_o 表示数据持有机构的私钥，Sk_u 表示数据使用机构的私钥，Addr_o 表示数据持有机构的地址，Addr_u 表示数据使用机构的地址。对于数据持有机构，第 1 行表示从数据库中获取数据使用机构申请的数据集的访问链接；第 2 行表示利用以太坊中的工具函数将数据使用机构的地址转换成数据使用机构的公钥；第 3 行表示数据持有机构使用自己

的私钥 Sk_o 和数据使用机构的公钥 Pk_u 利用密钥派生算法 KDF 派生出密钥 k_E 和 k_M，其中 k_E 为加密数据用的密钥，k_M 用于验证密文来源，本节使用 ECIES 算法内部的对称加密技术为 AES 加密，因此 k_E 既可以用于加密明文也可以用于解密密文；第 4～5 行表示使用 k_E 加密数据访问链接明文，使用 k_M 加密访问链接密文得到加密信息标签；第 6～7 行表示从以太坊获取数据访问记录合约，将数据使用机构的地址与数据访问链接密文和加密信息标签映射起来记录到合约中。对于数据使用机构，第 1～2 行表示从以太坊获取数据访问记录合约，以自己的地址为参数调用合约的获取记录函数获取自己申请的数据集的加密链接和加密信息标签；第 3 行表示使用以太坊的工具函数将数据持有机构的地址转换为公钥；第 4 行表示数据使用机构使用自己的私钥 Sk_u 和数据持有机构的公钥 Pk_o 利用密钥派生算法 KDF 派生出密钥 k_E 和 k_M，此处派生获取的密钥和数据持有机构派生出的密钥一模一样；第 5～8 行表示首先使用 k_M 验证密文的来源，即使用 k_M 加密访问链接密文得到加密信息标签，然后与合约中记录的标签 d 进行对比，如果不相同，则表示该密文的来源不是来自数据持有机构，解密失败，如果相同，则使用 k_E 解密出访问链接明文。

算法 8.3 数据授予过程

For DataOwnerDepartment

BEGIN
1 Link←DataBase
2 Pk*u*←Ethereum, AddrToKey(Addr*u*)
3 $k_E \| k_M \leftarrow$ KDF($Sk_o \| Pk_u$)
4 EncryptLink←AES, encrypt(k_E;Link)
5 d←MAC(k_M;EncryptLink)
6 DataAccessRecordContract←Ethereum smart contract
7 DataAccRecordContract, addRecord($Addr_u$，d，EncryptLink)

END
For DataUseDepartment
BEGIN

1 DataAccessRecordContract←Ethereum smart contract
2 EncryptLink，d←DataAccRecordContract, getRecentRecord($Addr_u$)
3 Pk_o←Ethereum, AddrToKey($Addr_o$)
4 $k_E \| k_M \leftarrow$ KDF($Sk_u \| Pk_o$)
5 **if** (MAC(k_M; EncryptLink)$\neq d$)
6 decryption failed
7 **else**
8 Link←AES, decrypt(k_E;EncryptLink)
END

4. 泄露数据集追溯过程

当发生数据集泄露后，数据持有机构需要尽快找出泄露数据集的源头机构进行追责，由于之前已经对数据集进行了脱敏和添加水印的操作，因此数据集的泄露不会导致用户个人敏感信息泄露。如图 8.29 所示，数据持有机构直接从数据集中提取出可逆数字水印信息，然后调用水印信息记录合约获取其中记录的水印信息合集，该信息合集中记录了“数据集-水印信息-数据使用机构公钥”的映射关系，且每条记录中的水印信息都是唯一的，因此直接将泄露数据集中提取的水印信息与合约中记录的信息进行对比，最终可以查出数据集泄露的源头机构的公钥，进而确定数据集泄露源头机构。

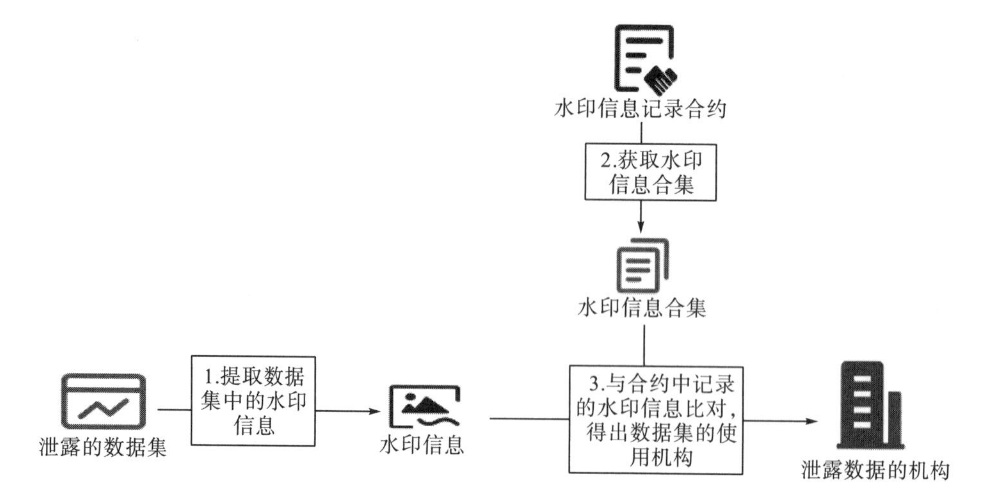

图 8.29 泄露的数据集追溯过程

数据持有机构对数据追溯的算法描述如算法 8.4 所示，第 1 行表示从以太坊获取水印信息记录合约；第 2 行表示调用水印信息记录合约获取这个泄露数据集的所有水印信息集合，因为同一份数据集可能被数据持有机构添加不同的水印授予不同的机构，主要是为了确定对于当前这份泄露数据集中加密的水印是记录中的哪一条；第 3～4 行表示对获取到的水印信息集合，依次取水印集合中的每一条水印信息获取对应的 value、base、attr1、attr2、primarykey，其中 value 值和 base 值为后文差值扩展可逆水印介绍中提到的式子中的参数，attr1 和 attr2 为添加水印的列属性名称，primarykey 为主键列属性名称，关于差值扩展可逆水印的详细描述在后面介绍；第 5 行表示使用前面提到的式子判断主键列 primarykey 得出列 attr1 和列 attr2 中哪些数据被添加了水印；第 6～10 行表示对泄露的数据集中对应该部分数据进行水印移除操作得到原有数据，与该部分原数据集进行对比，如果所有移除水印部分与原数据一致，则确定该水印就是嵌入到泄露数据集中的水印，如果有一处不一致则会跳转到下一条水印记录继续进行这种对比。在确定好水印后，由于合约中记录的水

算法 8.4 数据集追溯

```
BEGIN
1 WaterrnarkInfRecordContract ← Ethereum smart contract
2 WaterrnarkSet←WaterrnarkInfRecordContract, getRecord(dataname)
3 for waterrnarkinfo in WaterrnarkSet
4 value, base, attrl, attr2, primarykey←waterrnarkinfo, getinfo()
5 for row_i in LeakedDataset
6 if(int(md5(primarykey_i), base)mod value=0)
7 WatermarkRemove(LeakedDataset[attr1]_i)
8 WatermarkRemove(LeakedDataset[attr2]_i)
9 if(LeakedDataset[attr1]_i≠OriginalDataset[attr1]_i or
   LeakedDataset[attr2]_i≠OriginalDataset[attr2]_i)
10     break;
11 address←watermarkinfo, getAddress()
12 return(true, address)
13 return(false, NULL)
END
```

印信息映射关系为“数据集名称-水印信息-数据使用机构公钥地址”，且每条记录中的水印信息都是唯一的，可以通过这种映射关系获取到数据泄露机构的公钥地址。

同样，为适应本节案例的场景，水印技术做了如下改进。

差值扩展水印技术原本是应用于图片，首先需要在图片中选取特定区域的像素点，一个像素点由一对像素值组成，且像素值是为 0～255 的正整数，因此，当该方法应用到数据集 S 中时，数据集 S 中需至少有 2 个属性列的数据满足数据类型为数字且值的绝对值大于 1。

数据集是二维形式，一行代表一条数据用户的数据，一列代表用户对应属性的值，对行的操作就是从数据集中选取一些满足特定条件的用户数据，对列的操作就是对每条满足条件的用户数据，按下述方法选取特定的 2 个属性字段进行水印添加操作。

水印处理实际上只是对数据集中的部分数据进行处理，因此需选取特定的部分数据进行水印添加。在数据集 S 中，s_1 和 s_2 为选定的待添加水印的列，s_1 和 s_2 的选取标准为数据集中满足条件的最前面两列，s_1 数据为 $(a_1, a_2, \cdots, a_k)$，s_2 数据为 $(b_1, b_2, \cdots, b_k)$，水印添加仅仅是对满足条件的用户数据中的两个属性字段做水印处理，处理后的一行用户数据中既包含水印数据，也包含原数据。s_3 列用于判断一行数据是否用于添加水印，该列的选取标准为数据集中的主键列，因为主键保证了该列各个数据的唯一性，如 id 列等，s_3 中的数据为 $(c_1, c_2, \ldots, c_k)$，数据持有机构对 s_3 中的数据做如下公式的条件判断，对满足该公式的 c_i 所对应的行中的 a_i 和 b_i 做水印添加处理。

$$\text{int}(\text{md5}(c_i), \text{ base}) \bmod \text{value} = 0, \quad c_i \in s_3$$

上述公式中的 md5 表示对 s_3 中的每个数据进行运算得到一个十六进制的数据，int(data，base)表示将数据 data 按 base 进制转换成整数，此处的 base 进制并非常规意义上的二、八、十六进制数据，其取值范围为 2～35，囊括 26 个英文字母和 9 个数字，value 为数据持有机构自己设定的秘密数值，mod 为取模运算，最终取模运算的结果为 0 则满足条件。设 $(c_{j1}, c_{j2}, \cdots, c_{jl})$，$jl < k$ 为 s_3 中满足上述条件判断式的子集，对 s_1 中对应的 $(a_{j1}, a_{j2}, \cdots, a_{jl})$ 和 s_2 中对应的 $(b_{j1}, b_{j2}, \cdots, b_{jl})$ 进行水印处理。

对于 $(a_{j1}, a_{j2}, \cdots, a_{jl})$ 和 $(b_{j1}, b_{j2}, \cdots, b_{jl})$ 中的数据首先取绝对值，设 x 为 $(a_{j1}, a_{j2}, \cdots, a_{jl})$ 中的数据，y 为 $(b_{j1}, b_{j2}, \cdots, b_{jl})$ 中的数据，m 和 n 为取绝对值之后的结果。

$$\forall x \in (a_{j1}, a_{j2}, \ldots, a_{jl}), \quad m = |x|$$

$$\forall y \in (b_{j1}, b_{j2}, \ldots, b_{jl}), \quad n = |y|$$

由于可逆水印原本应用于图像中的像素点，因此当应用于常规数据时，需要将数据分成两个部分，一部分为保留值，使用 old 标识，另一部分为水印处理部分，使用 new 标识。

$$m_{\text{new}} = m \bmod 256$$

$$m_{\text{old}} = m - m_{\text{new}}$$

$$n_{\text{new}} = n \bmod 256$$

$$n_{\text{old}} = n - n_{\text{new}}$$

使用差值扩展法计算水印信息，其中$\lfloor\rfloor$为向下取整符号。

$$\mathrm{lb}=\left\lfloor\frac{m_{\mathrm{new}}+n_{\mathrm{new}}}{2}\right\rfloor,\mathrm{hb}=\lfloor m_{\mathrm{new}}-n_{\mathrm{new}}\rfloor$$

$$\mathrm{hd}=2\mathrm{hb}+1$$

$$g=\frac{\mathrm{hd}+1}{2},\ f=\frac{\mathrm{hd}}{2}$$

最终水印处理的部分计算如下：

$$m'_{\mathrm{new}}=\mathrm{lb}+g,\ 0\leqslant m'_{\mathrm{new}}\leqslant 255$$

$$n'_{\mathrm{new}}=\mathrm{lb}-f,\ 0\leqslant n'_{\mathrm{new}}\leqslant 255$$

最终得到的数据绝对值为

$$m'=m_{\mathrm{old}}+m'_{\mathrm{new}}$$

$$n'=n_{\mathrm{old}}+n'_{\mathrm{new}}$$

最后还原数据的正负号：

$$x'=\pm m'$$

$$y'=\pm n'$$

水印的移除过程与上述添加过程基本相同，仅需通过事先定义的条件在数据集中寻找出添加水印的数据，水印信息是记录在智能合约中的，通过调用智能合约获取上文条件判断式子中的value值以及主键列，最后使用上文中条件判断公式寻找出添加水印的数据行，此时，将添加水印后的数据 x' 和 y' 视为 x 和 y，重新进行上述式子的计算操作，水印移除计算的变动部分为将上述步骤中的hd的计算改为下式：

$$\mathrm{hd}=\mathrm{hb}/2$$

8.4.4 案例实验分析

实验使用的平台为以太坊，使用以太坊节点搭建联盟链，联盟链是区块链中的一种私有链，便于数据持有机构对其中的节点进行管理，智能合约使用 Solidity 编写，实验环境为 Windows。

为了建立这个联盟链网络，本案例为数据持有机构部署了 5 个节点，为数据使用机构部署了 3 个节点，网络的部署步骤包括：①使用测试链为每个节点生成公钥、私钥以及证书；②将各个智能合约部署到网络之中；③配置数据持有机构和数据使用机构的客户端；④启动各方的客户端。在本次实验中，本章使用的外部数据库为 MySQL。

案例中提到了数据持有机构会对数据做预处理，在分享数据之前数据持有机构会向数据集中添加数字水印，添加的水印为差值扩展可逆水印，添加水印与移除水印后数据集与原数据集的相似度实验结果如表 8.1 所示。在数据集添加了水印后，与原数据仍有非常高的相似度，保证了数据的可用性以及水印的不可察觉性。当数据集移除水印后，与原数据集基本相似，虽然极少部分数据可能在数值上与原数据不相等，但基本可以认定为和原数据相同，移除水印后与原数据集的相似度如表 8.2 所示。

表 8.1　添加水印后数据集与原数据集的相似度

数据总数	添加水印后与原数据集的相似度/%
20000	95.69
40000	93.85

表 8.2　移除水印后数据集与原数据集的相似度

数据总数	移除水印后与原数据集的相似度/%
20000	98.47
40000	97.97

本案例设计的三个智能合约分别为数据信息发布合约、水印记录合约以及数据集访问记录合约，图 8.30、图 8.31、图 8.32 展示了这三个合约中主要函数的 gas 消耗。所有合约中的函数 gas 消耗均处在一个合理的范围，其中 gas 的消耗主要集中在添加记录的函数上，因为这种函数需要直接在链上写入信息，所以 gas 消耗比查询功能的函数要高，由图 8.30～图 8.32 可以看出在整个系统中调用智能合约的 gas 消耗是合理的。

数据集授予过程中，数据持有机构是通过数据访问链接来授予数据的，在授予时，并非直接以链接明文形式授予，而是使用 ECIES 加密技术加密后授予，将加密后的密文记录到智能合约上，只有数据持有机构授予的数据使用机构才可以使用自己的密钥解密出明文链接。本案例中 ECIES 所使用的对称加密算法为 AES-256，其密钥长度为 256 位，具有非常高的安全性，即数据持有机构与数据使用机构两者公私钥派生出的密钥长度为 256 位，表 8.3 列出了 AES-256 与其他对称加密算法的对比。

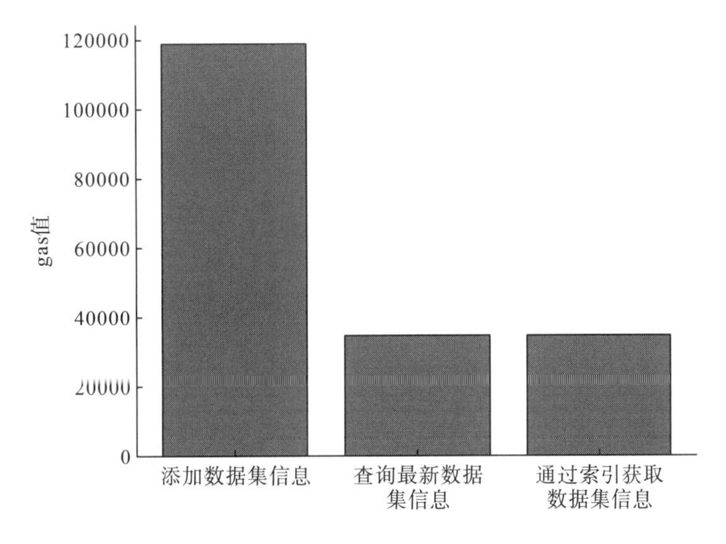

图 8.30　数据信息发布合约中主要函数的 gas 消耗

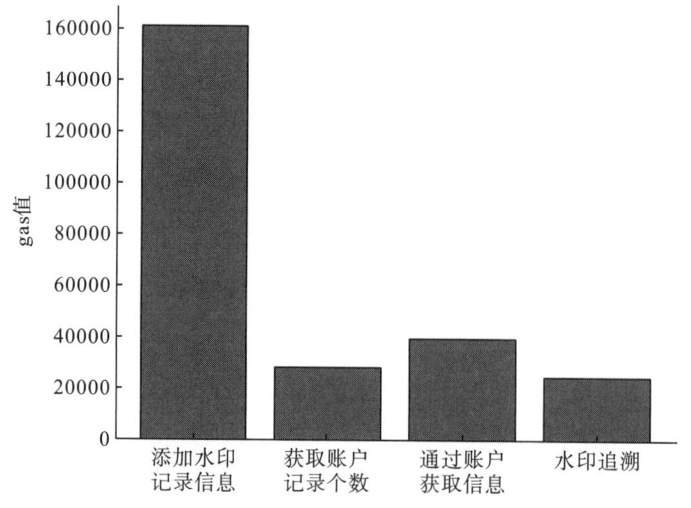

图 8.31　水印记录合约中主要函数 gas 消耗

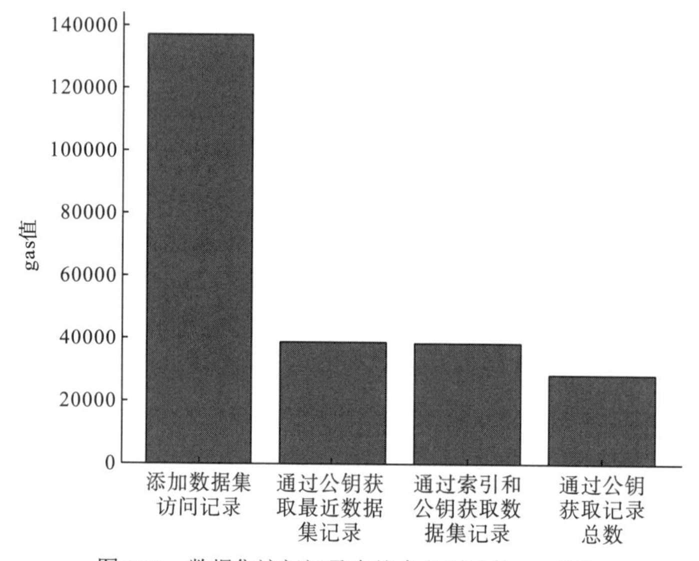

图 8.32　数据集访问记录合约中主要函数 gas 消耗

表 8.3　几种对称加密算法比较

名称	密钥长度	运算速度	安全性
DES	56 位	较快	低
3DES	168 位	慢	中
AES-256	256 位	快	高

从安全性上来看，由于 AES-256 具有较长的密钥长度，因此具有最好的安全性。如图 8.33 所示，当对一条数据集访问链接进行加密和解密时，其时长消耗非常短，同时由于 AES-256 的密钥长度为 256 位，数据使用机构在从智能合约获取自己申请的数据集访问链接时，不存在被其他人破解密文的风险。

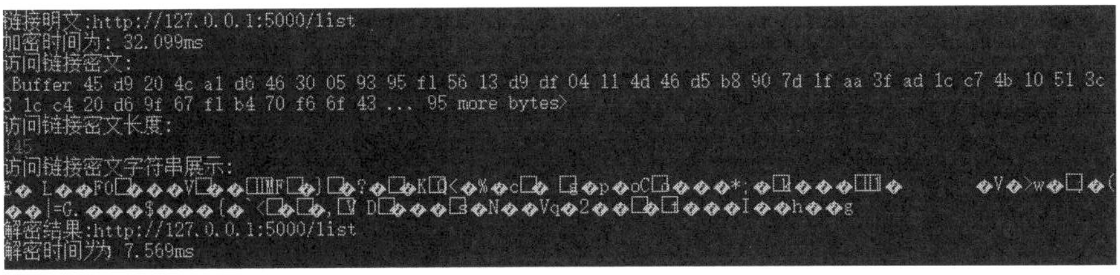

```
链接明文:http://127.0.0.1:5000/list
加密时间为: 32.099ms
访问链接密文:
<Buffer 45 d9 20 4c a1 d6 46 30 05 93 95 f1 56 13 d9 df 04 11 4d 46 d5 b8 90 7d 1f aa 3f ad 1c c7 4b 10 51 3c
3 1c c4 20 d6 9f 67 f1 b4 70 f6 6f 43 ... 95 more bytes>
访问链接密文长度:
145
访问链接密文字符串展示:
[illegible]
[illegible]
解密结果:http://127.0.0.1:5000/list
解密时间为 7.569ms
```

图 8.33　对数据访问链接加密

练习题

1. 搭建以太坊区块链开发环境，从官网下载并安装用于智能合约开发的工具 Remix-IDE、测试链生成工具 Ganache-Cli、业务层编程工具 Nodejs，另外，安装 Truffle 和 Web3js 用于集成区块链端和业务层端。

2. 自行学习 solidity 语言的语法，了解 solidity 语言中常用的数据类型，熟悉智能合约的编写形式。

3. 自行学习 Truffle 和 web3js 的 API 文档，了解其中操作区块链上数据函数的介绍与使用。

4. 编写一个简单的合约 SimpleStorage 用于存储整形的数据，并提供访问的函数。

5. 使用 Ganache-Cli 生成一条测试链，试着使用 Truffle 框架和 Web3js 完成将 MySQL 数据库中表数据上链的过程。

6. 有 A 和 B 两个部门，请编写一个简单的合约 Permission 实现权限管理，使得只有 A 部门的人员才有权限访问数据(返回 true)。

7. 使用 Remix-IDE 完成 8.2.2 节的示例。

8. 区块链常常应用于金融领域，尤其是加密货币，请编写一个合约 Coin 用作代币合约，该合约中包含铸币函数 mint，只有地址为“0x6ED798860e53C59F131BC5C64602C7Ae5AD1Be4b”的账户有权限铸币，该合约还包含转账函数 send、查询特定账户余额的函数 balances。

9. 8.3 节的案例中设计了一个同态密钥管理合约 KeyManage，该合约用于管理用户的同态密钥，一个用户的同态密钥由参数 n、g、lambda、mu、p、q 组成，类型都为长整形。请在合约中使用字符串类型来保存这些参数，设计一个添加密钥的函数 addKey，以及一个取回自己密钥参数的函数 getKey，getKey 函数在取回自己密钥参数之前需要验证身份是否为本人，已知验证的函数为 VerifySignature 合约中的 verifySignature 函数，请试着设计出这个合约的代码。

10. 8.3 节的案例中使用了密文策略的属性加密，在该加密方案中，涉及访问控制树，并详细介绍了访问控制树的生成过程以及解密过程，请以拉格朗日差值法为思路试着使用 nodejs 设计代码实现，无须考虑椭圆曲线双线性配对的知识，访问控制树的数据结构直接使用数组从树的根部从上至下、从左往右顺序存储即可。

参考文献

袁勇, 王飞跃, 2016. 区块链技术发展现状与展望[J]. 自动化学报, 42(4): 481-494.

张奥, 白晓颖, 2020. 区块链隐私保护研究与实践综述[J]. 软件学报, 31(5): 1406-1434.

Bethencourt J, Sahai A, Waters B, 2007. Ciphertext-policy attribute-based encryption[C]//IEEE Symposium on Security and Privacy. (SP '07). May 20-23, 2007. Berkeley, CA. IEEE.

Bosu A, Iqbal A, Shahriyar R, et al., 2019. Understanding the motivations, challenges and needs of Blockchain software developers: A survey[J]. Empirical Software Engineering, 24(4): 2636-2673.

Chen L, Shi C C, Wang X Q, et al., 2021. Research and application of sensitive data intelligent identification technology in power grid data protection[C]//2021 IEEE International Conference on Emergency Science and Information Technology (ICESIT). November 22-24, 2021. Chongqing, China. IEEE, 20: 299-301.

Fernández-Caramés T M, Fraga-Lamas P, 2018. A Review on the Use of Blockchain for the Internet of Things[J]. IEEE Access, 6: 32979-33001.

Gayoso Martinez V, Hernandez Alvarez F, Hernandez Encinas L, et al., 2010. A comparison of the standardized versions of ECIES[C]//2010 Sixth International Conference on Information Assurance and Security. August 23-25, 2010. Atlanta, GA. IEEE, 4: 1-4.

Goyal V, Pandey O, Sahai A, et al., 2006. Attribute-based encryption for fine-grained access control of encrypted data[C]//Proceedings of the 13th ACM Conference on Computer and Communications Security. 30 October 2006, Alexandria, Virginia, USA. ACM: 89-98.

Huang Y F, Bian Y Y, Li R P, et al., 2019. Smart contract security: A software lifecycle perspective[J]. IEEE Access, 7: 150184-150202.

Liu X, 2018. Research and application of electronic invoice based on Blockchain[J]. MATEC Web of Conferences, 232: 04012.

Mikavica B, Kostić-Ljubisavljević A, 2021. Blockchain-based solutions for security, privacy, and trust management in vehicular networks: A survey[J]. The Journal of Supercomputing, 77(9): 9520-9575.

Negara E S, Hidayanto A, Andryani R, et al., 2021. Survey of smart contract framework and its application[J]. Information, 12(7): 257.

Paillier P, 2007. Public-key cryptosystems based on composite degree residuosity classes[M]// Advances in Cryptology — EUROCRYPT '99. Berlin: Springer: 223-238.

Rambhia V, Mehta V, Mehta R, et al., 2021. Intellectual property rights management using Blockchain[M]//Information and Communication Technology for Competitive Strategies (ICTCS 2020). Singapore: Springer: 545-552.

Sahai A, Waters B, 2005. Fuzzy identity based encryption[M] //Lecture Notes in Computer Science. Berlin: Springer: 457-473.

van Schyndel R G, Tirkel A Z, Osborne C F, 1994. A digital watermark[C]//Proceedings of 1st International Conference on Image Processing. Austin, TX, USA. IEEE, 2: 86-90.